中国湿地保护系列丛书

中国湿地文化

马广仁　主编

中国林业出版社

图书在版编目（CIP）数据

中国湿地文化／马广仁主编. —北京：中国林业出版社，2016.6
ISBN 978-7-5038-8537-2

Ⅰ.①中… Ⅱ.①马… Ⅲ.①湿地资源－文化－中国
Ⅳ.①P942.078

中国版本图书馆 CIP 数据核字（2016）第 103224 号

出版　中国林业出版社(100009　北京西城区刘海胡同7号)
　　　　E-mail　forestbook@163.com　电话　010－83143515
　　　　网址　http://lycb.forestry.gov.cn
发行　中国林业出版社
印刷　北京中科印刷有限公司
版次　2016 年 6 月第 1 版
印次　2016 年 6 月第 1 次
开本　787mm×1092mm　1/16
印张　17
字数　375 千字
印数　1～2000 册
定价　80.00 元

《中国湿地文化》
编写组

主　　编：马广仁

副 主 编：鲍达明　林　萍　曹　新　陈博君

编写人员：汪梦如　吴　荣　王　超　李宗艳

　　　　　吴　亮　夏贵荣　王莹莹　蔡　琰

　　　　　叶亚仙　王莅圣　纪　茜　尹　航

　　　　　李　清　姬文元

前　言

　　湿地先于人类存在于地球上，是全球三大生态系统之一，湿地文化是人类与湿地相互作用的产物，人类依赖湿地而生存和发展。湿地的水给了人类基本的生存保障；水和土构成的系统产生了稻作文明，稻米成为世界上许多人的主要粮食；池塘、湖沼的荷花、菱角，以及江、河、湖、海的鱼、虾、螃蟹提供了人类所需的蛋白质；水利的兴修使洪灾减少，收成增加；水上运输使交流扩展，文明传播；湿地的美景给了人们吟诗作画的灵感和精神享受的场所，提高了人们的生活质量；依托湿地，各民族形成了自己的宗教和习俗；在与湿地的相互作用过程中产生了以水为特征的汉文字等。

　　文化有一定的地域性，不同的国家，不同的民族，都有自己的文化和湿地文化。其实湿地文化一直存在于人们的生产和生活中，伴随着人类的发展而发展，对湿地文化进行挖掘和总结，能丰富文化的多样性，更好地保护湿地和发扬湿地文化，使之可持续发展。

　　2012 年始，国家林业局湿地保护管理中心即开始策划湿地保护系列丛书的编写工作，几经商议讨论确定了各分册的书名和主题，最终形成《湿地与气候变化》《中国国际重要湿地及其生态特征》《中国湿地文化》《中国湿地公园建设研究》等几个分册，从不同的角度向读者展示我国湿地的保护成效，这些主题都是当今湿地研究和各界关注的前沿，立意于对我国湿地保护管理者管理水平的提高和管理的科学、有效，同时也向读者系统介绍我国国际重要湿地、湿地文化和湿地公园建设的内涵，以及应对全球变化的湿地研究成果。

　　《中国湿地文化》是中国湿地保护系列丛书之一。全书分为五个部分：第一部分主要简述了中国湿地资源情况，并对湿地文化的含义作了解释；第二部分以四大文明为例，叙述了人类文明起源和城市与湿地的关系，并释义了与湿地相关的汉文字；第三部分从哲学、审美和伦理三方面提炼了湿地文化理论；第四部分展示了湿地文化的多种表现形式；第五部分介绍了湿地文化的保护制度、湿地科学教育和湿地保护宣传，并探讨了湿地文化的可持续发展。

　　具体编写分工如下：

　　林萍及其团队负责湿地文化概述、湿地与人类文明、湿地科学教育、湿地文化的可持续发展等内容的编写。陈博君及其团队负责湿地农业文化、湿地水利水运文化、湿地非物质文化遗产、湿地宗教与民俗文化、其他湿地文化、湿地保护宣传等内容的编写。曹新及其团队负责湿地文化理论、湿地景观文化、湿地文学艺术及非物质文化遗产、湿地民俗文化、湿地与国际保护体系、其他湿地文化、湿地文化保护制度等内容的编写。全书由林萍和田昆负责统稿。

　　本书在编写过程中，得到了国家湿地保护管理中心及许多专家和领导的关心和支持，此外，本书还得到了科技创新人才计划项目（2012HC007）的支持，在此一并表示感谢！

　　本书虽经两年多时间，前后多次修改，但由于湿地文化涉及学科领域及其范围较广，作者的思考和内容选取难免有不到之处，加之编著者水平和时间有限，有待修改和完善之处恳请读者不吝赐教。

编著者

2015 年 10 月

目　　录

前　言

第一章　湿地文化概述 ··· （1）

　第一节　湿地与文化 ··· （1）

　　一、中国湿地资源简述 ··· （1）

　　二、湿地文化含义 ··· （2）

　第二节　湿地与人类生存 ··· （2）

第二章　湿地与人类文明 ··· （4）

　第一节　湿地与人类文明起源 ··· （4）

　　一、古代两河流域文明（美索不达米亚文明、巴比伦文明） ············· （5）

　　二、尼罗河文明（古埃及文明） ··· （6）

　　三、印度河—恒河文明（古印度文明） ······································· （9）

　　四、长江—黄河文明（中国古代文明） ······································· （11）

　第二节　湿地与城市形成发展 ··· （14）

　第三节　湿地与汉字 ··· （18）

第三章　湿地文化理论 ··· （56）

　第一节　湿地哲学 ··· （56）

　　一、水是世界本原 ··· （56）

　　二、上善若水 ··· （57）

　　三、智者乐水 ··· （59）

　第二节　湿地审美 ··· （60）

　　一、湿地的自然之美 ··· （61）

　　二、湿地的情感之美 ··· （62）

　　三、湿地的精神之美 ··· （63）

　　四、湿地的哲理之美 ··· （63）

　第三节　湿地伦理 ··· （64）

　　一、道法自然 ··· （64）

　　二、众生平等 ··· （65）

　　三、护生之德 ··· （66）

　　四、因时利用 ··· （67）

　　五、天人合一 ··· （68）

　　六、可持续发展 ··· （69）

第四章　湿地文化表现形式 ··· （71）

　第一节　湿地农业文化 ··· （71）

　　一、湿地农耕文化 ··· （71）

二、湿地渔猎文化 ………………………………………………………（79）

三、湿地养殖文化 ………………………………………………………（84）

第二节　湿地水利水运文化 …………………………………………（91）

一、湿地与水利 …………………………………………………………（91）

二、湿地与水运 …………………………………………………………（98）

第三节　湿地景观文化 ………………………………………………（106）

一、湿地与园林 ………………………………………………………（106）

二、湿地与名楼 ………………………………………………………（114）

三、湿地与桥梁 ………………………………………………………（117）

四、湿地与庙观 ………………………………………………………（122）

五、湿地其他文化遗存 ………………………………………………（125）

第四节　湿地文学艺术及非物质文化遗产 ………………………（130）

一、湿地文学 …………………………………………………………（130）

二、湿地书画 …………………………………………………………（137）

三、湿地传说 …………………………………………………………（147）

四、湿地戏剧 …………………………………………………………（151）

五、湿地其他非物质文化遗产 ………………………………………（154）

第五节　湿地宗教与民俗文化 ……………………………………（170）

一、湿地与宗教 ………………………………………………………（170）

二、湿地与民俗文化 …………………………………………………（176）

三、湿地图腾文化 ……………………………………………………（181）

四、湿地与民族文化 …………………………………………………（187）

第六节　湿地与国际保护体系 ……………………………………（189）

一、与湿地相关的世界遗产地 ………………………………………（189）

二、与湿地相关的其他国际保护体系 ………………………………（197）

第七节　其他湿地文化 ………………………………………………（205）

一、湿地休闲旅游文化 ………………………………………………（205）

二、湿地与美食 ………………………………………………………（213）

三、湿地与医疗 ………………………………………………………（222）

四、湿地红色文化 ……………………………………………………（227）

第五章　湿地文化保护 …………………………………………………（235）

第一节　湿地文化保护制度 ………………………………………（235）

一、《湿地公约》关于湿地文化保护的阐释 …………………………（235）

二、我国湿地文化保护的相关政策法规 ……………………………（237）

第二节　湿地科学教育 ………………………………………………（239）

第三节　湿地保护宣传 ………………………………………………（243）

第四节　湿地文化的可持续发展 …………………………………（253）

参考文献 …………………………………………………………………（256）

第一章 湿地文化概述

"湿地"，从字面上理解，就是湿润之地。"湿地"一词，最早是1956年美国政府在进行湿地清查时提出来的，但这些湿润的地方，却是比人类更早出现在我们的地球上，或者说是与地球同龄的。自有人类以来，湿地就与人类发生着密切的联系，与人类的生活息息相关，从物质生活层面和精神生活层面影响着人类，而人类在长期同湿地的相互作用中积累了丰富的物质财富和精神财富，形成了湿地文化。

究竟什么是湿地？自从美国提出"湿地"一词以后，许多国家及研究人员从不同的角度阐述了湿地的含义，但被广泛接受的是1971年2月2日，18个国家的代表在伊朗的拉姆萨尔签署的《关于特别是作为水禽栖息地的国际重要湿地公约》(简称《湿地公约》)中给出的定义：湿地系指不问其为天然或人工、长久或暂时性的沼泽地、泥炭地或水域地带，带有静止或流动的淡水、半咸水或咸水水体，包括低潮时水深不超过6米的水域。

第一节 湿地与文化

一、中国湿地资源简述

第二次全国湿地资源调查结果显示，全国湿地总面积5360.26万公顷(含香港、澳门和台湾)，湿地面积占国土面积的比率(湿地率)为5.58%。实际调查范围湿地总面积5342.06万公顷，其中近海与海岸湿地579.59万公顷，河流湿地1055.21万公顷，湖泊湿地859.38万公顷，沼泽湿地2173.29万公顷，人工湿地674.59万公顷。其中，自然湿地面积4667.47万公顷，占全国湿地总面积的87.08%。从分布情况看，青海、西藏、内蒙古、黑龙江等4省(自治区)湿地面积均超过500万公顷，约占全国湿地总面积的50%。全国湿地有湿地植物4220种，湿地植被483个群系；脊椎动物2312种，隶属于5纲51目266科，其中湿地鸟类231种。

截至2013年年底，我国现有577个湿地自然保护区、468个湿地公园。受保护湿地面积2324.32万公顷，与第一次调查相比，受保护湿地面积增加了525.94万公顷，湿地保护率由30.49%提高到现在的43.51%。

调查成果的分析表明：淡水资源主要分布在河流湿地、湖泊湿地、沼泽湿地和库塘湿地之中。我国湿地维持着约2.7万亿吨淡水，保存了全国96%的可利用淡水资源，是国家淡水安全的生态保障。我国湿地在生物多样性保育中发挥着重要作用，净化水质功能也十分显著，每公顷湿地每年可去除 1000 多公斤氮和 130 多公斤磷，为降解污染发挥了巨大的生态功能。

与第一次调查同口径比较，湿地面积减少了 339.63 万公顷，减少率为 8.82%，其中，自然湿地面积减少了 337.62 万公顷，减少率为 9.33%。造成湿地面积大幅度减少的主要原因，除了气候变化等一些自然因素外，人类活动占用和改变湿地用途是其主要原因，而围垦和基建占用仍然是导致湿地面积大幅度减少的两个最关键因素，而且受影响的湿地范围仍然占有较大比重。

我国湿地面临的问题除湿地面积减少外，仍然存在湿地功能减退，受威胁压力持续增大，湿地保护的长效机制尚未建立，科技支撑十分薄弱，全社会湿地保护意识有待提高等问题。

二、湿地文化含义

湿地文化是指与湿地紧密相关的文化，湿地的含义如前所述。所谓文化，根据辞海、词典的解释，是指人类在社会历史发展过程中所创造的物质财富和精神财富的总和，特指精神财富(如文学、艺术、哲学、教育、科学等)[1]。

"湿地文化"目前没有确切的定义，虽然湿地文化一直伴随着人类，随人类社会的发展而发展，在很多场合也在使用"湿地文化"这个词，但如何定义湿地文化，从目前检索到的文献中，尚未有明确的解释。在这里，根据湿地和文化的解释可把湿地文化理解为：人类在依托湿地生存和生活，以及进行社会生产实践活动过程中所创造的物质财富和精神财富的总和。

湿地文化是一个国家和民族文化的组成部分。人类在逐水而居，依赖湿地生存，与湿地斗争，恐惧湿地、敬畏湿地、认识湿地、利用湿地的过程中，在种植水稻、栽培荷花、养殖鱼蟹、疏洪利水、造舟建桥、修渠引水的过程中，在欣赏"长河落日圆""红掌拨清波"的美景过程中，在心痛湿地的破坏和消失、思考湿地的保护与持续利用的过程中，精神得到了升华，产生和发展了湿地文化。

第二节   湿地与人类生存

人类的生存离不开湿地，尤其离不开湿地所提供的淡水。人体的 70% 都是水，水是生物生存最基本的物质，生命所有的运转都需要水的参与，离开水人是不能生存的，湿地还为人类提供了丰富的食物，维持着人类最基本的生存基础物质。

有人说，人类的历史就是关于一种饥饿的生物觅食经历的记载，哪里有充足易得的食物，人类就去哪里安家[2]。

很久很久以前，原始人栖息在森林、山洞等处，不仅难以获取食物，而且很容易受到野兽的攻击，他们只好走出林子、走出洞穴，寻找新的、更安全的居所，那些河岸、湖畔成了最佳选择，他们用树木搭起了高出水面的房子，这种房子可以更好地躲避野兽，而且河、湖直接提供人类必需的淡水资源和更容易获得的鱼、虾等食物。

临水而居使人的安全性和健康水平大大提高，人口数量也随之增长，湿地给了人类更好的生存空间。到如今人类的生存仍然需要湿地不断提供衣、食、住、行等多方面的供应，人类依存湿地繁衍生息，对湿地认知不断加深，从湿地获取的物质不断积累，人与人之间的交流不断扩展，人们开始从简单获取湿地提供的基本生存物质资源，转向利用湿地更多的生态服务功能。如利用湿地的水能资源运输物资，发电照明、取暖；利用湿地的蓄洪、调节气候、养育生物等，使生活更为安全，更为丰富，更为舒适。

随着从湿地获取的物质不断积累，人们开始精神享受，发现湿地充满了诗情画意，开始欣赏湿地的美，从湿地获得灵感创作诗歌，从与湿地的相互作用实践中积累了湿地保护和利用的经验，获得了知识的启迪，懂得了要善待自然、善待湿地。人们还从对湿地的崇拜和敬畏中寻求祈福，从湿地生态系统和生物链中，以及湿地的萎缩和消失中认知湿地生物多样性与人类的关系，从感悟湿地的重要中获得了精神上的满足，在与湿地的相互作用过程中积累了物质和精神财富，推动着文明的脚步。

湿地是人类拥有的宝贵资源，是人类最重要的生存环境，人类的福祉与湿地生态系统服务功能息息相关。许多学者对湿地提供给人类的生态系统服务功能进行了总结和描述[3]，认为湿地具有提供淡水资源，提供水产品，调节气候，调节径流，补充地下水，蓄水滞洪，降解污染，净化水质，保育生物多样性，宣传教育等功能，对人类生存及其环境的改善发挥着不可替代的作用。但最系统、最广泛被人们所接受和应用的，是联合国环境规划署等国际组织于 2005 年底完成的"千年生态系统评估—生态系统与人类福祉：湿地与水"报告中列出的，包括湿地的供应、调节、文化和支持 4 大类共 18 项服务[4]，供应服务功能指从生态系统获得的产品，如食物、淡水、燃料、基因库、水能等；调节服务功能指从生态过程中获得的调节服务，如气候、蓄洪、减灾、净化水源等；文化服务是人们从精神享受、娱乐、教育和审美中获取的收益，如文化多样性、精神和宗教、休闲旅游、美学、灵感、教育、文化遗产等；支撑服务功能是指生态系统服务功能的支撑效益，如水循环、养分循环、生物栖息地、生物多样性等。

第二章　湿地与人类文明

这些被湿润出来的江、河、湖、海，是人类文明的发源地，是文化的诞生地。纵观世界上的四大文明古国，回顾其历史文明进程，无一不是与湿地紧密联系在一起的。

第一节　湿地与人类文明起源

湿地含有两方面的内容，一是"湿"，二是"地"。"湿"即要有水，"地"是土壤、土地。水是生命的源泉，是生物体的主要组成成分，生命活动只有在一定的水分条件下才能进行。土壤是大多数植物生长发育的基础，尤其是在人类文明的初期，农耕稻作都是在土壤上进行的。如果只有水，人类只能进行捕捞活动，且居无定所，有了土，有了地，植物才能扎根生长，动物才能栖息生存，人类才得以丰衣足食。湿是条件，地是基础，湿和地的完美结合形成了湿地，湿地和人类的完美结合产生了文化，起源和促进了文明。

这些有水有地的湿润地方虽然只占地球陆地表面的 8.6%，但世界上最古老的文明就诞生于此。奔流不息的河流湿地哺育了举世闻名的中国古代文明、古代两河流域文明、古埃及文明、古印度文明等。换言之，没有黄河和长江就不会有古老的中国；没有幼发拉底河和底格里斯河，就不会有古巴比伦；没有尼罗河；就没有光辉灿烂的金字塔古埃及文明；没有印度河与恒河的奔流、贯通和孕育，就不会有古印度的文明；没有地中海和爱琴海，就不会有古希腊的神话和哲学，地中海和爱琴海哺育了希腊克里特岛米诺斯文化(这个晚得多的文明不是一个农业文明，而是一个商业文明，它是作为联结几个伟大的最古老文明的纽带而存在的。希腊人的成就繁荣而巨大，然而发人类文明之端的，不是他们，而是早已灭亡的古巴比伦人、古埃及人、古印度人，以及至今犹存的中国人)[5]。

人类文明的起源是一个非常复杂的问题，但有一点可以肯定，这就是在人类文明的发生和发展过程中，河流比太阳起了更直接的作用。在众多的考古发掘中，尽管类人猿的踪迹几乎遍布旧大陆，可是当原始人类进入新石器时代以后，人类便在各条最伟大的江河流域定居了下来[5]。因为大河流域土地肥沃，雨量充沛，给人类提供了发展农业生产的有利条件。人类最早的农耕文化，就是在湿地上诞生的。没有湿地就没有农业，也就不会有民族文明的形成。人类逐水草而居，因为湿地提供了水和湿润的土壤，这对于人、植物和动物来说，都是生命最基本的需要。从 7000 多年前人类在湿地种植水稻，至今水稻已成为地球上半数人口的主食，而远古时期种植水稻的自然湿地，早已不能满足人类对稻米的需求，于是人类开垦了难于计数的稻田人工湿地[6]。

人类的历史有几百万年(三四百万年)，但人类文明社会史却只有几千年(五六千年)。湿地使人类从野蛮走向文明，进入文明时代的标志有多种说法，城市、国家(制度文明)、文字(精神文明)、金属(物质文明)、社会分工、私有制和阶级、复杂的礼仪中心等。

一、古代两河流域文明(美索不达米亚文明、巴比伦文明)

《圣经》中记载，上帝造人后把他安置在伊甸园，伊甸园里流淌着四条河：比逊河、基训河、底格里斯河(也称希底结河)和幼发拉底河(也称伯拉河)。被幼发拉底河和底格里斯河所滋润的美索不达米亚平原是西亚最早的文明发源地，主要由苏美尔文明、阿卡德文明、巴比伦文明、亚述文明等组成。

底格里斯河和幼发拉底河两河流域地区，上游干旱，下游因河水泛滥而土地肥沃，大约在 6500 年前，苏美尔人在下游的沼泽地带开始了农耕。但河水泛滥是不定期的，每年四月至六月间，雨水较多，加之高山的冰雪融化，随时可能暴发洪水，但洪水的时间和大小很难预测。因此确定洪水时间和治水成为两河流域住民不可忽视的首要任务[6]。

要确定洪水时间就必须靠观测天象，住在下游的苏美尔人，是世界上最早研究天文的人。他们通过观察月亮的圆缺变化规律，制定了太阴历。以月亮的圆缺作为计时标准，把 1 年划分为 12 个月，共 354 天，并发明了闰月，放置与太阳历相差的 11 天。把 1 小时分成 60 分，以 7 天为一星期，制定了第一个七天的周期[6]。

不定期的洪水泛滥使沼泽农耕受到严重影响，聪明的苏美尔人创造了一种全新的农业生产方式——灌溉农业。公元前 6000 年，美索不达米亚平原就开始构建了灌溉系统，但真正发展起来是在公元前 3000 年以后，正是大规模的灌溉造就了两河流域文明。以两河和其他支流为主要水源，把灌溉沟渠连成网，保证并增加了农业收成。

众所周知，所有的生物都喜欢舒适的生活，改善生活条件的渴望对于人类世界的进步来说是很有意义的，它让成千上万的人不停地从东走到西，从南走到北，直到找到最适宜的气候和生活条件[2]。幼发拉底河和底格里斯河穿过了一片干旱的不毛之地，使其流域成了富饶之地。较好的自然环境和稳定的农业收成，一方面使苏美尔本种族的人口增加，另一方面更吸引了沙漠中的其他游牧部落，他们纷纷来到美索不达米亚平原这个《圣经·旧约》中所说的天堂中寻找更好的栖身之所。

不同氏族、不同部落的人一起生活在这里，人与人之间、氏族与氏族之间、部落与部落之间，不管是和平共处还是争夺不休，都需要有一种除语言外更为便捷的相互交流方式，于是文字便产生了。生产力的发展，社会的进步导致复杂的社会交往以及更多的信息记忆，更需要文字。

苏美尔人发明了楔形文字，这种文字是由图画式的象形文字发展而来。用芦苇秆(或骨棒、木棒)削成三角形，刻压在黏土制成的半干的泥板上，看上去像楔子或钉子，称为楔形文字，这是世界上最早的文字，是人类用符号表述语言的最早的手段。正是由于文字的发明，人类漫长的野蛮、混沌时代才得以结束，人类才开始走向文明。之后的巴比伦人、亚述人将其进一步发展成最早的实用书写系统，彻底改变了人们的沟通交流方式，对全人类的经济、文化都产生了巨大的影响[7~8]。两河流域湿地特殊的湿黏土——泥板，是记录、保存和传播文字、文明的媒介。泥板为纸，芦苇当笔，美索不达米亚人把文明的种子撒向世界。

为了共同的利益，氏族之间、部落之间相互联合，在公元前 4300 年至公元前 3500 年，苏美尔人在两河流域平原上建立了世界上最早的城市，如欧贝德、埃利都、乌尔、乌鲁克等。到公元前 3100 ~ 公元前 2800 年，两河流域南部已经形成了数以十计的城邦即城市国家，如著名的巴比伦、尼尼微等，形成以许多城市为中心的农业社会[6,9]。

在两河流域这片神奇的湿地上，人类文明的第一缕曙光在这里升起。公元前 6000 年，美索不达米亚南部已经有金属器具出现，人们利用金属制造了铜鱼叉等工具[7]。公元前 4300 年 ~ 公元前 3500 年，出现了彩陶和神庙建筑。这里虽然没有石料，没有木材，但却有取之不尽、用之不竭的冶炼金属、制作陶器、修建住房和神庙等都需要的水和土，可以说两河流域文明是用泥土建造起来的文明。湿地为人类提供了文明的基本材料。

依托着两河流域湿地，苏美尔人及其他的美索不达米亚先民们的物质财富得到了较大提升，精神财富也随之增加，他们发明了十进位法和六十进位法；他们把圆分为 360 度，1 小时分为 60 分，1 分钟分为 60 秒；制定了乘法表、平方表和立方表，并知道圆周率近似于 3；还会分数、加减乘除四则运算和解一元二次方程，甚至会计算不规则多边形的面积及一些锥体的体积；制定了重量、长度、面积、体积、货币等的计算单位。希腊人从这里学到了数学、物理学和哲学[5~7]。

苏美尔人相信人是为了服侍神而降生的，国王是神明在世界上的代理人，人必须服从神，否则必受惩罚，因此建造高耸的塔庙，展现人神之间的关系，第一个阐述了创造世界和大洪水的神话[6]。使犹太人从这里学到了神学，并将它传播于世。

被两河哺育的最先迈进文明时代的美索不达米亚人掌握了铆接、焊接、雕刻、镶嵌等工艺技术，能用拱门、拱顶和圆顶建造巨大的建筑物，是世界上最早在建筑中应用拱形结构的人；他们是最早使用车轮的人，最早书写史诗及编纂律法的人；他们还为世界发明了第一个制陶器的陶轮，编制了第一部法律，开出了第一个医方；他们的建筑雄伟壮丽，如举世闻名的巴比伦城墙和古代世界的奇迹——巴比伦"空中花园"，这是当时城市建筑能达到的最高水平。他们是著名的占星术家，认出了五个行星，即水星、金星、火星、木星、土星；他们的雕塑和镶嵌艺术流传至今；他们创造了世界上第一个地域性的王国和最早的中央集权制统治的雏形，建造了世界上最早的首都；他们创造了世界上最早的学校……[6~7]

流淌在西亚广袤沙漠尽头的这两条古老的河流，用水、泥土、芦苇铸就了曾经辉煌无比的美索不达米亚文明，并促进了尼罗河文明和印度河文明逐渐形成与发展。

二、尼罗河文明（古埃及文明）

尼罗河位于非洲东北部，也是流淌在沙漠中的河流，它从南向北纵贯埃及全境，每年 7~11 月定期泛滥，含有大量矿物质和腐殖质的泥和沙随流而下，在两岸逐渐沉积下来，留下了肥沃的土壤，带来了一年又一年的丰收，在它哺育下的古埃及文明辉煌灿烂，一直令人啧啧称奇。

当古罗马人还处于蛮荒状态，古埃及人已经开始著书立说，实施复杂的手术，并交给孩子们乘法口诀表。如此巨大的进步主要得益于一项绝妙的发明，一门把语言和想法保存下来，传给子子孙孙的艺术，那就是文字。不会写字就没办法传承无数祖先积累下来的经验[2]。

古埃及最早的文字产生于公元前 3000 多年，也是象形文字，这种象形文字与苏美尔文字有着惊人的相似。但象形文字具有图画的特点，书写时速度较慢，因此在使用过程中被逐渐简化，经历了祭祀体文字阶段，世俗体文字阶段，最后形成科普特文字。古埃及的文化非常丰富，创造的象形文字对后来腓尼基字母的影响很大，而希腊字母则是在腓尼基字母的基础上创建的[10]。

有了文字，就要有书写的媒介。虽然建筑物、器皿、石块等都可作为书写媒介，但为了携带和交流交换的方便，古埃及人就地取材，利用尼罗河三角洲湿地上大量生长的一种叫纸莎草的植物（这种植物的茎秆既可用来写字，也可以用来制造纸莎草纸），在公元前大约 2600 年就制造了世界上第一张由纸莎草制成的纸。纸莎草纸是历史上最早、最便利的书写材料，它的发明，使人类可以不再用泥板、石板、木片、陶片、金属等材料记录文字或图画，它不仅便于书写，也便于编纂、保存和传播。纸莎草纸不仅埃及使用，还出口到其他国家，成为古代地中海地区一种通用的书写材料[11]，古希腊人、腓尼基人、古罗马人、阿拉伯人都曾使用，历经 3000 年不衰。古埃及还是世界上最早用纸莎草的茎作为写字的笔和用水混合黑烟灰及胶浆来制成墨水的民族。于是留下了世界上最早的纸莎草纸文献。

尼罗河湿地上生长的纸莎草，不仅可以造纸，古埃及人还利用它来造船，在水上航行和捕鱼。用多种莎草科植物的花来制作敬神的花圈，用嫩枝作食物，用地下茎制作碗等多种器具，用秆作燃料……

象形文字的产生、书写材料的方便和社会生活的日益复杂化，促进了古埃及文学艺术的发展。古埃及文学是世界文学史上一颗璀璨夺目的明珠，发源于民间口头创作，其题材、体裁和思想内容都对古希腊、科普特乃至中世纪的东方文学产生了很大影响，为人类文明做出了重要的贡献。

古埃及人信奉多种神祇，天上的太阳神、星神，地上的河神、水神都是他们敬拜的对象，所以要为诸神修建神殿，以太阳和星星的运行制定历法。他们相信人有来世，所以要为自己修建坚固的巨大陵墓，用防腐的方法来保存尸体。这些宗教信仰促进了多种学科的发展，加快了文明的步伐。

尼罗河水每年定期泛滥，在带来肥沃土壤的同时，也会造成严重破坏。古埃及人修建了大规模的水渠，水涝的年份可以排除积水，干旱的年份，古埃及人发明的汲水器从尼罗河引水流入水渠灌溉田地，还修建了堤坝，在沙漠中建了一个水库，灌入尼罗河水，以备旱季延长时使用。大片的沼泽变成了良田，湖泊变成了蓄水库，与尼罗河之间建造了水闸调节水量。这一系列的措施为农业的旱涝保收奠定了基础。

为了农业生产的需要，必须掌握河水泛滥的规律，正是由于计算尼罗河泛滥周期的需要，产生了古埃及的天文学和太阳历。古埃及人在公元前2787年就通过观测太阳和天狼星的运行制定了人类历史上最早的太阳历。他们观察到，天狼星第一次和太阳同时升起的那一天之后，再过五六十天，尼罗河就开始泛滥，于是他们就以这一天作为一年的开始。通过对天狼星准确的观测，古埃及人确定一年的长度为365.25天，这与现在的计算长度非常接近。全年12个月，又根据尼罗河泛滥和农业生产的情况，把一年分为三季，每季4个月，每月30天，另加5天在年末，为年终祭祀日。这就是世界上第一个太阳历[12]，是今天世界通用公历的原始基础。

古埃及人发明了水钟及日晷计时器，把每天分为24小时。他们还了解许多星座，如天鹅座、牧夫座、仙后座、猎户座、天蝎座、白羊座以及昴星团等，把黄道恒星和星座分为36组，在历法中加入旬星，一旬为10天，这与中国农历的旬的概念类似。

尼罗河水泛滥后，原来的土地归属界限荡然无存，为了减少矛盾纠纷，必须重新丈量和划定土地，年复一年的工作大大提高了古埃及人的数学能力。他们发明了度量单位，并能计算长方形、三角形、梯形和圆形的面积，以及正圆柱体、平截头正方锥体的体积。古埃及人用10进制记数法，把圆分成360度，推算出了圆周率为3.1605，还能解一元一次方程和一些较简单的一元二次方程[13]。这些知识后来成为古希腊人发展数学的基础。

建筑技术是一项综合性技术，它能在很大程度上反映出一个社会总的技术水平，在古代尤其如此。古埃及的石头建筑举世闻名，从某种角度来说，古埃及文明就是在湿地基础上以石头造就的文明。古代世界七大奇迹排名第一的胡夫大金字塔，排名第七的亚历山大灯塔，其他还有奇特的狮身人面像、巍峨的神庙、宏伟的宫殿、壮观的大臣府第和各国使节的官邸，高耸的方尖碑，雕刻精美的调色板等[11]，无不由巨石砌筑雕琢而成。这一过程中，湿地起到了重要的保障作用，人的生活用水、生产用水、工程用水等，都要靠湿地补给。如果说古朴沉重的石头成就了古埃及辉煌的文明，那么波光粼粼的湿地映出了尼罗河默默的奉献。

尼罗河年复一年泛滥带来的肥沃土壤，使古埃及的农业发达，收获丰厚。靠着尼罗河湿地充足的水源和食物，古埃及法老（国王）动用了几十万人修建宫殿、神庙和陵墓。有着较高数学水平和手工技能的古埃及人，在河的东西两岸用石头建造了至今犹存的巨大金字塔（陵墓）和雄伟的神庙、宫殿。

金字塔建在尼罗河西岸的沙漠里，用巨大的石块建造，平均每块石块的重量论吨计算，金字塔高几十米至上百米，占地面积几万至十几万平方米，每个金字塔用石块几百万块，历时几年至几十年（胡夫金字塔用了20多年）才能建成。亚历山大灯塔总高度约135米，塔的墙壁、柱子，塔内的螺旋形梯台等整个灯塔，都是石头筑成。神庙的建造也同样令人惊奇，神庙建筑巨大的圆形石柱所用石料与金字塔的石料不相上下。古埃及人在频繁使用柱子的过程中形成了一套完整的柱子形制理论，为世界建筑做出了重大贡献，特别是对古希腊的神庙建筑影响深远[11]。

石料的采挖、搬运、切削打磨、筑砌等，在 4000 多年前，在没有炸药，没有挖机，没有汽车火车，没有电钻、电切割机，没有吊车……的情况下，完成如此浩大的工程，其数学、力学、几何学、建筑学、结构学、材料学、工程学等多方面知识的丰富，后勤供应的保障，组织管理的严密，足令现代人惊叹！也体现了埃及人高超的建筑技术。

由于制作木乃伊（干尸）的需要，古埃及人发明和掌握了人体生理知识、药物知识、解剖技术、防腐技术、外科技术，能治眼疾、牙痛、腹泻、肺病以及妇科的许多疾病，能用各种植物、动物和矿物配制药物。古埃及的医药学是当时世界上最先进的，后来通过古希腊人的传播，对西方医药学产生了很大影响[7]。

城市是历史镌刻在大地上的印记。由于特殊的地理环境，古埃及的港口城市众多，都城也多建在港口。被尼罗河哺育的古埃及人早在公元前 2700 年，就造出了长达 47 米的船，依靠与海外或内地进行通商贸易促进了城市的发展。

此外，古埃及人在公元前 1600 年发明了制造玻璃的技术，陶器、亚麻织物、皮革、以及珠宝等制造工艺技术也都达到了很高水平……

古埃及文明由尼罗河汇入地中海更广阔的世界，在与其他文明的汇合中得到了永存。

三、印度河—恒河文明（古印度文明）

印度河和恒河位于亚洲南部的印度半岛（次大陆，南亚次大陆）上，印度洋的海风带着丰足的雨水浇灌着、滋润着这片土地，使其水系发达，湿地众多，正是这些水量丰沛、浩浩荡荡的河流，吸引了印度先民前来定居。尤其是半岛北部的印度河—恒河平原，充足的水源和肥沃的土壤有利于农业耕作，也促进了经济文化的发展，孕育出了人类历史上伟大的文明——古印度文明[14]。

印度河流经降水极少而蒸发极大的次大陆干旱地区，下游在冬季枯水期常形成断断续续的池塘和浅河沟，农业用水主要是人工引印度河水灌溉。印度河流域土地肥沃，交通发达，为农业和畜牧业的发展提供了便利的条件。早在公元前 3000 多年前，农业、商业和手工业就非常发达。在印度河畔的湿地上，诞生了目前已知的印度半岛上最早的人类文明。

恒河流经次大陆东北部，虽然流速缓慢，但也冲积出印度半岛上最肥沃的恒河三角洲平原，丰沛的河水滋润着两岸的土地，给沿岸人民以舟楫之便和灌溉之利，勤劳的恒河流域人民世世代代在这里劳动生息，古印度主要的政治、经济中心大部分形成于此，是古印度文明的又一发祥地，也是印度的"圣河"[15]。

古印度最早的哈拉巴文化（约为公元前 2300 年至公元前 1750 年）已创造了自己的文字，这些文字符号有 400～500 个，其中基本符号有 62 个，有象形的，亦有几何图案，这些文字主要保存在大量印章上，各种石器、陶器上也有，至今尚未成功译读。印章文字是古印度文明的结晶，是古印度文明最直接的印记。大约在公元前 500 至公元前 400 年，出现了婆罗米文字。虽然印度半岛上还有很多的语言和文字，但婆罗米文字对印度半岛文明的发展产生了深远的影响，是印度半岛上近现代以来使用的各种书写系统的鼻祖[16]。

大约一万年前，在印度河平原的西缘，已经出现印度最早的村庄。随后，大量的游牧民族逐食物和水源来到这里，利用河流湿地优越的自然条件从事农业生产并定居。到公元前 3500 年时，农业文明已经遍布整个印度河平原。在公元前 3000 年至公元前 2500 年间，印度河中下游流域出现了许多村落。以后，随着农业和原始文化的发展，人口增加，印度河流域出现了世界上最早的有规划的城市。从已经发掘出的遗址来看，城市规划和建筑具有很高的水平。城市建设规划严整，公共建筑、住宅、街道、商业区、仓库，规划得井井有条，并用围墙分隔成几个区。城市街道宽阔，布局整齐，纵横相交。住房设施完备，房屋一般用火砖建造，有的隔出许多大厅和房间[16]，有先进的供水、排水系统，有规划完善的排水设施、隐蔽的排水沟、水井、垃圾箱以及会议厅、粮仓、大浴场等，有健全的公用卫生设施，城的四周还有城墙、塔楼、壕沟[7]。

城市的繁荣使商业盛极一时，不仅国内贸易活跃，国际贸易也特别频繁。与伊朗、中亚、两河流域、阿富汗，甚至缅甸和中国都有贸易往来。为了满足商业活动的需要，古印度人还制作了精致的铜质天平，并用象牙和彩色小石块制成砝码，完善了度量衡制度[16]。

印度是一个笃信宗教的国家，印度文明最显著的特色就是它的宗教性。在宗教信仰上，人们崇拜各种神祇和偶像，多种宗教长期并存，如印度教、佛教、伊斯兰教、基督教、耆那教、锡克教等，使古印度文化带有浓郁的宗教特性。印度文化所涉及的各个方面，如文学、建筑、雕刻、绘画、音乐、舞蹈、民俗等，无不渗透着强烈的宗教性，而宗教性则把崇高、壮丽、灿烂和精美赋予了这些文化形式[14]。

古印度规划水平较高的城市中，有的住宅精美宽敞，排水设施完善，有的则简陋狭小，根本没有排水设施，这说明已经有明显的贫富差距和阶级分化。以后逐渐形成了一个森严的等级制度，这就是种姓制度。种姓制度将人划分为四个种姓，即四个等级：婆罗门、刹帝利、吠舍和首陀罗。婆罗门（即僧侣）为第一种姓（第一等级），是祭祀贵族，主要掌握神权，占卜祸福，垄断文化教育和报道农时季节，在社会中地位是最高的。刹帝利为第二种姓（第二等级），是军事贵族，包括国王、官吏、武士，掌握除神权之外的国家的一切权力。吠舍为第三种姓（第三等级），是普通劳动者，包括农民、牧民、手工业者和商人，他们必须向国家缴纳赋税。首陀罗为第四种姓（第四等级），是那些失去土地的自由民和被征服的当地人，实际上处于奴隶的地位。还有一种被排除在种姓外的人，即"不可接触者"或"贱民"。他们的社会地位最低，最受歧视，绝大部分为农村贫雇农和城市清洁工、苦力等[17]。

为了维护种姓制度，奴隶主阶级还制定了许多法律，其中最典型的是《摩奴法典》。《摩奴法典》对各个种姓的衣食住行都作了烦琐的规定。如规定不同种姓的人不能待在同一个房间里，不能同桌吃饭，不能同饮一口井里的水。不同种姓的人严格禁止通婚，如不同种姓的男女通婚生了子女，这种子女则被看成是贱民，贱民不包括在四个种姓之内，最受鄙视[17]。各种姓职业世袭，以保持严格的界限。

奴隶制的发展使奴隶大量出现，为国家的产生奠定了基础。大约于公元前 1000 年左右，在恒河流域出现了印度历史上最初的国家。

在印度历史上，发生过无数次改朝换代和外族入侵的事件，但都未能触动种姓制度。种姓对印度社会和文明发展的影响超过王朝政治。

印度人在数学领域中做出的一个最杰出贡献是发明了目前世界通用的计数法，创造了包括"0"在内的 10 个数字符号，即阿拉伯数字。所谓阿拉伯数字实际上起源于印度，只是通过阿拉伯人传播到西方而已。现代数学和现代科学的大门，因这些数字的广泛应用才被打开。古印度计数采用十进位制，很早就有了极大数、极小数的概念。已经知道了勾股定理，引进了负数概念，提出负数的运算方法，会进行算术运算、乘方、开方等，掌握了一些代数学、几何学、三角学和解二次方程的规则；得出了求等差数列末项以及数列之和的正确公式[2-7]……

古印度人很早就开始了天文历法的研究。古代印度已能准确记录太阳和月亮的运行位置，能预言日食、月食等。

古印度创作了不朽的史诗，如《摩诃婆国多》和《罗摩衍那》等。在哲学方面，创立了"因明学"，相当于今天的逻辑学[14]。

古印度人是世界上最早种植棉花的人，他们用棉花纺织，并掌握了纺织品染色技术。

古印度人很早就已经掌握了金银等金属的加工技术，能制作出各种美妙绝伦的手工艺品和奢侈品；能制作陶器和雕塑，并在陶器上雕刻绘画。印度的音乐舞蹈在世界上独具特色。

古印度人建造了大量宏伟的城堡、清真寺和陵墓，蜚声世界的泰姬陵就是最具代表性，也最为瑰奇的建筑。还有石柱、石雕、石窟等，这些石造建筑经历数百年风雨仍巍然屹立，成为古印度永恒的纪念碑，向人们述说着当时印度雄厚的国力和人民的创造精神。

四、长江—黄河文明(中国古代文明)

长江和黄河这两条源远流长的世界长河，孕育了同样源远流长的中国古代文明。与上述三个文明相比，中国古代文明更具有悠久的历史。滚滚长江水，滔滔黄河浪，孕育出泱泱中华，积淀了厚厚文明史。

"民以食为天"，只有丰衣足食了的农耕民族才会有余力从事科技文化的开发。我国长江流域，尤其是长江中下游平原，湖泊众多，河道纵横，水库星罗，池塘棋布，多种多样的湿地为古代先民提供了丰衣足食的生活条件，使他们托起了人类文明的第一缕曙光。湖南湘江支流潇水中上游九嶷山下的玉蟾洞里，出土了距今 2 万年左右的人工栽培稻、石锄、骨铲等，说明那时"食"文化已走向成熟；编织纹和骨针的出现代表"衣"文化走向成熟；陶釜和各种骨、角、牙、蚌制品的出现代表了"住"文化走向成熟；距今 7000 多年的湖南沅水上游高庙遗址和澧水下游的城头山遗址，出土了"方舟""风帆船"和木板船的舵，代表了"行"文化走向成熟。可见，与人类生活密切相关的衣、食、住、行等比较成熟的创造发明都来自于生活在长江流域、云梦洞庭等湿地上的中国人[6]。

我国古代有"仓颉造字"的传说[18]。《淮南子·本经》中记载："昔者仓颉作书，而天雨粟，鬼夜哭。"《吕氏春秋》记载："奚仲作车，仓颉作书"。《说文解字序》中记载："仓颉之初作书，盖依类象形，故谓之文；其后形声相益，即谓之字。"在仓颉造字以前，先民们用结绳记事，即根据事情的大小打不同大小的结来记事。但需要记的事情增多了，结绳不够用了，又采用锋利的工具在木头或竹子上刻不同的符号来记事。随着生产力的逐渐提高，事情更加繁杂，结绳和刻木也不能适应记事的需要了。到距今 5000 多年的黄帝时期，在黄河流域的官员仓颉"始作书契，以代结绳"。他居住在当时的洧水河南岸，上观日月星云，下看山川湖海，左视鸟兽鱼虫，右察草木器具，据此造出不同的符号来表示不同的事情，又把这些符号拼凑组合，用来表示更深的含义，他把这些符号叫做"字"。

当然这些字(符号)不会是仓颉一个人造出来的，《句子·解蔽》记载："好书者众矣，而仓颉独传者，壹也。"史学家徐旭认为，文字的出现，应与仓颉有关。仓颉搜集了先民们使用的符号，加上自己创造的符号，进行整理赋意，形成了通用的文字，在汉字的形成过程中起了重要作用，为中华民族的繁衍和昌盛做出了不朽的贡献。

无论"仓颉造字"是传说还是史实，文字都不可能是少数人造的，也不可能是短期内造出来的。根据考古的发掘和专家的研究，我国的文字起源可以追溯至上万年，最初是图画(图画文字)，到距今 9000～8300 年(澧水河畔的湖南澧县彭头山遗址，淮河上游的河南舞阳贾湖遗址)，出现了刻在石棒、龟甲、兽骨、石器和陶器上的文字符号，其中一些符号如"日""月""X""#""∞""▽""△"等，一直沿用至今。号称"世界第一字"的"X"是最早出现的被字母文字一直沿用下来的字符，在西亚的哈拉夫遗址中刻在一尊陶塑女神像的肩上；我国湖南澧县的城头山遗址中也发现了这个字符，是刻在女巫佩戴的小型穿孔石棒上。哈拉夫遗址距今 7000 年，我国的彭头山遗址却有 9000 年的历史，比哈拉夫遗址整整早了 2000 年。在贾湖遗址内的甲骨契刻符号，是目前世界上最早的文字雏形[19]。

在仰韶文化遗址、西安半坡文化遗址、大溪文化遗址、大汶口文化遗址等处发现的刻画在陶器上的符号有数十种至一百多种之多，其中有些与甲骨上所见的字类似。这些图画符号、龟骨契刻符号、陶文等在使用过程中一方面数量在增加，另一方面单体符号在简化[20]。

到了距今 3000 多年前的商朝，出现了刻在龟甲兽骨上的比较完整的文字体系(甲骨文)，在河南安阳小屯村殷墟遗址出土的甲骨文已发现有 4500 多个单字，目前能认出的有近 2000 字，还有长达百余字的单篇文章。甲骨文的内容多为占卜辞，也有政治、经济、军事、文化、天文、历法、医药等内容，被称为中国古代最早的"档案库"[21]。据专家研究，这种比较完整的文字体系应该形成于距今 4000 多年前的夏朝中晚期。

紧接着到来的青铜器时代，出现了铸造在青铜器上的文字，称为金文或钟鼎文或铭文。春秋战国时期，文字应用广泛，但各诸侯国因不相统一而形成"言语异声，文字异形"的情况，交流起来很不方便。到公元前 221 年，秦始皇统一中国，文字也统一成小篆体。至此源于图画的汉字，在中华大地上统一使用至今。

文字不论是刻在龟骨上还是铸在青铜器上，制作过程都比较困难，也不易普及和传播。用甲骨和青铜器作为文字介质，要求有足够的龟甲、兽骨、青铜器具和特制的刻铸工具，而且一旦刻铸错误，便较难更改。智慧的先民们在长期的实践中找寻到了更容易获得的书写材料——竹、木、绢帛等，还发明了更方便快捷的书写工具——毛笔和墨。从考古发掘中得知，春秋时期已大量使用竹简、木牍和绢帛作为书写介质。竹、木取材广泛，容易制作，写错后修改方便，一直用至秦汉年间。但是简牍比较笨重，携带、阅读、放置、搬运都很不方便。据史书记载，秦始皇一天批阅的奏章公文，要用车拉。《庄子·天下》中说："惠施多方，其书五车。"意思是惠施学识渊博，写的书可以装五车，"学富五车"的成语就源于此，书写材料就是简牍。绢帛倒是轻便、易写、易带、易保存，可比较昂贵，一般人用不起，限制了传播[22]。故简牍和绢帛也不是理想的书写材料。

随着西汉社会的政治稳定，经济发展，思想活跃，记事、交流日益增加，原有的书写材料已经不能适应社会发展的需求，迫切需要一种更好的书写材料。

造纸术是我国的四大发明之一，纸是我国对人类文明的伟大贡献。纸的出现与养蚕缫丝有关系。我国是世界上最早进行人工养蚕缫丝的国家，相传 5000 多年前，黄帝的元妃嫘祖"始教民育蚕"。说明我们的祖先很早就植桑养蚕，缫丝织绢了。好的蚕茧用于织绸缎，次的蚕茧用漂絮法制作丝绵。漂絮完成后篾席上会留下一些相互交织的乱丝残絮，多次漂絮后残絮逐渐积累，在篾席上就形成一层薄薄的丝片（纤维片），这种残絮丝片晾干后剥离下来，人们发现它与缣帛相近，可用于书写。受此启发，古人就用含纤维较多的树皮、麻布片造纸，由于工艺简陋，造出的纸质地粗糙，多用于包装，但这是世界上最早的纸[23]。

东汉和帝时期，蔡伦改进了造纸原料和造纸工艺，使纸的质量有所提高，可用于书写。之后造纸术在我国各地推广，纸的数量和质量逐渐提高，成为简、牍和绢帛的有力竞争者，到了公元 3 ~ 4 世纪，纸基本取代了简、牍和绢帛，成为我国主要的书写材料。

东汉年间，造纸术传到了我国的近邻越南、朝鲜，隋唐时期又传到了日本、阿拉伯，进而传到西方国家，取代了纸莎草纸、桦树皮、羊皮纸等书写介质，成为世界主要的书写材料[23]。

纸，文明的传递者，其重要的制造原料来自于湿地植物，且在纸的制造过程中需要大量的水，正是湿地的水，才使纸的生产成为可能，人们才能写出最美的文字，画出最美的图画，把文明一直传递下去。

其他如指南针、火药、印刷术、丝绸、地动仪以及诸多的天文、地理、数学、农业、医药、建筑等方面的建树，均居于世界领先地位。

长江、黄河、云梦泽、太湖、松花江、大运河等，众多的江、河、湖、海湿地，共同成就了中华民族的文明壮举。

第二节   湿地与城市形成发展

城市的形成和发展离不开湿地。人类逐水而居，早期的聚居地就在湿地。随着湿地给人类提供的服务功能逐渐实现，城市迅速发展，一座座高楼大厦巍然屹立在湿地边，向人们诉说着湿地的奉献与伟大。

泰晤士河畔的伦敦，塞纳河边巴黎，莱茵河流经的巴塞尔、波恩、科隆、鹿特丹等，哈德逊河旁的纽约，琵琶湖周边的京都、大阪、奈良等，湿地养育了城市。

永定河与北京，黄浦江与上海，海河与天津，珠江与广州，太湖与无锡、苏州、湖州、巢湖与合肥、巢湖，洞庭湖与岳阳，滇池与昆明等，湿地润泽了城市。

根据国务院已审批的历史文化名城（123 个）列出各城市的主要湿地（表 1-1）。其实各个城市都有较多的大大小小的湿地，在此仅列出主要湿地。

表 1-1   城市与湿地

序号	城市名	主要湿地	城市类别	国家历史文化名城公布时间	所属省份
1	北京	永定河、京杭运河、凉水河、小清河、温榆河	一线城市	1982 年 2 月 8 日	
2	上海	东海、长江、黄浦江、吴淞江（苏州河）、张家浜	一线城市	1986 年 12 月 8 日	
3	天津	渤海、海河、京杭运河、北运河、子牙河	一线城市	1986 年 12 月 8 日	
4	重庆	长江、嘉陵江、彩云湖、九龙湖	一线城市	1986 年 12 月 8 日	
5	亳州	涡河、武家河、油河、赵王河、宋汤河	五线城市	1986 年 12 月 8 日	安徽
6	歙县	新安江、富资水、扬之水		1986 年 12 月 8 日	安徽
7	寿县	淮河、瓦埠湖、淠河		1986 年 12 月 8 日	安徽
8	安庆	长江、皖河、白泽湖、石门湖。	三线城市	2005 年 4 月 14 日	安徽
9	绩溪	练江、登源河、逍遥河、大障河		2007 年 3 月 18 日	安徽
10	泉州	东海、晋江、洛江	二线城市	1982 年 2 月 8 日	福建
11	福州	东海、闽江、晋安河、大樟溪、西湖	新一线城市	1986 年 12 月 8 日	福建
12	漳州	九龙江、九湾	三线城市	1986 年 12 月 8 日	福建
13	长汀	汀江		1994 年 1 月 4 日	福建
14	敦煌	党河、月牙泉		1986 年 12 月 8 日	甘肃
15	武威	石羊河、大水河、西营河、毛藏河	五线城市	1986 年 12 月 8 日	甘肃
16	张掖	黑河、西大河、山丹河、大河	五线城市	1986 年 12 月 8 日	甘肃
17	天水	渭河、葫芦河、藉河	五线城市	1994 年 1 月 4 日	甘肃
18	广州	珠江、北江、流花湖、流溪河、黄埔涌	一线城市	1982 年 2 月 8 日	广东
19	潮州	韩江、南海	五线城市	1986 年 12 月 8 日	广东
20	佛山	西江、北江、汾江、珠江	二线城市	1994 年 1 月 4 日	广东
21	雷州	南海、南渡河、土贡河		1994 年 1 月 4 日	广东
22	梅州	梅江、石窟河、新塘	四线城市	1994 年 1 月 4 日	广东

（续）

序号	城市名	主要湿地	城市类别	国家历史文化名城公布时间	所属省份
23	肇庆	西江、七星湖、新兴江	三线城市	1994 年 1 月 4 日	广东
24	中山	南海、珠江、洪奇沥水道、鸡鸦水道、石岐河	二线城市	2011 年 3 月 17 日	广东
25	惠州	东江、西枝江、红花湖、西湖、南海	二线城市	2015 年 10 月 3 日	广东
26	桂林	漓江、洛清江	二线城市	1982 年 2 月 8 日	广西
27	柳州	柳江、融江、洛清江	三线城市	1994 年 1 月 4 日	广西
28	北海	北部湾、廉江、南流江		2010 年 11 月 9 日	广西
29	遵义	仁江河、湘江、洛江	四线城市	1982 年 2 月 8 日	贵州
30	镇远	㵲阳河、聋子河、白岩河		1986 年 12 月 8 日	贵州
31	海口（含琼山区）	南海、南渡江、横沟河、海甸河、红城湖、美舍河	三线城市	2007 年 3 月 13 日	海南
32	承德	滦河、武烈河、白河	五线城市	1982 年 2 月 8 日	河北
33	保定	漕河、唐河、大清河、一亩泉河、拒马河、白洋淀	三线城市	1986 年 12 月 8 日	河北
34	邯郸	滏阳河、牤牛河、支漳河	三线城市	1994 年 1 月 4 日	河北
35	正定	滹沱河		1994 年 1 月 4 日	河北
36	山海关区（秦皇岛）	渤海、石河、沙河、潮河、戴河、汤河	三线城市	2001 年 8 月 10 日	河北
37	开封	黄河、运粮河、马家沟、铁底河、惠济河、涡河	五线城市	1982 年 2 月 8 日	河南
38	洛阳	洛河、伊河、瀍河、涧河	二线城市	1982 年 2 月 8 日	河南
39	安阳	安阳河、漳河	四线城市	1986 年 12 月 8 日	河南
40	南阳	白河、潦河	三线城市	1986 年 12 月 8 日	河南
41	商丘	包河、东沙河、清水河、响河、洮河	五线城市	1986 年 12 月 8 日	河南
42	郑州	黄河、贾鲁河、金水河、熊儿河、西流湖	二线城市	1994 年 1 月 4 日	河南
43	浚县	卫河、金堤河、大公河		1994 年 1 月 4 日	河南
44	濮阳	濮水河、潴龙河、老马颊河、马颊河、金堤河	五线城市	2004 年 10 月 1 日	河南
45	哈尔滨	松花江、马家沟河、呼兰河、阿什河、何家沟	二线城市	1994 年 1 月 4 日	黑龙江
46	齐齐哈尔	嫩江、东湖、克钦湖、乌裕尔河	四线城市	2014 年 8 月 6 日	黑龙江
47	荆州	长江、沮漳河、虎渡河、长湖、庙湖	四线城市	1982 年 2 月 8 日	湖北
48	武汉	长江、汉江、东湖、南湖、南太子湖、青菱湖、墨水湖	新一线城市	1986 年 12 月 8 日	湖北
49	襄阳	汉江、唐白河、清河、淳河	三线城市	1986 年 12 月 8 日	湖北
50	随州	涢水、淅河、漂水	五线城市	1994 年 1 月 4 日	湖北
51	钟祥	汉江、南湖、莫愁湖、蛮河、竹皮河、丰乐河		1994 年 1 月 4 日	湖北
52	长沙	湘江、浏阳河、圭塘河、捞刀河、后湖、咸嘉湖	新一线城市	1982 年 2 月 8 日	湖南
53	岳阳	长江、洞庭湖、芭蕉湖	三线城市	1994 年 1 月 4 日	湖南
54	集安	鸭绿江、通沟河、新开河、苇沙河、霸王潮		1994 年 1 月 4 日	吉林
55	吉林	松花江、松花湖、五里河	三线城市	1994 年 1 月 4 日	吉林
56	南京	长江、秦淮河、玄武湖、莫愁湖、前湖、月牙湖	新一线城市	1982 年 2 月 8 日	江苏
57	苏州	太湖、京杭运河、澄湖、阳澄湖、独墅湖	二线城市	1982 年 2 月 8 日	江苏

（续）

序号	城市名	主要湿地	城市类别	国家历史文化名城公布时间	所属省份
58	扬州	长江、京杭运河、新通扬运河、瘦西湖	二线城市	1982 年 2 月 8 日	江苏
59	常熟	长江、昆承湖、尚湖、阳澄湖、望虞河、常浒河、沙家浜	三线城市	1986 年 12 月 8 日	江苏
60	淮安	京杭运河、黄河（故道）、南河、勺湖、月湖	二线城市	1986 年 12 月 8 日	江苏
61	徐州	京杭运河、黄河（故道）、玉带河、云龙湖、奎河、微山湖	二线城市	1986 年 12 月 8 日	江苏
62	镇江	长江、京杭运河	二线城市	1986 年 12 月 8 日	江苏
63	无锡	太湖、京杭运河、蠡湖、漕湖、锡澄运河、长广溪	新一线城市	2007 年 9 月 15 日	江苏
64	南通	长江、通扬运河、通吕运河	二线城市	2009 年 1 月 2 日	江苏
65	宜兴	太湖、滆湖、团氿、塘河、西氿	三线城市	2011 年 1 月 27 日	江苏
66	泰州	长江、通扬运河、泰河、卤汀河、溱湖	三线城市	2013 年 2 月 10 日	江苏
67	常州	长江、京杭运河、滆湖、北塘河、湖塘河	二线城市	2015 年 6 月 1 日	江苏
68	景德镇	昌江、西河、南河	四线城市	1982 年 2 月 8 日	江西
69	南昌	赣江、抚河、桃花河、青山湖、象湖、东湖、贤士湖	二线城市	1986 年 12 月 8 日	江西
70	赣州	章江、贡江、桃江、赣江、上犹江	三线城市	1994 年 1 月 4 日	江西
71	瑞金	绵江、绿草湖、西江		2015 年 8 月 19 日	江西
72	沈阳	浑河、蒲河	新一线城市	1986 年 12 月 8 日	辽宁
73	呼和浩特	小黑河、大黑河	二线城市	1986 年 12 月 8 日	内蒙古
74	银川	黄河、宝湖、西湖、银湖、艾依河	三线城市	1986 年 12 月 8 日	宁夏
75	同仁	隆务河		1994 年 1 月 4 日	青海
76	曲阜	泗河、沂河、险河		1982 年 2 月 8 日	山东
77	济南	黄河、小清河、兴济河、大明湖、趵突泉	新一线城市	1986 年 12 月 8 日	山东
78	聊城	京杭运河、小运河、北湖、徒骇河、马颊河	三线城市	1994 年 1 月 4 日	山东
79	临淄	淄河、乌河		1994 年 1 月 4 日	山东
80	青岛	黄海、白沙河	新一线城市	1994 年 1 月 4 日	山东
81	邹城	白马河、泗河、南阳湖、大沙河、大沂河	五线城市	1994 年 1 月 4 日	山东
82	泰安	泮河、小汶河、牟汶河、梳洗河、大汶河	三线城市	2007 年 3 月 9 日	山东
83	蓬莱	黄海、渤海、黄水河	五线城市	2011 年 5 月 1 日	山东
84	烟台	黄海、渤海、大沽夹河、辛安河	二线城市	2013 年 7 月 28 日	山东
85	青州	淄河、弥河、北阳河、洗耳河	五线城市	2013 年 11 月 18 日	山东
86	大同	御河、十里河、文瀛湖	三线城市	1982 年 2 月 8 日	山西
87	平遥	汾河、惠济河、柳根河、婴涧河		1986 年 12 月 8 日	山西
88	代县	滹沱河、峪口河、中解河		1994 年 1 月 4 日	山西
89	祁县	汾河、昌源河、潆溪河、乌马河		1994 年 1 月 4 日	山西
90	新绛	汾河、浍河		1994 年 1 月 4 日	山西
91	太原	汾河、九院沙河、南沙河、北沙河、晋阳湖	二线城市	2011 年 3 月 17 日	山西
92	西安	渭河、浐河、灞河、泾河、涝河、皂河、沣河	新一线城市	1982 年 2 月 8 日	陕西
93	延安	延河、西川河、汾川河	四线城市	1982 年 2 月 8 日	陕西

（续）

序号	城市名	主要湿地	城市类别	国家历史文化名城公布时间	所属省份
94	韩城	黄河、澽水		1986 年 12 月 8 日	陕西
95	榆林	榆溪河、沙河	三线城市	1986 年 12 月 8 日	陕西
96	汉中	汉江、褒河、冷水河、胥水河、冷水河	五线城市	1994 年 1 月 4 日	陕西
97	咸阳	渭河、泾河、涝河、黑河、沣河	二线城市	1994 年 1 月 4 日	陕西
98	成都	岷江、沱江、锦江、沙河、秀水河、府河、江安河	新一线城市	1982 年 2 月 8 日	四川
99	阆中	嘉陵江、白溪、东河、构溪		1986 年 12 月 8 日	四川
100	宜宾	长江、岷江	四线城市	1986 年 12 月 8 日	四川
101	自贡	釜溪河、威远河	五线城市	1986 年 12 月 8 日	四川
102	都江堰	岷江、蒲阳河、柏条河、走马河、江安河		1994 年 1 月 4 日	四川
103	乐山	岷江、青衣江、大渡河	四线城市	1994 年 1 月 4 日	四川
104	泸州	长江、沱江、永宁河、赤水河、濑溪河	四线城市	1994 年 1 月 4 日	四川
105	会理	金沙江、硝河、三叉河、小河、城河		2011 年 11 月 8 日	四川
106	拉萨	拉萨河、雅鲁藏布江	四线城市	1982 年 2 月 8 日	西藏
107	日喀则	雅鲁藏布江、年楚河		1986 年 12 月 8 日	西藏
108	江孜	年楚河		1994 年 1 月 4 日	西藏
109	喀什	喀什噶尔河、克孜勒河、吐曼河		1986 年 12 月 8 日	新疆
110	吐鲁番	艾丁湖、红柳河、白杨河		2007 年 4 月 27 日	新疆
111	特克斯	特克斯河		2007 年 5 月 6 日	新疆
112	库车	库车河、木扎尔特河		2012 年 3 月 15 日	新疆
113	伊宁	伊犁河		2012 年 6 月 28 日	新疆
114	昆明	滇池、螳螂川、盘龙江	二线城市	1982 年 2 月 8 日	云南
115	大理	洱海	五线城市	1982 年 2 月 8 日	云南
116	丽江	拉市海、金沙江		1986 年 12 月 8 日	云南
117	建水	泸江河、曲江河、坝头河、玛朗河		1994 年 1 月 4 日	云南
118	巍山	巍山河、漾濞江		1994 年 1 月 4 日	云南
119	会泽	以礼河、硝厂河、牛栏江		2013 年 5 月 18 日	云南
120	杭州	西湖、西溪、钱塘江、京杭运河、杭州湾、东苕溪	新一线城市	1982 年 2 月 8 日	浙江
121	绍兴	鉴湖、东湖、迪荡、杭州湾、曹娥江	三线城市	1982 年 2 月 8 日	浙江
122	宁波	东海、东钱湖、甬江、奉化江、余姚江	二线城市	1986 年 12 月 8 日	浙江
123	临海	灵江、始丰溪、永安溪	五线城市	1994 年 1 月 4 日	浙江
124	衢州	衢江、江山港、常山港、乌溪江	四线城市	1994 年 1 月 4 日	浙江
125	金华	金华江、东阳江、武义江梅溪	三线城市	2007 年 3 月 18 日	浙江
126	嘉兴	南湖、京杭运河、盐嘉塘、长水塘	二线城市	2011 年 1 月 27 日	浙江
127	湖州	太湖、龙溪、白漾、西苕溪、樊漾湖	三线城市	2014 年 7 月 14 日	浙江

注：表中城市分级依据《第一财经周刊》评出的"2013 年中国城市分级名单（非港澳台）"。

表 1-1 所列的仅是我国的小部分城市和城市中的部分湿地，其实不论是繁华的大都

市还是偏僻的小村庄，都与那片海、那条河、那个湖、那眼泉相依相伴。湿地在，则城市兴；湿地失，则城市亡。烟雨江南吴越地，十里洋场大上海，渔村都市深圳路，千年帝都洛阳城，展示出湿地的伟大和城市的兴旺；罗布泊浇灌的楼兰王国，也因罗布泊的消失而烟消云散，给后人只留下了追思凭吊的断壁残垣。

第三节　湿地与汉字

文字既是文化的载体，同时又是文化的组成部分。汉字也不例外，汉字既是中华民族文化的载体，又是中华民族文化的组成部分。

如前所述，中国湿地文化是中华民族文化的重要组成部分，中国湿地文化就与汉字有着密切的关系，汉字的"汉"，本身就是河流（汉水）名称。中华民族在认识湿地、了解湿地和作用于湿地的过程中，创造了很多与湿地相关的汉字，且这些汉字相互组词联句，从不同角度共同描述了湿地的类型、特征、功能等，形成了独具特色的湿地汉字和湿地文化。

按照中华人民共和国教育部和国家语言文字工作委员会 2009 年发布的《语言文字规范（GF0011—2009）. 汉字部首表》和《语言文字规范（GF0012—2009）. GB13000. 1 字符集汉字部首归部规范》，在 201 个部首中，所含字数最多的部首是与人类生活关系密切的水（氵）部、艹部和木部。水部位居第一，有 1067 个字（含繁体字），合并简繁体并删去与水无关的一些水部字后，还有 822 个，加上其他部首的 52 个，初步统计与湿地相关的汉字有 874 个。可见先民们在生产和生活中与湿地接触最多，才会造出这么多与湿地相关的汉字。"水"直接服务于人类，"草"和"木"也要依赖水以生存，依靠土以生长。湿地使芳草萋萋，绿树荣荣；湿地使人类进步，文化繁荣。

按汉语拼音排序列出与湿地相关的汉字（多音字常见读音排前），并根据相关辞书[24,1]对各汉字释义如下：

澳（1）ào 海边弯曲可以停船的地方。《宋史·河渠志》："无港澳以容舟楫。"澳闸：拦河水闸。

（2）yù 水边弯曲的地面。《大学》："瞻彼淇澳，菉竹猗猗。"

灞 bà 水名。灞河（灞水），渭河支流，在陕西省。

浜 bāng 小河沟。李翊《俗呼小录》："绝潢断港谓之浜。"

濞（1）bì 水名。在云南省，流入澜沧江。

（2）pì 大水暴发的声音。

汴 biàn 古水名。汴水，《汉书·地理志》作卞水，指今河南荥阳西南索河。

滨〔濱〕bīn①水边；近水的地方；湖、河、海的水边陆地。《诗经·召南·采蘋》："于以采蘋？南涧之滨。"《诗经·小雅·北山》："率土之滨，莫非王臣。"《尚书·禹贡》："海滨广斥。"滨涯：水边。②湖泊名。滨湖，在山东省，已建"山东滕州滨湖国家湿地公园"。

濒〔瀕〕bīn 同"滨"。水边。《墨子·尚贤下》："是故昔者舜耕于历山，陶于河濒，渔于雷泽，灰于常阳。"

冰 bīng 水因冷凝结成的固体。《荀子·劝学》："冰，水为之而寒于水。"冰坝：漂浮的流冰在河湾、浅滩、心滩或河道狭窄处壅塞所形成的现象。冰雹：空中降下的冰块。冰暴：一种暴风雨，其所降落的雨只要一接触任何物体就立刻冻结。冰点：水的凝固点。冰冻：由于冷却而冻结成冰。冰河：结冰的河流。陆游《十一月四日风雨大作》："夜阑卧听风吹雨，铁马冰河入梦来。"冰凌：冰。冰凌灾害：冰凌堵塞河道，迫使水位迅速上涨引起河道堤防决溢、洪水泛滥淹没堤防保护区而造成的灾害。冰碛湖：冰川搬运和堆积的岩块、砾石、沙等冰碛物间的洼地积水而成的湖泊。冰蚀湖：冰川侵蚀作用所产生的洼地积水而成的湖。

波 bō①水的起伏现象。《说文解字注》："波，水涌流也。"苏轼《赤壁赋》："清风徐来，水波不兴。"波荡：水波摇荡。波痕：浅海、河湖的一种小型地形特征。波骇：水波激烈动荡。波澜：大波浪。范仲淹《岳阳楼记》："至若春和景明，波澜不惊。"波浪：水自身涌动而成波动的水面。波流：水流，支流。波路：水路，航路。波平如镜：水面平静如镜。波涛：一种大涌浪，尤指出现在外海的闪烁着阳光的波涛，上下翻腾。波腾：波浪涌起。波纹：水面轻微起伏而形成的水纹。波涌灌溉：又称波流灌溉，即向灌水沟或畦田进行间歇性供水，分段湿润土壤的灌溉方法。②古水名。波水，在河南省。《尚书·禹贡》："荥、波既潴。"

泊（1）bó 停船靠岸。陆游《过小孤山大孤山》："晚泊沙夹，距小孤一里。"
（2）pō ①湖泽。如湖泊；水泊；梁山泊（在山东省）。泊柏：小波浪。木华《海赋》："泊柏而迤飓，磊匒而相豗。"泊洑：沼泽地。泊子：湖泊。②湖名。泊湖，在安徽省。

渤 bó①水涌。渤荡：涨潮。渤溢：水涌起的样子。元稹《有酒》："鲸归穴兮渤溢，鳌载山兮低昂。"渤潏：水沸涌。晁补之《五丈渠》："悬流下喷水渤潏，讹言相惊有怪物。"②水名。渤海，我国的内海。在辽宁、河北、天津、山东之间。东以辽东半岛南端老铁山至山东半岛北岸登州角间的渤海海峡同黄海相通。渤澥，古代称东海的一部分，即渤海。司马相如《子虚赋》："浮渤澥，游孟诸。"

沧〔滄〕cāng 通"苍，青绿色（指水）。"沧海：大海。曹操《步出夏门行》："东临碣石，以观沧海。"沧浪：水色青碧，又指水名，在湖北省。沧流：泛指水流。沧溟：海水弥漫，常指大海。沧洲：滨水的地方。

漕 cáo 可供运输的河道；通过水道运送粮食。《说文解字注》："漕，水转谷也。"《史记·平准书》："漕转山东粟。"《汉书·武帝纪》："穿漕渠通渭。"漕河：古时专指运漕粮（由水路运往京师供应官、军的粮食）的河道。漕渠：汉、唐时自长安东至黄河的运渠。漕运：本意指水路运输。

涔 cén①连续下雨，积水成涝。《说文解字注》："涔，渍也。"《淮南子·主术下》："时有涔旱灾害之患。"涔涔：形容水等不断地流下。涔滴：一点点地流淌。涔云：含雨的浓云。②路上的积水。《淮南子·俶真》："牛蹄之涔，无尺之鲤。"涔水：雨后积水。涔蹄：积水的蹄迹。③水名。涔天河，在湖南省，已建"湖南江华涔天河国家湿地公园"。

汊 chà 水流分岔的地方。汊港：溪水、河水的分支。汊河：河流被沙洲或岛屿分成两股或两股以上的水流，亦称"汊道"或"夹江"。汊流：支流。

潺 chán 潺潺：水缓缓流动；溪水、泉水流动的声音。潺湲：水慢慢流的样子；水流声。《楚辞·九歌·湘夫人》："荒忽兮远望，观流水兮潺湲。"王维《辋川闲居赠裴秀才迪》："寒山转苍翠，秋水日潺湲。"

澶（1）chán ①澶湉 水缓流貌。左思《三都赋·吴都赋》："澶湉漠而无涯。"②古湖泊名。澶渊，在河南省。

（2）dàn 澶漫：宽阔貌。

浐〔滻〕chǎn 水名。浐河，灞河支流，在陕西省。《说文解字注》："浐，浐水。出京兆蓝田谷，入霸。"已建"陕西西安浐灞国家湿地公园"。

潮 cháo ①定时涨落的海水。《说文解字注》中：潮，水朝宗于海。王维《送邢桂州》："日落江湖白，潮来天地青。"潮波：海水在月球和太阳引潮力的直接或间接作用下产生的波动现象。潮差：海水涨落过程中，相邻高潮与低潮的水位高度差。潮沟：潮坪上由涨落潮流冲蚀切割成的小型沟槽。潮间带（前滨）：海岸带的一部分，介于高低潮线之间，高潮时淹没在水下，低潮时出露水面以上的地带。潮流 由潮汐引起的水的流动。潮流界：在河口潮汐中，潮流影响的界限。潮流沿河上溯到某一地点，由于潮流流速与河水下泄的流速相互抵消，潮水停止倒灌，此处即为潮流界。潮坪（潮滩）：发育在潮间带的一种海滨滩地。潮区界：在河口潮汐中，潮流界处潮水虽然停止倒灌，但河水被阻而仍有壅高现象，潮波继续上溯，愈向上游潮波愈小，直至消失，此时水位不再出现潮汐变化，即潮波幅度为零的这个界限即为潮区界。潮上带（后滨）：海岸带的一部分。海侧与平均高潮线为界与潮间带相接，陆侧止于波浪作用所能达到的最上界限，平时在水面以上，高潮或风暴潮时可被海水淹没。潮水：受潮汐影响而定期涨落的水。潮位：潮汐涨落的水位高度。潮汐：由月球和太阳的引力所造成的海水的定时涨落，早潮叫潮，晚潮叫汐。潮下带（外滨，水下岸坡）：海岸带的一部分。位于平均低潮线以下，直至波浪有效作用于海底的下限地带。潮汛：每年固定出现的涨潮期。②微湿、潮气。③水名。潮白河，海河水系五大河之一，流经北京、河北和天津，已建"天津宝坻潮白河国家湿地公园"。

澈 chè 水清澄。《玉篇》："澈，水澄也。"骆宾王《夏日游德州赠高四》："林虚星华映，水澈霞光净。"澈底：水清可见底。澈亮：清澈明亮。澈漠：清澈。清澈：水清而透明。

沉 chén 亦作"沈"。没入水中；山陵上凹处的积水；水中污泥。沉浮：在水面上出没。《诗经·小雅·菁菁者莪》："泛泛杨舟，载沉载浮。"沉浸：浸入水中。

沈〔瀋〕chén ①同"沉"。②古水名，沈水，即今四川洋溪河。

澄〔澂〕（1）chéng ①水清澈不流动。《集韵》："澄，水清定也。"《增韵》："澄，水静而清也。"《淮南子·说山》："人莫鉴于沫雨，而鉴于澄水者，以其休止不荡也。"澄碧：清澈而碧绿。澄彻（澄澈）：水清见底。王献之《镜湖帖》："镜湖澄澈，清流泻注。"

澄江：清澄明澈的江水。澄净：澄澈明净。澄静：清澈而又不泛波澜。澄明：清澈明洁。澄清：清亮，清澈。苏轼《六月二十日夜渡海》："云散月明谁点缀，天容海色本澄清。"澄泉：清泉。澄水：清澈而平静无波的水。②水名。澄江，在广西，已建"广西都安澄江国家湿地公园"。

（2）dèng 使液体中的杂质沉淀下去。澄清：使杂质沉淀下来，液体变清。

池 chí ①水塘。《广韵》："池，停水曰池。"《诗经·大雅·召旻》："池之竭矣，不云自频。"②护城河。《礼记·礼运》："城郭沟池以为固。"③水名。池河，为淮河支流，在安徽省。

冲 chōng 水撞击；向上涌流。冲积：水流速度减缓而使水中携带的泥沙沉积下来。冲积岛：大河河口地区或河流、湖泊中泥沙堆积而成的岛屿。冲积平原：河流夹带的泥沙因流速减缓堆积而成的平原。冲积扇：河流自山地流至山麓在沟谷出口处形成的扇状堆积地貌。冲积土：由江河携带的泥沙沉积形成的土壤。冲刷：河床泥沙被水流冲起和输移的现象。

滁 chú 水名。滁河，古称"涂水"，长江下游支流，源出安徽省，流至江苏省入长江。

川 chuān 水道；河流。《说文解字注》："川，贯川通流水也。"《管子·度地》："水之出于他水沟，流于大水及海者，命曰川水。"川坻：河岸。川防：河堤。川岗：河畔的山冈。川谷：河谷。川口：河口。川流：水流。陆机《演连珠》："澄风观水则川流平。"川水：江河之水。川游：游泳渡河。川源：河川的源头。②水名。川江（峡江），在重庆市。

淙 cóng ①流水。沈约《被褐守山东》："万仞倒危石，百丈注悬淙。"②水流声。《说文解字注》："淙，水声也。"淙瀿：水流声。淙琤：水石相击声。韩愈、孟郊《城南联句》："竹影金琐碎，泉音玉淙琤。"淙淙：水流声；急雨声。白居易《草堂前新开一池，养鱼种荷，日有幽趣》："淙淙三峡水，浩浩万顷陂。"陈造《再次韵后篇戏朱》："淙淙雨势欲沈城，袞袞辞源亦对倾。"③灌注。郭璞《江赋》："出信阳而长迈，淙大壑与沃焦。"

凑 còu 水流会合。《广韵》："凑，水会也，聚也。"

淡（1）dàn 浅。淡淡：水波动的样子。潘岳《金谷集作》："绿池泛淡淡，青柳何依依。"淡水：几乎不含盐的水。淡沲（潭沲）：荡漾貌。

（2）yǎn 淡淡：水平满貌。宋玉《高唐赋》："潏汩汩其无声兮，溃淡淡而并入。"

澹 dàn 波浪起伏；流水迂回；水波纡缓。《说文解字注》："澹，水摇也。"：澹淡：水波。宋玉《高唐赋》："徙靡澹淡，随波闇蔼。"澹澹：亦作"淡淡"，水波荡漾。宋玉《高唐赋》："水澹澹而盘纡兮，洪波淫淫之溶。"曹操《观沧海》："水何澹澹，山岛竦峙。"李白《梦游天姥吟留别》："云青青兮欲雨，水澹澹兮生烟。"澹瀬：荡漾。杜甫《万丈潭》："削成根虚无，倒影垂澹瀬。"

滴 dī ①液体一点一点地落下来。《说文解字注》："滴，水注也。"郑畋《麦穗两歧》："瑞露纵横滴，祥风左右吹。"滴嗒（滴答，滴漉）：水下流声。滴滴：水点连续滴下的声音；一颗颗的水珠。滴沥：水稀疏下滴；水下滴的声音。王延寿《鲁灵光殿赋》："动滴沥以成响，殷雷应其若惊。"沈约《咏檐前竹》："风动露滴沥，月照影参差。"滴溜：涓滴的水。滴水：滴下来的水。②水点。贾岛《感秋》："朝云藏奇峰，暮雨洒疏滴。"

地 dì 人类生长活动的所在。《管子·形势》："地生养万物。"

滇 diān 湖名。滇池（昆明湖、昆明池、滇南泽），云南省的大湖，湖水在西南海口泄出称螳螂川，为金沙江支流普渡河上源。

淀〔澱〕diàn ①浅水湖泊。左思《三都赋·魏都赋》："掘鲤之淀，盖节之渊。"②淤积。沈括《梦溪笔谈》："汴渠有二十年不浚，岁岁埋淀。"淀塞：淤塞。

冻〔凍〕dòng 水遇冷凝结。冻冰：水受冷凝结成冰。

洞 dòng 本义为水流急。《说文解字注》："洞，疾流也。"洞澈：清澈见底。刘长卿《旧井》："旧井依旧城，寒水深洞彻。"洞庭：①广阔的庭院。②湖名，洞庭湖，在湖南省。

渎〔瀆〕dú 水沟；水道；小沟渠；亦泛指河川。《说文解字注》："渎，沟也。"《尔雅·释水》："江河淮济为四渎，四渎者，发源注海者也。"渎田：开沟渠灌溉田。

渡 dù ①横过水面；过河。《说文解字注》："渡，济也。"《史记·项羽本纪》："愿大王急渡。今独臣有船，汉军至，无以渡。"渡槽：渠道跨越河流、沟谷或道路时修建的桥式水槽。渡场：为渡越江河或其他水域障碍而开设的场地。渡船：专用于往返河、水库及海峡两岸或岛屿间从事短途渡运旅客、货物、列车河车辆的船。渡河：通过江河。渡桥：临时架在河上供通行的桥。②摆渡口。韦应物《滁州西涧》："春潮带雨晚来急，野渡无人舟自横。"渡口：有船摆渡的地方。

沌（1）dùn 沌沌：水势汹涌。枚乘《七发》："沌沌浑浑，状如奔马。"

（2）zhuàn 水名。沌水，在湖北省，不同的河段有不同名称，如东荆河、直路河、长河、受南河、北河、黄丝河等。

洱 ěr 水名。洱海，在云南省。

泛〔氾，汎〕fàn ①漂浮；浮行；泛海；泛舟。《诗经·邶风·柏舟》："泛彼柏舟，亦泛其流。"②漫溢；大水漫流。《汉书·武帝纪》："河水决濮阳，泛郡十六。"泛泛：荡漾、浮动的样子。《诗经·邶风·二子乘舟》："二子乘舟，泛泛其景。"泛澜：漫溢横流。泛滥：江、湖水涨溢出，淹没土地。《孟子·滕文公上》："洪水横流，泛滥于天下。"泛浸：泛滥淹没。泛涨：水涨溢。

淝 féi 水名。淝水或淝河，在安徽省。

沸 fèi ①水涌起。《说文解字注》："沸，浑沸滥泉也。"司马相如《上林赋》："沸乎暴怒。"沸波：鸟名，即鱼鹰，俯冲叼食水中的鱼时扬起波浪。沸沸：翻滚涌现。沸然：水腾涌的样子。沸射：喷射。沸腾：水涌起。《诗经·小雅·十月之交》："百川沸腾。"沸渭：水翻腾奔涌。沸泻：水流翻滚奔腾。②古水名。沸流水，即今辽宁浑江或吉林柳河或辽宁富尔江。

汾 fén 水名。汾河，为黄河第二大支流，在山西省。汾泉河，在河南省，已建"河南项城汾泉河国家湿地公园山西介休汾河国家湿地公园"。

沣〔澧〕fēng ①沣沛（丰霈）：雨盛；雨水多。曹丕《感物赋》："降甘雨之丰霈，垂长溜之泠泠。"②水名。沣水，为渭水支流，在陕西省。

沨〔渢〕féng　沨沨：水声，风声。

浮fú　①漂在液体表面或空中。《说文解字注》："浮，氾也。"《诗经·小雅·菁菁者莪》："泛泛杨舟，载沉载浮。"《论语·公冶长》："道不行，乘桴浮于海，从我者其由与？"《尚书·禹贡》："浮于济、漯，达于河。"范仲淹《岳阳楼记》："皓月千里，浮光跃金。"浮标：标明水体表面下的物体位置的浮于水面的指示器；锚泊在固定地点的漂浮体，用来引导或警告海员，或用来系泊船而代替锚泊。浮冰块：海面上或其他水面上的大片浮冰。浮槎：传说中来往于海上和天河之间的木筏。浮沉：在水中时而浮起，时而沉下。浮动：漂移。浮泛：乘舟漫游。浮梗：随水漂浮的残梗。浮光掠影：水面上的反光和一掠而过的影子。浮家泛宅：以船为家，浪迹江湖。浮力：漂浮于流体表面或位于流体内部的物体所受的流体静压力的合力。浮梁：浮桥。浮码头（趸船码头）趸船锚碇于岸边，以固定引桥或活动引桥与岸连接，供船只停靠的码头。浮没：漂流淹没。浮萍：一年生草本植物，叶子浮在水面。浮桥：用浮箱或船只等浮体作水中支墩，在其上铺设桥面构件而形成的临时桥梁。浮涉：乘舟渡水。浮筒：漂浮于水上的密闭金属筒。浮头：鱼池因水中缺氧，大量池鱼浮至水面昂头进行呼吸的现象。浮性：物体在流体表面（如船在水面）或在流体中（如气球在空气中）保持平衡的能力。浮淫：划船游乐。浮游：在水里或空中漂流移动。浮游植物：漂浮于水中的小型植物，通常为藻类。浮月：浮在水面的月影。浮舟：行船。浮子：钓鱼时露在水面的漂浮物，用以观察是否有鱼上钩。②游泳。《资治通鉴》："蒙冲斗舰乃以千数，操悉浮以沿江。"③水名。浮桥河，在湖北省，已建"湖北浮桥河国家湿地公园"。

涪fú　水名。涪江，亦称内江，为嘉陵江支流，在四川省和重庆市，已建"重庆涪江国家湿地公园"。

滏fǔ　水名。滏阳河，在河北省。

溉gài①灌；浇水。《说文解字注》："溉，一曰灌注也。"《广韵》："溉，灌也。"《汉书·沟洫志》："此渠皆可行舟，有余则用溉。"《史记·河渠书》："西门豹引漳水溉邺，以富魏之河内。"溉汲：汲水浇田。溉田：灌溉田亩。②洗，洗涤。《诗经·大雅·泂酌》："泂酌彼行潦，挹彼注兹，可以濯溉。"溉盥：洗涤。

淦gàn　①水入船中。《说文解字注》："淦，水入船中也。"②水名。淦水，在江西省。淦河，也称淦水，在湖北省。

港gǎng①一般指与江河湖泊相通的小河；江河的支流；入海河流的下游。韩愈《送王秀才序》："犹航断港绝潢，以望至于海也。"港汊：河道窄小的河流。港渎：河渠。②可以停泊大船的江海口岸。港口：位于江、河、湖、海和水库沿岸，有一定的设备和条件，供船舶往来停靠、办理客货运输或其他专门业务的场所。苏轼《石钟山记》："舟回至两山间，将入港口，有大石当中流，可坐百人。"港池：码头前供船舶安全停靠、驶离河回转的水域。港湾：江、河、湖、海和水库等沿岸具有天然掩护（有时也辅以人工措施）的水域。③河水湾处。杨万里《舟中买双鳜鱼》："小港阻风泊乌舫，舫前渔艇晨收网。"

沟〔溝〕gōu ①田间水道，泛指水道。《说文解字注》："沟，水渎，广四尺，深四尺。"《尔雅》："水注谷曰沟。"《周礼·考工记·磬氏/车人》："九夫为井，井间广四尺，深四尺，谓之沟。"沟塍：沟渠和田埂。沟渎：排水水道。《汉书·循吏传》："行视郡中水泉，开通沟渎。"沟灌：使水流过作物行间的沟以灌溉农田。沟壑：溪谷、山涧。沟浍：排水渠道。《孟子·离娄下》："七八月之间雨集，沟浍皆盈。"《荀子·王制》："修堤梁，通沟浍。"沟渠：护城河，排水道。沟蚀：暂时性线状水流对地表的侵蚀作用，形成各种冲沟。沟通：开沟使两水相通。《左传·哀公九年》："秋，吴城邗，沟通江、淮。"沟洫：古代用以排涝的沟道系统。小的称"沟"，大的称"洫"。沟沿儿：水沟的沿岸。②护城河。《荀子·议兵》："城郭不辨，沟池不拑。"《史记·齐太公世家》："楚方城以为城，江汉以为沟。"

沽 gū 古水名。沽河（沽水），上游即今河北的白河；河北的海河亦称沽河。《说文解字注》："沽，沽水，出渔阳塞外，东入海。"

汩（1）gǔ ①治理，疏通。《说文解字注》："汩，治水也。"《国语·周语下》："决汩九川，陂鄣九泽。"汩鸿：治理洪水。《楚辞·天问》："不任汩鸿，师何以尚之？"汩越：治理。②水流。《楚辞·九章·怀沙》："浩浩沅、湘，分流汩兮。"汩汩：水急流的样子或声音。韩愈《奉和虢州刘给事使君三堂新题二十一咏·流水》："汩汩几时休，从春复到秋。"汩流：急流。

（2）hú 涌出的泉水。《庄子·达生》："与齐俱入，与汩偕出，从水之道而不为私焉。"

（3）yù 迅疾貌。

灌 guàn ①用水浇地；流注。《广韵》："灌，浇也，渍也。"《庄子·逍遥游》："时雨降矣，而犹浸灌。"《庄子·秋水》："秋水时至，百川灌河。"灌渎：灌溉用的小沟渠。灌溉：人工补给土壤水分以改善植物生长条件的技术措施。灌溉定额：植物整个生长期内单位面积上的总灌水量。灌溉工程：为农田灌溉而兴建的水利工程。灌溉回归水：灌溉引水量中因渗漏、废泄又经地表或地下流回引水河道的水量。灌溉农业：泛指利用农田水利设施，能够适时供水或排水的农业。灌溉渠：引水灌溉作物用的人工明渠。灌溉系统：灌溉农田的整套水利设施。灌灌：水盛大；雨不止。邓肃《次韵王信州三首》："长夜漫漫不肯旦，梅霖灌灌未应休。"灌畦：灌溉种菜。灌区：一个水利工程灌溉的区域。灌渠：灌溉渠供引水浇灌田地的渠道。灌濡：浇灌润泽。灌输：把水引导到需要水的地方。灌澍：灌注，流泻。灌水定额：单位面积上一次灌溉的水量。灌淤土：在长期引洪灌溉并不断耕作培肥下形成的土壤。灌植：浇水培植。灌注：浇灌；流入。②水名。灌水，在河南省。《说文解字注》："灌，灌水。出庐江雩娄，北入淮。"灌河，在江苏省。

滚〔滾〕gǔn 大水奔流；水流翻腾。滚坝：筑于田畔阻止水流的堤坝。滚滚：大水急速翻腾向前。杜甫《登高》："无边落木萧萧下，不尽长江滚滚来。"辛弃疾《南乡子·登京口北固亭有怀》："千古兴亡多少事？悠悠。不尽长江滚滚流。"

活 guō ①水流声。《诗经·卫风·硕人》："河水洋洋，北流活活。"②泥泞滑溜的样子。

海 hǎi ①靠近大陆，比洋小的水域；即大洋的边缘部分。深度一般小于 3000 米。每有水处即为海。《说文解字注》："海，天池也。以纳百川者。《孟子·告子下》："禹之治水，水之道也，是故禹以四海为壑。李白《梦游天姥吟留别》："半壁见海日，空中闻天鸡。"海岸：海滨或滨海的陆地边界。海岸带：陆地与海洋互相接触和互相作用的地带。分为海岸、海滩、海滨、潮上带、潮间带和潮下带等部分。海岸地貌：海岸地带在海洋(波浪、潮汐、海流、风、生物等)作用和陆地(河流、地壳运动、构造、岩性等)因素作用下形成的地表形态。海岸工程：为海岸防护和海岸带资源开发利用所采取的各种工程措施。海岸平原：地势低平，向海缓斜的沿海地带。海岸线：海水面与陆地接触的分界线。海拔：超出海平面的高度；由平均海水面起算的地面点高度。海表：国境以外之地。海滨：与海邻接的狭窄地带。海冰：海洋中一切冰的统称。海菜：海洋中可作为食用菜的植物。海槽：海盆底部或陆坡上比较宽的长凹地，深度小于海沟。海草：海产植物，如藻类。海汊：一片伸入邻近大块陆地的窄而长的海湾。海产：出自海洋的各种动植物产品。海潮：海水有规律涨落的自然现象。海程：在海上航行所经的路程。海岱：泛指东海和泰山之间的地域。海带(昆布)：长于海底石头上的一种带状含碘褐藻，有食用、制碘和药用价值。海岛：被海水环绕的小片陆地。海堤：防海水入侵的堤。海底：海洋的底部。海底高原(海台)：与大陆或大陆架隔离、孤立于大洋中央的局部高地。海底谷地(海底峡谷、水下峡谷)：大陆坡上(或延至大陆架)的狭长深谷。海防林：海岸地带的防护林。海肥：利用海产物制成的肥料。海风：从海上吹来的风。海港：滨海港口的通称。海岸上或借连接河道可接受远洋航轮，从事船运或其他海上活动的港口、停泊处。海沟：深度一般在 6000 米的海底狭长形凹地。海疆：临海的疆界。海客：经常出海航行之人。李白《梦游天姥吟留别》："海客谈瀛洲，烟涛微茫信难求。"海口：内河通海的地方。海况：海区物理、化学、生物等性质及其变动情况；有关海表面风浪特性的描述。海浪：海洋中波浪现象的总称。海老：海水枯竭。海里：在航海上应用的一种距离的单位。海岭(海脊、海底山脉)：狭长延绵的大洋底部高地。海流(洋流)：海洋中海水沿着一定方向的大规模流动。海流图：用流玫瑰、流矢量或其他方法描述水流速度和方向的水域图。海陆风：近海地区风向昼夜间发生反向转变的风。海轮：可航行于海上的轮船。海面：海水的表面。海面地形：相对于大地水准面的海面起伏状态。海难：航海时发生的各种灾难。海内：四海之内。海盆(大洋盆地)：周围有海岭、海台等围绕的深海盆地。海侵(海进)：由于各种原因引起陆地相对于海面下沉，致使海水侵入陆地的现象。海曲：滨海地区。海色：人们直观海面呈现的颜色。海山：深洋底相对高度大于米的火山。海蚀：海水运动(波浪、海流、潮汐等)破坏海岸及近海岸海底的作用。海蚀洞：岩石受波浪等侵蚀而形成的洞穴。海蚀崖：海岸受波浪侵蚀形成的陡崖。海水：存在于广阔海洋中的特殊天然水。海滩：泥沙、砾石或生物壳等堆积而成的海滨滩地。海塘：沿海而筑的防潮堤坝。海图：绘有部分地球海面的平面地图，图上标明已知的危险和导航辅助设备，还标有水域部分及毗连的陆地，专为领航员用的地图。海退：由于各种原因引起海面相对于陆地下降，致使海水后退的现象。海湾：洋或海伸进陆地的部分。海望：海水逢望日涨潮的现象。海雾：出现在海面或沿海地区的雾。海峡：连接两大片水的比较狭窄的通道；或两块陆地之间连接两片海洋的狭窄水道。如台湾海峡、英吉利海峡。海鲜：供食用的新鲜的海生动物。海啸：由海底剧烈的地壳变动、火山爆发、水下塌陷和滑坡引起的巨浪。常殃及陆地。海盐：用海水晒成或熬成的盐，是主要的食用盐。海洋：海和洋的统称，几乎覆盖地球表面四分之三的整个咸水体。海洋岛：在地质构造上同大陆没有直接联系的海洋中岛屿。海洋环境：地球上连成一片的海和洋的总水域。海洋性气候：全年和一天内的气温变化较小、空气湿润、雨量较多也较均匀的气候。主要是洋面、海岛或大陆沿岸受海洋影响明显的地区。海隅：沿海的地区。海域：包括水上、水下在内的一定海洋区域。海渊：海沟中已测得的最深部分。海员：其职业与海船的驾驶、管理或航行有关的人；当水手的人；船上除高级船员以外的船员。海岳：大海和山岳。海运：通过海路运输。海藻：海产藻类的总称。海战：在海上的交战；海上舰船之间的战斗。海藏：大海。海震：海区及其附近地震所致的短时海水震动。海子：湖。②大的湖泊或池子。如洱海、青海。③水名。海河，亦称沽河，我国华北地区最大水系，在天津注入渤海。

涵 hán ①水泽众多。《说文解字注》："涵，水泽多也。"②沉浸。涵泳：在水中潜行，即游泳。左思《三都赋·吴都赋》："涵泳乎其中。"涵浸：浸渍，滋润。

汉〔漢〕hàn 水名。《说文解字注》："汉，汉水也。上流曰漾。"汉水又叫汉江，古代曾叫沔水，与长江、黄河、淮河一道并称"江河淮汉"。汉水是长江最长的支流，发源于陕西省，流经陕西、湖北，在武汉市入长江。在其源头建了"陕西宁强汉水源国家湿地公园"，中游建了"湖北谷城汉江国家湿地公园"和"湖北襄阳汉江国家湿地公园"。汉丰湖，在重庆，已建"重庆汉丰湖国家湿地公园"。汉津：汉水。汉阴：汉水南岸。汉渚：汉水水边；汉水。

瀚 hàn 水浩大的样子；广大。

沆 hàng 大水；大泽。沆沆：水面广阔无际。沆茫：水草广大。扬雄《羽猎赋》："鸿蒙沆茫，揭以崇山。"沆漭（漭沆）水泽广阔无边、水波浩渺。《后汉书·马融列传》："瀇瀁沆漭。"沆浪：水广阔而汹涌。郭缘生《述征记》："齐人谓湖曰沆。"沆瀣：①夜间的水汽，露水。司马相如《大人赋》："呼吸沆瀣兮餐朝霞。"沆瀣之水：夜半由露气凝结而成的水。②流动缓慢的水。《史记·司马相如列传》："澎濞沆瀣。"司马彪云："澎濞，水流声也；沆瀣，徐流。"沆瀼：水深广。

濠 háo ①护城河。刘禹锡《浙西李大夫述梦四十韵并浙东元相公酬和斐然继声》："山是千重障，江为四面濠。"②水名。濠水，在安徽省。

浩 hào 大水。《说文解字注》："浩，浇也。虞书曰：'洪水浩浩。'"浩波：大波，洪波。浩荡：水势汹涌壮阔。李白《梦游天姥吟留别》："青冥浩荡不见底，日月照耀金银台。"浩瀚、浩汗、浩渺、浩浩、浩然：水势盛大。《晋书·孙楚传》："三江五湖，浩汗无涯。"张缵《南征赋》："观百川之浩渺，水泓澄以暗夕，山参差而辨旦。"《楚辞·九章·怀沙》："浩浩沅湘，分流汩兮。"《淮南子·俶真》："浩浩瀚瀚，不可隐仪揆度而通光耀者。"浩渺（浩茫）：广阔无边。赵孟頫《送高仁卿还湖州》："江湖浩渺足春水。"浩森：水面广阔。浩洋：水流广阔洪大。

灏〔灝〕hào 水势大；水势无边际。灏溔：水无涯际。《汉书·司马相如传上》："然后灏溔潢漾，安翔徐徊。"

河 hé ①水道、河流的通称。《尚书·禹贡》："导河积石。"《诗经·周南·关雎》："关关雎鸠，在河之洲。"河岸：河流的边。河边：靠近河流的地方。河槽：河底、河床。河汊：一个支流进入一个较大的水流或水域的地方。河川：大小河流的总称。河床：河谷中被水流淹没的部分，是河流输水输沙的槽状凹地。河道：河水流经的路线，常指能通航的水路。河堤：沿河道两岸用土或石垒成似墙的构筑，防止河水溢出河床。河底：河床的底部。河段：两个标示支流汇合点之间的那一部分水道。河防：保护河堤、防止水灾的工作，特指黄河的防护工作。河肥：江河湖塘中的肥泥。河濆：河边、沿河的高地。河浒：河边。河港：河流沿岸的港口。河工：治河工程，特指治黄工程；整治河流的工人。河沟：像河那样的水沟。河谷：河流所流经的长条形凹地，包括河床两边的坡地。河汉：指黄河与汉水。河湟：黄河与湟水。河间：水流方向一致的相邻河流之间的地区。河津：河边的渡口。河口：河水注入海洋、湖泊或其他河流的河段。河口湾：河流的河口段因陆地下沉或海面上升被海水侵入而形成的喇叭形海湾。河梁：桥梁。河流：沿地表线性凹槽集中的经常性或周期性水流。较大的称"河"或"江"，较小的称"溪"。河洛：黄河与洛水的合称。亦指这两河之间的地区。河漫滩：河床与谷坡之间的平坦低地。河畔：河滨。河壄：黄河沿岸的壕沟。河曲：河流迂曲的地方。河壖：黄河河边之地。河润：指沿河湿润之地。河山：河流和山岭，指国家疆土。河身：河底。河水：河里的水。河朔：泛指黄河以北。河滩：河边的沙滩。河套：围成大半个圈的河道，也指这样的河道围着的地方。河湾：河流中弯曲的河段。河网：网状纵横交错的许多水道。河系：江河水网系统。河型：河流在一定来水、来沙和河床边界组成条件下，通过长期自动调整作用形成的典型河床形态和演变模式。河沿、河沿儿：河边。河源：河水补给的源头。河运：内陆河流的运输。河洲：河中可居的陆地。②特指黄河。《说文解字注》："河，河水。出敦煌塞外昆仑山，发原注海。"河南建了"河南郑州黄河国家湿地公园""河南民权黄河故道国家湿地公园"，山东建了"山东曹县黄河故道国家湿地公园"。

涸 hé 水干；枯竭。《礼记·月令》："仲秋之月……水始涸。"涸溜：干枯的小水流。涸流：枯竭的水流。涸泽：干涸的湖沼；抽干沼泽的水。《淮南子·主术》："不涸泽而渔，不焚林而猎。"

泓 hóng ①水深而广。郭璞《江赋》："极泓量而海运，状滔天以森茫。"泓碧：水色清澈碧绿。泓泓：水深。泓洄：水深而回旋。泓净：水深且清。②量词，清水一道或一片谓一泓。如一泓清泉；一泓秋水。③潭，也泛指塘、湖。陆容《菽园杂记》："望泓面有烟云之气，飞走不定。"④古水名。故道在河南省。

洪 hóng ①大水。《说文解字注》："洪，洚水也。"《尚书·尧典》："汤汤洪水方割，荡荡怀山襄陵，浩浩滔天。"《孟子·滕文公上》："洪水横流，泛滥于天下，草水畅茂。"洪波：大波浪。洪洞：弥漫无际。洪泛区：经过洪水泛滥的地区。洪峰：洪水时的最高水位。洪流：巨大的水流。洪水：水体因大雨或融雪而暴涨泛滥，淹没了平常不在水下的陆地，常常造成灾害。洪水位：河流中某断面在汛期出现的水位。洪漭：水势盛大的样子。洪涛：大波浪。②河道陉窄流急之处；河流分道之处。王安石《东江》："东江木落水分洪，伐尽黄芦洲渚空。"③湖泊名。洪泽湖，在江苏省。洪湖，在湖北省。

滹 hū 水名。滹沱河，为子牙河的北源，发源于山西省，流入河北省。

湖 hú ①积水的大泊。《说文解字注》："湖，大陂也。"《汉书·元帝纪》："江海陂湖园池属少府者以假贫民，勿租赋。"湖滨：通常指已经开发并有建筑物的临湖土地。湖成平原：湖泊经长期淤积或水面降低使湖底出露而成的平原。湖池：湖泊池沼。湖埭：湖的堤坝。湖荡：岸边或水中长草的浅水湖泊。湖光山色：湖的风光，山的景色，湖、山相映的秀丽景色。吴敬梓《儒林外史》："湖光山色浑无恙，挥手清吟过十洲。"湖海：湖与海的合称，泛指天下之地。湖胶：湖水结冰。湖盆：蓄水的地表洼地。湖泊：地表洼地积水形成比较宽广的水域。湖泊沉积：沉积于湖泊中的沉积物。湖泊养鱼：利用拦鱼设备拦截湖泊的全部或部分进行养鱼的方式。湖滩：湖边浅滩，水深淹没，水浅露出。湖田：在湖泊地区开辟的水田，四周修筑围埝。湖泽：湖泊与沼泽的统称。②古水名。湖汉水，即今赣江上源的贡水。

浒〔滸〕hǔ 水边，指离水稍远的岸上平地。《诗经·王风·葛藟》："绵绵葛藟，在河之浒。"李白《丁都护歌》："万人凿盘石，无由达江浒。"

沪〔滬〕hù 沪渎：古代吴淞江下游靠近海的一段，现指上海市市区内的吴淞江。沪尾：淡水。

淮 huái 水名。淮河，发源于河南省，流经安徽、江苏两省，入洪泽湖。《说文解字注》："淮，淮水也。"已建"河南息县淮河国家湿地公园""江苏古淮河国家湿地公园"。

洹 huán 古水名。洹水，亦名洹河，即今安阳河，在河南省。

涣 huàn ①水大、盛。吕同老《丹泉》："清音应空谷，潜波涣寒塘。"涣涣：水流盛大。《诗经·郑风·溱洧》："溱与洧，方涣涣兮。"②古水名。涣水，在河南、安徽，安徽境内的河段即今浍河。

湟 huáng ①低洼积水的地方。湟潦：低洼积水处。《大戴礼记·夏小正》："湟潦生苹。"②水名。《说文解字注》："湟，湟水。出金城临羌塞外，东入河。"湟水，黄河上游支流，在青海省，已建"青海西宁湟水国家湿地公园"。

潢（1）huáng ①积水池。《说文解字注》："潢，积水池也。"潢井：沼泽低洼地带。潢潦：地上流淌的雨水。潢污：停聚不流的水。《左传·隐公三年》："潢污行潦之水。"潢洋：水流深广、宽阔。潢汙：积水的低洼地。②古水名。潢水，亦称潢河、黄水、饶乐水，即今内蒙古的西拉木伦河。

（2）huàng 通"滉"。水深广。《荀子·富国》："潢然兼覆之。"潢潢：水深广。

洄 huí ①上水；逆流而上。《说文解字注》："洄，溯洄也。"《尔雅·释水》："逆流而上曰泝洄。"《诗经·秦风·蒹葭》："溯洄从之，道阻且长。"洄沿：洄，逆流而上；沿，顺流而下。②水回旋而流。洄洑：水流盘旋的样子。洄洇：水流湍急回旋。洄洈：水流受阻而回旋。洄洄：水流翻滚的样子。洄纠：水流盘旋曲折。③湖泊名。洄湖，在湖北省。

汇〔滙〕huì 多个水流会合起来。《尚书·禹贡》："东汇泽为彭蠡。"汇合：水流聚集。温纯《送郡大夫楚石曹君迁督楚学序》："江、汉二水为之汇合，以结其雄，为之宣泄，以导其郁。"汇流：降雨或降雪产生的径流从流域地面、地下各处向其出口断面汇集的过程。汇涌：汇集涌流。汇濊：水流深广。

浍〔澮〕(1) huì 水名。浍河，发源于河南省，流经安徽省入洪泽湖。

(2) kuài 田间的水沟。《荀子·解蔽》："醉者越百步之沟，以为跬步之浍也。"

浑〔渾〕(1) hún ①本义为大水涌流声。《说文解字注》："浑，混流声也。"《玉篇》"浑，水喷涌之声也。"②水不清，污浊。《老子》："浑兮其若浊。"浑黄：浑浊而发黄。浑浑：浑浊的样子。浑水：浑浊不清的水。浑浊：由于沉淀或沉积物而混浊不清。陆游《过小孤山大孤山》："江水浑浊，每汲用，皆以杏仁澄之，过夕乃可饮。"③大。浑大：宏大，博大。浑浩：水势盛大。浑洪：水流盛大。浑芒：广大无边。④古水名。浑河，即今永定河，在河北、北京、天津。浑河，桑干河支流，在山西省。辽宁省也有浑河，也叫小辽河。

(2) gǔn 浑浑：水流盛大。《荀子·富国》："财货浑浑如泉源。"

混(1) hún 同"浑"。浑浊，水多泥多杂质而不清澈。《楚辞·九思·伤时》："时混混兮浇饡。"

(2) hùn 水势盛大。《说文解字注》："混，丰流也。"《汉书·司马相如传上》："汩乎混流。"混潏：水流漫涌回旋的样子。混沦：水旋转的样子。郭璞《江赋》："或泛滥于潮波，或混沦乎泥沙。"混濊：水大无边的样子。

(3) gǔn 混混 同"滚滚"。水流不绝貌。《孟子·离娄下》："原泉混混，不舍昼夜。"

激jī 水流受阻遏后腾涌或飞溅；水流猛急。《说文解字注》："激，水碍衺疾波也。"吴均《与朱元思书》："泉水激石，泠泠作响。"激潮：由反向的两股潮流而形成的激流现象。激激：急流声；水势湍急。激浪：怒涛；汹涌澎湃的波浪。激流：流速很快的水流。激水：湍急的水流。激扬：激起。魏征《九成宫醴泉碑铭》："激扬清波，涤荡暇秽。"激涌：大水猛烈地翻滚。激浊扬清：冲击污水，让清水上来。《尸子·君治》："水有四德：沐浴群生，流通万物，仁也；扬清激浊，荡去滓秽，义也；柔而难犯，弱而能胜，勇也；导江疏河，恶盈流谦，智也。"

汲jí 从井里打水，取水。《说文解字注》："汲，引水于井也。"《周易·井》："井渫不食，为我心恻，可用汲。"《吕氏春秋·慎行论》："宋之丁氏，家无井而出溉汲，常一人居外。"汲水：引水。

洎jì 浸润。《管子·水地》："越之水浊重而洎。"

济〔濟〕(1) jì 渡，过河。《诗经·邶风·匏有苦叶》："匏有苦叶，济有深涉。"《楚辞·九章·涉江》："济乎江湖。"李白《行路难》："直挂云帆济沧海。"济涉：渡水。济水：渡水。济运：渡水运输。

(2) jǐ 古水名。济水，故道在河南、山东，为古代四渎（江、河、淮、济）之一。《说文解字注》："济，济水也。"

浃〔浹〕(1) jiā 浸透。

（2）jiá 浃口，即浃江口，古名浃江，在浙江省。

（3）xiá 浃渫：水流广大。郭璞《江赋》："长波浃渫，峻湍崔嵬。"

湔 jiān 古水名。湔水，在四川省。湔江，在四川省，已建"四川彭州湔江国家湿地公园"。

涧〔澗〕jiàn ①两山间的流水沟。《说文解字注》："涧，山夹水也。"《诗经·召南·采蘩》："于以采蘩？于涧之中。"王维《鸟鸣涧》："月出惊山鸟，时鸣春涧中。"涧谷：溪涧山谷。涧井：山谷、山凹。涧籁：山涧的水声。涧流：山谷中的水流。涧水：山谷中的溪水。②古水名。《说文解字注》："涧水，出宏农西安东南入洛。"涧水，在河南省，即今洛河支流涧河。

渐〔漸〕（1）jiàn ①疏导河川。《史记·越王勾践世家》："禹之功大矣，渐九川。"②古水名。渐江水，即今新安江及其下游钱塘江。在安徽、浙江。《说文解字注》："渐，渐水。出丹阳黟南蛮中，东入海。"《水经注·渐江水》："渐江，山海经谓之浙江也。"渐水（澹水，兴水，鼎水），在湖南省。

（2）jiān ①流入。《尚书·禹贡》："东渐于海。"渐渐：流淌的样子。②沾湿；淹没；浸渍；浸泡。《广雅》："渐，渍也。"《诗经·卫风·氓》："淇水汤汤，渐车帷裳。"渐渍：浸润。

溅〔濺〕（1）jiàn 水受冲击向四外飞射。溅沫：飞溅的水花。张九龄《入庐山仰望瀑布水》："洒流湿行云，溅沫惊飞鸟。"溅水：相互浇水或轻轻玩水。

（2）jiān 溅溅：①水急速流动的样子。②流水声。古乐府《木兰诗》："不闻爷娘唤女声，但闻黄河流水鸣溅溅。"

江 jiāng ①江河的通称。《孟子·滕文公下》："水由地中行，江、淮、河、汉是也。"柳宗元《江雪》："孤舟蓑笠翁，独钓寒江雪。"江潮：外海潮波传入河口并沿河上溯而发生在江河下游的潮汐现象。江防：防止江河决堤等水患的预防工程，特指长江的江防。江干：江边，江畔。江汉：长江与汉水。《诗经·小雅·四月》："滔滔江汉，南国之纪。"江河：长江和黄河，也是大河的泛称。《庄子·则阳》："是故丘山积卑而为高，江河合小而为大。"江河日下：江河的水逐日流向下游。江湖：河流湖泊。江淮：长江淮河。江介：江边，沿江一带。《楚辞·九章·哀郢》："哀州土之平乐兮，悲江介之遗风。"江口：江水与其他水的会流处。江轮：行驶在江河中的轮船。江山：江河和山岭。江天：江面上的广阔空际。张若虚《春江花月夜》："江天一色无纤尘，皎皎空中孤月轮。"②特指我国长江。江苏省在长江南京段的新济洲建了"江苏长江新济洲国家湿地公园"。③地区名，如江北：泛指长江以北，也专指江苏、安徽的长江以北地区。《资治通鉴》："引次江北。"江表：指长江以南地区，古代从中原看，地在长江之外，故称江表。《资治通鉴》："江表英豪。"江东：古时指长江下游芜湖、南京以下的南岸地区，也泛指长江下游地区。《三国志·诸葛亮传》："据有江东。"江陵：指湖北省中部偏南、长江沿岸。江南：泛指长江下游以南的地区，主要指江苏、安徽两省的南部和浙江省的北部。王安石《泊船瓜洲》："春风又绿江南岸，明月何时照我还。"：江右：江西省的别称。江左：指江苏、安徽等长江沿江地带。

浇〔澆〕jiāo 由上往下淋，沃灌。《说文解字注》："浇，沃也。"浇溉：灌溉。浇花：用水灌花。浇湿：因浇上水而变湿。浇沃：浇灌。

湫（1）jiǎo 低洼。左思《三都赋·吴都赋》："国有郁鞅而显敞，邦有湫厄而踡跼。"湫凹：低洼。湫隘：低湿狭小。

（2）qiū 水潭。杜甫《乾元中寓居同谷县作歌七首》："南有龙兮在山湫，古木巃嵸枝相樛。"湫泊：水潭。湫水：潭水。

洁〔潔〕jié 干净。《管子·水地》："鲜而不垢，洁也。"

津 jīn①渡口；渡水的地方。《说文解字注》："津，水渡也。"《论语·微子》："孔子过之，使子路问津焉。"《尚书·禹贡》："又东至于孟津。"王勃《杜少府之任蜀州》："风烟望五津。"津吏：掌管桥梁及河流渡口的官吏。津门：在河流渡口所设置的关门。津主：在关卡或渡口检查商旅货物的官吏。津逮：经渡口过河而到达目的地。津逗：渡水口。津人：在渡口以摆渡为生的人。津亭驿馆：渡口和驿站的亭馆。②水陆要隘。津要：水陆要冲的地方。③涯，岸。津岸：涯岸，水边。津步：码头。津涯：岸；水边；水流的边岸。《尚书·微子》："今殷其沦丧，若涉大水，其无津涯。"④水。津浪：地震产生的海水扰动；海底的地壳运动或海底的火山爆发产生的大海浪。津流：水流。津路：水路。津水：水涨溢，泛滥。津通：水路通达；水无阻滞的流动。津泽：植物中含的液汁。津渚：水边。⑤桥梁。津梁：渡口的桥梁。津桥：桥梁。⑥渡，乘船过水。《水经注·河水》："而世士罕有津远者。"津渡：搭乘渡船的渡口；渡河。津筏：渡河的木筏。津航：渡船。津济：渡河。⑦滋润，润泽。《西京杂记》："雨不破块，润叶津茎而已。"《周礼·地官·大司徒》："其民黑而津。"津润：滋养润泽。津湿：透湿。⑧溢，渗。津滴：渗出水滴。津津：满溢的样子；兴趣浓厚。

浕〔藎〕jìn 水名。湖北、陕西都有。

浸 jìn①泡在水里，被水渗入。《诗经·曹风·下泉》："冽彼下泉，浸彼苞稂。"《淮南子·原道》："上漏下湿，润浸北房。"浸灌：大水漫进，灌入。浸礼：基督教受洗的一种仪式，身体浸入水中片刻。浸没：用水或其他液体覆盖或使覆盖。浸泡：泡在液体里。浸濡：因受水渍而湿透。浸润：液体渐渐渗入或附着在固体表面。浸透：把物体浸入液体中使湿透。浸洗：放在水里洗。浸渍：浸在液体中泡透。②淹没。《史记·赵世家》："引汾水灌其城，城不浸者三版。"白居易《琵琶行》："醉不成欢惨将别，别时茫茫江浸月。"浸害：指涝灾。浸漫：水涨溢。浸荡：侵蚀冲荡。③灌溉。《庄子·天地》："一日浸百畦。"浸溉：灌溉。浸水：用水灌溉，泡水，置于水中。④大的河泽。巨浸：大湖。黄景仁《望泗州旧城》："泗淮合处流汤汤，作此巨浸如天长。"

泾〔涇〕jīng①水径直涌流。《释名·释水》："水直波曰泾；泾，俓也。"《庄子·秋水》："泾流之大，两涘渚崖之间不辨牛与马。"②沟渎。③水名，泾河，渭河支流，在陕西省。《说文解字注》："泾，泾水。"泾河水清，渭河水浊，两水在会合处清浊不混，即"泾渭分明"。《诗经·邶风·谷风》："泾以渭浊，湜湜其沚。"泾惠渠：汉武帝时凿，为今陕西泾河下游引泾灌溉水利工程。

净 jìng 清洁。

酒 jiǔ 酒埠江，已建"湖南攸县酒埠江湿地公园"。

沮（1）jū 古水名。沮水，故道在陕西、河南、山东等地。今湖北省有沮河，已建"湖北远安沮河国家湿地公园"。沮漳河，长江中游支流，在湖北省。

（2）jù 沮洳：低湿之地。《诗经·魏风·汾沮洳》："彼汾沮洳，言采其莫。"沮泽：水草丛生处。

濾 jù ①干枯。《广雅》："濾，干也。"②水名。濾水，又称崛谷水，在陕西省，流入黄河，已建"陕西濾水国家湿地公园"。

涓 juān ①细小的水流。《说文解字注》："涓，小流也。"木华《海赋》："涓流泱瀁，莫不来注。"涓埃（涓尘，涓壤）：细流与微尘。涓波：微波。涓滴：一点一点地流淌。涓浍：细小的水流。涓涓：细水漫流；细小的水流。陶渊明《归去来兮辞》："木欣欣以向荣，泉涓涓而始流。"涓浅：水流又细又浅。涓细：水流细小。②水名。涓水河，古称兴乐江，湘江的支流，在湖南省；涓河，古称涓水，潍水的支流，在山东省。

决〔決〕jué ①疏通水道；导引水流。《说文解字注》："决，行流也。"《孟子·告子上》："决诸东方则东流，决诸西方则西流。"②冲破堤岸。决江：掘开江边堤岸放水。决汩：疏通，疏导。决决：流水声。卢纶《山店》："登登石路何时尽，决决溪泉到处闻。"决口：堤岸溃决，水外注的现象。决口扇：河水冲破天然或人工堤，在决口处泥沙堆积而成的扇形地貌。决溃：堤防被水冲破。决水：河水决口。决泄：除去壅塞，排除积水。决溢（决洪）：河堤溃破、水流泛滥。

浚〔濬〕jùn ①深。《诗经·小雅·小弁》："莫高匪山，莫浚匪泉。"浚濑：湍流。浚流：深流。浚湍：急湍。浚渫：疏浚。浚泽：深泽。浚照：水深而明澈。②挖深，疏通。《汉书·赵充国传》："浚沟渠，治湟狭以西道桥七十所。"浚池：挖掘或疏通护城河。浚治：疏浚。浚流：疏浚河流，疏浚使排泄。③水名。浚河，在山东省，已建"山东浚河国家湿地公园"。

溘 kè 溘溘：流水声。李贺《塘上行》："飞下双鸳鸯，塘水声溘溘。"

况〔況〕kuàng 本义为寒冷的水。《说文解字注》："况，寒水也。"

溃〔潰〕kuì 水冲破堤岸。《说文解字注》："溃，漏也。"《水经注·河水》："不遵其道曰洚，亦曰溃。"木华《海赋》："沸溃渝溢。"马融《长笛赋》："於是山水猥至，渟涔障溃。"班固《西都赋》："东郊则有通沟大漕，溃渭洞河，泛舟山东，控引淮湖，与海通波。"《史记·河渠书》："孝文时，河决酸枣，东溃金堤。"溃洍：水流广大无涯。左思《三都赋·吴都赋》："溃洍泮汗。"溃瀁：波浪相激汹涌。溃决：大水冲决堤坝。溃溃：水流的样子。《说苑·杂言》："泉源溃溃，不释昼夜。"溃滥：溃决，泛滥。溃流：谓水喷涌而出。溃冒：冲决泛滥。溃溢：堤防崩溃，洪水泛滥。

涞〔淶〕lái 水名。涞水，又叫涞水河，即今拒马河，在河北省。《说文解字注》："涞，水。起北地广昌，入河。"

濑〔瀨，瀬〕lài ①从沙石上流过的急水。《说文解字注》："濑，水流沙上也。"《汉书·司马相如传下》："东驰土山兮，北揭石濑。"《论衡·书虚》："溪谷之深，流者安洋，浅多沙石，激扬为濑。"②水名。濑溪河，在重庆，已建"重庆濑溪河国家湿地公园"。

澜〔瀾〕lán　①大波浪。《说文解字注》："澜，大波也。"《尔雅》："大波为澜，小波为沦。"《孟子·尽心上》："观水有术，必观其澜。"宋玉《神女赋》："望余帷而延视兮，若流波之将澜。"澜澳：水曲。澜翻：水势翻腾。《宣和画谱·董羽》："画水于玉堂北壁，其汹涌澜翻，望之若临烟江绝岛间。"澜澜：流不绝。②波纹。《释名》："风行水波成文曰澜。"《文心雕龙·隐秀》："珠玉潜水，而澜表方圆。"澜清：清澄如水。微澜：小波纹。③水名。澜沧江，在云南省，流到西双版纳出境后称湄公河，经缅甸、老挝、泰国、柬埔寨，从越南入南海。

滥〔濫〕làn　江河水满溢；泛滥。《说文解字注》："滥，泛也。"滥泉：从地下向上涌出的泉水。滥觞：江河发源之处水又小又浅，仅能浮起酒杯。《荀子·子道》："江出于岷山，其始出也，其源可以滥觞。"滥泛：泛滥，浮沉。

浪（1）làng　大波，波浪。左思《三都赋·魏都赋》："温泉毖涌而自浪，华清荡邪而难老。"浪潮：如潮水般汹涌起伏的波涛。浪花：波浪冲击溅起的泡沫。徐铉《登甘露寺北望》："京口潮来曲岸平，海门风起浪花生。"浪蚀：波浪对湖、海岸及其底部的侵蚀作用。浪淘淘：波浪翻滚。浪涛：巨大的波浪。浪头：掀起的波浪。

（2）láng　浪浪：流不止。韩愈《别知赋》："雨浪浪其不止，云浩浩其常浮。"

潦（1）láo　水名。又叫潦水，在陕西省，入渭河。

（2）lǎo　雨水盛大；雨后地面积水。《楚辞·九辩》："沉寥兮天高而气清，寂寥兮收潦而水清。"王勃《滕王阁序》："潦水尽而寒潭清，烟光凝而暮山紫。"陆游《过小孤山大孤山》："是日风静，舟行颇迟，又秋深潦缩。"潦浸：大雨泛滥成灾。潦潦：雨大水流。潦水：雨后的积水。潦雨：大雨。

（3）lào　同"涝"，雨水过多，淹没庄稼。《说文解字注》："潦，雨水大也。"《庄子·秋水》："禹之时十年九潦，而水弗为加益。"潦旱：水涝与干旱。潦灾：水灾。潦岁：水涝之年。

（4）liáo　水名。潦河，又叫垢河，在河南省；又叫辽河，在辽宁省；江西省修水的支流南潦河、北潦河。

涝〔澇〕（1）láo　①大的波浪。鲍照《登大雷岸与妹书》："浴雨排风，吹涝弄翻。"②古水名。涝水，即今渭河支流涝峪河，在陕西省。

（2）lào　降雨径流不能及时排出而酿成的灾害。涝池：水塘，池塘，在地面掘池以拦蓄地面径流的小型蓄水工程设施。涝漉：浸润其中。涝洼地：低洼易淹的田地。

泐lè　石头被水冲击而形成的裂纹。《说文解字注》："泐，水石之理也。"

雷léi　古水名。雷池，故址在安徽省。

漓〔灕〕lí　水名。漓江，也叫"漓水"，在广西。

澧lǐ　①澧澧：波浪声。《楚辞·九叹·离世》："波澧澧而扬浇兮，顺长濑之浊流。"②水名。澧水，洞庭湖水系主要河流之一，在湖南省。

沥〔瀝〕lì　水下滴；液体从细小的裂缝或小孔慢慢流出；液体的点滴。沥滴：水下滴。沥涝：积水淹了农作物。沥沥：形容风声或水声。唐代于武陵《早春日山居寄城郭知己》："入户风泉声沥沥，当轩云岫色沈沈。"沥水：积在地面上的雨水。沥液：细微的水流。

溧 lì 古水名。溧水，也称陵水、濑水、永阳江，在江苏省。溧河，在湖北省。

涟〔漣〕lián①小波，风吹水面而起的波纹。谢灵运《山居赋》："拂青林而激波，挥白沙而生涟。"涟猗：细小的波纹，小水波。《诗经·魏风·伐檀》："河水清且涟猗。"左思《三都赋·吴都赋》："剖巨蚌於回渊，濯明月於涟漪。"②水名。涟水河，湘江支流，在湖南省。江苏也有涟水河。

濂 lián 水名。濂溪：湖南和江西都有。

潋〔瀲〕liàn①水际；水边。潘岳《西征赋》："华莲烂于渌沼，青蕃蔚乎翠潋。"②被吹起的水面的波纹。潋潋：水波流动的样子。③水满。潋滟：水满；水盈溢；水波荡漾。白居易《对新家酝玩自种花》："玲珑五六树，潋滟两三杯。"④水名。潋江，在江西省，已建"江西潋江国家湿地公园"。

冽 liè 水清澄。柳宗元《永州八记·至小丘西小石潭记》："下见小潭，水尤清冽。"

洌 liè 清澈；清澄。《说文解字注》："洌，水清也。"欧阳修《醉翁亭记》："泉香而酒洌。"洌清：清澈的样子。

淋 lín①浇。《说文解字注》："淋，以水沃也。"王褒《洞箫赋》："被淋洒其靡靡兮，时横溃以阳遂。"②浸渍。《广雅》："淋，渍也。"淋浪：沾湿的样子。淋淋漓漓：沾湿下滴的样子。淋淫：浸渍。③山水奔流的样子。《说文解字注》："淋沐，山水下貌。"淋淋：水倾斜的样子。枚乘《七发》："洪淋淋焉，若白鹭之下翔。"淋雨（霖雨）：大雨。④水连续下滴。淋涔：流滴的样子。淋津：流滴的样子。淋浪：水连续下滴不止的样子。淋铃：雨声。淋漓：流滴的样子。淋雨：连绵雨。

霖 lín 久下不停的雨。《说文解字注》："霖，雨三日以往也。"霖霖：形容久雨不停。霖雨：连绵大雨。曹植《赠白马王彪》："霖雨泥我涂，流潦浩纵横。"

泠 líng①清凉、冷清、清澈。泠波：清澈的水波。②水名。《说文解字注》："泠，泠水，出丹阳宛陵，西北入江。"即今安徽清弋江。

凌 líng①冰，积冰。孟郊《寒江吟》："涉江莫涉凌，得意须得朋。"凌冰：流水中的冰块。凌汛：河道结冰或冰凌积成的冰坝阻塞河道，引起河水骤涨的现象。凌灾：因冰块堵塞河道导致河水泛滥。②通"淩"。渡；逾越。《吕氏春秋·论威》："虽有江河之险则凌之。"凌波：急速奔流的水波。

零 líng 下雨；落细雨。《说文解字注》："零，余雨也。"零雨：徐徐飘落的雨。《诗经·豳风·东山》："零雨其濛。"

浏〔瀏〕liú①水清澈。《诗经·郑风·溱洧》："溱与洧，浏其清矣。"浏滥：清净而泛滥。浏如：清澈。②水名。浏河，在江苏省。浏阳河，在湖南省。

流 liú①液体移动，淌出，淌开。《诗经·大雅·公刘》："观其流泉。"《诗经·邶风·泉水》："毖彼泉水，亦流于淇。"李白《望天门山》："天门中断楚江开，碧水东流至此回。"流迸：涌流而出。流冰：冰块在河面上漂动和流动。流冰花（淌凌）：水内冰、棉冰和冰屑等随水流漂浮在水面或潜于水中流动的现象。流波：流水。张协《杂诗》："流波恋旧浦，行云思故山。"流量：单位时间内通过过流断面的流体量。流泉：流动的泉水。流水：流动的水。流水地貌：流水侵蚀、搬运和堆积作用所形成的地貌。如冲沟、河谷、河漫滩、冲积扇等。流淌：液体流动。流体：液体和气体的总称。流涕：流泪。流向：水流流动方向。流域：由地面分水线包围的、具有流出口的、汇集雨水的区域。或河流的干流和支流所流过的整个区域。②顺水漂移。《诗·小雅·小弁》："譬彼舟流，不知所届。"流泊：在水面漂流。流花：水面漂流的落花。流觞（流杯）：在环曲水道旁宴聚时，将酒杯放入水中，任其漂流，停在谁的面前，谁当即取饮。王羲之《兰亭集序》："又有清流激湍，映带左右，引以为流觞曲水，列坐其次。"宗懔《荆楚岁时记》："三月三日，士民并出江渚池沼间，为流杯曲水之饮。"③河川、江河的流水。《荀子·劝学》："不积小流，无以成江海。"陶渊明《归去来分辞》："登东皋以舒啸，临清流而赋诗。"流川：江河的流水。流涧：山间的流水。④水道。流别：江河的分支。

溜 liù ①迅急的水流。溜道：湍急的河道。②古水名。又名"潭水"，即今纵贯广西中北部的融江、柳江及黔江。《说文解字注》："溜，溜水。出郁林郡。"

泷〔瀧〕lóng 湍急的河流。泷泷 水声。

漏 lòu 液体或气体从空隙中渗出。漏缝：水逸出的裂缝、罅隙或裂纹。漏水：成滴状或细流状流下的水。漏隙：漏洞缝隙。漏泄：水流出或透出。

泸〔瀘〕lú 水名。泸水，在四川。诸葛亮《出师表》："故五月渡泸，深入不毛。"

渌 lù ①清澈。曹植《洛神赋》："灼若芙蕖出渌波。"渌池：清澈的池塘。渌洄：清澈回旋的水。渌浆：清水。渌水：清澈的水。李白《梦游天姥吟留别》："渌水荡漾清猿啼。"②水名。渌水，湘江支流，发源于江西，在湖南注入湘江。

潞 lù 水名。潞河，即北京市通县以下的北运河；山西浊漳河。潞江，即云南省的怒江。

露 lù ①靠近地面的水蒸气，夜间遇冷凝结成的小水球。露珠：露水在冷的物体表面上凝结的水珠。②滋润。《说文解字注》："露，润泽也。"《诗经·小雅·白华》："英英白云，露彼菅茅。"③水气。苏轼《赤壁赋》："白露横江，水光接天。"

滤〔濾〕lǜ 让水、液体等通过纱、纸等介质，以除去其中所含的泥沙、杂质、渣滓等而变纯净。《玉篇》："滤，滤水也，一曰洗也，澄也。"滤池：水处理中实施过滤的一种构筑物。

漉 lù ①使干涸；竭尽。《说文解字注》："漉，浚也。"《礼记·月令》："毋竭川泽，毋漉陂池。"漉池：使池水干涸。漉汔：使干涸竭尽。②水慢慢地渗下；渗出；润湿。《战国策·楚策》："漉汁洒地，白汗交流。"漉湿：淋湿。

滦〔灤〕luán 水名。滦河，古名濡水，上游为内蒙古的闪电河，流入河北省后称"滦河"，入渤海。已建"内蒙古多伦滦河源国家湿地公园""河北坝上闪电河国家湿地公园"。

沦〔淪〕lún 水起微波。《说文解字注》："沦，小波为沦。"《诗经·魏风·伐檀》："河水清且沦猗。"

泺〔濼〕（1）luò 古水名。泺水，在山东省。《说文解字注》："泺，泺水，齐鲁间水也。"

（2）pō 湖泊。《正字通·水部》："陂泽，山东名泺，幽州名淀。"

洛 luò 古水名。《说文解字注》："洛，洛水，出左冯翊归德北夷界中，东南入渭。"洛水，即今洛河，发源于陕西省，流至河南省入黄河。洛涧，在安徽省。

漯（1）luò 水名。漯河，在河南省。

（2）tà 古水名。漯水，亦称漯川，故道在河南、山东。

满〔滿〕mǎn 全部充实；达到一定限度。《说文解字注》："满，盈溢也。"冯梦龙《东周列国志》："夫月满则亏，水满则溢。"满江红：一中蕨类植物。满盈：充盈，充足。

漫 màn ①水涨；水过满；水外溢。储光羲《酬綦毋校书梦耶溪见赠之作》："春看湖水漫，夜入回塘深。"宋之问《自湘源至潭州衡山县》："渐见江势阔，行嗟水流漫。"漫灌：任水顺坡漫流的一种粗放灌溉方式。漫江：满江。毛泽东《水调歌·游泳》："漫江碧透，百舸争流。"漫口：堤岸被水冲溃。漫溃：水涨破堤而出。漫流：水势很大的河流。漫澜（澜漫）：水广大貌。韩愈《送郑尚书序》："漫澜不见踪迹。"漫漫：广远无际。漫水桥（过水桥）：桥面建在洪水位之下，能让洪水漫过的桥梁。漫泄：水满外流。漫衍：泛滥。刘歆《山海经序》："洪水洋溢，漫衍中国。"漫溢：水满向外流。漫滋：水涨溢漫延。②淹没；浸坏。《金史·河渠志》："河水浸漫，堤岸陷溃。"

漭 mǎng 洪水广阔无边。漭荡：广大无际。漭沆：水广大无际。张衡《西京赋》："顾临太液，沧池漭沆。"漭滥：广远空阔。漭泱：广大。漭漭：水广远的样子。宋玉《高唐赋》："涉漭漭，驰苹苹。"漭洋洋：广大无涯。漭濮：水广大无涯际。《后汉书·明帝记》："雨水不时，汴流东侵，日月益甚。水门故处，皆在河中，漭濮广溢，莫测圻岸。"

泖 mǎo 水面平静的湖荡。倪瓒《正月廿六日漫题》："泖云汀树晚离离，饮罢人归野渡迟。"

湄 méi ①岸边；河岸；水与草交接的地方。《说文解字注》："湄，水草交为湄。"《诗经·秦风·蒹葭》："所谓伊人，在水之湄。"②水名。湄公河，东南亚最长的河流，上游为我国云南的澜沧江。湄沱湖，古湖名，即今黑龙江的兴凯湖。

洣 mǐ 水名。洣水，湘江一级支流，在湖南省，已建"湖南衡东洣水国家湿地公园"。

汨 mì 水名。汨罗江，在湖南省，已建"湖南汨罗江国家湿地公园"。

泌（1）mì 液体由细孔排出。

（2）bì ①泉水涌出的样子，亦指涌出的泉水。《说文解字注》："泌，侠流也。"《诗经·陈风·衡门》："泌之洋洋，可以乐饥。"②古水名。泌水，即今河南泌阳河。

沔 miǎn ①水流充满。《诗经·小雅·沔水》："沔彼流水，朝宗于海。"沔沔：水满荡漾的样子。② 古水名。沔水，汉水的上游，古代通称汉水为沔水，在陕西省。

湎 miǎn 水流貌。湎演：水流的样子。湎湎：流移的样子。

淼〔淼〕miǎo 水势辽远；水面辽阔；水大。《楚辞·九章·哀郢》："当陵阳之焉至兮，淼南渡之焉如。"高适《送崔录事赴宣城》："举帆风波渺，倚棹江山来。"陆游《过小孤山大孤山》："大孤则四际渺弥皆大江，望之如浮水面。"渺漭：水势辽阔。渺弥：水流旷远的样子。渺绵：水流不断的样子。渺渺：水远貌。寇準《江南春》："波渺渺，柳依依。”

泯 mǐn 泯泯：水清的样子。杜甫《漫成》：“野日荒荒白，春流泯泯清。”

溟 míng①海。《庄子·逍遥游》：“北冥有鱼，其名曰鲲。”张协《杂诗》：“云根临八极，雨足洒四溟。”王勃《滕王阁序》：“地势极而南溟深，天柱高而北辰远。”溟渤：泛指大海。溟岛：海中的小岛。②小雨濛濛。《说文解字注》：“溟，小雨溟溟也。”溟濛：烟雾弥漫，景色模糊。沈约《八咏》：“上瞻既隐轸，下睇亦溟濛。”溟溟：潮湿、潮润。溟沐：细雨。

没〔沒〕mò 深入水中；隐在水中。《说文解字注》：“没，沉也。”《庄子·大宗师》：“梦为鱼而没于渊。”没溺：沉没。没漂：淹没冲荡。没石：暗礁。没水：潜水。

沫 mò①水泡。《说文解字注》：“瀑下一曰沫也。”郭璞《江赋》：“拊拂瀑沫。”沫流：冒着泡沫的水流，指激流。沫血：水面上的泡沫像血一样。沫雨：骤雨成潦，上浮泡沫。②古水名。沫水，在四川省，即今大渡河。《说文解字注》：“沫，沫水。出蜀西徼外东南入江。”

沐 mù 润泽，受润泽。《后汉书·明帝纪》：“京师冬无宿雪，春不燠沐。”沐日浴月：受日月光华的润泽。

淖 nào ①泥，泥沼，烂泥。《说文解字注》：“淖，泥也。”淖溢：淤泥。淖潦：烂泥积水。淖泞：泥烂滑溜。淖田：烂泥田。淖污：泥水混浊。②湿润。《广雅》：“淖，湿也。”《管子·内业》：“淖乎如在于海。”淖泽：湿润。

泥 ní①和着水的土。泥水：带泥土的水。泥滩：在岸边或河中淹没或部分淹没的泥地。泥潭：通常为暴风雨所留下的小污水坑。泥沼：松软潮湿的或多沼泽的土地。②古水名。泾水支流，在甘肃省。《说文解字注》：“泥，泥水也。出北地郁郅北蛮中。亦曰白马水。一名东河。”

溺 nì 淹没。

涅〔湼〕niè 古水名。在山西、河南、广东。

凝 níng 水遇冷而固结。《说文解字注》：“凝，水坚也。”

泞〔濘〕nìng 泥浆。《说文解字注》：“泞，荥泞也。杜甫《彭衙行》:”一旬半雷雨，泥泞相牵攀。”泞潦：泥水淤积。泞滞：泥水淤积难行。

浓〔濃〕nóng 本义为露多。引申为密、厚、多。《说文解字注》：“浓，露多也。”《诗经·小雅·蓼萧》：“蓼彼萧斯，零露浓浓。”浓浓：露多的样子。

沤〔漚〕(1)ōu 水泡。苏轼《九日黄楼作》：“去年重阳不可说，南城夜半千沤发。”沤泊：水泡，浮沫。沤点：雨滴着水时泛起的水泡。沤珠：水泡。通“鸥”。

(2)òu 长时间浸泡。《说文解字注》：“沤，久渍也。”《诗经·陈风·东门之池》：“东门之池，可以沤麻。”

派 pài 水的支流；泛指江河的流水。《说文解字注》：“派，别水也。”九派，一般指长江的很多支流。左思《三都赋·吴都赋》：“百川派别，归海而会。”郭璞《江赋》：“源二分于崌崃，流九派乎浔阳。”毛泽东《菩萨蛮·黄鹤楼》：“茫茫九派流中国，沉沉一线穿南北。”派合：水流汇合。派流：水的支流。

湃 pài 湃湃：水波相击声。苏轼《又次前韵赠贾耘老》："仙坛古洞不可到，空听余澜鸣湃湃。"

潘（1）pān 湖泊名。潘集湖，在湖北省，已建"湖北沙洋潘集湖国家湿地公园"。潘安湖，在江苏省，已建"江苏潘安湖国家湿地公园"。

（2）pán 回旋的水流。《列子·黄帝》："鲵旋之潘为渊。"

（3）fān 水溢出。《管子·五辅》："导水潦，利陂沟，决潘渚，溃泥滞，通郁闭，慎津梁。"

泮 pàn ①融解。《诗经·邶风·匏有苦叶》："迨冰未泮。"②通"畔"。岸，水边。《诗经·卫风·氓》："淇则有岸，隰则有泮。"泮岸：畔岸，边际。泮池（泮水）：古代学宫前的水池。半月形。《诗经·鲁颂·泮水》："思乐泮水，薄采其芹。"泮汗：水势广大无边。泮涣：融化。

雱 pāng ①雨雪下得很大。《诗经·邶风·北风》："北风其凉，雨雪其雱。"②同"滂"，水盛漫流。

滂 pāng ①水涌出；大水涌流。《说文解字注》："滂，沛也。"《诗经·陈风·泽陂》："寤寐无为，涕泗滂沱。"枚乘《七发》："观其两旁，则滂渤怫郁。"《楚辞·大招》："娇修滂浩，丽以佳只。"滂濞：水波相击声。司马相如《上林赋》："滂濞沆溉。"《汉书·司马相如传下》："贯列缺之倒景兮，涉丰隆之滂濞。"滂浩：水广大。滂流：大水盛流。《汉书·宣帝记》："醴泉滂流，枯槁荣茂。"滂湃：波浪相激的声音，形容水势盛大。《水经注·渭水》："至若山雨滂湃，洪津泛洒，挂溜腾虚，直泻山下。"滂滂：水流大。滂人：古时掌理池泽资源的官吏。滂溏：水流广大的样子。②倾盆大雨。《史记·司马相如传》："滂濞沆溉。"滂沛：波澜壮阔；雨大。《楚辞·九叹·逢纷》："波逢汹涌，濆滂沛兮。"扬雄《甘泉赋》："云飞扬兮雨滂沛，于胥德兮丽万世。"滂霈、滂沲、滂澍、滂泽：大雨。滂沱：雨下得很大。《诗经·小雅·渐渐之石》："月离于毕，俾滂沱矣。"

泡 pāo ①泡溲：水盛大的样子。泡子：小湖，池塘。②古水名。《说文解字注》："泡，泡水，出山阳平乐，东北入泗。"

沛 pèi ①水势湍急。沛沛：水盛大的样子。《论衡·自纪》："河水沛沛，比夫众川，孰者为大？"沛发：大量涌出。沛然：充盛、盛大。《孟子·梁惠王上》："天油然作云，沛然下雨。"沛若：盛大。②有水有草的沼泽地。沛泽：有水有草的沼泽地。③蓄积用来灌田的水。④古水名。《说文解字注》："沛，沛水。出辽东番汗塞外，西南入海。"古泽名。沛泽，古代沛县的大泽。

霈 pèi 大雨；雨雪盛。也作"沛"。《玉篇》："霈，大雨。"《孟子·梁惠王上》："天油然作云，沛然下雨，则苗渤然兴之矣。"李白《明堂赋》："于斯之时，云油雨霈。"沈瑱《贺雨赋》："嘉廪储之望岁，喜甘霈之流滋。"霈洽：雨量充沛。霈霈：雨密而盛大。霈然：雨盛大的样子。霈泽：雨水。

澎 péng 澎湃（澎汃，澎濞，彭湃，滂湃）：波涛撞击声。苏轼《石钟山记》："则山下皆石穴罅，不知其浅深，微波入焉，涵淡澎湃而为此也。"韩愈、孟郊《征蜀联句》："汉栈罢嚣阗，獠江息澎汃。"澎晶：水下泄冲击声。澎济：水奔腾撞击。

　　淠 pì ①舟行貌。《诗经·大雅·棫朴》："淠彼泾舟，烝徒楫之。"②水名。淠河，淮河支流，在安徽省，已建"安徽六安淠河国家湿地公园"。

　　漂 piāo 浮在水上不动或顺着风向、流向而移动。《说文解字注》："漂，浮也。"张衡《思玄赋》："漂通川之硥硥。"漂冰（浮冰）：漂浮于水中的冰。漂泊（漂薄、漂泼、飘泊）：随流漂荡而停泊。漂泛：浮舟而行，随波漂流。漂海：漂浮于海上。漂疾：水流急涌快速。

　　泼〔潑〕pō 洒；浇；倾出。泼洒：猛力倒水使散开。泼散（泼撒）用水冲击物体。

　　濮 pú 水名。濮水，故道在河南省。《说文解字注》："濮，濮水出东郡濮阳，南入钜野。"《庄子·秋水》："钓于濮水。"濮水，即今安徽芡河上游。

　　浦 pǔ ①水滨、水边。《说文解字注》："浦，濒也。"《诗经·大雅·常武》："截彼淮浦，王师之所。"《楚辞·九歌·湘君》："望涔阳兮极浦，横大江兮扬灵。"张衡《思玄赋》："载太华之玉女兮，召洛浦之宓妃。"浦帆：水滨的帆船。浦鸥：水边的鸥鸟。浦滩：滩岸。浦溆：水边。②指池、塘、江河等水面。浦月：江河水中之月。浦屿：水中小岛。③通大河的水渠；河流入海的地区；江河与支流的汇合处。宋长文《吴郡图经续记》："或五里七里，而为一纵浦，又七里或十里，而为一横塘，因塘浦之土以为堤岸，使塘浦阔深，堤岸高厚，则水不能为害，而可使趋于江也。"浦海：江河的入海口。浦口：小河入江的地方。

　　溥 pǔ 通"浦"，水边，水涯。《汉书·扬雄传上》："储与乎大溥，聊浪乎宇内。"

　　瀑（1）pù 瀑布：水从高山陡直地流下来，远看好像挂着的白布。李白《望庐山瀑布》："日照香炉生紫烟，遥看瀑布挂前川。"

　　（2）bào ①急雨；暴雨。《说文解字注》："瀑，疾雨也。"②水飞溅；溅起的水。瀑流：喷涌的泉水。瀑沫：飞溅的水沫。瀑泉：喷涌的泉水。③水名。瀑河，也叫鲍河，在河北省。

　　凄〔淒〕qī 云雨兴起的样子。《说文解字注》："凄，雨云起也。"

　　漆 qī 古水名。漆水，即今漆水河，渭水支流，在陕西省。

　　淇 qí 水名。淇河，卫河支流，在河南省，已建"河南鹤壁淇河国家湿地公园"。

　　汔 qì 水干涸。《说文解字注》："汔，水涸也。"葛洪《抱朴子·诘鲍》："汔渊剖珠，倾岩刊玉。"

　　汽 qì ①水枯竭。《说文解字注》："汽，水涸也。"②液体或固体受热而变成的气体，特指水蒸气。

　　洽（1）qià 沾湿；浸润。《说文解字注》："洽，沾也。"《淮南子·要略》："以内洽五藏。"洽濡：沾湿，滋润。洽润：润泽。洽衿：沾湿衣襟。

　　（2）hé 古水名。洽水，又名潢水，即今陕西金水河。《诗经·大雅·大明》："在洽之阳，在渭之涘。"

　　潜〔潛，灊，潜〕qián ①隐入水下。《说文解字注》："潜，涉水也。"《诗经·小雅·正月》："潜虽伏矣，亦孔之炤。"潜坝：横穿河床按一定间距修造的水下混凝土槛，目的是防止河床受过多的冲刷或增加水流宽度。潜堤：堤顶位于静止水面下的防水堤。潜流：地面下的水流；也指水在地下流动。潜蚀：地下水沿岩(土)层的裂隙流动，溶解并冲走其中的可溶性矿物，形成局部地下空洞，引起上覆岩(土)层发生坍陷。潜水：饱和层中的地下水。②暗流。《山海经》："东望渤泽，河水所潜也。"潜演：水在地下流动。潜源：潜伏着的水源。③古水名。陕西、湖北、四川、重庆均有。

浅〔淺〕(1)qiǎn 不深。《说文解字注》："浅，不深也。"《庄子·逍遥游》："水浅而舟大也。"浅海：500 米深度以内的海域。浅礁：钙质礁屑在水下浅滩中呈不规则块状的一种礁。浅水：深度较小的水或浅滩上的水。浅滩：海、河或其他水体中水浅的地方。

(2)jiān 水声。浅浅：流水声；水流急速。《楚辞·九歌·湘君》："石濑兮浅浅，飞龙兮翩翩。"

沁 qìn ①渗入或透出。②汲水。韩愈、孟郊《同宿联句》："义泉虽至近，盗索不敢沁。"③水名。《说文解字注》："沁水，出上党谷远羊头山，东南入河。"沁水(沁河)，黄河支流，在山西省，已建"山西沁河源国家湿地公园"。

清 qīng ①水澄澈。《楚辞·渔父》："沧浪之水清兮，可以濯我缨。"《诗经·魏风·伐檀》："河水清且涟猗。"陶渊明《归去来兮辞》："登东皋以舒啸，临清流而赋诗。"柳宗元《永州八记·至小丘西小石潭记》："下见小潭，水尤清冽。"清波：清澈的水流。骆宾王《咏鹅》："白毛浮绿水，红掌拨清波。"清澈：清净而明澈。陆游《过小孤山大孤山》："南江则极清澈。"袁宏道《满井游记》："鳞浪层层，清澈见底。"清泚：清清的河水。清活活：水清澈而流动貌。清涟：清澈的细水波。清凌凌：水清澈而有波纹。清流：清澈的流水。清清：清洁明澈。清泉：清冽的泉水。清深：水色清澈。清悠悠：清澈明亮貌。清雨：清净的雨。清照：清澈明亮。清直：河水清澈顺流貌。②水名。清河，在河北省。清涧河，亦称"秀延河"，黄河支流，在陕西省。清江，古称"夷水"长江支流，在湖北省。清水，古济水自巨野泽以下别名清水；古泗水亦称清水，均在山东省。清水河，黄河支流，在宁夏，已建"宁夏固原清水河国家湿地公园"。清水湖，在四川省，已建"四川营山清水湖国家湿地公园"。清水江：乌江支流，沅江上游亦称清水江，均在贵州省。清峪河，在陕西省，已建"陕西三原清峪河国家湿地公园"。清漳河，在山西省。

泅 qiú 游水。《说文解字注》："汓，浮行水上也。"《列子·说符》："人有滨河而居者，习于水，勇于泅。"泅渡：游泳而过。泅浮：游泳。泅水：游水。泅泳：浮游，泅水。泅游：泅浮游水。

渠 qú ①人工开凿的河道或水沟。《说文解字注》："渠，水所居。"《广雅·释水》："渠，坑也。"《史记·河渠书》："於吴，则通渠三江、五湖。"渠道：在河、湖或水库周围开挖的排灌水道。渠首工程(引水工程，取水枢纽)：从河流或水库取水的构筑物的总称。渠水：引水的沟；或沟渠中的水；或经过人工疏凿的水道。《汉书·地理志下》："渠水首受江，北至射阳入湖。"渠田：水田。②水名。渠江，嘉陵江支流，在四川省。渠水(渠河)，发源于贵州省，流至湖南省注入沅水。

泉 quán 从地下流出的水源。《诗经·小雅·小旻》："如彼泉流。"泉根：泉源。泉流：泉水流出形成的水流。泉脉：地下伏流的泉水。泉涌：泉川喷涌。泉绅：从高山上飞泻下来的泉水。泉水：从地里涌出的水；从涌泉流出的溪流。泉源：泉水的源头；

河流上游处的水源。泉韵：泉水声。

壤 rǎng 松软的土。

溶 róng 水盛大的样子。《说文解字注》："溶，水盛也。"溶沟：地面流水沿可溶性岩石的节理、裂隙进行溶蚀而形成的小型沟槽。溶溶：水缓缓流动。《楚辞·九叹·逢纷》："扬流波之潢潢兮，体溶溶而东回。"杜牧《阿房宫赋》："二川溶溶，流入宫墙。"溶溶澹澹：水波盛大起伏。溶溶荡荡：水波浮动。溶蚀：水流对岩石进行溶解和侵蚀。溶蚀洼地：由溶蚀作用形成的封闭洼地。溶漾：水波荡漾。溶溢：水盛大。溶瀛：水势浩大。

濡（1）rú ①沾湿；润泽。濡浃：沾润。濡如：雨露润滋。濡濡：湿润。濡润：沾湿；滋润。濡湿：浸泡。濡渥：湿润。濡沃：滋润。濡泽：沾、润。②古水名。濡水，在河北省《说文解字注》："濡，濡水，出涿郡故安，东入涞。"濡须，在安徽省。

（2）nuán 古水名。濡水，即今河北省的滦河。

汝 rǔ 水名。汝河，为淮河支流，流经河南、安徽两省。汝水，即今江西的抚河，是鄱阳湖水系主要河流之一。

洳 rù 古水名。洳水（湐河），即今错河，在北京、河北。

溽 rù ①湿润；湿气熏蒸。《说文解字注》："溽，湿暑也。"郭璞《江赋》："林无不溽，岸无不津。"溽露：繁多的露水。溽热：潮湿而闷热。溽润：湿润。溽暑：潮湿闷热。《礼记·月令》："（季夏之月）土润溽暑，大雨时行。"溽夏：湿热的夏天。溽蒸：溽热，湿热。②古水名。溽水，在江苏省。

润〔潤〕rùn ①雨水，潮湿。《说文解字注》："润，水曰润下。"《论衡·雷虚》："故雨润万物，名曰澍。"润气：水气。润浸：浸湿，浸透。润溽：湿润。润湿：潮湿而润泽的，湿润。润下：雨水下以滋润万物。润雨：受雨水滋润。润泽：雨露滋润，不干枯。润滋滋：润湿的样子。②水名。润河，在安徽省，为淮河支流。

沙 shā ①细碎的土石粒。《说文解字注》："沙，水中散石也。"《说文解字注》："水少沙见。"沙坝：平行海岸延伸的狭长形滨海堆积地貌。沙波：泥沙颗粒在流水、风、波浪作用下沿地表移动而形成的广布于河滩、海滩、湖滩等的波状微地貌。沙堤：用沙石筑的堤岸。沙礁：滨海岸边的一种低矮沙脊，由波浪和岸流所形成，在很多地方围成泻湖。沙芦：泥沙里的芦苇。沙泉：沙上涌出的泉水。沙滩：水边或水中由沙子淤积成的陆地。沙田：江海沿岸或河湖中泥沙淤积的新涨滩地经开垦的农田。沙涌：洪涨期间由于河水被压至堤防下面，通过透水砂土层，形成的从河堤后面的土地涌出的直径有时可达几米的泡沸泉。沙洲：河床、湖滨、海滨或浅海中，由泥沙淤积成的出露水面的沙滩总称。沙嘴：根部与陆地相连，前端向海伸展的一种海岸堆积地貌。②水名。沙河，为颍河的主要支流，在河南省，已建"河南漯河市沙河国家湿地公园"。沙颍河，即颍河，因沙河为其主要支流，故颍河也称沙颍河，发源于河南省，流至安徽省入淮河，为淮河最大的支流，已建"安徽太和沙颍河国家湿地公园"。河北省也有沙河。沙湖，宁夏和湖北都有，已建"湖北仙桃沙湖国家湿地公园"。沙溪，闽江南源，在福建省。沙家浜，在江苏省，已建"江苏沙家浜国家湿地公园"。

霎 shà 小雨。霎霎：雨声。

汕 shàn ①鱼游水的样子。《说文解字注》："汕，鱼游水貌。"汕汕：群鱼游水貌。《诗经·小雅·南有嘉鱼》："南有嘉鱼，烝然汕汕。"②冲洗，冲刷。

潲 shào 雨点被风吹而斜下。

涉 shè 步行过水。《说文解字注》："涉，徒行濿水也。"《诗经·卫风·氓》："送子涉淇，至于顿丘。"《吕氏春秋·察今》："楚人有涉江者，其剑自舟中坠于水。"涉渡：趟水过河。涉江：渡河，过河。涉厉：连衣涉水。涉浅：徒步趟过浅水。涉人：船夫。涉水：涉渡溪水。

深 shēn ①水积厚。《诗经·邶风·谷风》："就其深矣，方之舟之。"深槽：河床中水深较大的局部水域或河段。深池：深的护城河。深广：水、山谷等深邃而广阔。深泓：深潭。深泓线：河床各横断面最大水深点在平面上的连线。深涧：两山中间很深的水。深井：水面的深度超过米的井。深沧：深水。深泥：很深的泥泞。深浅：水的深度。深潭：深水池。苏轼《石钟山记》："郦元以为下临深潭，微风鼓浪，水石相搏，声如洪钟。"深渊：很深的水。《诗经·小雅·小旻》："战战兢兢，如临深渊，如履薄冰。"②古水名。深水，即今湘水支流之一的潇水，今潇水上源仍有一段称深水，在湖南省。《说文解字注》："深，深水。出桂阳南平，西入营道。"

渗〔渗〕（1）shèn ①液体慢慢地透入或漏出。《说文解字注》："渗，下漉也。"《汉书·司马相如传下》："滋液渗漉，何生不育?"渗沟：用于排除地面积水的暗沟。渗涸：渗漏而干涸。渗坑：用来渗漏污水或积水的暗坑。渗沥：滴漏。渗流：水或其他流体透过多孔介质的缓慢运动。渗漏：水下漏。渗入：液体渐渐地渗进去。②水枯竭。李延寿《南史》："自淮入泗，泗水渗，日裁行十里。"

（2）qīn 渗淫：逐渐渗透进去的少量的水；小水津液。木华《海赋》："沥滴渗淫，荟蔚云雾。"

渑〔澠〕shéng 古水名。渑水，在山东省。

湿〔濕，溼〕（1）shī 含的水分多或是沾了水。《说文解字注》："溼，幽溼也。覆土而有水，故溼也。"湿地：富含土壤水分的土地（如沼泽、泥炭地）。湿度：表示空气干湿程度的物理量；空气中水分的含量。湿风：一种经常随之降雨或降雪的风。湿季：多雨的季节。湿害（渍害）：土壤含水量长期饱和致使植物遭受危害的现象。湿空气：含有水蒸气的空气。湿渌渌（湿漉漉，湿渍渍）潮湿的样子。湿蒙蒙：空气中的水气多而导致视物朦胧的样子。湿气：水以比较微小的量散发或凝结并弥散在气体中成为一种看不见的蒸气或是雾。湿㳠：低湿。湿润：土壤、空气等潮湿而滋润。湿润灌溉：稻田保持田面高度湿润而基本不覆盖水层的一种灌溉方式。湿生：植物生长时根部有过量水分的情况。湿生植物：生长在很湿润的空气和土壤环境中的植物。

（2）chì 湿湿：浪涛开合貌。木华《海赋》："惊浪雷奔，骇水迸集，开合解会，瀼瀼湿湿。"

湜 shí 水清。《说文解字注》："湜，水清见底也。"湜湜：水清貌。

淑 shū 水清澈。《说文解字注》："淑。清湛也。"

沭 shù 水名。沭河，发源于山东省，流至江苏省入新沂河。已建"山东沭河国家湿地公园"。

漱〔潄〕shù 冲刷；冲荡。《水经注·江水》："悬泉瀑布，飞漱其间。"左思《招隐诗》："石泉漱琼瑶，纤鳞或浮沉。"张协《杂诗十首》："沉液漱陈根，绿叶腐秋茎。"漱啮：侵蚀，冲荡。漱石：冲刷岩石。漱玉：形容山泉激石，飞流溅白，晶莹如玉。

澍（1）shù 及时雨；滋润。《说文解字注》："澍，时雨也。"《后汉书·段颍传》："连获甘澍，岁时丰稔。"《淮南子·泰族》："若春雨之灌万物也，浑然而流，沛然而施，无地而不澍，无物而不生。"澍雨（澍霖）：及时雨。澍降：降雨。澍濡：雨水滋润万物。澍泽：沾濡滋润；亦指滋润万物的及时雨。

（2）zhù 通"注"，灌注。王褒《洞箫赋》："扬素波而挥连珠分，声礚礚而澍渊。"

霜 shuāng 气温降到0℃以下时，近地面空气中的水汽凝华在地面或地物上的冰晶。《诗经·秦风·蒹葭》："蒹葭苍苍，白露为霜。"

水 shuǐ 氢和氧的化合物，一种无色、无味、无臭的透明液体，也泛指江、河、湖、海等一切水域。《诗经·秦风·蒹葭》中有："蒹葭苍苍，白露为霜。所谓伊人，在水一方。"这里的"水"指的就是河。

澌 sī ①流水；水尽。《说文解字注》："澌，水索也。"②流冰。《后汉书·王霸传》："候吏还白，河水流澌，无船，不可济。"

汜 sì ①由干流分出又汇合到干流的水。《说文解字注》："汜，水别复入水也。"《诗经·召南·江有汜》："江有汜，之子归，不我以。"②不流通的小沟渠。《尔雅·释丘》："穷渎，汜。"③水边。④古水名，汜水，在河南省，流入黄河。

泗 sì 水名，在山东省。《尚书·禹贡》："浮于淮、泗，达于河。"《国语·鲁语》："宣公夏滥于泗渊。"泗川：泗水。泗上：泛指泗水北岸的地域。泗石：泗水之滨的石头。

淞 sōng ①同"凇"。水气凝结成的冰花。②水名。淞江（吴淞江，苏州河），发源于太湖，东流至上海市与黄浦江合流入海。《广韵》："淞，水名，在吴。"

溲 sǒu 浸泡。《说文解字注》："溲，浸沃也。"

涑 sù 水名。涑水，在山西省。

溯〔泝〕sù 逆流而上。《水经注·江水》："至于夏水襄陵，沿溯阻绝。"王粲《七哀诗》："方舟溯大江，日暮愁我心。"陆游《过小孤山大孤山》："实以四日半溯流行七百里云。"溯洄：逆流而上。《尔雅》："逆流而上曰溯洄。"《诗经·秦风·蒹葭》："溯洄从之，道阻且右。"溯流：逆着水流方向。溯游：顺流而下。溯源侵蚀（源蚀，向源侵蚀）：河流下蚀作用逐渐向河流上游方向发展的过程。

濉 suī 水名。濉河，发源于安徽，流至江苏入洪泽湖。

沓 tà 水翻腾沸涌。李白《早过漆林渡寄万巨》："漏流昔吞翕，沓浪竞奔注。"

汰 tài 波涛。《广雅》："汰，波也。"汰沃：大水流动的声音。

滩〔灘〕tān ①河道中水浅流急多沙石的地方。崔道融《溪夜》："渔人抛得钓筒尽，却放轻舟下急滩。"滩焊：水中沙滩。滩碛：浅水下的沙石滩。滩声（滩响）：水激滩石发出的声音。②河边、海边泥沙淤积的地方。岑参《江上阻风雨》："云低岸花掩，水涨滩草没。"李清照《如梦令》："争渡，争渡，惊起一滩鸥鹭。"《宋史·河渠志三》："此由黄河北岸生滩，水趋南岸。"滩地：海滩等上面较平的地方。滩头：江、河、湖、海边水涨淹没、水退显露的淤积平地。滩涂：海涂。滩险：河流中碍航河段的总称。

潭（1）tán ①深水处。《广雅·释水》："潭，渊也。"左思《三都赋·吴都赋》："岩冈潭渊，限蛮隔夷"谢灵运《述祖德诗》："随山疏浚潭，傍岩艺粉梓。"柳宗元《永州八记·至小丘西小石潭记》："伐竹取道，下见小潭，水尤清冽。"潭沱：同"淡沱"。郭璞《江赋》："随风猗委，与波潭沱。"潭府（潭渊）：深渊。潭井：深井。潭潭：水深。潭心：潭底，渊底。潭影：潭中的光影。②古水名。即今柳江。《说文解字注》："潭，潭水。出武陵镡成玉山，东入郁林。"

（2）xún 水边。鲍照《赠傅都曹别》："轻鸿戏江潭，孤雁集洲沚。"

汤〔湯〕（1）tāng ①热水；温泉。汤池：温泉。②水名。汤河，河南、山东、辽宁都有。已建"河南汤阴汤河国家湿地公园""山东汤河国家湿地公园"。

（2）shāng 汤汤：水势浩大、水流很急。范仲淹《岳阳楼记》："浩浩汤汤，横无际涯。"

溏 táng ①水池。王逢《题沈氏别墅》："小筑洄溏上，春阴水暂寒。"溏泺：池塘湖泊。②泥浆。

淌（1）tǎng 流出，流下。淌凌：流淌冰块。

（2）chǎng 水起波纹貌。淌游：水流动泛起波纹的样子。《淮南子·本经》："淌游瀷淢，菱抒纷抱。"

涛〔濤〕tāo 大波浪。张衡《思玄赋》："水泫沄而涌涛。"苏轼《念奴娇·赤壁怀古》："惊涛拍岸，卷起千堆雪。"涛波：大波，波涛。涛雷：波涛汹涌，声大如雷。涛声：浪涛拍岸的声响。涛水：波涛汹涌的大水。涛雪：波涛激荡，水花如雪。

滔 tāo 水势盛大。《说文解字注》："滔，水漫漫大貌。"滔涸：水漫溢与干涸。滔漫：大水漫溢。滔渫：水弥漫浩广。滔滔：水流貌；水势盛大。《诗经·齐风·载驱》："汶水滔滔，行人儦儦。"《诗经·小雅·四月》："滔滔江汉，南国之纪。"

洮（1）táo 水名。洮河，黄河支流，发源于青海省，流至甘肃省入黄河。《说文解字注》："洮，洮水。出陇西临洮，东北入河。"已建"青海洮河源国家湿地公园"。洮儿河，在内蒙古，已建"内蒙古白狼洮儿河国家湿地公园"。

（2）yáo 湖泊名。洮湖，又名长荡湖，在江苏。

淘 táo ①淘淘：同"滔滔"，水汹涌澎湃。②开挖，挖浚。

滕 téng 水向上腾涌。《说文解字注》："滕，水超涌也。"《诗经·小雅·十月之交》："百川沸腾。"

湉 tián 湉湉：水流平缓貌。杜牧《怀钟陵旧游》："白鹭烟分光的的，微涟风定翠湉湉"。

汀 tīng ①水中或水边的平地。《说文解字注》："汀，平也。"《楚辞·九歌·湘夫人》："搴汀洲兮杜若。"汀渚：水中小洲或水边平地。；汀葭：水边的芦苇。汀喷：水涯，水滨。汀线：海岸因海水侵蚀而形成的线状痕迹。汀滢：小水流；水清澈。《抱朴子·

极言》：“不测之渊起于汀滢。”韩愈《奉酬卢给事云夫四兄曲江荷花行见寄，并呈上》：“玉山前却不复来，曲江汀滢水平杯。”汀洲：水中小洲。②水名。汀江，在福建，已建“福建长汀汀江国家湿地公园”。

潼 tóng　水名。陕西和安徽都有。

涂〔塗〕tú　①泥，泥泞。《尚书·禹贡》：“厥土惟涂泥。”海涂、滩涂：河流或海流夹杂的泥沙在地势较平的河流入海处或海岸附近沉积而成的浅海滩。②古水名。即今云南的牛栏江。

土 tǔ　地面上的泥沙混合物。《说文解字注》：“土，地之吐生物者也。”

湍 tuān　①急流；水势急；急流的水。《说文解字注》：“湍，疾濑也。”《水经注·江水》：“春冬之时，则素湍绿潭，回清倒影。”湍波：急流的水。湍洑：急流形成的旋涡。湍悍：水势急猛。《史记·河渠书》：“於是禹以为河所从来者高，水湍悍，难以行平地，数为败，乃厮二渠以引其河。”湍激：水流猛急。湍急：水流急速。湍濑：石滩上的急流。《淮南子·说山》：“今旦稻生于水，而不能生于湍濑之流。”湍流：急而回旋的水流。《楚辞·九章·抽思》：“长濑湍流，泝江潭兮。”湍泷：形容水流急疾。湍鸣：急流的响声。湍瀑：水流急溅貌。湍驶：急速的流水。湍水：急流的水。湍涛：激荡的水流。湍渚：急流中的小洲。②冲刷，冲击。《史记·河渠书》：“道果便近，而水湍石，不可漕。”

氽 tǔn　漂浮。

沱 tuó　①江水的支流。《说文解字注》：“沱，江别流也。”《诗经·召南·江有汜》：“江有沱，之子归，不我过。”沱汜：泛指江水支流。②可以停船的水湾。③水名。沱江，长江上游支流，在四川省。

洼〔窪〕wā　①水坑。《说文解字注》：“窪，深池也。”《汉书·武帝纪》：“秋，马生渥洼水中。”《淮南子·览冥》：“山无峻干，泽无洼水。”洼涔：水坑。洼子：低洼存水的地方。②清水。《说文解字注》：“窪，清水也。”洼水：停积的水。

湾〔灣〕wān　①水流弯曲的地方。《广韵》：“湾，水曲也。”《西游记》：“潮来汹涌，水浸湾环。”湾澳：弯曲的水边。湾泊：在河湾处停船靠岸。湾回：河水弯曲处。湾矶：弯曲水流中的石头。湾浦：水流弯曲的水滨。湾埼：弯曲的水岸。湾曲：水湾曲折处。湾头：海湾的一部分，这里与海湾连通的较大水体相距甚远。湾湾：水边湾曲处。②海岸向陆地凹入处。③系泊；在水湾处停泊。④用于水或水面，相当于“处”。钱起《江行无题一百首》：“一湾斜照水。三版顺风船。”

汪 wāng　①深广的样子。《说文解字注》：“汪，深广也。”汪波：盈盈水波。汪流：水深。汪茫：气势广大，广阔无边。汪然：深广。《淮南子·俶真》：“汪然平静，寂然清澄。”汪泋：水深。汪汪：水宽广。《水经注·淯水》：“陂汪汪，下田良。”汪洋：水势浩大，宽广无边。《楚辞·九怀·蓄英》：“临渊兮汪洋，顾林兮忽荒。”②水停积处。汪坑：水坑，池沼。

沩〔潙，潒〕wéi　水名。沩水，湘江支流，在湖南省。

洈 wéi　水名。洈水，在湖北省，已建“湖北松滋洈水国家湿地公园”。

潿〔濰〕wéi 积聚的污水。《说文解字注》："潿，不流浊也。"韩愈、孟郊《城南联句》："巨细各乘运，湍潿亦腾声。"

潍〔濰〕wéi 水名。潍河，在山东省。

洧 wěi 古水名。洧水，即今河南省双洎河。

渭 wèi 水名。渭河，黄河最大的支流，发源于甘肃省，流入陕西省，会泾水后在潼关县入黄河。渭川：渭水，亦泛指渭水流域。渭桥：汉、唐时期长安附近渭水上的桥梁。

温 wēn ①不冷不热。温泉：水温超过20℃的泉。温润：温和润泽。温温：润泽貌。②古水名。温水，即今南盘江，发源于云南，流经贵州和广西。温塘峡，又名温泉峡，嘉陵江小三峡之一，在重庆市。温榆河，在北京市。

汶 wèn 古水名。汶水，即今大汶河或大汶水，汶河，东汶河，均在山东，已建"山东沂南汶河国家湿地公园"。《尚书·禹贡》："浮于汶，达于济。"汶江，亦称汶水，即今岷江，在四川省。

滃（1）wēng 水名。滃江，在广东省。

（2）wěng 水盛貌。欧阳修《丰乐亭记》："中有清泉，滃然而仰出。"

涡〔渦〕（1）wō 水的旋流；水流旋转形成中间低洼的地方。郭璞《江赋》："盘涡谷转，凌涛山颓。"涡濑：回旋的急流。

（2）guō 水名。涡河，淮河重要支流，发源于河南，在安徽省入淮河。

沃 wò①浇，灌。《论衡·偶会》："使火燃，以水沃之，可谓水贼火。"沃荡：涤灌。沃灌：浇灌。沃盥：浇水洗手。沃流：可供灌溉的水流。沃漏：以沸水浇灌漏壶。沃洗：洗涤。沃雪：以热水浇雪。沃濯：浇灌。②润泽。沃霖：滋润干旱的大雨。③古水名。沃水，即山西今景明瀑布。

渥 wò 沾湿，沾润。《说文解字注》："渥，沾也。"《诗经·小雅·信南山》："既优既渥，既沾既足。"渥润：润泽。

污〔汚，汙〕wū 停积不流的水，浑浊的水，不干净的水。《说文解字注》："污，秽也，一曰小池为污。"《左传·隐公三年》："潢污行潦之水。"污潴：低洼积水处。薛能《秋雨》："有形皆霡霂，无地不污潴。"

浯 wú 水名。浯水，在山东省。

雾〔霧〕wù 接近地面的水蒸气，遇冷凝结后飘浮在空气中的小水点。

汐 xī 夜间的海潮；晚潮。魏源《圣武记》："会夏旱水涸沙涨，有汐无潮。"

浠 xī 水名。浠水，在湖北省。

淅 xī 淅淅：象声词，形容轻微的风雨声。淅沥：象声词，雨雪声，落叶声，风声。

溪 xī 山间的流水，泛指小河沟。《汉书·司马相如传上》："振溪通谷，蹇产沟渎。"《水经注·沅水》："武陵有五溪，谓雄溪、樠溪、无溪、酉溪、辰溪其一焉。"陶渊明《桃花源记》："缘溪行，忘路之远近。"柳宗元《愚溪诗序》："灌水之阳有溪焉，东流入潇水。"《荀子·劝学》："不临深溪，不知地之厚也。"辛弃疾《鹧鸪天》："城中桃李愁风雨，春在溪头荠菜花。"溪步：水涯与渡船处。溪谷：被溪流侵蚀的狭陡的凹谷；通常有小溪或河流的低地或低洼地带。溪涧：两山之间的河沟。溪流：山间的小股水流；溪水。溪头：溪边。

潟 xì 咸水浸渍的土地；盐碱地。潟湖：浅水海湾因湾口被泥沙淤积成的沙嘴或沙坝所封闭或接近封闭的湖泊。潟湖沉积：沉积在潟湖内的沉积物。

霰 xiàn 高空中的水蒸气遇到冷空气凝结成的小冰粒。白居易《秦中吟十首·重赋》："夜深烟火尽，霰雪白纷纷。"

湘 xiāng 水名。《说文解字注》："湘，湘水。出零陵阳海山，北入江。"湘江（潇湘），长江的主要支流之一。湖南省最大的河流，也是洞庭湖水系的主要河流之一。发源于广西，流入湖南后入洞庭湖。《楚辞·九章·惜往日》："临沅湘之玄渊兮，遂自忍而沉流。"

消 xiāo 溶化；溶解；散失。梅尧臣《与道损仲文子华陪泛西湖》："冰消湖已绿，渺渺鸭头春。"

潇〔瀟〕xiāo ①水深而清。《水经注·湘水》："潇者，水清深也。"②水名。潇水，湘江上游主要支流，在湖南省。潇湘，湘江的别称，因湘江水清深而得名。湘江与潇水的合称。

霄 xiāo 米雪。

泄〔洩〕xiè 液体或气体排出。泄洪：开启闸门使洪水通过河道或水库的溢洪道和泄洪洞向下游宣泄，达到河道或水库防洪安全的措施。

泻〔瀉〕xiè 水往下直注；液体很快地流。欧阳修《醉翁亭记》："山行六七里，渐闻水声潺潺而泻出于两峰之间者，酿泉也。"泻溜：泻下小股水流。泻盆：大雨倾盆。泻润：雨水倾泻滋润。泻月：泉水如月光倾洒。泻注：倾注。

渫 xiè ①淘去污泥；除去；泄，疏通。郭璞《江赋》："碛之以灒濆，渫之以尾闾。"渫雨：飘洒的雨。②水名。渫水河，澧水支流，在湖南省。

澥 xiè 伸入陆地的海湾。渤海湾是大海的一个港汊，故古名勃澥。《说文解字注》："澥，勃澥，海之别名。"

灪 xiè 见"沉灪"。

洶〔汹〕xiōng 水猛烈地向上涌。《说文解字注》："汹，涌也。"《韩非子·杨权》："填其汹渊，毋使水清。"杜甫《大会渡》："大江动我前，汹若溟渤宽。"汹急：水势湍急。汹呶：水势喧嚣翻腾貌的样子。汹怒：水流激荡。汹然：汹涌翻腾的样子。汹汹：波涛声。《楚辞·九章·悲回风》："听波声之汹汹。"汹涌：水翻腾上涌。司马相如《上林赋》："汹涌澎湃。"

洫 xù 田间的水沟，水渠。护城河。《说文解字注》："洫，田间水道也。"《周礼·冬官考工记·磬氏/车人》："方十里为成，成间宽八尺，深八尺，谓之洫。此井田之制。"《后汉书·鲍昱传》："昱乃上作方梁石洫，水常饶足，溉田倍多，人以殷富。"张衡《西京赋》："考广袤，经城洫，营郭郛。"

漵〔溆，溇〕xù ①浦；水边。何逊《赠江长史别》："长飚落江树，秋月照沙漵。"王维《三月三日曲江侍宴应制》："画旗摇浦漵，春服满汀洲。"②古水名。漵浦，即今沅江支流潄水，在湖南。《楚辞·九章·涉江》："入溆浦余儃佪兮，迷不知吾所如。"

漩 xuán 回旋的水流。元稹《遭风二十韵》："龙归窟穴深潭漩，蜃作波涛古岸颓。"司空图《诗品二十四则·委屈》："水理漩洑，鹏风翱翔。"杜甫《最能行》："欹帆侧柁入波涛，撇漩捎濆无险阻。"漩洑：水旋转回流。漩澴：波浪回旋涌起。漩涡：水流遇低洼处所激成的螺旋形水涡。

泫 xuàn 水滴下垂。《说文解字注》："泫，潜流也。"谢灵运《从斤竹涧越岭溪行》："岩下云方合，花上露犹泫。"泫露：滴落，降露。泫泫：露珠晶莹的样子。

雪 xuě 空气中的水汽在气温较低时凝华成白色结晶的固态降水，由空中降下。雪暴：伴有风暴的强降雪。

洵 xún 水名。洵河，在陕西省。

浔〔潯〕xún ①水边。《说文解字注》："浔，厓深也。"《淮南子·原道》："故虽游于江浔海裔。"浔涘：水边。②水名。浔江，西江中游桂平市至梧州市段的别称，在广西。浔水，在山东。浔阳江，长江流经九江市的一段。白居易《琵琶行》："浔阳江头夜送客，枫叶荻花秋瑟瑟。"

汛 xùn 江河定期的涨水或泛滥现象。汛期：发生洪水的时期。汛情：洪汛期水位涨落的状况。

涯 yá 水边。孟郊《病客吟》："大海亦有涯，高山亦有岑。"涯岸：水边高起的陆地。涯涘：水的边际。涯灌：岸边丛木。

淹 yān ①水浸；沉没。淹灌：在四周围筑田埂的格田田面上保持一定水层的灌溉方法。淹没：大水漫过，盖过；被水覆盖或洪水泛滥。②古水名。淹水，即今金沙江自发源地至四川省攀枝花市的一段。

湮 yān 淤塞，堵塞，阻塞。《庄子·天下》："昔禹之湮洪水，决江河而通四夷九州也。"

沿 yán 顺着水道。《尚书·禹贡》："沿于江、海，达于淮、泗。"沿岸：顺着河岸或海岸；在河岸或海岸附近。沿岸流：沿着海岸流动的海流。沿海：靠近海的陆地。沿洄：顺水而下或逆流而上。沿江：靠江地带；顺着江河。沿流：顺流而下。沿涉：顺流而行。沿溯：顺水下行与逆水上行。

演 yǎn ①水长流。《说文解字注》："演，长流也。"②润湿。《国语·周语下》："夫水土演而民用也。"③水流经地下。左思《三都赋·蜀都赋》："演以潜沫，浸以绵雒。"

滟〔灔〕yàn 水闪闪发光。滟潋：水光耀貌。滟滟：水光貌。滟滪滩（滟滪堆）长江瞿塘峡口江心突起的巨石，年整治航道时已炸平。

泱（1）yāng《说文解字注》："泱，滃也。"泱泱：水深广，水势浩瀚。《诗经·小雅·瞻彼洛矣》："瞻彼洛矣，维水泱泱。"范仲淹《严先生祠堂记》："云山苍苍，江水泱泱。"
（2）yǎng 泱漭：广大无涯际。木华《海赋》："泱漭澹汗，腾波赴势。"泱瀼：细水流动。木华《海赋》："涓流泱瀼，莫不来注。"泱轧：无崖际。《汉书·司马相如传下》："滂濞泱轧，丽以林离。"

洋 yáng ①地球表面特别广袤的水域，或比海更大的水域。深度一般大于 3000 米。

洋流 海洋中水流动的情况；海洋中朝着一定方向流动的水。②水名。洋河，永定河支流，在河北。洋水。《山海经·海内西经》："洋水、黑水出西北隅，以东，东行，又东北，南入海，羽民南。"洋水，又名西乡河，汉水支流，在陕西。《水经·沔水注》："汉水又东，右会洋水，川流漫阔，广几里许。"洋沙湖，在湖南，已建"湖南湘阴洋沙湖-东湖国家湿地公园"。

漾 yàng ①水流长。王粲《登楼赋》："路逶迤而修迥兮，川既漾而济深。"漾驰：水流平缓。②水起伏摇动；水面上起波纹。谢惠连《泛南湖至石帆》："涟漪繁波漾，参差层峰峙。"③漂浮；泛；荡。漾漾：水波飘荡。宋之问《宿云门寺》："漾漾潭际月，飀飀杉上风。"漾舟：泛舟。谢惠连《西陵遇风献康乐诗一》："成装候良辰，漾舟陶嘉月。"④水太满向外流。漾浒：漫溢广远。⑤水名。漾水，发源于陕西省，即今嘉陵江上源的西汉水。《说文解字注》："漾，漾水。出陇西相氏道，东至武都为汉。"漾濞江，在云南省，为澜沧江支流。

液 yè①液体：能流动、有一定体积而没有一定形状的物质。张衡《思玄赋》："漱飞泉之沥液兮，咀石菌之流英。"②浸渍。《周礼·冬官考工记·弓人》："凡为弓，冬析干而春液角。"

漪 yī①水波纹。袁宏道《叙呙氏家绳集》："风值水而漪生，日薄山而岚出。"漪涣：粼粼波光。漪澜：水波纹。左思《三都赋·吴都赋》："雕啄蔓藻，刷荡漪澜。"漪涟：细小的水波。谢灵运《发归濑三瀑布望两溪》："沫江免风涛，涉清弄漪涟。"漪流：微波起伏的流水。漪沦：微波。漪如：水波激滟。漪漪：水波荡漾。②水波动。《文心雕龙·定势》："激水不漪，槁木无阴，自然之势也。"

沂(1)yí 水名。沂河，发源于山东，流至江苏省入黄海。已建"山东沂沭河国家湿地公园"和"山东沂水国家湿地公园"。

(2)yín 河岸。《汉书·叙传上》："汉良受书于邳沂。"

浥(1)yì 湿润。王维《渭城曲》："渭城朝雨浥轻尘，客舍青青柳色新。"浥浥：润湿的样子。浥烂：潮湿霉烂。

(2)yà ①坑洼地。《汉书·司马相如传上》："逾波趋浥，莅莅下濑。"②水下流貌。

溢 yì 水满外流。《说文解字注》："溢，器满也。"《尔雅》："溢，盈也。"《广雅》："溢，满也。"溢洪道：水坝一侧的泻水道，水库里的水位过高时，水从这里流出。溢决：水满破堤。溢满：平满。溢涌：洪水腾涌。

洇 yīn ①液体落在纸、布及土壤中向四处散开或渗透。洇润：润泽。②水流。沈亚之《湘中怨解》："醉融光兮渺弥，迷千里兮涵洇湄。"

淫〔潒〕yín 渐浸，浸渍。《淮南子·览冥》："积芦灰以止淫水。"《周礼·考工记·磬氏/车人》："善防者，水淫之。"淫雨（霪雨）：连续不停的过量的雨；久雨；霉雨。范仲淹《岳阳楼记》："若夫淫雨霏霏，连月不开，阴风怒号，浊浪排空。"

霪 yín 久雨；连绵不停的过量的雨。范仲淹《岳阳楼记》："霪雨霏霏，连月不开。"霪雨：久雨。霪霖：久雨。林宽《苦雨》："霪霖翳日月，穷巷变沟坑。"霪潦：久雨成涝。

滢〔瀅〕yíng 清澈。滢淳：水清澈的样子。滢溁：水流回旋。杜甫《桥陵诗三十韵因呈县内诸官》："高岳前牂崒，洪河左滢溁。"

瀛 yíng ①海。《玉篇》："瀛，海也。"瀛海：浩瀚的大海。《论衡·谈天》："九州之外，更有瀛海。"瀛寰：地球水陆的总称，指全世界。②小而静的淡水体；池泽。韩愈、孟郊《城南联句》："飞桥上架汉，缭岸俯规瀛。"《楚辞·招魂》："倚沼畦瀛兮，遥望博。"

永 yǒng ①水流长。《说文解字注》："永，水长也。象水巠理之长。"《诗经·周南·汉广》："江之永矣，不可方思。"②水名。永定河，海河水系五大河之一，在河北。永定新河，在天津。永济渠，运河，在河北。

泳 yǒng 在水里游动。《说文解字注》："泳，潜行水中也。"《诗经·邶风·谷风》："就其浅矣，泳之游之。"《诗经·周南·汉广》："汉之广矣，不可泳思。"泳涵：沉浸。

涌〔湧〕（1）yǒng 水由下向上冒出。水奔涌、翻腾。《说文解字注》："涌，滕也。"司马相如《上林赋》："醴泉涌于清室，通川过于中庭。"杜甫《秋兴》："江间波浪兼天涌，塞上风云接地阴。"涌波：局部水位迅速上涨或下落并以波的形式向上、下游传播的现象。涌潮（暴涨潮，怒潮）：潮差较大的喇叭形河口或海湾出现的特殊潮汐现象。涌沸：翻腾。涌激：汹涌激荡。涌浪：汹涌的海浪；失去相应风力支持后的海浪。涌溜：汹涌的水流。涌流：喷涌流淌。涌泉：水向上喷出的泉。涌湍：急激的水流；奔流。《楚辞·九章·悲回风》："惮涌湍之磕磕兮，听波声之汹汹。"潘岳《秋兴赋》："泉湧湍於石间兮，菊扬芳於崖澨。"涌裔：水波腾涌貌。涌溢：涌流而出。

（2）chōng 小河。

油 yóu 古水名。油水，故道在湖北省。《说文解字注》："油，油水。出武陵孱陵西，东南入江。"

游 yóu 河流的一段；流动。《诗经·秦风·蒹葭》："溯游从之，宛在水中坻。"游禽：鸟类的一个类群。

淤 yū ①水中沉淀的泥沙。②泥沙冲积成的地带。苏轼《河复》："楚人种麦满河淤，仰看浮槎栖古木。"③水道被泥沙阻塞；滞塞；不流通。《说文解字注》："淤，淀滓浊泥也。"淤阏：堵塞；水流不通。淤积：淤泥沉积；淤塞堆积。淤泥：河湖池塘里底部的泥沙。周敦颐《爱莲说》："出淤泥而不染，濯清涟而不妖。"淤塞：沉积的泥沙使水流不畅。《明史·河渠志四》："且江潮涌沙淤塞难免。"淤停：水淤积不流。淤涌：淤塞的水流。淤滞：泥沙淤塞河道，水流不畅。

渝 yú ①泛滥。②本义为水由净变污。《说文解字注》："渝，变污也。"③古水名。渝水（宕渠水），即今四川南江及其下游渠江。渝水，即今辽宁大凌河。

渔〔漁〕yú 捕鱼。《说文解字注》："漁，捕鱼也。"《淮南子·说林》："渔者走渊，木者走山。"欧阳修《醉翁亭记》："临溪而渔，溪深而鱼肥。"渔采：捕捞采集。渔港：供渔船停泊、装卸等的港湾。渔业：养殖、捕捞水生动植物的事业和行业。渔泽：可供垂钓的水泽。渔栅：在河里或海岸上用来蓄鱼或捕鱼的渔堰或渔梁。

雨 yǔ 从云层中降落的水滴。《说文解字注》："雨，水从云下也。"

溆〔澨〕yù 见"滟溆滩"。

渊〔淵〕yuān①本义为打漩涡的水。《说文解字注》："渊，回水也。"《管子·度地》："水出地而不流者，命曰渊水。"《庄子·应帝王》："鲵桓之审为渊，止水之审为渊，流水之审为渊。"渊泆：水流汹涌起伏的样子。②深潭。《诗·小雅·鹤鸣》："鱼潜在渊，或在于渚。"渊沦：潭中微波。渊泉：深泉。《列子·黄帝》："心如渊泉，形如处女。"渊薮：鱼和兽类聚居之处。（薮，水边草地。）渊潭：深潭。渊涂：泥潭。渊渊：水深貌。《庄子·知北游》："渊渊乎其若海。"

沅 yuán 水名。沅江，洞庭湖水系主要河流之一，发源于贵州省，流至湖南省称沅江或沅水，已建"湖南桃源沅水国家湿地公园"。

湲 yuán 水流声。《汉书·沟洫志》："河汤汤兮激潺湲，北渡回兮迅流难。"湲湲：起伏颠倒貌。枚乘《七发》："沈沈湲湲，蒲伏连延。"

源 yuán 水流所从出的地方。《礼记·月令》："（仲夏之月）命有司为民祈祀山川百源。"源流：水的本源和支流。源泉：水源。班固《西都赋》："源泉灌注，陂池交属。"源头：水发源处。源委：指水的发源和归宿。源源：如同水流一样不断。源远流长：江河的源头远，水流长。

泽〔澤〕zé 聚水的洼地。应劭《风俗通》："水草交厝名之为泽。"《国语·周语》："泽，水之锺也。"泽陂：池沼。泽皋：沼泽；泛指岸边，水旁陆；水边的高地。泽国：多水的地区，水乡。杜牧《题白云楼》："江村夜涨浮天水，泽国秋生动地风。"泽卤：地低洼而多盐碱。泽淖：泥潭。泽农：指在水泽地区耕作的农夫。泽薮：大泽。泽雨：润泽万物之雨。

沾 zhān ①浸润，浸湿。沾浃：浸透。沾襟：浸湿衣襟。沾洽：雨泽丰足。沾濡：浸湿。沾洒：水珠洒落浸湿。沾渥：浸润。沾足：雨水充足。②古水名，沾水，在山西。《说文解字注》："沾，沾水，出上党壶关，东入淇。"

湛（1）zhàn①澄清；清澈。谢混《游西池》："景昃鸣禽集，水木湛清华。"湛波：清波。湛洌：清洌。湛明：清莹明亮。湛清：清澈。湛然：清澈的样子。湛湛：清明澄澈的样子。②深。司马光《寿安杂诗·灵山寺》："碧颇梨色湛无底，想像必有虬龙蟠。"

（2）chén 同"沉"。《汉书·沟洫志》："搴长茭兮湛美玉。"

（3）jiān 浸。

漳 zhāng 水名。《尚书·禹贡》："覃怀厎绩，至于衡漳。"《说文解字注》："漳，浊漳，出上党长子鹿谷山，东入清漳。"《说文解字注》："清漳，出沾山大要谷，北入河。"漳河，卫河最大的支流，有清漳河和浊漳河，均发源于山西，流经河南，至河北入卫河。已建"河南安阳漳河峡谷国家湿地公园"。湖北也有漳河，已建"湖北荆门漳河国家湿地公园"。此外安徽、甘肃等都有漳河。漳江，在福建。

涨〔漲〕zhǎng 水上升；上升的水；大水。郭璞《江赋》："冲巫峡以迅激，跻江津而起涨。"杜甫《江涨》："江涨柴门外，儿童报急流。"杜牧《阿房宫赋》："渭流涨腻，弃脂水也。"涨潮：海水由低潮到高潮水位上升的过程。涨痕：涨水的痕迹。涨水：水位上涨。涨滩：由于河水上涨，泥沙堆积成可供耕植的陆地。涨溢：水流上涨泛滥。

沼 zhǎo 天然的水池；积水的洼地。一说圆曰池，曲曰沼。《诗经·召南·采蘩》："于以采蘩？于沼于沚。"《诗经·小雅·正月》："鱼在于沼，亦匪克乐。"沼地：常常被水淹没的低洼湿地。沼泽：低洼积水、杂草丛生的大片泥淖区。

浙〔淛〕zhè 古水名。浙江，即今钱塘江，在浙江省。

溱 zhēn 古水名。溱水，河南和湖南都有。溱湖，在江苏省，已建"江苏姜堰溱湖国家湿地公园"。

汁 zhī 含有某种物质的水。雨汁：雨夹雪。《礼记·月令》："（仲冬之月）行秋令，则天时雨汁，瓜瓠不成。"

沚 zhǐ 水中的小洲。《说文解字注》："小渚曰沚。"《楚辞·九怀·陶壅》："浮溺水兮舒光，淹低佪兮京沶。"（沶，古同沚）。王逸《楚辞章句》："水中可居为洲，小洲为渚，小渚为沶。京沶，即高洲也。"《诗经·秦风·蒹葭》："溯游从之，宛在水中沚。"

治（1）zhì 治水 整治水利，疏通江河，避免泛滥成灾。

（2）chí 古水名。治水，故道在北京永定河以北。

滞〔滯〕zhì 凝积，不流通。《说文解字注》："滞，凝也。"《淮南子·时则》："流而不滞，易而不秽。"《楚辞·九章·涉江》："船容与而不进兮，淹回水而疑滞。"滞洪：洪水涨时暂时拦蓄洪水、消减洪峰流量，减轻洪水对下游河道威胁的措施。通常利用河道沿岸滩地或附近湖泊、洼地作为滞洪区，通过节制闸引进部分洪水暂时蓄在其中，以消减河道中洪峰流量，待洪峰过后再将原先蓄在其中的洪水徐徐放回原河道。滞水：在水道中不动的死水。

州 zhōu 水中高出水面的陆地。《说文解字注》："水中可居曰州。"今亦作"洲"。

洲 zhōu 水中的陆地。《诗经·周南·关雎》："关关雎鸠，在河之洲。"洲场：有所出产的水中陆地。洲岛：水中陆地。洲浦、洲潆：洲边。洲屿：江中沙洲。洲沚、洲渚、洲淤：水中小块陆地。

洙 zhū 水名。洙水，在山东，今为小汶河上游。

潴〔瀦〕zhū ①水停聚的地方；水停聚。《周礼·地官·稻人》："以潴畜水。"《宋史·河渠志一》："（星宿海）流出复潴，曰哈剌海。"潴溉：蓄聚灌溉。潴潦：聚汇的水；停积的水。潴泺：湖泊。潴水：蓄水。潴泄：蓄水和放水。潴蓄：指蓄洪贮水。潴淤：停聚淤泥。②水名。潴龙河，大清河支流，在河北。

渚 zhǔ ①水中小块陆地。《说文解字注》："小洲曰渚。"《楚辞·九歌·湘君》："鼌骋骛兮江皋，夕弭节兮北渚。"《楚辞·九章·悲回风》："望大河之洲渚兮，悲申徒之抗迹。"《诗经·召南·江有汜》："江有渚，之子归，不我与。"渚田：小洲上的田。渚牙：洲上初生的草芽。渚烟：笼罩在小洲上的烟雾。渚泽：洲中积水的洼地。②水边。陆机《豫章行》："汎舟清川渚，遥望高山阴。"渚莲：水边荷花。

注 zhù 流入，灌入。《说文解字注》："注，灌也。"《诗·大雅·文王有声》："丰水东注，维禹之绩。"《诗经·大雅·泂酌》："泂酌彼行潦，挹彼注兹，可以濯罍。"刘义庆《世说新语·言语》："声如震雷破山，泪如倾河注海。"注溉：灌溉。注集：流泻汇集。注溜：倾泻的水流。

淳〔湻〕zhūn 浇灌。《周礼·冬官考工记·筑氏/玉人》："淳而渍之。"

涿 zhuō ①流下的水滴。《说文解字注》："涿，流下滴也。"②水名。在河北。

浊〔濁〕zhuó①水不清，不干净。《楚辞·渔父》："沧浪之水浊兮，可以濯吾足。"《诗经·小雅·四月》："相彼泉水，载清载浊。"《老子·道德经》："旷兮其若谷，浑兮其若浊。"范仲淹《岳阳楼记》："阴风怒号，浊浪排空。"浊度：反映水中悬浮粒含量的一个水质参数。浊河：混浊的河流，特指黄河。浊酒：用糯米、黄米等酿制的酒，较混浊。浊流：浑浊的水流。②古水名。浊水，现有多处：陕西的浊谷河，甘肃的白水，湖北的浊水，山东的北洋河(北阳水)，江西的锦江。

浞 zhuó 沾湿，浸渍。《广雅》："浞，水湿。"浞浞：浸湿的样子。

濯 zhuó 不洁净的水。

淄 zī 水名。淄河，在山东。

滋 zī①润泽。王融《三月三日曲水诗序》："桑榆之阴不居，草露之滋方渥。"②古水名。《说文解字注》："滋水出牛饮山白陉谷，东入呼沱。"滋水，在河北。

滓 zǐ 液体中沉淀的杂质；污垢；污黑。《说文解字注》："滓，淀也。"

渍〔漬〕zì 浸，沤，泡。《说文解字注》："渍，沤也。"渍痕：水侵蚀的污迹。渍涝：因洪涝而造成的地面积水。渍淖：陷入泥沼。渍水：积水。

表1-2　其他与湿地相关的汉字

溾	āi	潹	chán	灥	chuàn	瀢	duì	滒	gé
澂	ái	瀍	chán	浗	chún	潡	dùn	浭	gēng
洝	àn	瀺	chán	漘	chún	㳽	duò,tuó	㧦	gū
㴨	áo	灡	chǎn	湨	chún	涐	é	淈	gǔ
湴	bàn	渨	chāng	澬	cí	灣	è	灦	gǔ
沐	bēn,bèn	漅	cháo	泚	cǐ	瀿	fán	瀔	gǔ
济	bèn	霃	chén	漗	cōng	氾	fàn	洸	guāng,huàng
沘	bǐ	泟	chéng	潀	cóng	渢	fàn	氿	guǐ,jiǔ
湢	bì	溧	chéng	潨	cóng	洴	fāng	湀	guǐ
滭	bì	澂	chéng	潈	cōng,zòng	淝	fēi	濄	guō
汳	biàn	泜	chí	灇	cóng	霏	fēi	漍	guó
滮	biāo	泚	chí,zhì	灌	cuǐ	靅	fèi	淉	guǒ
瀧	biāo	湁	chì	漙	cūn,cún	瀵	fèn	洤	hán,hàn
瀌	biāo	漦	chí	洛	dá	渢	fēng	浛	hán
汃	bīn,pà	淯	chì	怹	dàn	浲	féng,jiàng,hóng	浑	hǎn
濱	bīn	霝	chì	澢	dāng	泽	féng	汧	hàn
氷	bīng	沖	chōng	灙	dǎng	逢	féng	淏	hào
洀	bō	沖	chōng	瀁	dàng	渄	fèng	滳	hào
浡	bó	漴	chóng	淂	dé	洿	fú	灝	hào
淿	bó	潴	chǔ	汈	diāo	洑	fú,fù	菏	hé
灿	càn	泏	chù	涷	dōng	澓	fú	潅	hé
瀍	chán	潃	Chù,xù	逗	dòu	瀫	gǎn	潶	hēi

淘	hōng	湕	jiǎn	浬	lǐ	藫	mì	湆	qì
泓	hóng	洚	jiàng	洡	lì	汅	miǎn	湆	qì
汯	hóng	漻	jiǎo, qiū	淚	lì	滅	miè	湆	qì
浤	hóng	灚	jiǎo	潷	lì	瀎	miè	濝	qì
澃	hóng	滘	jiào	霳	lì	泯	mǐn	冾	qià
霟	hóng	潐	jiào	濂	lián, liǎn	潤	mǐn	汘	qiān
澒	hòng	潐	jiào	濂	lián	洺	míng	汘	qiān
洉	hòu	潜	jiē, xié	浰	liàn, lì	霂	mù	溾	qiáng
浮	hū	溁	jié	淶	liàn	漆	nài	淁	qiè
潊	hū	漌	jǐn	浇	liàng	湳	nǎn	濦	qín
瀫	hú	溍	jìn	漻	liáo, liú	瀼	nǎng	潩	qìn
许	hǔ	湲	jìn	浮	liè	况	ní	清	qīng
沍	hù	洴	jǐng	潾	lín	灾	nì	漀	qīng
漕	huà	濭	jǐng	凌	líng	淰	niǎn, shěn	汓	qiú
澴	huái	净	jìng	澪	líng	濡	nìng	泅	qiú
澣	huán	淨	jìng	零	líng	汼	niú	涍	qiú
涣	huàn	瀞	jìng	霝	líng	沑	niǔ, nǜ	酒	qiú
滉	huàng	泂	jiǒng	漨	lóng	湪	nuǎn	灈	qú
潭	huī	澗	jiǒng	滝	lóng	溰	pá	佺	quán
浍	huì	次	jiǔ	瀧	lóng	沠	pài	湶	quán
滇	huì	泃	jū	溇〔漊〕	lóu	淠	pài	汱	quǎn, tài
潓	huì	泜	jū	溇	lù	洀	pán	瀜	róng
濊	huì, huò	沑	jú	淥	lù	灙	pán	渘	róu
混	hún, hùn, gǔn	瀄	jú	灓	luán	泮	pàn	湡	rú
溷	hǔn	溴	jú	淪	lùn	沜	pàn	汭	ruì
潶	huǒ	洰	jù	彔	luò	溿	pàn	渃	ruò
沠	huò	港	juàn	馮	mǎ	沴	pāng, fāng	潵	sǎ, sàn
湱	huò	沈	jué	霢	mài	霶	pāng	涑	sè, qì, zì
濩	huò	潏	jué	霢	mài	浿	pèi	澁	sè
濯	huò	沟	jūn／yù	滿	màn	濆	pēn, fén, fèn	澶	shàn
溿	jí	溓	kāng	湤	màn	湓	pén	滴	shāng
濈	jí	涝	kǎo	泷	máng	泙	pēng	瀜	shāng
霵	jí	渴	kě	湄	máo	潻	pēng	湏	shè
沘	jǐ	窒	kōng	浼	měi	淎	pěng	涉	shè
济	jì	寇	kòu	浼	měi	澈	piē	湿〔溼〕	shè
淑	jì	洭	kuāng	渼	měi	湾	pīng	彬	shèn
漈	jì	涃	kùn	濛	méng	洴	píng	泩	shēng
灛	jì	灡	lán	濛	méng	溯	píng	渻	shěng
泇	jiā	澧	làn	沵〔瀰,瀰〕	mǐ	洦	pò	㴲〔㴽〕	shī
濺	jiān	泮	láo	瀰	mǐ	湘	pò	溮	shī
灘	jiān	氻	lè	濔	mì	凄	qī	湁	shí
灘	jiān	灅	lěi	湨	mì	濮	qí	潟	shì

浸	shòu	潖	tuō	浵	yǎn	沋	yóu	潪	zhì
潻	shǔ	渍	wā	湹	yàn	滺	yǒu	汷	zhōng
潏	shù	溁	wān	瀘	yàn	湡	yú	冬	zhōng
水	shuǐ	涴	wǎn wò,yuān	艳	yàn	濾	yú	澗	zhōu
涗〔涗〕	shuì	潢	wǎng	灩	yàn	减	yù,xù	霍	zhù,shù
泀	sī	溾	wēi wěi	霙	yāng	淯	yù	涛	zhuāng
澌	sī	微	wēi,méi	漾	yǎo	灪	yù	汋	zhuó
汜	sì	湋	wéi	澄	yē	渁	yuān	瀶	zhuó
涘	sì	浘	wěi	灊	yě	渆	yuān	淄	zī
洍	sì	溫	wēn	泄	yiè	渊	yuān	濱	zī
挨	sì	浸	wèn	沶	yī	灡	yuān	灢	zùn
瀃	sì	漥	wō	渏	yī	湲	yuán		
漺	sōng	斡	wò	洗	yì	渝	yuè		
溞	sǒu	浮	wū	浂	yì	沄	yún		
溯	sù,shuò	潕	wǔ	淯	yì	涢〔溳〕	yún		
漱	sù	鴮	wù	湙	yì	澐	yún		
溧	sù	霧	wù	潩	yì	賈	yǔn		
瀟	sù	溪	xī	澺	yì	沛	zā		
浽	suī	瀦	xī	瀷	yì	砎	zá		
濊	suī	漍	xí	澂	yīn	烖	zāi		
邃	suì	漇	xǐ	濦	yīn	溭	zāi		
潠	sùn	潟	xì	泿	yín	瀶	zàn		
潧	suǒ	潤	xián	濱	yǐn	灒	zàn, cuán		
漺	suò	灦	xiǎn	渒	yìn	汑	zé		
渣	tà	混	xiàn	瀿	yìn	漫	zé		
汰	tài	瀺	xiàn	渶	yīng	澡	zé		
溗	tài	洨	xiáo	霙	yīng	汉	zè		
潬	tān	浡	xiào	瀴	yīng	溠	zhā		
淡	tàn	滫	xiǔ	瀯	yīng	雪	zhá,shà		
溏	táng	洐	xíng	滢〔瀅〕	yíng	霑	zhān		
滕	téng	莘	xìng	潆〔瀠〕	yíng	漲	zhàng		
霯	tèng	湑	xǔ	濴	yíng	浈〔湞〕	zhēn		
沺	tián	汿	xù	漤	yíng	潧	zhēn		
渟	tíng	杼	xù	瀅	yíng	溱	zhēn		
瀟	tìng, dǐng	粂〔漦〕	xué	瀛	yíng	氶	zhěng		
浵	tóng	浂	yuè	湟	yǐng	汥	zhī,jì		
浂	tū	灟	xuè	灪	yōng	溜	zhí		
涂	tú	漄	yá	灘	yōng	泜	zhǐ		
溥	tuán	洦	yān	灘	yōng	恃	zhǐ		
漖	tuàn	漹	yān	渤	yōu	洔	zhǐ		
浘	yūn	沇	yǎn	攸	yōu	汢	zhì		
沰	tuō	渰	yǎn,yān	漫	yōu	湁	zhì		

第三章　湿地文化理论

第一节　湿地哲学

湿地的核心是水，除水之外，还有依托水域而生存的植物和动物，三者形成一种相互依存的良性循环生态系统。但是，没有水，就没有赖以生存的植物和动物，更谈不上以水为中心的生态系统。没有水，就没有湿地，就更没有天地万物。所以，本章湿地文化理论也就围绕着"水"这个湿地核心展开，从这个角度来说，湿地哲学也就是有关水的哲学。

于平常处见宇宙和人生的至高哲理，是中国人思考问题的特点。在这一点上，中国人迥异于西方世界的纯粹思辨哲学。当然，中国古代也有过纯粹思辨的思维，但并没有成长为主流。而以湿地之水这样形象、具体的事物特性来感知外部世界，以小见大，见微知著，由顿悟直接提升至最高哲学高度，而不是借助概念、范畴，以及概念与范畴之间的复杂关系去探讨宇宙万物的规律，这是中国哲学的一大特点，也是湿地哲学的特点。

一、水是世界本原

人类从很早以前就对身边世界进行不懈的探索。古代各国文明都对世界的构成作出过自己的解释。中国古代的五行说，认为"金、木、水、火、土"是世界的本原。而古印度人认为，"地、水、火、风"四要素是世界的本原。古希腊人提出的四元素说则认为，"土、水、气、火"是构成世界的最基本的物质。我们可以发现，在这些多元论的朴素唯物主义学说中，"水"是人们普遍的共识，是共有的本质，是世界的本原。

中国人早在春秋战国、两汉时期就对水的特质、功能做了较深入的探讨。

春秋时齐国的相国管仲（管子）在《管子·水地》篇中说："水者，万物之准也，诸生之淡也，违非得失之质也，是以无不满，无不居也，集于天地而藏于万物。""水者何也？万物之本原也，诸生之宗室也，美恶、贤不肖、愚俊之所产也。"管子认为水是万物的本原，是一切生命的"中心"，是一切是非得失的基础。所以，水没有不可以被它充满的东西，也没有不可以让它停留的地方。它可以聚集在天空和地上，包藏在万物的内部。管子还认为水也是善恶贤愚产生的根本。这个结论很有意思，我们是不是可以得出这样的推论：各国的水特点不同，人民的特质也就不一样了？答案是肯定的。我国有句俗语："一方水土养一方人"，就是这个意思。管子曰："是以圣人之化世也，其解在水。故水一则人心正，水清则民心易。一则欲不污，民心易则行无邪。是以圣人之治于世也，不人告也，不户说也，其枢在水"。这里的水，并非虚指，而是指养育一个国家的主要湿地——河流、湖泊。管子认为水的特质决定了人的特质，圣人治世关键在于掌握水的特质。

西汉时期的刘安也对水的特性进行了探讨，他在《淮南子·原道训》中说："能天运地滞，轮转而无废，水流而不止，与万物终始。"刘安认为远古伏羲、神农，掌握"道"的根本，所以使天能运行，地能静凝，像轮绕轴转那样永不停息，像水往低处流那样永不休止，与天地万物共始同终。"水"是天地万物运行的重要成分，万物都离不开它。《淮南子·原道训》曰："天下之物，莫柔弱于水，然而大不可极，深不可测；……上天则为雨露，下地则为润泽；万物弗得不生，百事不得不成；大包群生，而无好憎，泽及蚑蛲，而不求报；富赡天下而不既；德施百姓而不费"。就是说，天下万物，没有什么比水更柔弱的，然而它大无边际，深不可测，它能滋润万物，它用宽广的胸怀容纳世间一切，而没有自己的喜好与憎恶。哪怕是小虫也能得到水的恩惠，但是"水"并不求什么回报。水能满足天下的要求而无止境，水能惠及百姓但并不向百姓有所索取。

总之，对于万物和百姓，水都是不可或缺的。将水誉为生命之源，万物之始，这是中国古代朴素唯物主义之于自然观的阐释。

二、上善若水

老子在《道德经》中说："上善若水，水善利万物而不争，处众人之所恶，故几于道。居善地，心善渊，与善仁，言善信，正善治，事善能，动善时。夫唯不争，故无尤。"（《道德经》第八章）。"道"是道家哲学中至上的概念。老子认为水是至善的，水善于滋润万物，却不与万物相争。水总是处在众人厌恶的地方，具有和道一样的特点，水，"几于道"。人达到了上善的境界就应该和水一样，就应该有如下的表现：他们（有道行的人）都非常善于选择自己居住的环境，他们心怀博大、深藏不露，他们与人为善，乐善好施，他们言必行，行必果，他们治理国家有条不紊，做事会根据自己的能力把事情办理得最好，总是选择最合时宜的时候行动，由于做事都不违背自然规律，所以也不会带来烦恼。这其中蕴含了诸多的哲理、品格和精神，可以说，湿地的水造就了中国的文人士大夫精神中重要的一环。

老子在《道德经》第七十八章中又说道："天下莫柔弱于水，而攻坚强者莫之能胜，以其无以易之。弱之胜强，柔之胜刚，天下莫不知，莫能行。"老子深刻地指出了水以柔克刚、以弱胜强的根本特性。柔弱到极致的水，最坚强的东西也不能战胜它。天下没有人不懂得这个道理，但却没有人能像水一样做得到。

《荀子·宥坐》中记载："孔子观于东流之水。"子贡问于孔子曰："君子之所以见大水必观焉者，是何？"孔子曰："夫水，遍与诸生而无为也，似德。其流也埤下，裾拘必循其理，似义。其洸洸乎不淈尽，似道。若有决行之，其应佚若声响，其赴百仞之谷不惧，似勇。主量必平，似法。盈不求概，似正。淖约微达，似察。以出以入，以就鲜洁，似善化。其万折也必东，似志。是故见大水必观焉。"孔子认为水有德，有义，有道，有勇，有法，有正，有察，有善，有志，正如君子所追求的完美品质，所以君子见大水必观。因此，水给人们的启迪是深刻的，可以为君子的榜样，树立高尚的人生观和价值观。

管仲在《管子·水地》中也有相似的论述："水，具材也。……夫水淖弱以清，而好洒人之恶，仁也；视之黑而白，精也；量之不可使概，至满而止，正也；唯无不流，至平而止，义也；人皆赴高，己独赴下，卑也。卑也者，道之室，王者之器也，而水以为都居。"水柔弱而且清白，善于洗涤人的秽恶，这是它的仁。看水的颜色虽黑，但本质则是白的，这是它的诚实。计量水不必使用概（刮平斗、斛用的小木板），满了就自动停止，这是它的正。不拘什么地方都可以流去，一直到流布平衡而止，这是它的义。人皆攀高，水独就下，这是它的谦卑。谦卑是"道"之所在，是帝王的气度，而水就是以"卑"作为聚积的地方。

《淮南子·原道训》中写道："夫水所以能成其至德于天下者，以其淖溺润滑也。"意思是说，水之所以能获得天下最高的德行，全由于它生性柔和而润滑。《道德经》中，老子说："天下之至柔，驰骋天下之至坚。无有入无间。吾是以知无为之有益"（《道德经》第四十三章）。老子的意思是，天下最柔软的东西，能驾驭天下最坚硬的东西，无形的力量能穿越没有间隙的东西，我因此知道无为的益处。

董仲舒在《春秋繁露》中说："水，咸得之而生，失之而死，既似有德者"（《春秋繁露》卷十六·山川颂第七十三章）。以水比喻品德，有德之人才能在社会上生存，失去德行者则寸步难行，无异于死亡。水的品性成为君子品德的标杆。

这些哲学家和思想家对水的品质有着深刻的剖析，把水之德比为君子之德，水的特质象征了君子所追求的完美的道德修养。

值得我们注意的是，中国古代先贤对水的特质做了如此深入的探讨，但他们并不是仅仅停留在对水的表层认识上，而是将其推向对世界万物和人生意义思索的哲理层面，并反过来对人们的行为做出指导，这是中国哲学乃至中国文化的一大特点。于是，中国文人士大夫将"上善若水"作为自己的精神追求，在实践中以这种最高境界要求自己的言行，将自己毕生献给国家与民族，无论他们的处境如何，他们都会保持自己强烈的爱国精神和高洁的品格，至死不渝。具有代表性的是屈原、范仲淹等人，他们一直为后世人们传颂、敬仰。

中国文人士大夫的这种精神传承一直延续不断，历代名士都以自己的实际行动增添新的光彩。北宋时期，以范仲淹为代表的"先天下之忧而忧，后天下之乐而乐"以天下为己任的精神震烁古今，在历史的长河中大放异彩。

"洞庭天下水"，造就了范仲淹这位"天下士"，成就了"岳阳天下楼"。名垂千古的《岳阳楼记》，斯文一出，广为传诵，虽只有寥寥360字，但其内容之博大，哲理之精深，气势之磅礴，语言之铿锵，真可谓匠心独运，堪称绝笔。

范仲淹先以泼墨之笔写尽洞庭湖的美景："衔远山，吞长江，浩浩汤汤，横无际涯；朝晖夕阴，气象万千。"而文末"先天下之忧而忧，后天下之乐而乐"是文章主旨，亦成千古名言。这两句话，是范仲淹一生所追求的为人准则，是这位北宋伟大的思想家、政治家、军事家和文学家忧国忧民思想的高度概括。范仲淹主持的"庆历新政"开创了北宋士大夫议政的风气，传播了改革思想，成为王安石熙宁变法的前奏。其为政清廉，体恤民情，刚直不阿，经他荐拔的一大批学者，为宋代学术鼎盛奠定了基础。《岳阳楼记》中所倡："不以物喜，不以己悲，居庙堂之高，则忧其民；处江湖之远，则忧其君。是进亦忧，退亦忧；然则何时而乐耶？其必曰：先天下之忧而忧，后天下之乐而乐欤！"这种以天下为己任、先忧后乐的思想和仁人志士的节操，是中华文明史上闪烁异彩的精神财富，朱熹称他为"有史以来天地间第一流人物！"天下志士仁人莫不以之为榜样，追随他的精神和脚步，在中华文明的历史进程中不断地做出辉煌的成就，推动着历史和社会的进步。

三、智者乐水

子曰："知者乐水，仁者乐山；知者动，仁者静；知者乐，仁者寿"。"知"同今天的"智"，"知者"即"智者"。孔子说，智慧的人喜爱水，仁德的人喜爱山；智慧的人活泼，仁德的人沉静。智慧的人快乐，仁德的人长寿。孔子认为智者如同水一样灵动、开朗，具有与水同质的特性，所以智者乐水。

"知者"何以"乐水"？韩婴在《韩诗外传》卷三里的解释是："夫水者缘理而行，不遗小间，似有智者；动而之下，似有礼者；蹈深不疑，似有勇者；障防而清，似知命者；历险致远，卒成不毁，似有德者。天地以成，群物以生，国家以宁，万事以平，品物以正；此智者所以乐于水也"。朱熹《四书章句集注》将"智者乐水"的道理概括为："知者达于事理而周流无滞，有似于水，故乐水。"

水具有这么多的美德和智慧，所以古代文人士大夫不断地思考水的品质，追摹水的品质。湿地的水，熏陶出依傍湿地生存人们细腻的情感，灵活的处事方式，清澈纯净的品格，看似柔韧实则百折不挠的精神，高尚的审美情趣，超然洒脱的人生态度，它赋予人们的精神财富是无穷的。其中，文人的"渔父志趣"在中华文化长河中显得十分独特。

"渔父志趣"依赖于湿地而产生，2000多年来一直在文人内心萦绕，不论进退、成败、穷达，泛舟而归隐一直是中国文人士大夫的终极情结。其中包含中国文人对天地宇宙以及人生的终极追问，微妙而又深刻。这是世界各地所有文化哲学思考里都要追问的同样问题。追问世界和人生终极问题的目的最后都要反观到具体的世界和生活中去。即使对世界和人生的思索得出同样的结果，文化源头不同、思考方式不同，也会产生完全不一样的现世行动结果。中国古代文人雅士的哲学观，具体到现世行为中，有一种志趣选择就是"渔父志趣"。在他们忘情于山水之间的表象中，有这些文人贤士对哲学终极关怀的深刻思考和洞见，即，生命是最美好的、最宝贵的东西，任何世间的功名利禄都无法与之相匹配，它们不过是转眼的云烟而已，要充分享受美好的生命，就要在美丽的大自然里去感受，和大自然融合于一体。

提起"渔父志趣"，就不得不提到远古的一首《沧浪歌》。洞庭四水之一的沅水有一条支流名"沧浪"，这条河流虽小，却在2000多年间一直萦回于文人的心灵，寄托着文人的归隐情结。这缘于一首渔父的歌谣——《沧浪歌》：沧浪之水清兮，可以濯吾缨；沧浪之水浊兮，可以濯吾足。《沧浪歌》早在春秋时期已经传唱，在《孟子》和《楚辞》中都有渔父唱《沧浪歌》的记载。《孟子·离娄上》中提到孔子对门下的弟子说："小子听之！清斯濯缨，浊斯濯足矣，自取之也。"孔子的意思是要告诫弟子要修身自取。《楚辞·渔父》中屈原说："宁赴湘流，葬于江鱼之腹中。安能以皓皓之白，而蒙世俗之尘埃乎？"屈原宁可葬身鱼腹，也不随波逐流。而渔父呢，他的意思是水清时可以实现志愿，水浊时不妨退隐而全身，抱的是清醒而灵活、自由而放松的生活态度。而以渔父、孔子、屈原为代表的这三种态度，更引起两千多年来文人的不断思考和追问。

自渔父《沧浪歌》传世以后，后世渔父之意象在文学艺术作品中频频出现。晋有张翰唱《思吴江歌》："秋风起兮佳景时。吴江水兮鲈鱼肥。三千里兮家未归。恨难得兮仰天悲。"遂辞官归隐于鲈乡故园。因为思念故乡的"鲈鱼甚脍"就要辞官回故里去，这算得是深悟天地、看透人生而归隐的潇洒典型。阮籍《咏怀诗》："适彼沅湘，托介渔父，优哉游哉，爰居爰处。"以渔父自喻，说自己适合在沅湘之滨，过优哉游哉的隐逸生活。李白："人生在世不称意，明朝散发弄扁舟"，当自己的才能难以施展时，就会乘一扁舟，飘然离去，活脱脱诗仙形象。柳宗元："孤舟蓑笠翁，独钓寒江雪"，表现了诗人与世无争、遗世独立的隐者心态，是一幅生动的隐士写意图。而张志和一首《渔歌子》最为经典："西塞山前白鹭飞，桃花流水鳜鱼肥。青箬笠，绿蓑衣，斜风细雨不须归"。白鹭群飞，诗人着箬笠蓑衣，于青山绿水间悠然垂钓，自是斜风细雨也无妨，寄托了诗人高远、冲澹、悠然脱俗的意趣。陆游《鹊桥仙》："一竿风月，一蓑烟雨，家在钓台西住。卖鱼生怕近城门，况肯到红尘深处？潮生理棹，潮平系缆，潮落浩歌归去。时人错把比严光，我自是无名渔父"，则展现出一幅渔父超逸的画卷。而历史上许多著名画家如许道宁、吴镇、戴进等都绘有《渔父图》。

我们在这里看到，古代文人对水的钟情和喜爱，他们旷达、飘逸、潇洒的人生态度，归隐江湖湿地的举止，都表达了他们不受世事束缚的心灵感受。浸润内心深处的是对生命深深的眷念。感时而不伤怀，临水而不哀怨。这种超然的感悟只和知己唱和，只和自然中的水流风月交融，物我两忘，纵横古今。这，是中国文人典型的人生哲学的终极选择。

第二节　湿地审美

湿地具有多样的地貌，丰富的植被，多种的鸟类和其他动物，景观丰富，意境邈远，本身具有湿地特有的自然美，展现出天然的大美。在这大美的环境中，人们寄托了丰富的情感，陶冶了情操，寄予了美好的理想，引发了深刻的哲思，衍生出情感之美，精神之美，哲理之美。湿地的自然大美，与衍生的美，体现出的是人与自然的和谐才能达到的境界，湿地呈现出的是一种和谐之美。

一、湿地的自然之美

在湿地中生长着种类繁多的植物，是宝贵的植物种质资源库，同时也形成了优美的植物景观。浮叶植物如睡莲、芡实、浮萍、萍蓬、荇菜、菱等，挺水植物如荷花、菖蒲、香蒲、水葱、千屈菜、芦苇、莎草、燕子花、茭白、慈姑等，滨水乔灌木如红树林、落羽杉、水杉、池杉、水松、竹类、柳树、榕树等，还有种类丰富的沉水植物，岸上景观面积较广的灌丛植物等。无论是春、夏、秋、冬，这些植物都显现出独特的姿态美和色彩美。春日，青草蔓生，夏日，雨打浮萍，秋日，芦苇泛金，冬日，枯蓬残雪。远望，流水汤汤，洲渚伸展，苇丛苍苍，萍藻田田。湿地地貌变化丰富，湿地的洲、岛、滩涂等地貌与湿地植被结合，萦回曲折，极富迷离、旷远之美。

湿地是重要的鸟类迁徙地和繁殖地。湿地滩涂广阔，为鸟类提供了觅食场所和栖息地，珍稀鸟类繁多。迁徙季节，大量的候鸟来临，遮天蔽日，如鸿雁、大天鹅、赤麻鸭、斑嘴鸭、绿头鸭、灰鹤、白鹤等，这些珍禽异鸟，在湿地停留、漫步、跳跃、翱翔，呈现出一派热闹非凡、吉祥欢乐的景象，叹为观止。湿地锦鳞游泳，沙鸥翔集，万类祥和欣然，极具生命之美。

鸟类和湿地植物为主构成的湿地景观，形成了一个完整的生态系统，具有和谐、动静皆宜的生态美。

湿地天象变化丰富，具有天象之美，云霞铺陈，风云聚积，雷电恣肆，晴川丽日，不论朝晚晴雨，湿地的天象都有震撼的色彩和变幻的形态。湿地水系复杂，具有水的丰富形态美，如泉、溪、瀑、池、潭、湖、河等，水的流动也有着不同的态势和纹理，静的、动的、和缓的、湍急的，而水的各种声音，动人心弦，又具有多样的音响美（图3-1）。

图3-1 九寨水美天下（摄影：丁广师）

地貌、植物、动物、气象、气候等诸多因素聚合成多样丰富的湿地景观，具有综合而丰富的美。

湿地的美是综合的，也是丰富的，这些是湿地环境原生的自然美。从古至今，有无数的诗词歌赋、书画音乐戏剧等文学艺术作品去描绘、表现和欣赏湿地本身的大美，涵盖了各种类型的湿地，江河瀑布、溪流泉池，不一而足，作品浩如烟海。描绘洞庭湖的"八月湖水平，涵虚混太清"（孟浩然）；描绘鄱阳湖的"落霞与孤鹜齐飞，秋水共长天一色"（王勃）；描绘长江的"孤帆远影碧空尽，唯见长江天际流"（李白）；描绘庐山瀑布的"飞流直下三千尺，疑是银河落九天"（李白）；描绘水乡山村景物的"竹喧归浣女，莲动下渔舟"（王维）；描绘江南春色的"日出江花红胜火，春来江水绿如蓝"（白居易）；描绘荷塘风光的"争渡，争渡，惊起一滩鸥鹭"（李清照）；凡此种种，卷帙浩繁，不可胜数。除了这些美丽的诗句以外，更有历代画家直接描绘湿地变化万千的景象，比如，东晋顾恺之以洛河为背景的《洛神赋图》，北宋王希孟表现祖国锦绣河山的青绿山水巨制《千里江山图卷》，宋徽宗赵佶表现寒江两岸雪景的《雪江归棹图》，张择端描绘汴河两岸风物的《清明上河图》，浅绛山水的高峰、元代黄公望表现富春江两岸景色的《富春山居图》，等等，历朝历代出现了大量描绘湿地之美的卓越绘画作品。在现代人们更以摄影的艺术形式来展示各种湿地丰富的大美。有许多名曲和民间音乐的创作灵感都来自美丽的湿地，如古琴曲《潇湘水云》《流水》《渔樵问答》，琵琶曲《春江花月夜》《大浪淘沙》《寒鸦戏水》，还有各地的渔歌、号子等。这些由湿地而产生的审美艺术作品如漫天星斗一样，在文化的长河中熠熠生辉，美不胜收，读者可详细参看"湿地文化艺术及非物质文化遗产"一节。

二、湿地的情感之美

由于湿地自然的大美，滋养、衍生了湿地的各种美。其中，最为动人的，便是与湿地曲折、悠远、流动、旷远、渺茫的景物特征相应和的情意之美。从两千多年前的《诗经》开始，就有大量的诗篇借湿地之美而传情达意。在这其中，爱情诗占了大量篇幅。《关雎》："关关雎鸠，在河之洲。窈窕淑女，君子好逑。"描绘了对意中人的真挚之情。《蒹葭》："溯洄从之，道阻且长。溯游从之，宛在水中央。"表达了景物清寒，佳人渺远的惆怅。《汉广》："汉之广矣，不可泳思。"倾诉了如汉江之广、可望而不可即的思慕。《溱洧》："溱与洧，方涣涣兮。……维士与女，伊其相谑，赠之以芍药。"勾勒出溱水洧水边互赠芍药定情的春日风俗画。从诗经到后来的诸多与湿地相关的诗作，都表达出绵绵无尽的情思。《古诗十九首》中的"迢迢牵牛星，皎皎河汉女。""涉江采芙蓉，兰泽多芳草。"李之仪的《卜算子》："我住长江头，君住长江尾。日日思君不见君，共饮长江水。"秦观的《鹊桥仙》："柔情似水，佳期如梦，忍顾鹊桥归路！"更有金代元好问感叹大雁爱情的"问世间情是何物？直教生死相许"。而李白赞颂友情的《赠汪伦》："桃花潭水深千尺，不及汪伦送我情"。李煜写尽极致愁情的《虞美人》"问君能有几多愁，恰似一江春水向东流"。这些诗作借湿地表达出无尽的情意，作品不可胜数。在戏剧作品中，许多也都以湿地为背景，借自然美景寓情，有歌颂鲤鱼精和张珍爱情故事的《追鱼》，表现白娘子和许仙传说的感人至深的《白蛇传》等，那些可爱可敬的形象，深深地镌刻在人们心中，是真、善、美的化身。而许多音乐作品也借湿地表达深沉的情感，古琴大曲《潇湘水云》借潇湘二水云水奔腾抒发忧国愤世之情，表达对故国的忧思，令人荡气回肠。相关审美艺术作品读者可详细参看"湿地文化艺术及非物质文化遗产"一节。

这些美丽的诗篇、优美的艺术作品之间蕴含的真情，恰如湿地的水流一样，清澈、委婉、纯净、美好，长流无穷。

三、湿地的精神之美

除了用水之美表达真挚动人的情意，湿地的植物还常常被用来比拟君子之德，表达出典型的品德之美。伟大的浪漫主义、爱国主义诗人屈原"制芰荷以为衣兮，集芙蓉以为裳"。这些香花佳木是君子比德的隐喻，对后世产生了很大的影响，形成了一个典型的文化现象。在宋代，周敦颐一篇《爱莲说》更是直接对莲花之美与君子之德加以卓越的总结，谓之"出淤泥而不染，濯清涟而不妖"，成为君子至高形象的象征。

湿地原生环境极具美态，又兼传情，而且在此之上，更生发了许多文人的情操和志向，呈现出与湿地环境相生的志向之美。屈原在洞庭沅湘之际做出生死的选择，"虽九死其犹未悔"。北宋时期政治家、军事家、文学家范仲淹因"浩浩汤汤，横无际涯"的洞庭湖，发出"先天下之忧而忧，后天下之乐而乐"的倡导。南宋文天祥抗敌被俘过零丁洋时慷慨悲歌"人生自古谁无死？留取丹心照汗青"。这些高尚的精神足以激励千千万万仁人志士为国家兴亡、为天下兴衰而勇往直前，舍身为公，不断奋斗，推动历史的前进。

四、湿地的哲理之美

湿地有大美，有升华的情感之美和精神之美，而有些深刻的思想者站在人类、自然和宇宙的高度，去整体地看待人与湿地、自然的关系。在"茂林修竹，清流激湍"的兰亭，王羲之沉浸于"仰观宇宙之大，俯察品类之盛"。在扬子江的月下，张若虚发出探问："江畔何人初见月，江月何年初照人。"而在长江赤壁，苏轼慨叹"惟江上之清风，与山间之明月，是造物者之无尽藏也，而吾与子之所共适。"杨慎借江水评古今"滚滚长江东逝水，浪花淘尽英雄""古今多少事，都付笑谈中"。这些由湿地升华出的哲理之美，至今仍然引导人们的心灵走向更宽阔的精神世界，去感受大自然的无尽的美，超然物外，纵贯古今，物我两忘，与天地共适，与自然相融。

与湿地的自然融合共适，和谐统一，相生共荣，这才是湿地之美的最高境界，也是实现湿地多样之美的现实途径，这是湿地的和谐之美。只有达到了和谐之美，才能真正地欣赏湿地之大美、升华情感之美和精神之美。

第三节 湿地伦理

一、道法自然

道家以自然之"道"为准则，"人法地，地法天，天法道，道法自然"。道，即宇宙万物的运行规律和秩序。道家认为自然的规律和自然的秩序是应该遵循的，人类应该顺应自然。"道法自然"是道家的核心观点，也是对待自然的核心伦理，当然也是湿地的核心伦理。

道家不仅强调要遵循天地自然的规律，而且认为万物"道生之，德畜之，长之育之，亭之毒之，养之覆之。生而弗有，为而弗恃，长而弗宰，是谓玄德"。意思是说，"道"，生长万物，"德"，繁育万物，使万物生长，发育，结子，成熟，抚养和保护万物。生长万物而不据为己有，帮助万物而不自恃有功，长养万物而不宰制它们，这就是最深远和高尚的道德。道家在这里提出了一个深刻的伦理观念，"道法自然"既是客观规律，又是人类的至德，只有"道法自然"才是人类所应遵循的最深远高尚的道德[25]，以这样的伦理观去对待人类生存的环境，才能达到人类的至高境界。

管子在《度地》中说，"地有不生草者，必为之囊，大者为之堤，小者为之防，夹水四道，禾稼不伤。岁埤增之，树以荆棘，以固其地。杂之以柏杨，以备决水。民得其饶，是谓流膏"。在《五辅中》说"导水潦，利陂沟，决潘渚，溃泥滞，通郁闭，慎津梁，此谓遗之以利"。这是"道法自然"在实践中的具体运用，犹如对于水的控制，要因势利导，顺其自然，用"疏"而不是"堵"的办法。这样，"水（河流、湖泊）、地、禾稼、民"均能各得其利，相依相安。

道家还强调"无为而治"。"道常无为而无不为"，"是以圣人处无为之事，行不言之教"。遵循自然的规律，运用到对自然的态度和实践上，"无为"便是最好的方式。"无为"并不是什么都不做，而是不要去扰动自然，不要去干扰自然，不要去破坏自然，不要去违背自然的规律和秩序，否则便会打破自然的平衡，最终也会导致自然的惩罚。对于湿地来说，不要去改变它的自然面貌，改变它的自然水体，改变它的生态环境，这就是"无为"的方式。许多湖泊如洞庭湖、鄱阳湖等，都因为大量的围垦，使得湿地退化，面积锐减，湿地功能削弱，而结果就是水质得不到保障，滞蓄洪水的能力削弱，人类的生存环境恶化。不遵循"道法自然"，其结果是人类自身受到威胁。

"道法自然"的思想也被理学家所吸收。程颐和程颢认为，"使万物无一物失所者，斯天理"；"天地之化，自然生生不穷"；"天地之道，至顺而已矣"；"观天地运化，阴阳消长，以达乎万物之变，然后颓然乎顺，浩然乎归"。他们都表达了要认识、掌握并顺应自然环境变化的客观规律的观点，这样才能保持生态系统的平衡。对于湿地来说，就是河流或湖泊等湿地自然环境与动物、植物、人之间的平衡。

　　湿地之水，正是中国古人思考伦理的出发点和核心。而顺应湿地发展变化的自然规律，不破坏、干扰这种自然规律，是人们在发展中应遵循的明智法则，亦是核心的伦理。

二、众生平等

　　佛教有着"众生平等"的根本思想。"众生平等"在伦理的高度上确立了一切众生在宇宙中的平等地位，赋予了自然万物的内在价值，奠定了一种敬畏生命和尊重自然的生态伦理。佛教认为"一切众生，悉有佛性"（《大般涅槃经·如来性品》），即众生都有成佛的可能性。不仅如此，天台宗进一步认为"无情有性"，认为没有情识的山河大地、花草木石等无情物都是清净佛性的体现，"青青翠竹尽是法身，郁郁黄花无非般若""溪声便是广长舌，山色岂非清净身"，这就将一切有情众生和无情众生都纳入到了平等的价值视野之中。自然不仅是提供生存的资源，而且还能陶冶性情、启迪智慧，"无情有性"肯定了自然的内在价值[26]。这样的伦理观对于保护自然起到非常积极的作用。所以对自然环境的珍爱一直是佛教的优良传统，在戒律中也有诸多体现。佛教也通常选择环境优美的地方修行，爱护自然环境，营造许多净土。

　　"缘起论"是整个佛法的理论基石，是佛陀对于宇宙万物的基本看法。佛陀认为，现象界中，没有永恒存在的事物，也没有孤立存在的事物，一切事物都是各种条件因缘和合而成，一切现象都处于相互依赖、相互制约的因果关系中。《杂阿含经》解释"缘起"谓："此有故彼有，此生故彼生；此无故彼无，此灭故彼灭""有因有缘集世间，有因有缘世间集；有因有缘灭世间，有因有缘世间灭""缘起论"揭示了人类、其他生命存在物和非生命存在物之间相互联系、相互依存的客观规律，他们共同构成了整个宇宙的网络，这种整体论的观点与现代生态科学所揭示的生态系统的相互依存的整体关系是一致的。人与环境依正不二，珍爱自然就是珍爱人类自身。

　　这样的伦理观，其生态意义在于把人与自然万物置于同等的位置，要求人要像爱护同类一样爱护自然、保护自然，维护人与自然的和谐，实现人与自然的共同协调发展。这种把人和河流山川中的动物、植物以及自然环境放在同等位置思考的视角非常珍贵，是中国生态伦理的瑰宝。

　　道家有一个著名的观点："道生一，一生二，二生三，三生万物"。道家认为"道"是化生天地万物和人的根源，各种形式的生命都是"道"的生命本体的体现。不仅如此，以道家思想为基础的道教认为万物与人皆同有"道性"，"一切含识乃至畜生、果木、石者，皆有道性"，"一切有形，皆含道性"，即人与动植物、自然物都有道性[27]。天地万物与人同根，皆有道性，这样从根本上认为人与自然万物是平等的，人与动植物的生命以及天地的生命是平等的。由于认为万物与人是平等的，要求人要以仁慈之心去对待万物，如不"惊栖"，不"射飞逐走"，不去惊扰栖息的鸟类，不去射杀追捕动物，对大自然中湿地及山林中一切动植物都怀有尊重和同情之心，以"慈心于物"的情怀去善待它们、关爱它们。

　　儒家以"仁"作为其伦理思想的核心，孟子发展了孔子思想，强调"仁民爱物"，

"亲亲而仁民，仁民而爱物"，从对亲人的亲爱，到对百姓的仁爱，再扩展到对一切自然物的珍爱，倡导人类要爱护万物，保护自然。北宋张载说："民吾同胞，物吾与也"。程颢和程颐认为："仁者浑然与物同体"，"仁者以天地万物为一体，莫非己也"。这种善待自然、主张"天地万物为一体"的朴素生态伦理观念，也被朱熹继承。朱熹认为，天地间充满了勃勃生机，推动天地生命发育兴旺的言行便是"仁"，摧残扼杀生命的言行便是"不仁"。他认为，人们应该把"一草一木"都当做"皆天地和平之气"。这种把对待万物生命的态度作为区别"仁"与"不仁"的根本标准，是一种深刻的生态伦理观。

只有将人与天地万物放在同一个水平位置，而不是人凌驾于万物，才能合理地利用湿地及一切生物资源，保护包括湿地在内的生态系统平衡，维护人类自身的生存环境。

三、护生之德

基于"众生平等"的思想，佛教的"戒杀护生"被佛教徒视为必须遵循的伦理原则，不杀生是佛教五戒之首，杀生被视为重罪。《梵网经菩萨戒》中把杀生戒分为八种表现形式，强调不杀生戒是"方便救护一切众生"的菩萨情怀。戒杀的另一面是护生，亦为佛教所积极倡导，被视为众善之先。"故常行放生业，生生受生，若见世人杀畜生时，应方便救护解其苦难"。尤以汉传佛教为代表的戒杀、放生、素食是佛教生态伦理的积极实践。很多普通信众都有戒杀的理念、放生的行为和素食的习惯。这一在各宗教中难得的戒律和理念，从很大程度上促进了生态系统的保护、生物多样性的维持。如今，有许多江河湖泊里的鱼类特有种都濒临灭绝，其很重要的原因就是被人们滥捕滥杀而吃掉了，而一些珍稀鸟类面临濒危也是因为人的贪欲遭到人的捕杀并被吃掉了。戒杀护生对于湿地的生态平衡是具有非常重要的积极意义的。

梁武帝信奉佛教而戒杀生，撰写《断酒肉文》，用麦面做牺牲祭品，实践和推广放生。陈宣帝太建年间，天台宗创始人智颢大师目睹民众以捕鱼之网相连四百多里，于是购买江海湾典型段为放生池。唐肃宗乾元二年下诏天下置放生池，凡八十一所。宋真宗天禧年间，杭州天竺灵山寺遵式上奏朝廷，以西湖为放生池，四月八日会郡人纵鱼鸟。佛教还有岁末、夏满、忌辰"三节放生"的习俗。这些爱护自然生命，具体表现为对湿地鱼鸟的放生行为，是一种高尚道德的体现，对生态保护有着积极的作用。

佛教的戒杀也影响到道教，形成了道教相应的戒律。基于万物皆有道性的观念，道教的劝善书中有诸多关于"恶杀好生"的阐述[27]。"勿登山而网禽鸟，勿临水而毒鱼虾""一切含气，木草壤灰，皆如己身，念之如子，不生轻慢意，不生伤彼心""昆虫草木，犹不可伤""不得伤害一切众生物命"。

这些戒杀护生思想也影响到贤哲文人。白居易曾写有一首诗《鸟》："谁道群生性命微？一般骨肉一般皮。劝君莫打枝头鸟，子在巢中望母归。"诗中说，虽说小鸟性命微小，它们也是有血有肉有母爱的一条生命，不要打枝头的小鸟，它们在巢中期待母鸟的归来。诗人以朗朗上口的诗句发出劝诫之声，劝导人们爱惜鸟类，爱惜生命，焕发出人性的美德光辉。陆游也写过劝诫不杀生的诗："血肉淋漓味足珍，一般痛苦怨难伸，设身处地扪心想，谁肯将刀割自身？"朱熹说："非其时不伐一木，不杀一兽，不杀胎，不夭夭，不覆巢。"明陶望龄也有诗说："物我同来本一真，幻形分处不分神。如何共嚼娘生肉，大地哀号惨煞人。"弘一大师也作放生戒杀诗："是亦众生，与我体同，应起悲心，怜彼昏蒙。普劝世人，放生戒杀，不食其肉，乃谓爱物。"

戒杀护生之德是"道法自然""众生平等"等生态伦理总原则下的实践理性的展现，也是以湿地、山林涵养万物为内容的生态伦理的具体体现。

中国传统的护生之德是我们今天对珍稀动植物进行保护的宝贵思想遗产。如果我们今天不对珍稀动植物进行积极的保护措施，那么，曾在地球大自然生活的物种就会不断从人们视线中消失。如今，湿地的许多鸟类和动物面临着被滥捕滥杀以及生存空间锐减及恶化的危机，亟需我们保护。例如，世界上唯一的淡水江豚——长江江豚，已经在地球上生活了 2500 万年，可说是水中的大熊猫，按照世界自然保护联盟(IUCN)濒危物种红皮书的标准，长江江豚已达到"极危"级。江豚的微笑还能存在多少年？这取决于我们对湿地保护的程度。濒危动植物物种的消失，意味着生物链的断裂，对人类的生存环境将有着不可估量的影响，对濒危动植物的保护应该提高到与人类生存相关的认识高度。这是中国传统护生之德思想的现实意义，不容忽视。

四、因时利用

据史书记载，夏朝就有规定："早春三月，山林不登斧斤，以成草木之长。川泽不入网罟，以成鱼鳖之长"。春秋时期管仲明确阐发了"以时禁发"的原则，《管子·八观》提出"山林虽广，草木虽美，宫室必有度，禁发必有时"。"以时禁发"就是在一定季节封禁或开放山林川泽，禁止或允许人们开发利用自然生物资源[28]。孟子提出："不违农时，榖不可胜食也；数罟不入洿池，鱼鳖不可胜食也；斧斤以时入山林，材木不可胜用也。榖与鱼鳖不可胜食，林木不可胜用，是使民养生丧死无憾也。养生丧死无憾，王道之始也"。《礼记·月令》中提出具体的春夏之禁，"孟春之月，……禁止伐木，毋履巢，毋杀孩虫胎夭飞鸟。……仲春之月，毋竭川泽，毋漉陂池，毋焚山林"。《吕氏春秋》中提出"四时之禁"。荀子将古训发展为"圣王之制"的理论："圣王之制也，草木荣华滋硕之时，则斧斤不入山林，不夭其生，不绝其长也；鼋鼍、鱼、鳖、鳅鳝孕别之时，罔罟毒药不入泽，不夭其生，不绝其长也；春耕、夏耘、秋收、冬藏，四者不失时，故五谷不绝而百姓有余食也；污池渊沼川泽，谨其时禁，故鱼鳖优多而百姓有余用也；斩伐养长不失其时，故山林不童而百姓有余材也。"其中说到池渊川泽这些湿地时，强调在鱼鳖繁殖期，不要用渔网、毒药去河湖中捕杀，不要灭绝其生长，这样才能有丰富的收获，百姓才有余用。荀子在这里阐发的是人与自然的和谐，一切行为要"顺时""应时"，也就是符合自然的规律，合理地利用生物资源，保护生物、保护自然环境，只有这样才能有不断地资源获取，这是持续的资源管理观点。《淮南子·主术训》将先王之法禁归纳为"十三不"，其中有"不涸泽而渔""鱼不长尺不得取"等非常具体的生态伦理法则。南宋陈旉在《农书天时之宜》中也说，人要"顺天地时利之宜，识阴阳消长之理"，特别强调掌握天时地利对于水稻、蚕桑等农业生产的重要性。禁发以时，取之有道，顺应自然规律来满足人的需要，在人的需求与自然资源之间求得平衡，这样的生态伦理具有较强的可操作性。

道家强调要按自然之道合理地利用自然资源，要"顺乎天理人心而为之"。"生旺乃天地发生万物之情，不可违背天意，至乘天地收藏之时而取之，则用无穷也"。湿地拥有丰富的植物资源和动物资源，特别是蔬菜、粮食、鱼类，以及其他很多产品，可以供给人类生产和生活，但是利用湿地资源时，要顺应自然之道，将人、自然生命、自然存在看作一个整体，当万物生发时，不要违背自然规律，要护育它，而成熟可收时再善加利用，这样才能有源源不绝的资源可用。

这种伦理观念在地方上也多有反映。比如，《武汉市志·社会志》记载，近代湖北山乡，休渔期间，"网罟不入，不灾其生，不绝其长"。网罟就是渔猎的网具，说的是休渔期不要用渔网去捕鱼，不去破坏鱼的生长。即使是捕捞季节，人们也注意放生幼鱼。武汉地区在江河、公湖作业的渔民订有"公约"，规定网眼不得过小，否则，不准下湖。对于活跃于湿地湖泊的水鸟和动物，人们也注意保护。

因时利用是"道法自然"生态伦理总则在人们生产生活中的具体体现。天地万物生活在一个互相依存的循环的大环境中，各取所需，但不能过度滥用。尤其是人类，因为会使用工具，攫取生活资料的能力比其他湿地、山林中动植物强得多，人类过度获取自然资源，往往就会导致破坏整个大自然生态链的恶果，最终人类本身也成为自己的受害者。

五、天人合一

"天人合一"的思想起源于《周易》，融汇了道家和儒家的思想，成为古代生态伦理的主干。

庄子明确提出："无受天损易，无受人益难。无始而非卒也，人与天一也"；"夫形全精复，与天为一"。庄子还在《齐物论》里提出"天地与我并生，而万物与我为一。"庄子的"天人合一"，并不是讲以"人"合"天"，而是主张"天""人"合于"自然"，合于"道"。天道自然，人道无为，天道与人道就在"自然之道"中互相融合，互相贯通。"天人合一"就是双方彼此融合、协调，在动态中达到人与自然和谐共处，物我冥一（混沌为一）。

后来，儒家将"天人合一"的思想吸收进去。汉代董仲舒明确提出"天人之际，合而为一"。北宋张载提出"儒者则因明至诚，因诚致明，故天人合一"。程颢则提出"人与天地一物也"，"仁者，与天地万物为一体"的思想，认为与天地为一体是"至仁"的表现，是最为高尚的仁德。"天人合一"思想所追求的终极性目标，即实现人与自然的和谐交融，历代都是一以贯之，不曾偏离人与自然和谐的主题。

虽然古代哲学家对"天人合一"有不同的解说，形成不同的学派，至今有激烈的争论。但共同的是人与自然的和谐[25]。张岱年先生认为，"天人合一"比较深刻的含义是，人是天地生成的，人与天的关系是部分与全体的关系，而不是敌对的关系，人与自然应该和谐相处。

"天人合一"思想认为自然界有其普遍规律，人的行动必须遵循这种规律。继承"天人合一"这种"辅相天地之宜","曲成万物而不遗"的思想,要求我们在发展过程中,将生产和生活方式与湿地环境保护联系起来,选择符合生态规律和自然本性的生产方式和生活方式,使人的行为生态化。"天人合一"思想认为,天地万物都含有阴阳两方面的因素,阴阳二气交融和谐,万物才得以生存发展。因此,和谐是自然界最根本的规律和要求。"天人合一"包含的这种动态循环平衡观念是非常宝贵的。

总之,"天人合一"的生态伦理与现代生态思想是一致的,它可作为湿地可持续发展的思想基础。

六、可持续发展

1987 年,世界环境与发展委员会(WCED)发表了报告《我们共同的未来》。这份报告正式使用了"可持续发展"概念,并对之做出了比较系统的阐述,产生了广泛的影响。该报告中,"可持续发展"被定义为:"能满足当代人的需要,又不对后代人满足其需要的能力构成危害的发展"。1992 年 6 月,联合国在里约热内卢召开的"环境与发展大会",通过了以"可持续发展"为核心的《里约环境与发展宣言》《21 世纪议程》等文件,议程阐述了可持续发展的 40 个领域的问题,提出了 120 个实施项目,从而可持续发展从理论走向了实践。可持续发展主要包括生态可持续发展,社会可持续发展,经济可持续发展。可持续发展既是发展方式,又是现代的生态伦理。

可持续发展是以人类整体或共同利益为价值取向的,其目的在于维持人与环境的和谐共存,使人类社会具有可持续发展的能力,其落脚点在于可持续地利用自然资源。

可持续发展最为关注的是人与自然、人类与生态环境的和谐发展的重要性,所强调的正是全人类的共同利益,只有它才是可持续发展的伦理属性和基础[29]。

湿地与森林、海洋并称全球三大生态系统,也是价值最高的生态系统。然而,由于对湿地环境的忽视,不断的开发、污染、围垦、侵蚀,使得湿地在全球范围内逐步地退化和大面积消失。可持续发展的思想和生态伦理对于湿地而言,是当代社会切实可行的理论和实践指导,对于保护湿地,遏制湿地退化,保持湿地功能,维护人类的生存环境,永续利用湿地的丰富资源,有着十分重要的现实意义。

为了恢复湿地的生态功能、遏制湿地的退化和破坏,早在 1971 年 2 月 2 日,国际社会就通过了第一个全球性的环境公约《湿地公约》,宗旨是通过各成员国之间的合作加强对世界湿地资源的保护及合理利用,以实现湿地生态系统的持续发展。

《湿地公约》的核心理念如今已被明确为"合理利用"(wise use),湿地的"合理利用"定义是"湿地生态特征的保持,以可持续发展的方式通过生态系统工程来实现"。"合理利用"是为了人类利益保护和可持续利用湿地和湿地资源的关键。湿地有着丰富的物产,优美的风景,起着调水、蓄水、调节气候等重要生态功能,只有采用"合理利用",才能遏制湿地的退化,逐步恢复湿地功能,人类才能从湿地获得不竭的资源,以及丰富的精神和文化财产,实现与自然的和谐共存和共同发展。这是可持续发展的生态伦理在湿地领域的具体呈现。

人类在利用开发湿地时还应遵守可持续发展的代内和代际伦理。当代人在利用自然资源、满足自身利益上要机会平等。人类对环境的保护和治理最终将受惠于整个地球人类，人类对环境的保护和对环境污染的治理通常不是个人的行为能办到的，需要群体的努力和合作才能奏效。当代人在开发利用湿地资源时，代际伦理要求当代人对后代人负有湿地资源保护与持续利用的责任。

在处理人与湿地的关系中，人类应尊重湿地生态系统的和谐、稳定与完整，合理利用湿地资源。自然环境的可持续发展是经济可持续发展、社会可持续发展的前提和基础。对于湿地环境本身，只有湿地存在，结构完整，生态平衡，才能较好地发挥生态功能，为人类提供生态保障和丰富资源。这要求人类必须约束规范自己的行为，合理地开发利用、改造湿地。应抛弃过去那种对湿地资源无节制索取、掠夺式开发的思想和行为，加强对湿地资源的保护，以尊重湿地生态系统的稳定、和谐发展为自己的责任和义务，在不超过生态系统承载力的情况下，合理地利用和开采自然资源。同时，特别保护湿地濒危野生动植物，保护生物多样性以维护生态系统的稳定、有序发展。

在经济发展的今天，湿地面临的矛盾和危机愈发严重，只有坚持可持续发展的生态伦理，才能实现湿地的各种功能，获得源源不断的湿地资源，得到安全的生态保障，同时得到精神和文化的财富，这是我们需要警醒和深入思考的。

第四章　湿地文化表现形式

第一节　湿地农业文化

一、湿地农耕文化

中国自古以来以农业国，农业生产已经绵延上万年。在年复一年的春耕秋收中，华夏民族的祖先创造了灿烂辉煌的农耕文化，他们不仅在革新农具、改革农艺、治水灌溉等方面积累了丰富的经验，而且通过与大自然的长期互动，孕育了"天人合一"的思想，创造出许多精耕细作、因地制宜的技术体系，使土地的利用率和农作物的生产率不断提高。这些，都在农耕湿地中得到了最完美的体现，因为我国的农耕生产，是紧密依托湿地孕育产生的。

湿地的主要粮食作物是水稻。大约一万年前，鄱阳湖的万年先民成功驯化野稻，并在湖泊周围进行最早的人工耕作，开启了湿地稻作文化的序幕；到了南宋时期，为解决漕运困难与军粮供应问题，当时的朝廷在长江中下游沿岸的沼泽湿地中进行了大规模的屯田，这一措施不但让江南成为全国水稻生产中心，也使得"饭稻羹鱼"成为当地人民的世代相传的饮食习俗；到了明末清初，水稻的品种已达 3400 多个，遍布 16 省 223 个府州县，越来越多的先民将自己的生活与水稻联系在了一起，稻作文化日渐兴盛，成为湿地农耕文化的一个重要文化符号。然而，受限于当时的农业技术以及地理环境因素，部分地区只是采用"围湖造田""填海造田"等简单方式向湿地要良田，致使当地自然湿地消失，环境恶化。长江中下游区域在宋代屯田后，发生洪涝灾害的次数比唐代明显增加，尤其长江流域下游的太湖流域更是旱涝灾害不断，平均每两、三年发生一次洪涝。一次次沉痛的教训引发先人对人与自然关系的深入思考，"和谐"成为湿地农耕文化的持续追思。

除水稻这一主要的粮食作物外，我们的祖先还利用不同的湿地种植了许多水生蔬菜。"春季荸荠夏时藕，秋末慈姑冬芹菜，三到十月茭白鲜，水生四季有蔬菜"，说的就是茭白、莲藕、水芹、芡实、慈姑、荸荠、莼菜、菱角这八种常见的湿地蔬菜，被统称为"江南水八仙"。这八种蔬菜在我国都有着悠久的栽培历史，并形成了不同的耕作文化。如知名度最高的莲藕，自古就有"江南可采莲，莲叶何田田"的诗情画意，夏秋之际，采莲的少女们乘着小舟出没在莲荡中，轻歌互答，采摘莲子，文人词客们则三五成群，在岸边写诗赋词、璇音谱曲，可以说是湿地农耕文化中最具艺术性的一章。

在日常耕作中，聪慧的先民还往往根据所处的生存环境，积极发挥创造力，开发出与之相适应的人工湿地与新型农耕模式，集中体现了农耕文化"应时、取宜、守则、和谐"的精髓，成为湿地农耕文化中最为宝贵的一笔财富。例如，已被联合国教科文组织列为世界遗产名录的哈尼梯田，注重与江河、森林、村寨的良性循环与可持续发展，成为世界上人与自然高度协调的典范；最早诞生于珠江三角洲的桑基鱼塘，利用动植物互惠互利的关系，极大地提高了桑蚕的生产效率，作为当时蚕丝经济发展的引擎，成就了顺德县"南国丝都"的美名；生活在贵州柳江一带的水族同胞，至今仍保留着"稻田养鱼"农业模式，延续着"饭稻羹鱼"这一传统农耕文化主题。这些承载着先人智慧的人工湿地如同农耕史上的朵朵奇葩，既体现了一方水土的韵致，也形成了一道道难以复刻的文脉印记。

进入 21 世纪的今天，传统农业转型升级的步伐越来越快，以有效利用农业资源、良好维护人类生存环境为特点的湿地农耕文化，不仅可以为"生态农业""循环农业""低碳农业"等新型农业在思想和方法上提供有益的借鉴，并且对于保护农业生物多样性与农村生态环境、传承民族文化、开展科学研究、保障食品安全等均具有重要的意义。

1. 稻作文化与江西万年

水稻是农耕湿地中最为常见的粮食作物，有着悠久的栽培历史。《史记·夏本纪》中关于"禹令益予众庶稻，可种卑湿"的记载，表明早在公元前 21 世纪，我国人民就已经开始和自然作斗争，疏治"九河"，利用湿地发展水稻。唐宋年间，江南成为全国水稻生产中心地区，太湖流域成为稻米生产基地，京都军民所需大米全靠江南漕运。当时由于重视水利兴建、江湖海涂围垦造田、农具改进、土壤培肥、稻麦两熟和品种更新等，江南稻区已初步形成了较为完整的轮作栽培体系。到了明末清初年间，水稻种植已变得十分普遍，据当时《直省志书》记载，全国有 16 个省的 223 个府州县种植水稻，育秧、水肥管理等方面也都有了新的进展。随着水稻的普及与种植技术的发展，越来越多的湿地先民将自己的生活和水稻联系到了一起，春耕、夏耘、秋收、冬藏，在年复一年的劳作中，慢慢改变着自己的衣食住行、岁时节令、人情世故乃至精神信仰，形成了独具魅力的稻作文化。经过几千年的不断传承与发展，稻作文化已成为湿地农业发展的一个缩影，蕴含着中国人顺应自然的生存之道，具有重要的农业研究价值和深远的历史文化价值，是湿地农耕文化中重要的组成部分。

我国的稻作文化系统很多，广西隆安、湖南茶陵都曾驯化过野生稻，有着悠久的稻作文化体系；以四川的布依族、贵州一带的侗族为代表的许多少数民族，在信仰崇拜、婚丧习俗、节日禁忌等方面都与水稻息息相关，形成了各具民族特色的稻作文化。其中，拥有最为灿烂、完整稻作文化的当属鄱阳湖湿地中的万年县，它不仅有着百年的贡米产业、千年的稻作技术，还有着万年的稻作遗存，是考古界公认的世界稻作起源地之一[30]。

万年贡米是万年稻作文化中一个最具代表性的符号。"万年贡米"原名籼稻"坞源早"，俗称"芒谷"[30]，一年栽种一季，生育期为 175 天，从生长、抽穗、扬花到收割后加工成米，都有着沁人肺腑的清香，名列香稻之首。脱壳后的米粒质地洁白如玉、油润光亮，蒸煮后柔糯可口，浓香扑鼻，有"一亩稻花香十里，一家煮饭百家香"的赞誉，堪称"米中一奇"。

最早将"坞源早"定为贡米的是朱元璋，当时的万年县知县为答谢朝庭建县之恩，将该县东部荷桥一带出产的"坞源早"制成大米进贡给皇上，朱元璋吃后大加赞赏，下旨"代代耕作，岁岁纳贡"，万年贡米一举成名[30]。到了明末清初时，"坞源早"已被列为"国米"，每逢州县纳粮送往京城，都要等到万年贡米进仓，才能封粮仓，关城门。新中国成立后，万年贡米走上了中央首长的餐桌，深受老一辈革命家的喜爱，毛泽东主席在两次庐山会议中都让人带着万年贡米，周恩来总理曾一度将万年贡米列为国宴用米。

在长期的耕作中，万年的劳动人民注意到了草木荣枯与季节时辰的关系，他们开始根据自然规律安排农业生产，并将这些窍门归纳为一句句简短、通俗的谚语，通过"父诏其子，兄诏其弟"的方式代代流传，成为万年稻作文化系统中一个重要的组成部分。这些农谚涉及稻概、土宜、整田、育秧、施肥、灌溉、除草、病虫害、倒伏、生育、收获等诸方面的事宜，深刻反映出当时的"农事理论"和耕作习惯。比如："雷打惊蛰前，无水做秧田""清明前后，撒谷种豆""谷雨前，好种棉""大暑前三日割不得，大暑后三日割不出"。还有不少民谚，生动形象地阐述了工作、学习、生活中的道理，如："吃了元宵果，各人寻生活""栽禾看秧，娶亲看娘""过了七月半，洗澡爬不上岸"等。还有不少民谚语言流畅，很有韵律感，好似一首首民歌，如《一根线》："一根线，搭过河，河边崽仂会栽禾：栽一棵，望一棵，望得禾黄娶老婆"，曲调明朗、欢快，旋律优美，生活气息浓，充分地体现出一种地方特色极浓的稻作文化。

"锄禾日当午，汗滴禾下土。谁知盘中餐，粒粒皆辛苦。"千百年来，种田的辛劳程度是难以言说的。因此，农家对来之不易的收获格外珍惜，并由衷地尽情庆贺。每当佳节来临时，万年人就会用稻米制作不同品种的小吃，如元宵节揉汤圆、清明节蒸清明粿，端午节裹粽子，中秋做冻米糖，春节打年糕，各色米食点心多达上百种，成为万年稻作文化的一个重要部分。在这些稻米小吃中，比较有名的是麻糍和年糕。麻糍是当地举办喜事必备的一种美食，无论是孩子周岁弥月，还是长辈七十大寿，或者娶亲嫁女，乔迁新居，万年人都必须打麻糍庆贺。因此许多农户都会在自家地里种上两三亩糯米，以作自用。年糕则是在每年下半年丰收的时候，家家户户都会做的一种食物，他们将做好的年糕晾干变硬，再用刀一条一条切开，放在大水缸内浸起来，每隔三五天换次水，保持新鲜，就可以断断续续吃上半年。农忙时，用年糕煮粥，既方便，又美味。

2. 梯田耕作与哈尼族人

梯田作为人工湿地的典型代表，在我国有着悠久历史。早在先秦时期，便出现了具有梯田特征的山坡田和水平田。四川彭水县出土的汉代陶田雕塑，"田畦与田丘相接如鳞，高低呈梯阶状，颇似今日的梯田。"说明在东汉时期，梯田已较为普遍。进入宋代后，古代梯田得到了大规模发展，如福建的"其人垦山陇为田，层起如阶级"、广西的"筒车无停轮，木枧着高格"等。与此同时，梯田一词也正式出现于文献当中，据北宋范成大《骖鸾录》对袁州仰山（今江西宜春）梯田的描写，"出庙三十里至仰山，缘山腹乔松之磴甚危，岭阪上皆禾田，层层而上至顶，名梯田。"明清是我国古代梯田的成熟时期，主要标志之一是出现了较系统的梯田论述："梯田，谓梯山为田也。夫山多地少之处，除垒石峭壁例同不毛，其余所在土山，下至横麓，上至危巅，一体之间，裁作重蹬，即可种艺。"新中国成立后，曾兴起过农业学大寨的热潮，不少地方都进行了开山造梯田运动，不仅增加了农业产量，而且避免了水土流失，保持了水土。但随着时代的发展，终因梯田的种植对于人力的消耗相比平原要高出很多，而且产量没有任何优势，所以这一古老的耕作方式逐渐被淘汰，现存的梯田也大多作为一种旅游资源继续存在。

　　我国现存比较著名的梯田有甘肃的庄浪县梯田、广西的龙胜梯田、云南的元阳哈尼梯田等。庄浪县的梯田修筑面积有 6.3 万公顷，占当地耕地总面积的 82.3%，被命名为全国"梯田化第一县"。龙胜县的"龙脊梯田"重点开发梯田审美价值，发展梯田旅游产业，已成为与"桂林山水"齐名的广西拳头旅游项目。最为出名的元阳哈尼梯田被誉为"中国最美的山岭雕刻"，已被列入世界遗产名录，成为我国乃至全世界农耕文化最璀璨的硕果之一。

　　在 1000 多年前，当哈尼人来到哀牢山的时候，他们所做的第一件事就是在高海拔的上半山靠近森林水源之处挖筑条条大沟，这些大沟如千万条银链般将大山拦腰捆住，把溪泉、瀑布流出的山水悉数截获，再通过无数分渠、小沟引入下半山的梯田区，满足水稻等农作物生长的需要[32]。这样，奇迹就出现了，在原先荒芜的山坡上，哈尼人创造出了由千百万块大大小小、层层叠叠的梯田构成的立体化水域湿地，形成了"江河—森林—村寨—梯田"四度同构的、人与自然高度融合的、良性循环的、可持续发展的湿地生态系统，并以水的流程为经，贯串了哀牢山自然环境和哈尼人文化创造的各个要素，形成了立体的、有序的、人与自然和谐相融的生态结构[32]。

　　梯田是哈尼族人的生命，而水是梯田的命脉，于是哈尼族人所有的理念和行为都指向维护水源，并由此创造了大量与水有关的精神、物质文化，谱写了湿地农耕文化中最为湿润的篇章。

　　哈尼族人很早就将水视为资源。在土司时代，村民们如果通过渠道引水灌溉稻田，就需要按产量向村寨缴纳一定数额的谷物，作为引水的报酬。后来，为维持梯田的灌溉系统正常运转，村寨还专门设立了管水人员进行灌溉管理，由村寨支付其钱粮作为报酬。到了枯水季节，水源减少时，哈尼族人会实行类似于现代农田水利的轮灌制度，以避免争水、抢水的水事纠纷。哈尼族人对水的管理充分体现了他们对水资源价值特性和水权的认识，

　　哈尼梯田的数目十分可观，人工施肥较为困难。聪慧的哈尼族先人就利用山上流下的水，发明了科学省力的"冲肥"方法。冲肥分两种，一是冲村寨肥。哈尼族各村寨都设有专门水塘，平时家禽牲畜粪便及人类生活垃圾都堆积在这个水塘里。插秧时节，哈尼族人利用山水搅拌肥塘，农家肥水顺沟而下，流入梯田。如果某家需要单独冲畜肥入田，只要通知别家关闭水口就可以了；二是冲山水肥。每年雨季来临期间，在高山森林中积蓄、堆沤了一年的枯枝、牛马粪便顺山水而下，流入山腰水沟，此时恰逢稻谷拔节抽穗，梯田中的作物正需要追肥，因此村村寨寨、男女老少都会一起出动，把漫山而来

的肥料疏导入田，此举古称"冲肥"和"赶沟"，并沿用至今。

哈尼族信奉万物有灵的原始宗教，一年四季有数十种年节祭仪，主要的祭仪是二月"艾玛突"（祭寨神）、六月"苦扎扎"（祭天神）和十月"甘通通"（祭祖神），其中以"祭寨神"最为盛大。祭寨神实际是祭祀寨头神林中象征寨神的一棵神树，神林和神树是至高无上的，平时人们不得擅入，牛马猪鸡也不准放入，以免骚扰寨神的清静。之所以将树作为村寨守护神的象征，是因为哈尼人知道树（森林、大自然）是哀牢山的万水之源，因此，海拔两千米以上地区分布的森林也被哈尼族人称为"水源林"，自古就有族约明文规定不得砍伐。哈尼人的水神是螃蟹和石蚌，他们认为这两种动物在泉眼里夜以继日地辛苦挖掘，才使哈尼山乡一年四季清泉长流，所以每年也要祭水神螃蟹和石蚌。

哈尼人称自己是"哈尼阿波摩咪然哩"，意思是天神的儿子，天神是大自然的象征和代表，哈尼人以自己是大自然的儿子而自豪，他们的所有行为和思想都发源于对自然的崇拜、亲近和维护，也正因此，他们才与大自然水乳般融合，创造出哈尼梯田这样的农业奇观。哈尼梯田湿地文明虽然古老，却与 21 世纪的生态文明、可持续发展理念十分契合，这对正在大规模破坏湿地，以牺牲生态环境为代价谋取经济利益的人们，不正是一个深刻的醒喻和教诲吗？

3. 稻田养鱼与"饭稻羹鱼"

稻田养鱼是指利用稻田浅水湿地环境辅以人为措施，既种稻又养鱼，以提高稻田生产效益的一种生产形式，与之密切关联的"饭稻羹鱼"则是湿地农耕文化中重要的组成部分，现今的浙江、江苏、广西、贵州、湖南、陕西等省的乡村地区仍较为常见。中国是世界公认稻田养鱼最早的国家，具体起源于何时，学术界众说纷纭，较为公认的是"东汉说"。"东汉说"所依据的文献是曹操的《四时食制》，书中记载："郫县子鱼，黄鳞赤尾，出稻田，可以为酱。"我国考古工作者在四川、陕西等地的汉墓中，陆续发现的多件水田模型，也为"东汉说"提供了证据，如四川新津的宝子山水田模型，田中横穿一沟渠，渠中有游鱼；绵阳的新皂水田模型，田分两段，中有鱼和泥鳅。另外，关于稻田养鱼起源地也存在学术分歧，并且还没有一个较为公认的说法，有起源于古楚国之说，有起源于四川一带之说，也有起源于陕西勉县一带之说。但无论是哪个地方的稻田养鱼，都与"饭稻羹鱼"这种典型的湿地农耕文化有着密切的联系。

"饭稻羹鱼"一词，出自汉代司马迁《史记·货殖列传》："楚越之地，地广人稀，饭稻羹鱼……"意思是以稻米为主食，以鱼虾为副食，描述的是楚越人民的生活方式。据农史资料记载，喜欢"饭稻羹鱼"生活方式的古越人，经过越灭吴，楚灭越，秦灭楚，汉灭秦的连年战乱，大部分选择迁居远方，未迁移又不愿受汉族统治的古越人，就逃到江、浙、皖一带的深山，称为山越。浙江省青田县即为山越的分布地，他们迁到深山后，失去了河海鱼食的来源，原先的生活方式难以继续，于是，利用山泉水在稻田中养鱼成了山越人对"饭稻羹鱼"的应变和创新。另外，人多地少，鱼塘稀缺，也使得稻田成为养鱼的必然选择。到如今，青田县稻鱼共生系统已有 1200 多年的历史，稻田养鱼已经成为当地人的一种生活方式，也是净化水质，维系稻田湿地生态系统良性循环的重要方式，青田人喜欢在清晨或傍晚去田边除虫喂鱼，喜欢逢年过节的时候从稻田里抓鱼、烧鱼，喜欢摆弄"鱼灯舞"来庆祝节日，积累起了丰富的湿地农耕文化。2005 年 6 月 9 日，青田县龙现村稻鱼共生系统被授予首批"全球重要农业文化遗产"项目（GIAHS）。

许多沿江靠海的少数民族都有着同古越人一样的经历，他们为躲避战乱不得不辗转迁徙于西南边疆等地区，在传统农耕思想的指导下，他们开发了川黔桂边境地区的梯田来延续稻作农耕，并在生产实践中发现了"稻鱼共生"的现象，逐渐萌发了"稻田养鱼"的思想。虽然远离江海，但源于"饭稻羹鱼"的生活传统，使他们逐渐创造了真正意义上的"稻田养鱼"，并融入他们的传统农耕文化中成为有机组成部分，其中比较有代表性的就是水族。如今生活在贵州省南部以梯田稻作农耕为业的水族人民，在秋收之际，家家户户都要举行神秘而隆重的"祭谷魂"仪式。他们认为稻谷也有魂。如果谷魂离开了，稻苗就长不好，稻谷就不饱满，收进仓后不经吃，所以他们将当年收获的肥鱼和禾糯作为主祭品，祭祀谷神，取"饭稻羹鱼"之意[33]。

在套头水族地区，治疗小孩厌食、体弱多病最简单的巫术仪式是"吃姑妈饭"。"吃姑妈饭"的意思是"吃掉落的鱼和糯米饭"。即选定某一吉日事先通知姑妈，让姑妈煮好一团糯米饭和几尾鱼，用芭蕉叶包好，于吉日的清晨或傍晚时分，送到村寨旁边的水井旁摆好，然后由小孩的母亲或奶奶带着小孩前去食用。这种巫术，取意虽不是饭稻羹鱼，却体现了"饭稻羹鱼"的文化内涵[33]。

4. 桑基鱼塘与南国丝都

桑基鱼塘是始于我国珠江三角洲地区，为充分利用土地而创造的一种高效人工湿地生态系统，系统内利用桑叶养蚕、蚕粪喂鱼、塘泥肥桑，形成良性生态循环，达到鱼桑共茂的目的，是生态效益、经济效益和社会效益三者统一的典范。

我国大部分水乡地区都有开垦桑基鱼塘的历史，不同地区的人们还会根据当地的经济需求改种果基鱼塘、菜基鱼塘、竹基鱼塘甚至杂基鱼塘，像杭州的西溪湿地就曾经大规模种植过柿基鱼塘，产生过柿子经济与柿子文化。但最能代表桑基鱼塘发展历史与文化的，还要数珠江三角洲的顺德市。清代著名诗人、画家张锦芳在他的《村居》一诗中这样描绘家乡顺德的桑基鱼塘景色："生理朝来问旧乡，年华物色共徜徉。熏人市有糟床气，近水门多茧簇香。桑叶雨馀堆野艇，鱼花春晚下横塘。新丝新谷俱堪念，力作端能补岁荒。"

顺德地势低洼，易成水患。智慧的顺德先民们早在宋代就开始因地制宜垒土为基、蓄池养鱼。经过 500 多年的摸索、实践，桑基鱼塘成为顺德人主要的农业生产模式[34]。最开始，基是基，塘是塘，人们并未有意识地将两者联系起来。在基面上植桑，是因为它最容易成活。种植了桑树之后，顺理成章地养了蚕。在长期的生产过程中人们逐渐发现，蚕沙（即蚕屎）是很好的鱼饲料，而塘泥又是很好的桑树肥料，于是就开始有意识地把三者结合起来，形成一种良性的生态循环。后来，因为水果的经济价值高于桑蚕，许多人又选择了在基面上种植水果。因此，发展到明代，顺德的基塘一般以果基为主。

到了嘉靖年间，澳门成为国际贸易交流枢纽，而且当时国际蚕丝价格飙升不止，许多外国商人集中到广州来采购生丝和丝织品，于是，人们又开始在基面上植桑养蚕，期待获得更大的利益。此时的顺德既有近水楼台的地理优势，又有几百年来代有传人、轻车熟路的技术积淀，与国际需求的不谋而合使得顺德的养蚕经济得到了迅猛发展。每天太阳初升，就有成群的蚕农在桑基采摘桑叶。养蚕是件十分辛苦的事，幼蚕从头眠到成熟结茧都需要精心照料，育蚕人家往往全家都得动员起来。特别是清明前后，蚕大时节，简直就没有一点空闲，但蚕农们却依旧个个喜笑颜开，因为只要卖出一小箩筐的蚕茧，就可以维持一个家庭一星期的开销。基塘模式，给顺德社会和经济带来一派繁荣的同时，也在珠三角地区迅速传播开来[34]。

到了清末民初，国际蚕丝需求量狂飙，丝价继续攀升，促使蚕桑业朝畸形方向发展，珠江三角洲甚至掀起了"弃田筑塘、废稻树桑"的风气。当时的龙江、龙山一带完全放弃了水稻田，全部改成种满桑树的田基和宽阔的鱼塘。夏日晌午，阳光下全是一片片绿油油的桑田和静静的鱼塘，凉风吹来，一片宁静安然，倒也别有一番景致。

后来，随着国外新式缫丝技术的逐渐输入，纺织业开始在我国发展。一直依托桑基鱼塘稳健发展的顺德逐渐成为广东的纺织中心，被誉为"南国丝都"。"南国丝都"里最让人心驰神往的景象，就是一船蚕丝去，满船白银归。四艘专门运载蚕丝的货轮在顺德与广州之间日夜不停往返，极大地促进了顺德乃至广州的经济发展，孕育了广州银行的前生[35]。

然而，历史的进程总是那么峰回路转，曲折得让人叹息。民国十八年（1929年），世界性经济危机爆发，桑蚕产业严重受创。到抗战期间，桑蚕业完全陷于崩溃状态。改革开放后，市场经济在珠三角崛起，商品价值冲击着人们的观念，继而彻底摧毁了桑基鱼塘这一被认为产值落后的传统农业生产模式，"蚕壮桑茂鱼肥大，塘肥基好茧丰收"逐渐成了顺德乃至珠江三角洲人民永远的美好记忆。

桑基鱼塘作为世界农业发展史上高效节能的典范，曾是传统农业发展历程中举世瞩目的产业标准与借鉴模式，是代表湿地农耕文化的智慧结晶。进入新农业时期，相信它必能克服自身的缺陷，重新焕发生机，走向可持续发展的光辉大道，再次为世界人民引领生态农业发展的新潮流。

5. 莲藕种植与水乡嘉鱼

莲藕是湿地中知名度最高的蔬菜之一，一直以来都深受人们的喜爱。《周书》中关于"薮泽已竭，既莲掘藕"的记载，表明早在公元前11世纪的西周，湖泊、沼泽湿地的野生莲藕就已经成为人们食用的美味。到了北魏，贾思勰的《齐民要术》中详细记录了"种藕法"与"种莲子法"两种栽培莲藕的技术，说明在北魏之前，中原地区就已经开始人工栽培莲藕，并且掌握了相当先进的栽培技术。隋唐以后，莲藕的栽培技术进一步提高，不断有新的莲藕品种出现，并且形成了各自不同的文化背景：苏州出产的荷藕，品质优良，在唐代时就列为贡品，因色白如雪，故有"雪藕"的美誉。"雪藕"嫩脆甜爽，生吃堪与鸭梨媲美，诗人韩愈曾有"冷比霜雪甘比蜜，一片入口沉疴痊"之赞；湖南省汉寿县西竺乡出产的藕白如玉、汁如蜜，传说明朝有位皇帝食用后，见其外形状若美人玉臂，清脆香甜，十分喜爱，便赐名"玉臂藕"，从那以后，"汉寿玉臂藕"口授相传，沿用至今；广西贵县出产的大红莲藕，身茎粗大，生吃尤甜，熟食特别绵。据说，清朝乾隆皇帝游江南时，就指名要尝贵县大红莲藕。现在，当地人还喜欢设"全藕席"招待客人；此外，像安徽省雪湖贡藕、江苏省宝应的美人红、南京的大白花、浙江建德的里叶白莲等都是著名的莲藕。

如今，发展莲藕产业的县乡更是举不胜举，湖北省的嘉鱼县就是比较典型的一个。嘉鱼县濒临长江中游南岸，是典型的湖泊湿地区域，古代属于八百里洞庭湖的云梦沼泽地，水网密布，也称"水乡嘉鱼"，自古以来就有"西湖的鱼，东湖的藕，才子佳人吃了不想走"的美名[36]。在大规模人工种植之前，该地区遍湖满港都是野生的湖莲，与嘉鱼的历史文化有着不解之缘。史传1800多年前的赤壁之战时，吴军水师操练就驻扎于嘉鱼境内的赤壁、陆口、龟山湖，将士们以鱼鸭为荤，莲藕为素，将身体养得又健又壮，成为打赢这场著名战役的关键因素。在1958～1960年，国家经历了三年困难时期，嘉鱼人民从每年10月份至翌年春季，成群结队地到湖里挖藕充饥，终于度过了那段艰难的岁月[36]。

到了20世纪70年代，以粮为纲，围湖造田的政策使得"湖莲"的面积大幅度削减，莲藕一度淡出了嘉鱼县的历史舞台。好在1980年后，一些低产田被退田还湖，嘉鱼县人民开始恢复莲藕的栽种规模，莲藕产业得到了稳步发展，逐渐成为嘉鱼的支柱型产业。当时的"湖莲"还属于晚熟品种，到10月份后才能完全成熟，错过了吃藕的最佳季节，为了把成熟期提早，人们就从"湖莲"品种中改良出一种六月（阴历）份就能提早上市的莲藕新品系，名为"六月暴"。"六月暴"藕茎粗圆、藕身洁白，生食甜润可口，深受全国各地人们的喜爱，因产自嘉鱼，所以也被人们亲切地称为"嘉鱼藕"。到了90年代，嘉鱼莲藕产业被纳入湖北省"丰收计划"，莲藕栽培呈现出井喷式发展，当地高级农艺师鲁运江编写的《籽莲高产栽培新技术》，再版三次，其他莲类研究员也常有论文在国内外著名期刊、杂志发表，嘉鱼县因此成了小有名气的莲类农业技术研究地。

如今，莲藕种植依然是嘉鱼县的一项重要产业，只要有湖的农户或多或少都会种植一些莲藕。世代与莲藕相伴使得嘉鱼人有着浓厚的莲藕情结，形成了独特的莲藕文化，如嘉鱼莲藕美食文化、采藕民谚文化等。

一句"江南可采莲，莲叶何田田"，道尽了采莲的诗情画意。然而，挖藕却没有采莲的诗意与情致。要得到藕，唯一的办法就是靠人工下塘挖藕，无论多么大的藕田，也没有任何机械化的采藕工具。从每年十月份开始，湖北省内临近长江的湖泊水位逐渐下降，嘉鱼迎来五个月的采藕期，藕农们纷纷套上雨衣、雨靴，下到藕塘里挥臂劳作。挖藕既是力气活也是技术活，用铁锹将上层淤泥挖开后，就全凭挖藕人的力气将藕从塘泥里拉出来，拉的时候力气不能太大，力气太大了藕会断，力气小了藕又拉不出来。另外，铲泥的时候要看准，不能把藕铲断、破皮或者灌泥，否则就卖不了好价钱。

平均每人每天挖200多公斤的藕，使得每个挖藕人回家后都浑身酸痛，有民谚专门形容挖藕人的辛苦"辣椒咽谷酒，苦命人挖藕，别人去烤火，我往湖里走。"但他们却依旧坚持着，因为他们懂得，只有付出才会有回报，环境越恶劣，回报就越丰厚，这也是湿地农耕文化中最简单也是最本质的内涵。

二、湿地渔猎文化

我国渔猎文化的起源可以追溯至距今一万五千年至五万年前的旧石器时代，远在农耕生产出现之前，先民们便通过渔猎向湿地直接索取丰富的水生生物资源，奔流不息的大江、密集如网的河道、星罗棋布的湖泊、连接大海的滩涂向先民们展示了自己的慷慨，成为孕育湿地渔猎文化的摇篮。随着先民们对鱼类习性和捕捞技术的不断了解，早期的渔猎生产开始从简单逐渐转向复杂，从最初的木石击鱼、徒手捕捉，到作栅拦截、围堰竭泽，再到钩钓矢射、叉刺网捞，湿地渔猎文化的积累和发展也相应随之而来。

我国湿地分布广泛，区域差异显著，渔民们在不同类型的湿地上有着不同的渔猎生产方式：东北三江平原湿地的鱼类资源极其丰富，春、秋、冬三季都有渔汛，赫哲族人依托湿地的慷慨馈赠，世代以渔猎为生，而不从事农业生产，成为我国北方唯一一个纯粹的渔猎民族；每到冬季，我国北寒地区的湖泊湿地就都会冰封千里，当地的冬捕人就在经验丰富的鱼把头的带领下，利用冬季鱼群集中、相对静止的特点，钻冰撒网，举行大规模的冬捕；滨海湿地处于陆地与海洋过渡区域，显著的地理边缘效应加上潮涨潮落的影响，使得滨海湿地成为盛产鱼虾贝类的聚宝盆。因此，每当大海落潮的时候，海滩和礁石上都会出现大群的"赶海人"，他们使用各种各样的工具，打捞、采集海产品。

在步入现代社会之前，渔猎过程往往伴随着一定的危险性，收获的大小也主要依赖湿地的"恩赐"，渔民们基本上没有改造和控制自然的能力。因此，人们对湿地主要采取一种敬畏的态度，日积月累之下，形成了许许多多以祭祀为主的渔猎文化：如澳门百姓的妈祖祭、太湖渔家的献头鱼、山东即墨的上网节、天津北塘的跑火把、江西鄱阳湖的渔鼓鱼灯等。进入新时期后，人们认识自然、改造自然的能力获得了极大提升，渔民与湿地的关系开始朝着和谐、可持续的方向发展，渔猎文化的内涵得到迅速膨胀与更新，在与科学技术、新闻媒体、市场经济日趋频繁的碰撞中，渔猎文化的功能也变得更加丰富，以"休渔节"和"开渔节"为代表的现代渔猎文化，不仅在保护湿地鱼类资源和生态系统方面取得了显著成效，而且已经成为一种渔猎文化产业，为当地带来可观的经济效益与社会效益。

1. 冰湖腾鱼冬捕忙

冬捕是我国北寒地区渔猎生产的一大特色，盛行于我国东北和新疆的湖泊湿地区域。冬捕的历史悠久，源于史前，盛于辽金。辽代自圣宗起，直至天祚皇帝，每年都千里迢迢从京城出发，带领群臣及宫嫔、后妃们到查干湖巡幸渔猎。在冬春交替时节，凿冰取鱼，举行"头鱼宴""头鹅宴"。不过那时的冬捕，只是皇宫大臣、达官贵人的逍遥娱乐项目，民间的冬捕作业，也仅限于一两人的破冰钓鱼、撒网，远未形成现在的规模。真正的冬捕拉网技术起源于270多年前俄国伏尔加河一带的湖泊河流，后传入我国东北松花江一带，这种新的捕鱼方式产量极大，而且天寒易于鱼的保存和运输，因此迅速在东北、新疆一带的北寒湖泊湿地区域普及开来，并一直延续至今。

在实行冬捕的区域中，以吉林省北部的查干湖知名度最高。每年的12月底到春节，查干湖瑞雪纷飞，千里冰封，是一年一度大规模冬捕的黄金时期。冬捕的产量极大，大约能占到全年捕捞量的 80% ，因此，冬捕对于当地的渔民来说是最最重要的事，如果运气好的话，一次冬捕挣一年的钱也毫不夸张，但是除了运气之外，鱼把头才是冬捕的关键。

每个"鱼把头"都是从"小股子"（初学捕鱼的小渔工）一步步学起的。冰上捕鱼看上去只是简单的体力劳作，实则镩冰、走勾、扭矛、走线、跟网等一系列步骤都需要高度的技巧和丰富的经验，因此每个能当上鱼把头的渔民都有着过人的实力。鱼把头在冬捕的队伍中有着绝对的权威，哪里下网，哪里出网，都由鱼把头一人决定。一次成功的冬捕，不仅可以为鱼把头带来可观的收入，还能获得全体渔民的尊敬，可一旦失败，无论他前面有多少"丰功伟绩"，都得立即下课，从小渔工重新做起。所以相对于收入，鱼把头往往更看重的是自己在渔民队伍里的尊严。

冬捕的第一步是祭祀湖泊，也称"醒网"。作为查干湖冬捕活动的精彩序幕，祭祀仪式规模宏大、景象壮观，族人首领、喇嘛大师、鱼把头等重要人物都着盛装出席。整个仪式，以古老的萨满舞祭开场，由众喇嘛在祭坛前诵经祈福，族人首领和鱼把头分别诵祭湖词和醒网词后，会向凿开的冰窟中抛洒供品，向渔网敬献哈达与美酒[37]。他们通过这一方式祭祀天父、地母、湖神，祈佑万物生灵永续繁衍，百姓生活吉祥安康，表达对查干湖无私恩赐的感激，以及对美好生活的向往，并通过"醒网"，唤醒沉睡的渔网，祝愿每网入湖，顺畅平安，多出"红网"。

祭祀仪式后，由鱼把头带领捕鱼队伍开赴下网地点，按渔民技能和体力的不同，一组队伍中主要由鱼把头、副职、跟网、打镩、扭矛、走钩、小套、送旗等人员组成。下网前，鱼把头会在湖面的某处用旗钎子画一个 2 米左右的长方形印记，作为冬捕的下网点，由下网眼向两边各走数百步（方向是与正前方成 70°~80°），确定翅旗位置，插上大旗，再由翅旗位置向正前方走数百步，确定为圆滩旗，最后由两个圆滩旗位置去前方数百步处汇合，确定出网眼，插上出网旗，这几杆大旗所规划的冰面，就是网窝。网窝的大小、方向、形状、鱼把头送旗的角度、准备等，都是鱼把头师承下来并在实践中不断丰富和完善的，有着很大的学问[38]。鱼把头规划完后，打镩的渔民开始沿网窝每隔约 15 米凿一冰眼，走钩渔民则开始将插入冰下的穿杆用走钩推向下一冰眼，穿杆后端系着一段水线绳，水绳后带着大绦，大绦后带着渔网，小套渔民拉着水线绳带动大绦向前走，马拉绞盘绞动大绦带着大网前进，后面跟网的渔民用大钩将网一点点放入冰下，当两侧网都前进到出网眼后，下网才算完成，整个过程差不多需要八九个小时。出网时，马拉动出网轮，由出网口将渔网拖出，数以万计的鲜鱼竞相跃上冰面，与银装素裹的冰海雪原形成一道宏伟、壮美的景观。

在"中国·吉林查干湖第五届冰雪捕鱼旅游节"上，渔民们曾以单网 10.45 万公斤创造了"传统捕捞方式单网冰下捕捞量最大"的吉尼斯世界纪录；2008 年，又以单网 16.8 万公斤的成绩刷新了此项纪录，同年，"查干湖冬捕"被列入国家级非物质文化遗产保护名录。

2. 赶海踏浪立潮头

我国大陆海岸线曲折漫长，约有 1.8 万公里，居世界第四位。在这片陆地与海洋相互过渡的区域中，形成了盐沼、浅海、滩涂等各类滨海湿地。地理边缘效应的影响加上每天的潮涨潮落，使得这些湿地孕育出了独特的生物群落，动植物资源异常丰富，鱼、虾、贝、蟹等海鲜水产随处可见。在有文字记载以前，居住在海边的先民就开始赶在潮落的时候，成群结队地到滩涂和礁石上打捞、采集海产品，用以维持生计，并一直延续至今，他们将这种简单的渔猎活动称之为"赶海"。

随着社会的发展，人们对"赶海"的理解也不尽相同。对大多数都市人来说，赶海就是去海边避暑，参加各个沿海城市举办的"赶海节"，吃海鲜、拾贝壳、体验渔家乐趣，为的是亲近自然，调剂生活。而对于专业赶海人来说，赶海并非休闲娱乐，没有文学作品或电视纪录片表达的那么浪漫。为了收获好，赶海的地方一般都选择在半米多深的泥滩，行走非常吃力，普通人在这里基本上是寸步难行。另外，赶海不像在陆地上劳作，累了可以坐下来休息，一开工就是连续几个小时的高强度作业，通常赶不了一潮，人就精疲力尽了。

赶海的方式有很多种，勤劳智慧的先人针对丰富多样的海产品，创造了的赶海技艺与赶海工具，极大地丰富了湿地渔猎文化的内涵。

刨海蛎子是人们利用礁石海岸湿地贝类资源的传统赶海方式，从前的海蛎子长在淤泥里，个大、肉肥。赶海蛎子的人挑着筐，拿着蛎钩子，将海蛎子带壳刨下来装到筐里，筐满之后挑回家再破开蛎壳取肉；同样在礁石区，抓蟹子则危险得多，人们多带着手套，以免螃蟹夹伤手指，有经验的赶海人会抓螃蟹的两条后腿，这样螃蟹的夹子就伤不到人了；泥螺是潮间带底栖匍匐动物，一个长把勺，一个小桶，就是最简单的采集工具。当泥滩上泥螺量多时，赶海人也会使用一种三角形的网，他们将网在泥涂上推行一段路后，再用海水涮掉泥沙，网里剩下的就是泥螺了，不但省力，收获也大[39]；钓蝼蛄虾算是比较有意思的赶海方式了。蝼蛄虾藏身的地方有十来个用于呼吸的小洞，赶海人发现后，就将一根根的木棍插到这些洞穴中，看到哪支木棍被顶动了，就把木棍换成毛笔，等到蝼蛄虾夹住毫毛后，再迅速地将毛笔拔出，蝼蛄虾也就自然被钓上来了。蝼蛄虾现在是盘中的美味，深受各地食客的喜爱，但在很久以前却并不招人待见，据《南海杂志》记载："邑北海所见，大者曰对虾，额有一角。每食蟹，先以角起其壳。小者亦不一类，蝼蛄虾，品最下，皆可以网取之。"意思是蝼蛄虾会吃掉一些渔民刚投放的虾苗，与其他的虾、蟹相比，其经济价值"最下品"，需要作为敌害被清除[40]。

排子是赶海人自己设计制作的滩涂运输工具，用料简单，无论竹板、木板还是薄铁板，都可以被用来做成一块排子。转移赶海场地时，只需将盛满海鲜的盆或筐放在排子上，由几个人在前面拉着，就可以又省时又省力地滑行。另外，赶海人还有一种专供单人使用，像船又像滑板的小型排子，使用时，只需将一条腿跪在上面，一条腿在泥里蹬，可以在泥潭里轻快地行进[39]。排子看来简单，但要会使用，还是需要练习很长的时间。

尽管赶海有着许多的乐趣，还有这样那样的赶海工具，但赶海的辛苦和涨潮的危险依旧让专职赶海人越来越少，海边的本地人在 20 世纪赶出自己人生的第一桶金后，纷纷转行，做起了海产养殖、海鲜餐饮或是买渔船当了渔民。现在的专职赶海人大都是来自偏远地区的异乡人，赚到一些钱后回到自己家乡是他们大部分人的梦想。但无论怎样，滩涂上弯腰的身影与排子行进的轨迹仍在延续，它们如同一个个字符，在滨海湿地上书写着"赶海人"这个古老渔猎群体的辛苦与希望。

3. 渔猎部落赫哲族

赫哲族是我国北方唯一依靠渔猎为生的民族，生活在东北三江平原一带。三江平原地势低矮平缓，淡水资源丰富，除黑龙江、松花江、乌苏里江三条大江之外，还有众多细小的支流，河道密集、湖泊星罗，是一块水草丰美的沼泽湿地，鲤、鲫、鲟、鲑、草、青等数十种大小鱼类在这里栖息繁衍，为赫哲族的渔猎生产提供丰厚的物质基础。千百年来，依托湿地的慷慨馈赠，赫哲族逐渐形成了"夏捕鱼作粮，冬捕貂易货"的生产生活方式，他们的衣、食、住、行乃至精神生活也深受渔猎活动的影响，并形成了以渔猎文化为核心的独特民族文化。

赫哲人在长期的生产活动中积累了丰富的捕鱼经验。他们根据各种鱼类的活动规律、自然季节的变化，将捕鱼生产活动分为春季黄金渔汛期、夏季修网渔闲期、秋季鱼汛期、冬季捕鱼期等四个阶段，并针对不同季节形成了三套较为科学的捕鱼方式。当汉族的"二十四节气歌"传播到赫哲族地区后，赫哲族又将其与各季节的渔业生产结合起来，编撰出"立春棒打鱼，惊蛰忙织网"的"捕鱼节气歌"，形象地反映了赫哲族的渔业生产和生活。

在捕鱼季节开始时，赫哲族会遵守一套严格的渔业生产习俗和禁忌：捕鱼前，要先敬河神，保佑平安无事，再祭亡灵，祈祷"不要妨碍捕鱼"；捕鱼时，严谨寡妇跨越网具、严谨孕妇或生理期妇女到渔场、严谨说怪话和谎话、严禁使用有溺死者的家族的渔具，因为他们认为这些都会触犯神灵，导致捕鱼失败；为了捕捞到珍贵的鲟鳇鱼，赫哲族人还会用干草扎制成形似鲟鳇鱼的神偶，将鳇鱼的鳍附在神偶上，请鱼神显灵，助他们一臂之力。

由于传统渔业生产具有分散性特点，因此赫哲族的居落也呈零星分布，少则七八户，多则二三十户，临时性住所居落则更少，只有两到四户，而且临时性住所的搭建异常简单，据《西伯利亚东偏纪要》记载："所至之处，取树皮或草为小屋"，有的家庭甚至只是简单搭个窝棚，用鱼皮覆盖顶部了事，这些住所随着赫哲族人的季节性流动而拆装，甚至被遗弃。在较为固定的住所，赫哲族人会搭建两种重要的附属建筑物——"晾鱼架"和"鱼楼子"[41]，"晾鱼架"一般搭在住所的南面，主要用途是晾制鱼坯子；鱼楼子则搭在赫哲族人家正房的东侧，干爽、通风、避鼠，专门用以存放鱼干等食物及日用工具。

在长期的捕鱼生活中，赫哲族形成了许多广为流传的神话故事，这些文学作品多以歌颂渔业英雄事迹、赞美富饶美丽渔乡、叙述男女淳朴爱情为主，如神叉苏布格，为了放回被龙王囚禁的鱼群，闯龙宫、降黑龙，使得族人在冬季也有鱼可以捕捞。赫哲族的民歌被总称为"嫁令阔"，旋律优美，曲式简单，大多即兴填词，见啥唱啥，表演随意，表达的主题与神话故事大致相同。此外，赫哲族还在渔业生活中创造出了异彩纷呈的图案造型，并用绘画、雕刻、伏帖等方式呈现在服装、器皿的装饰上。这些图案的形状以水波纹、鱼鳞纹、鱼网纹等几何文饰为主，美观素雅，生动逼真。

4. 休渔放生重和谐

我国对渔业资源的保护意识由来已久，在三千多年前的夏商时期，就有"夏三月，川泽不入网罟，以成鱼鳖之长。"的记载，说明古人已经意识到夏季的三个月是鱼类繁殖生长的季节，不可以进行渔猎捕捞。到了春秋时期，《管子·八观篇》对渔猎做了一段很精辟的论述："江海虽广，池泽虽博，鱼鳖虽多，网眼必有正，船网不可一裁而成也。非私草木爱鱼鳖也，恶废民于生谷也。"意思是捕鱼的网必须有规格的限制，不同捕捞对象应该使用不同的船网工具，不可一刀切、一网打尽，这样做不是私爱草木鱼鳖，而是为了人类子孙后代的长远生计。进入西汉，"禽兽鱼鳖不中杀，不粥于市。"成为《礼记》中的一项规章制度，凡达不到猎捕规格的，包括鱼类在内的动物，都禁止上市。在这些思想的影响下，我国古代的渔猎始终与湿地环境保持着相对的平衡与良性的互动。

然而到了近30年，渔业船舶开始大幅度增加，捕捞技术迅速提高，加上屡禁不止的电、毒、炸鱼等违规作业，渔民们的捕捞能力大大超过了江、河、湖、海各类场所的资源再生能力，渔船单产开始下降、优质鱼比例不断下滑，各地渔业资源的衰退成了无可争议的事实。幸运的是，不断恶化的渔猎环境最终唤醒了人们保护渔业资源的传统意识，"休渔"作为渔业可持续发展最可行、最有效的措施，逐步获得了全社会的支持与共识，各地政府纷纷出台相关政策法规，促进渔业稳步、健康发展，并由此孕育了一种新的"休渔文化"[42]。

鄱阳湖是我国最早实施禁港休渔的湖泊湿地之一。从1986年开始，江西省政府就公布了专门的法令，设立了主要经济鱼类繁殖保护区，并规定每年的3月20日至6月20日为春季休渔期，期间开展人工放流鱼苗，实行自然增殖与人工增殖相结合[43]。每年3个月的休渔期，使得鄱阳湖的鱼类获得了生长繁殖的机会，鱼的数量和质量都有了较大的改善，渔业的经济效益开始得到回升，越来越多的渔民认识到休渔制度的必要性。2002年后，江西省政府将鄱阳湖春季休渔范围由部分鱼类产卵场所，逐步扩大到全湖，进一步加大了保护鄱阳湖自然资源和生态环境的力度，促进当地渔业资源的保护与可持续发展。

"休渔不休人"是休渔文化中的一个重要理念。休渔期间，无疑会给渔民的生活带来一定的影响，尤其是滨海一带以出海捕鱼为生的纯渔民。为丰富渔民在休渔期间的生产生活，山东威海市在"休渔"期间安排了大规模的船只坞修，组织大小船厂加班加点，保证绝大多数渔船在'休渔'期间都能得到一次"大修"或"小修"；开展丰富多彩的技术培训，使大马力渔船的职务船员都得到一次正规的技术训练；此外，还采取横向"联营""帮工"的形式，把捕捞剩余人员暂时分流到养殖、加工业，既解决了养殖海带收割、加工人员不足的问题，又增加了捕捞的收入。广东虎门在休渔期间，推出了渔民文化节系列活动，旨在弘扬传统渔民文化，展示渔村风土人情和渔民精神风貌，今年已经是第三届。文化节期间举办唱渔歌、织渔网大赛、渔民服装秀、渔村摄影大赛、渔民放生等活动，还有千场文艺演出，为渔民送上了丰盛的文化大餐。

现代"休渔文化"既是对传统自然和谐文化的继承与发展，也是对新时期科学发展观的学习与实践，它对于促进渔猎资源的保护与可持续发展，合理安排渔猎生产生活均有着重要的意义，是湿地先进渔猎文化的排头兵。继续发扬和丰富"休渔文化"，加快建设资源节约型、环境友好型渔业，已是现代渔猎产业发展的必然方向。

三、湿地养殖文化

中国水域养殖历史悠久，养殖对象包括各种水禽及鱼、虾、蟹、贝等经济水产动植物。在我国历史上，捕捞业发展先于养殖业，而淡水养殖又早于海水养殖。最早的淡水养殖是先民在池塘中养鲤，始于 3100 年前的殷末周初。春秋战国时期，鲤鱼养殖已很繁盛，范蠡所著的《养鱼经》是当时世界上最早的养鱼著作。该书以问答形式记载了鱼池构造、亲鱼规格、雌雄鱼搭配比例、适宜放养的时间以及密养、轮捕、留种增殖等养鲤方法，与后世方法多相类似，是中国养鱼史上极具意义的珍贵文献。到了唐代，因为"鲤""李"同音，"食鲤即是食李"，养鲤遭到禁止。受生产力发展的驱动，劳动人民寻找到生长速度更快的青、草、鲢、鳙四大家鱼，养殖方法亦由单养发展为多种鱼混养。宋代开始，民间出现观赏鱼饲养。到了明代，河道养鱼又开始盛行。由此，淡水养殖迅速发展并在全国各地普及[44]。

海水养殖始于 2000 年前的西汉时期，最早养殖的种类是牡蛎和贝壳。到了宋代，人工养殖珍珠技术日臻成熟。其后经过漫长的发展，海水养殖种类不断增多。目前，海水养殖的主要种类有遮目鱼、比目鱼、大菱鲆、鲷、鲱、鲑鳟鱼、石斑鱼、鲆鲽、罗非鱼、海鲈等鱼类，日本对虾、斑节对虾和凡纳滨对虾等虾类，牡蛎、贻贝、扇贝、蛤、鲍鱼等贝类，以及紫菜、江蓠、海带、裙带菜、绿藻等大型海藻。海水养殖的主要方式有陆上池塘、海上网箱、筏式养殖等。其中，应用最为广泛的池塘式养殖场一般建在沿海土地或低洼地区的沼泽湿地，或在潮间带围海建造[45]。

现代营养学研究表明，水产品富含人类生长发育所需的主要营养物质，易于消化吸收，是人类优质的食物蛋白源。近年来，随着人民生活水平的提高，高蛋白水产品的消费量逐年增加。当前，由于世界范围内的捕捞过度，致使天然渔业资源枯竭，大多数国家都在采取保护措施，或转向水产养殖来满足日益增长的需求。我国淡水、海水养殖虽然历史悠久，资源丰富，但由于社会体制等历史原因，直至新中国成立后，养殖技术才从较低的阶段起步，逐渐向世界水平靠拢。经过近 20 年的持续、迅速发展，我国水产品总产量已连续十多年跃居世界首位，从产品结构看，海水产品与淡水产品的产量占比差距也逐年缩小[46]。

我国湿地资源丰富，类型多样，水域养殖发展的自然资源条件与潜力极大。首先，可供开展湿地养殖的水域辽阔。众所周知，包括河口湾、红树林、珊瑚礁、泻湖和海滩等形态的海岸生态系统，支持着惊人的海洋生物多样性，并且是海岸带所有生物的生计来源。据统计，我国滨海湿地适宜开展水产养殖的面积达 133.4 万公顷。与此同时，淡水资源中可供湿地养殖的水域面积约 564.5 万公顷，包括内陆水域、低洼宜渔荒地、稻田、水库等都得到了有效的开发利用，养殖领域从长江、珠江流域等传统养殖区扩展到全国各地；其次，我国湿地养殖水域多分布在热带、亚热带和温带地区，气候温和，热量充足。珠江、长江、黄河等众多江河汇集入海，携带着大量有机物，水质肥沃，饵料丰富，有利于水产、水禽等生物的生长发育；再次，湿地养殖技术不断推陈出新，养殖方式和养殖模式趋于多元化。以淡水养殖为例，养殖水体从池塘到湖泊、水库、稻田，从封闭式水体到网箱、网栏、流水池半敞开式等水体，从非循环水体到循环水体，工厂化养殖、网箱养殖、流水养殖等集约化、现代化的养殖方式已普遍推广。我国湿地养殖种类丰富且具特色。目前，我国湿地水产养殖种类约 140 余种。淡水养殖以鱼类为主，鲤科鱼类占一半以上，尤其草、鲢、鳙、鲤和鲫 5 种鱼的产量占淡水养殖总量的70.3%；海水养殖以贝类（滩涂贝壳）为主，产量占海水养殖总量的 77.1%[47]。随着水产养殖产量迅速增加，养殖品种也朝着优质化方向发展，其中不乏中华绒螯蟹、鲍鱼、海参、虹鳟、银鲑等名贵珍异品种。这些曾经"高高在上"的海味河鲜，经过人工养殖后陆续出现在寻常百姓的餐桌上，价格也愈发亲民。不仅丰富了老百姓的菜篮子，更成为出口创汇的佳品。

历史悠久的淡水养殖和海水养殖活动，不仅为我们提供了高邮麻鸭、阳澄湖大闸蟹、"四大家鱼"、"海味八珍"等丰富的水产品，满足了大家的物质生活，而且还创造出了丰富的湿地养殖文化，如依托于淡水养殖的"干鱼塘"、依托于高邮麻鸭养殖的端午挂咸蛋等习俗，从阳澄湖大闸蟹养殖活动中孕育而生的"渔火蟹舫"现象，从珍稀海产品养殖活动中诞生出来的节庆活动等，极大地丰富了人民群众的精神生活。

1. "鲤"氏家族与淡水养殖文化

四大家鱼指人工饲养的青鱼、草鱼、鲢鱼、鳙鱼，其实这些鱼类均属鲤形目鲤科，是中国一千多年来在池塘养鱼中选定的混养高产鱼种。由于肉质鲜美、生长迅速，抗病力强的共同特点，非常适合作为大众食用鱼。在我国的淡水养殖品种结构中，四大家鱼一直占据主要位置，产量约为淡水鱼类总产量的 80%。其经流量、鱼苗产量也一直是官方渔业资源统计中的重要指标[48]。

鲤鱼，是我国淡水鱼类中品种最多、分布最广、产量最高的鱼类之一，有着最为悠久的养殖历史，且被广泛记入文献记载。早在公元前 11 世纪的殷末时代，我国就有池塘养鲤的记录。经过数百年的历程，至 2200 余年前的汉代，鲤鱼养殖在民间广为盛行。到了唐代，因为唐皇室姓李，鲤鱼的养殖、捕捞、销售均被禁止。迫于生计，渔业者只得从事其他品种的养殖，青、草、鲢、鳙四大家鱼由此产生。北宋时期，四大家鱼的养殖区域不断扩展，在长江、珠江等地逐渐兴盛起来。根据周密《癸辛杂志》记载，当时四大家鱼鱼苗的捕获、运输、筛选、贩卖已达到专业化程度。

特别值得一提的是，宋代还出现了四大家鱼的混养技术，且迅速普及。南宋《嘉泰志》记载，"会稽、诸暨以南，大家多凿池养鱼为业。每春初，江洲有贩鱼苗者，买放池中，辄以万计"，"其间多鳙、鲢、鲤、鲩、青鱼而已"。到了明代，开始出现定时、定位、定量、定质投饵和轮捕轮放等先进养鱼技术的萌芽，并对鱼池建造、放养的密度和鱼种搭配、投饵、施肥、鱼病治疗等均有较详细记载。如徐光启所著的《农政全书》中，就详细介绍了鲢鱼和草鱼混养的比例及其营养关系。明代中叶（15 世纪、16 世纪），珠江三角洲一带开始在鱼塘堤上栽种桑树、果树等，将养鱼和养蚕、农作物种植结合起来进行综合经营[49]。

渔民们在长期的养殖作业中发现，四大家鱼在池塘中有垂直分布的现象，用生态学观点可解释为"在同一生境中占据不同的生态位"（生态位是一个物种所处的环境及其本身生活习性的总称。具体包括该物种觅食的地点，食物的种类和大小，还有其每日和季节性的生物节律）。比如鲢鱼在水域上层活动，以绿藻等浮游植物为食；鳙鱼栖息在水域的中上层，捕食原生动物、水蚤等浮游动物；草鱼生活在水域的中下层，以水草为食物；青鱼则栖息在水域的底层，吃螺蛳、蚬和蚌等软体动物。这四种鱼混养能提高饵料利用率，不但充分利用了养殖资源，还丰富了渔户的产品结构，降低了生产风险。随着混养技术的进一步发展，智慧的渔民又将甲鱼养殖加入进来。首先，甲鱼栖息在水塘周边，与四大家鱼的生态位不重叠。其次，四大家鱼的体型较大，不会受到甲鱼的攻击影响。再次，甲鱼有很高的经济价值，可以进一步提升每亩水塘的收益。除此之外，还有养殖户将鳊鱼、鲤鱼与四大家鱼进行混养，亦可充分利用好水域底层空间，增加单位产量。不同层面的立体养殖技术日臻成熟，成为一种颇具中华民族特色的淡水养殖文化。

随着淡水渔业养殖的普及，独具特色的渔风渔俗也逐渐在各地形成。在杭州西溪湿地，其所辖范围内的蒋村乡（今蒋村街道）河网密布，鱼塘众多，曾经是杭州最大的淡水鱼养殖基地。每到年底，当地都有"干鱼塘"习俗。"干鱼塘"既是村民辛劳一年喜庆丰收的大日子，又是来年放养鱼秧、清理淤泥、杀菌消毒的准备期。"干塘"后的池底经过日晒和冰冻后，再用生石灰消毒。塘底清除的淤泥被撬到塘埂，则能加固堤岸，并为塘梗上的桑树等植物施肥，有"繁茂蚕桑，期待来年"之意。"干鱼塘"之后，除了将鲜鱼出售，村民们常常挑选最好的鱼留待过年过节食用。因为数量较多不宜存放，则会腌制成特色鱼干。在杭州市场上，"蒋村鱼干"一向闻名遐迩，具有味鲜、肉香、有嚼劲等特点，广受食客欢迎。为了传承民间习俗，保护生态环境，从2010年开始，西溪湿地在每年12月份都会举办"干塘节"。游客们可以亲身体验清塘、修整池塍、池坡等生产活动，还可下塘抓鱼、捕虾、捉泥鳅，并品尝自己的劳动成果——"鱼宴"和"鱼汤饭"，可谓寓教于乐、妙趣横生。

2. 苏北水乡与"高邮麻鸭"文化

高邮地处江苏省里下河腹部，依傍着宽阔的京杭大运河，众多湖滩分布东西，数百条河流交错有致，为著名的水乡平原。这里气候宜人、四季分明、物产丰饶，人均淡水产品产量位居全国前列，以高邮麻鸭和双黄鸭蛋闻名于世。高邮麻鸭善潜水、耐粗饲、适应性强，善产双黄蛋。加之鸭肉脂肪含量较低，肉质鲜美，多食而不腻，是我国有名的大型肉蛋兼用型麻鸭品种，不仅与北京鸭、绍兴鸭并列全国三大名鸭鸭种，于2006年被列入农业部《国家级畜禽品种资源保护名录》，而且还形成了独具特色的"高邮麻鸭"文化。

高邮麻鸭由苏北里下河地区劳动人民长期选育而成，主要分布在高邮、兴化和宝应县，邻近各县也有饲养，但以高邮县的鸭种最为典型。据清代康熙年刊行的《高邮州志》记载："河东水田，便于养鸭，故每年输出极多。"又说："邮。水田放鸭，生卵，腌成盛桶，名盐蛋，色味俱胜，他方购贸之。"由此看来，至少在三百多年前，高邮麻鸭就已成为一种重要的贸易输出品在当地进行养殖，其双黄咸鸭蛋也远近闻名。

河沟港汊，湖泊荡滩，无处不在的优质水面资源，是高邮麻鸭天然的饲养场；水面浮游的、水下栖息的各种动物，为高邮麻鸭提供了最可口的"活食"，这也为近年来发展生态养鸭、开发绿色产品提供了得天独厚的自然条件。高邮人民在长期的劳动实践中，积累了一整套繁殖饲养麻鸭方法。为了进一步发展高邮麻鸭和双黄蛋的生产，高邮人民在古运河畔建起种鸭场，开展培育"早春麻鸭"的工作，一改过去"秋季孵鸭，来年产蛋"的模式为"春季孵鸭，当年产蛋"。高邮牧鸭人总结道："第一个七天旱鸭脱黄毛，第二个七天鸭身泛白条，第三个七天鸭长鳅鱼脊，第四个七天头戴芦花帽，第五个七天身穿八卦衣，第六个七天鸭翅当扇摇，第七个七天一身麻雀毛。"经七十天左右饲养，新孵化的春鸭体约五斤重，春末秋初就能产双黄蛋。这不仅比原来的秋鸭品种早一百天产蛋，双黄蛋的比例也从以往的千分之一点五上升到千分之十以上[50]。

20世纪50年代，高邮民歌手夏国珍的一曲《数鸭蛋》，以诙谐、轻快的旋律，浓郁的乡土气息声震京都，得到周恩来总理的赞誉。歌曲中这样唱道："高邮麻鸭肥夯夯呐，膘肥那个体胖个儿壮；生下鸭蛋圆溜溜呐，溜圆那个蛋里有双黄；呱，呱，咦喷喷来，咦喷喷来！"歌中所唱的"双黄蛋"由高邮鸭所生，形似鹅卵，一蛋双黄，璧合珠联，是世间罕见的营养珍品。高邮鸭之所以善产双黄蛋，除了生长及摄食条件优越外，还与以下三种因素有关：一是品种特性。高邮麻鸭具有超速排卵的特性；二是鸭龄。年轻鸭产双黄蛋率高，而老龄鸭产双黄蛋率低；三是饲养季节与营养标准、气温、阳光等条件适应其生理需要，产双黄蛋率极高。

由于以新鲜鱼、虾为食，麻鸭蛋带有天然的腥味。倘若用盐腌制，则腥味尽除。此时蛋白凝脂如玉，蛋黄红如朱砂，吃到嘴中醇香绵密，回味无穷。"未识高邮人，先知高邮蛋"。自古以来，高邮鸭蛋都是进贡朝廷和馈赠亲友的名优土特产。900多年以前，北宋著名词人秦少游就曾以鸭蛋馈赠其师友——时任徐州太守的苏东坡。300多年前，大文学家袁枚品尝高邮鸭蛋后，印象极佳，便在《随园食单》中留下记载。

高邮鸭蛋的悠久历史，人文元素荟萃，成为闪耀在苏北水乡的一种独特文化现象。旧时，端午节儿童胸前要挂一只五彩丝线编织的小网袋，内装咸鸭蛋。郑燮《忆江南·端阳节》中写道："端阳节，点缀十红佳。萝卜枇杷咸鸭蛋，虾儿苋菜石榴花。火腿说金华。"如今，清明时节家家忙腌蛋，礼尚往来赠送双黄蛋，春夏吃咸蛋，秋冬食变蛋，已成为当地重要的饮食文化事项。

清光绪三十一年(1905年)，高邮第一家蛋品企业裕源蛋厂问世。1909年，高邮双黄鸭蛋参加南洋劝业会，获得"国际名产"称号，次年便远销美国、日本、新加坡、马来西亚等十多个国家和地区。近年来，当地已开发出红太阳、三湖、秦邮等一批获得知名和著名商标、绿色食品标志的优质鸭蛋品牌。如今，高邮鸭蛋已走出江苏，迈入全国20多个省市和地区的知名连锁超市及大卖场，市场前景广阔。

3. 阳澄湖畔的渔火蟹舫文化

蟹为甲壳类动物，生活在海洋和江河湖泊中，因肉质细嫩、味道鲜美、营养丰富，自古以来被奉为席上珍品。俗话说"蟹味上桌百味淡"，早在两千多年前，螃蟹已经作为食物出现在祖先的宴席上。清人李斗在《扬州画舫录》中记曰："品蟹者以湖蟹为胜。"可见在古人眼中，湖蟹乃蟹中上品。我国湖蟹品种繁多，味佳者多在苏州地区，如阳澄湖的"大闸蟹"、太湖的"太湖蟹"、吴江汾湖的"紫须蟹"、昆山蔚州的"蔚迟蟹"等。民国初期的北京名医施今墨嗜蟹如命，对蟹的见识很深。其将各地的蟹分为六等，由高到低为湖蟹、江蟹、河蟹、溪蟹、沟蟹和海蟹，在这其中，阳澄湖大闸蟹位列一等一级之首[51]。

　　大闸蟹是一种经济蟹类，也是我国传统的名贵水产品之一。在我国北起辽河南至珠江的漫长海岸线上均有分布，尤以长江水系产量最大，口感最鲜美。一般来说，大闸蟹特指长江系江苏阳澄湖的中华绒螯蟹。被誉为"中华金丝绒毛蟹"的阳澄湖蟹有着与众不同的形态特征：一是青背，蟹壳成青泥色，平滑而有光泽；二是白肚，贴泥的脐腹甲壳，晶莹洁白，无墨色斑点；三是黄毛，蟹腿的毛长而呈黄色，根根挺拔；四是金爪，蟹爪金黄，坚实有力。放在玻璃板上，八足挺立，威风凛凛。

　　阳澄湖大闸蟹独特的外形与鲜美的肉质是地理位置和自然条件共同作用的产物。江南渔民中有"螃蟹成长靠水草"的谚语。其原理就在于水草长势好的区域，虾、螺、蚌、蠕虫等底栖生物也会大量繁衍。阳澄湖水清草茂，碧波荡漾，气候适宜，不仅为大闸蟹提供了丰富的食料，更将其腹部甲壳打磨得洁白晶莹；而湖底硬结的泥土又为大闸蟹提供了良好的运动场地，将其四足锻炼得坚实有力，肉质也更具弹性。此外，大闸蟹有洄游产卵的习性，长江口一带水域以富集多种有机生物著称，可为繁殖期的大闸蟹提供丰富的天然养料。作为江苏省重要的淡水湖泊，阳澄湖是长江口大闸蟹洄游路线上距离入海口最近的一个湖泊。每年9月到次年5月，是大闸蟹的产卵期。此时，野生大闸蟹会大量聚集在阳澄湖一带繁殖、产卵，人工饲养的大闸蟹也会在此期间放养至阳澄湖。

　　早期阳澄湖的渔民主要依靠捕蟹贩售。当时的捕蟹者在港湾间设置了若干闸门，闸门用竹片编成，夜间挂上灯火。蟹见光亮即循光爬上竹闸，此时只需在闸上一一捕捉，便能轻易得手，这也是"闸蟹"名称之由来。后期随着"大闸蟹"名满天下，渔民们开始饲养湖蟹，以期扩大营收。近年来随着人工蟹苗培育成功，蟹的饲养运输、交配产卵、越冬孵化、幼体培育和蟹苗暂养等一系列技术问题先后得到解决，人工养蟹技术进入成熟阶段。据统计，目前阳澄湖的湖蟹养殖已经占到全部湖面的42%。如今，无边无际的湖区被蟹农用网围成一块块，纵横交错、密密麻麻，形成了特殊的"蟹田"景观。

　　近年来，随着阳澄湖蟹养殖规模的不断扩大，深入挖掘蟹文化内涵，提升"阳澄湖大闸蟹"知名度已成为当地镇政府的重点工作。除了已经建设完成的美食一条街、蟹舫苑、渔家灯火等大闸蟹批发销售和餐饮基地，遍布阳澄湖畔的"渔火蟹舫"早已成为闻名全国的渔家乐基地，形成了一种独特而壮观的"蟹文化"景观。当一回阳澄湖渔民，与亲朋好友在划船、钓鱼、撒网、捕蟹等渔事中了解渔家民俗，感受渔家情趣，久居城市的现代人通过这样的休闲旅游方式回归自然、放松身心，可谓悠然自得，好不惬意。当地政府还在蔚为壮观的"渔火蟹舫"现象基础上，因势利导地深化蟹文化活动，成功举办多届"蟹文化节"，真正做到了以蟹传情、以蟹会友、以蟹招商，在长三角区域乃至国内外取得了显著的宣传效果。中外游客在品尝正宗阳澄湖蟹的同时，还能观赏到有关识蟹、养蟹、吃蟹、画蟹、说蟹的专题片，配合介绍阳澄湖大闸蟹的图片、文字专栏等，不仅满足了口腹之欲，更对传统蟹文化有了深入的认知。

4. 蚌贝之腹与珍珠养殖文化

珍珠质地温润，色彩柔和，玲珑雅致，充满神秘而华贵的气质。不同于其他宝石，珍珠由生物体内而来，浑然天成的色泽与外观使其在宝石界中独一无二。作为一种古老的珠宝材质，珍珠历来受到皇宫贵族的推崇和喜爱，在过去数个世纪里是只与王权、神权紧密相连的贵重珠宝。

中华文明上下五千年，有珍珠的记载就达 4200 年。"淮夷滨珠暨鱼"说的就是夏禹之时生活在淮河下游的居民已经将蚌珠和鱼作为贡品。春秋战国时代已有将珍珠作为珍贵礼品互送往来的记载。秦汉以后有关珍珠的传说、典故更比比皆是。在我国封建社会，珍珠被视为皇族专有的贡品，最常见的是用于皇冠上的装饰。清朝对珍珠的使用有明确规定，等级森严，"皇上朝冠金顶用头等东珠十二颗""贝子朝帽金顶用三等东珠六颗[52]。"

珍珠有海水和淡水之分，海水珍珠一般生长在气候湿润、海水清澈和浮游生物繁盛的浅海水域。我国环北部湾沿岸的广西合浦（古称廉州）和广东雷州，自古以来就是珍珠的主要产地。许多典籍中将靠近这两地间的海域称为"珠池"，古有"廉州珠池"与"雷州珠池"之说。据考证，我国环北部湾沿岸的居民是世界上最早进行珍珠采捞的人类。古时采珠多为潜水捞贝，每一颗珍珠的采捞都异常艰辛。明史中就有许多关于珠民为完成"派珠"任务而致伤残，甚至葬身鱼腹的"以人易珠"的记载[53]。

物以稀为贵。由于天然珍珠产量有限，采集困难，让人们想尽一切办法寻求替代品。在长期的劳动实践过程中，先民们观察发现蚌、贝不断地分泌出一种物质来加厚其壳壁。司马迁《史记·龟策传》记载："明月之珠，出于江海，藏于蚌中。"宋应星《天工开物》记载："凡珍珠必须产蚌腹，映月成胎，经年最久，乃为至宝。"在认识到珍珠成因的基础上，先民们运用模拟的方法培育出了蚌佛（将菩萨、寿星等佛像的模子嵌入贝壳中，经过几年的生长得到佛形珍珠），被视为人工养殖珍珠的始祖。南北朝至明清时期，我国沿海居民对人工养珠事业进行了早期探索，并取得惊人的成就，有的还成为现代养珠技术中的必要工序，在世界海洋养殖史上具有重要意义。

宋代以后，人工养珠事业得到进一步发展，人工珍珠的形状开始接近天然珍珠。宋代庞元英《文昌杂录》记载："礼部侍郎谢公言，有一养珠法，以今所做假球，择光莹圆润者，取稍大蚌蛤，以清水侵之，伺其口开，急以珠投之，频换清水……玩此经两秋即成珍珠矣。"此法与现代养殖珍珠方法十分类似。后者是将一颗光洁的加工成圆形的贝壳珠植入贝类（蚌或蛤）外套膜，再将其重新放回生长环境。贝类受到刺激后不断分泌珍珠质，将外植于体内的圆珠层层包裹而形成赘生物，经过一定时间便形成了珍珠。

中国是珍珠大国，有着极大的淡水、海水水域适合珍珠养殖。20 世纪 60 年代初，国家科委成立养殖珍珠课题研究组。1965 年，马氏贝人工育苗成功。同期，我国江浙一带开始了淡水珍珠养殖的研究和生产，并取得重大进展。20 世纪 70 年代末，我国珍珠养殖开始升温，1980 年人工繁蚌技术得到突破，一般农民均可在水塘甚至水缸里繁育珍珠蚌，中国淡水珍珠如潮水般涌上市场。始于 20 世纪 60 年代末的浙江诸暨淡水珍珠养殖，历经近 40 年的发展，现已成为中国最大的淡水珍珠养殖、加工、交易基地，拥有全国最大的珍珠市场和珍珠首饰专业市场，1996 年被国务院发展研究中心命名为"中国珍珠之乡"。"千足""佳丽""阮仕"等本土品牌不仅获得"中国名牌"荣誉称号，更走出国门，在世界珠宝的舞台上熠熠生辉。

5. 海产养殖与海参、鲍鱼"文化节"

在博大精深的汉语言中，形容美食的成语不胜枚举，如凤髓龙肝、山肤水豢、珠翠之珍、珍馐美馔等。这些精雕细琢的词语虽是极言食材的名贵珍异，但概括起来无非描述了"山珍"与"海味"两类。古人将"鲍、参、翅、肚"列为四大海味，在中国传统饮食中占据极高的地位。这四味海产，平常日子里只有富贵人家才吃得上；又或是逢年过节，才能在宴席年菜中露脸。

四大海味中的"鲍"是鲍鱼，同时位列"海八珍"之首。鲍鱼，古称鳆，又名镜面鱼、九孔螺、将军帽等，是腹足纲，鲍科的单壳海生贝类。鲍鱼喜欢生活在海水清澈、水流湍急、海藻丛生的岩礁海域，摄食海藻和浮游生物。其富含蛋白质和糖原，有"海味之冠"的美誉。鲍鱼不仅是酒席上的美味佳肴，还有调经、利肠、滋阴壮肾的疗效。此外，鲍壳也就是著名的中药材——石决明，古书上又称其千里光，有明目等功效。

"鲍"之后的"参"，即海参，特指北方黄渤海海区的刺参。海参是一种生活在世界各大洋的潮间带至万米水深的海洋软体动物，体圆柱形，长 20～40 厘米。体色黄褐、黑褐、绿褐、纯白或灰白等。喜栖水流缓稳、海藻丰富的细沙海底和岩礁底。海参在地球上存活了长达 6 亿年的时间，我国古人发现"其性温补，足敌人参"，因此得名。我国有约 140 种海参，约 20 余种可以食用，尤以刺参为佳。刺参肉质细嫩，味道鲜美爽口，是一种高蛋白、低脂肪、无胆固醇的营养保健品，具有很高的食用价值。此外，刺参药性甘温，有"补肾经，益精髓"之功效，自古就是我国名贵的海产品，同被列为海产"八珍"之一。

近年来，随着人们生活水平的提高以及医疗保健意识的增强，海参、鲍鱼等海产珍品的消费逐年升温，价格也不断上涨。在此形势下，天然资源已无法满足市场需求，人工养殖海参与鲍鱼的前景一片大好。与此同时，鲍鱼、海参养殖及消费的升温极大促进了相关贸易和加工产业的发展，当前市面上的海参产品已不再局限于传统的干海参、盐渍海参等，包括胶囊、口服液、罐头、乳品饮料、酒、冻干海参等新产品不断推出；鲍鱼产品的加工方面则更重视功能食品开发，如明目食品、运动食品、美容保健食品等。此外，鲍壳工艺品也有很好的开发前景。

近年来，方兴未艾的珍稀海产养殖活动，在不少沿海地区催生了许多新的文化节庆，形成了一种新的养殖文化现象。为了提高百姓对海参、鲍鱼的了解，普及营养知识，打造品牌效应，在养殖规模较大的山东、辽宁等省市，纷纷举办独具特色"海参文化节""鲍鱼节"等活动，以渔业为载体，推出融科普、经贸、观光、娱乐、美食、购物为一体的系列活动，招商引资的同时扩大了社会影响，可谓一举多得。

第二节　湿地水利水运文化

一、湿地与水利

水是湿地不可或缺的重要因素。但凡湿地，都被水覆盖或者充满了水。我国有着丰富的水资源，无论是天然的大江大河、湖泊沼泽，还是人工开发的运河沟渠、水堰灌区，如一条条脉络四通八达地散布在中国大地的躯体上。这些天然湿地和人工湿地，里面流淌的生命之水如汩汩血液，滋养着中华大地上生长的万物，使这片广袤的大地充满着生机与活力。

人生活在有水的环境里，与水相互作用，自然对水也有了干预活动。"水利"一词，最早见于《吕氏春秋》，当时系指捕鱼之利。随着社会经济、文化的发展，水利的含义和内容逐渐充实完备。到汉代，司马迁在中国最早的水利通史《史记·河渠书》中，上溯远古，下迄当时，记述的内容包括防洪、灌溉以及航运等各项水利事业，并对汉武帝亲临黄河堵塞瓠子决口以后的形势，概括为"自是之后，用事者争言水利"，首次赋予"水利"一词以广泛的含义。到了现代，《中国水利百科全书》将水利定义为，采取各种人工措施对自然界的水进行控制、调节、治导、开发、管理和保护，以减轻和免除水旱灾害，并利用水资源，适应人类生产，满足人类生活需要的活动[54]。

由于我国水资源的特点，水利在中华民族的历史发展进程中具有特殊的重要地位。早在上古时期，传说共工氏就采用"雍防百川，堕高埋庳"的方法来防治水患，这是最初的治水办法。到了历史上第一个朝代夏朝建立，其首领禹则因治水业绩成为夏朝的开国君王，并有了原始的灌溉技术，人们不仅积极地避免水患，并且主动地以水为利。从奴隶社会进入封建社会后，随着生产力的提高，各朝各代普遍筑堤防洪，重视水利。秦代修建郑国渠，使陕西中部成为中国最早的基本经济区；汉代王景治河，使黄河流路稳定了近千年，促进了黄河中下游地区的经济发展；三国时期，淮河流域开发盛况空前；隋唐时期修建了举世闻名的大运河，长江流域水利兴起，经济中心逐渐南移；元明清时代，治理江河、修闸开渠以及整修海塘等水利事业得到空前发展，长江流域作为基本经济区继续得到发展，珠江流域进一步开发，沿海地区在经济上的重要地位开始呈现；19世纪中期，引进了西方的水利科学技术，修建了涵闸、机电排灌设施等，使中国进入近代水利；新中国成立后，为了经济的发展和人民的需要，水库、水电站、船闸等一大批现代水利工程蓬勃发展[55]。回顾历史，我国的国土开发和人口增长，都伴随着水资源的开发利用以及与水旱灾害的斗争，兴修水利是治国安邦、发展生产、开拓疆土的重要措施。

在兴修水利的过程中，也产生了丰富的精神文化遗产。从古到今治水过程中涌现的治水人物、治水思想和治水精神，启示、影响和塑造着中华民族的精神世界，留下了丰富多彩的艺术瑰宝。大禹以水为师，带领百姓"疏川导滞"，其采取"疏导"的方法治水，对于后世关于堵塞与疏导关系的认识，产生了重大影响；李冰父子以自己的智慧和胆识带领人民开山凿渠，成功创建都江堰工程，其功绩至今仍为后世传颂感激；明代治河专家潘季驯一生中四起四落，充满坎坷却痴情于治黄治淮，他总结出的"筑堤束水、以水攻沙"的治黄方略，对今天的黄河治理仍然有着十分重要的意义。水利先驱李仪址水利报国；林则徐把兴修水利、解民于困苦之中作为其人生理想；现代"万众一心、众志成城，不怕困难、顽强拼搏，坚忍不拔、敢于胜利"的抗洪精神和"献身、负责、求实"的水利精神……这些精神为后代传承，丰富了水利文化的内涵。

1. 大禹精神传万代

黄河，是中国第二长河，世界第五长河。它发源于青海省青藏高原的巴颜喀拉山脉北麓的卡日曲，呈"几"字形。流经青海、四川、甘肃、宁夏、内蒙古、山西、陕西、河南及山东9个省份，最后流入渤海。在这块典型的河流湿地上，孕育传承了几千年古老灿烂的历史文化，是中华民族文明的摇篮。

然而，这条中华民族的母亲河，4000多年前充满了水患。由于河流中段流经中国黄土高原地区，因此夹带了大量的泥沙，导致黄河下游河床泥沙淤积，河床增高，河堤易溃，严重威胁着沿黄地区人民的生命财产安全。尧帝在位时，黄河发生了很大的水灾，庄稼被淹，房屋被毁，尧命鲧负责领导与组织治水工作。鲧采取"水来土挡"的策略治水，没有将洪水制服。鲧治水失败后由其独子禹主持治水大任，禹接受任务后，首先就带着尺、绳等测量工具到全国的主要山脉、河流作了一番周密的考察。他发现黄河淤积，流水不畅，于是他确立了一条与他父亲的"堵"相反的方针，叫做"疏"，就是疏通河道，拓宽峡口，让洪水能更快地通过。历经13年，耗尽心血与体力，终于完成了这一件名垂青史的大业。

大禹治水，最大的智慧就体现在青铜峡黄河。黄河自青藏高原奔流而下，从甘肃省的黑山峡进入宁夏境内，蜿蜒地穿过了牛首山，便形成了8公里长，高出水面数十米的陡壁，这就是青铜峡。峡谷两岸的高山峻岭上，奇岩怪石，姿态万千，古木森森，映蔽江面。然而从前这里却因为地势险峻，成了兵家必争之地。相传汉代名将马贤和唐代名将李靖都曾在此作战，古人有诗吟道："青铜峡里韦州路，十去从军九不回。"

青铜峡峡谷的形成离不开大禹的功劳。相传远古时候，这里是由黄河水形成的大湖，由于贺兰山的阻挡而水流不畅。大禹来到此地，看到上游因湖水受阻而形成水涝，下游无水又旱情肆虐。为解救百姓苦难，这位治水英雄举起神斧，奋力开山，只听一声巨响，中间豁然出现一道峡谷，黄河之水得以疏通，下游旱情得到解除，上游也不再形成涝灾，农田滋润肥沃。就在大禹劈开贺兰山的时候，满天的夕阳把牛首山青色的岩石染成了迷人的古铜色，大禹见此情景，兴致勃勃地提笔在山岩上写下了"青铜峡"三个大字，从此这段峡谷便有了青铜峡的美名。

青铜峡开辟后，大禹引黄河水灌溉银川平原，在此基础上，历朝历代先后开掘秦渠、汉渠、唐徕渠等九大干渠，"水得山而媚，山得水而活"，在这些人工湿地的滋养下，银川平原因此成为"塞上江南""鱼米之乡"，历代称为"天下黄河富宁夏"。人们为了纪念大禹的功绩，就在他住过的山洞旁，修建了一座禹王庙，并写诗赞道："河流九曲汇青铜，峭壁凝晖夕阳红。疏凿传闻留禹迹，安澜名载庆朝宗。"

大禹是中国古代历史传说中第一位杰出的治水专家，他与洪水作斗争的大无畏精神和治水的伟大功绩，一直为后世广为传诵，鼓舞着历代劳动人民向洪水灾害作斗争。在大禹治水的过程中，传说他"三过家门而不入"，这更体现了大禹公而忘私、一心为民的奉献精神。这些都与今天我们倡导的"全心全意为人民服务"一脉相承。

大禹治水，其"治水须顺水性，水性就下，导之入海。高处就凿通，低处就疏导"的治水思想深刻影响了后人。大禹采取的不是"征服自然""人定胜天"的办法，而是顺其自然、给洪水出路的办法[56]。这种思路，与我们今天所讲的认识自然、尊重自然规律，在保护完善自然体系的基础上，开发利用自然资源，实现"人与自然和谐相处"，从而达到可持续发展的理念不谋而合。沿着大禹的足迹，中华民族在除水害、兴水利，合理利用水资源上取得了辉煌的成就。可以说，我国传统的治水文化，在大禹治水后得以形成，经过一代代的传承和积累，逐步发展起来。

从大禹治水可以看出，中华民族的文明史是几千年来中华儿女与水旱灾害的斗争史，一切在远古时代有水的地方，都有过我们的祖先在那里的活动。大禹治水是中华民族谱写的一曲盛传不衰的颂歌，是中华民族文明史上一座巍巍丰碑。大禹治水故事典型而鲜明的文化特征所衍生出的丰富意义，是中华悠久历史文化中的瑰宝，是我国湿地水利文化最为华彩的一章。大禹治水的精神，永远是中国水利事业宝贵的精神财富。

2. 千年水堰流千古

都江堰，坐落于四川省都江堰市城西，位于成都平原西部的岷江之上，是全世界迄今为止年代最久、唯一留存、以无坝引水为特征的宏大水利工程，被誉为"世界水利文化的鼻祖"，是古代世界水利史上的璀璨明珠。

在古代，成都平原是一个水旱灾害十分严重的地方，李白在《蜀道难》中感叹："蚕丛及鱼凫，开国何茫然""人或成鱼鳖"，就是那个时代的真实写照。岷江水患长期祸及四川，鲸吞良田，侵扰民生，成为古蜀国发展的一大障碍。秦昭襄王五十一年（公元前256年），秦国蜀郡太守李冰和他的儿子汲取前人的治水经验，率领当地人民修建了都江堰水利工程。

都江堰的整体规划是将岷江水流分成两条，其中一条水流引入成都平原，这样既可以分洪减灾，又可以引水灌田、变害为利。主体工程包括鱼嘴分水堤、飞沙堰溢洪道和宝瓶口进水口。当时，李冰父子邀集了许多有治水经验的农民，对地形和水情作了实地勘察，决心凿穿玉垒山引水。由于当时还未发明火药，李冰便以火烧石，使岩石爆裂，终于在玉垒山凿出了一个宽20米，高40米，长80米的山口。因其形状酷似瓶口，故取名"宝瓶口"，把开凿玉垒山分离的石堆叫"离堆"。之所以要修宝瓶口，是因为只有打通玉垒山，使岷江水能够畅通流向东边，才可以减少西边的江水的流量，同时也能解除东边地区的干旱，这是治水患的关键环节，也是都江堰工程的第一步。

宝瓶口引水工程完成后，虽然起到了分流和灌溉作用，但因江东地势较高，江水难以流入宝瓶口，李冰父子又率领大众在离玉垒山不远的岷江上游和江心筑分水堰，用装满卵石的大竹笼放在江心堆成一个形如鱼嘴的狭长小岛，鱼嘴把汹涌的岷江分隔成外江和内江，外江排洪，内江通过宝瓶口进入成都平原。为了进一步起到分洪和减灾作用，在分水堰与离堆之间，又修建了一条长 200 米的溢洪道流入外江，以保证内江无灾害。溢洪道前修有弯道，江水形成环流，江水超过堰顶时洪水挟带的泥石便流入到外江，这样便不会淤塞内江和宝瓶口水道，故取名"飞沙堰"。

都江堰整个工程充分利用当地地势西高东低的地理条件，根据江河出口处特殊的地形、水脉、水势，因势利导，自动分流、自动排沙、控制进水流量，自流灌溉，使堤防、分水、泄洪、排沙、控流相互依存，构成了一整套水利工程体系，保证了防洪、灌溉和社会用水综合效益的充分发挥[57]。

都江堰建成后，成都平原沃野千里，"水旱从人，不知饥馑，时无荒年，谓之天府"。其最伟大之处是，建堰两千多年来经久不衰，而且发挥着愈来愈大的效益。在此基础上衍生出的人工湿地系统在减少自然灾害、保护环境、促进农业发展方面发挥了巨大的作用。川西平原农业发达，物产富庶，被赋予"天府之国"的美誉，正是得益于这套从古代就建立起的伟大的人工湿地系统。

人类的智慧不是表现在如何征服自然，而是如何去寻求人与自然协同共生的最佳点，都江堰工程就是这一认识的典范。都江堰的创建，以不破坏自然资源，充分利用自然资源为前提，变害为利，使人、地、水三者高度协调统一。这一复杂、巨大而又巧妙、绿色的工程，是中国传统文化中"天人合一"思想的完美表现[58]。换言之，也是符合今天全球提倡的"人与自然和谐相处""可持续发展"等思潮的楷模。

都江堰治水文化中，奥妙与平凡集于一身。枢纽工程的布局、巧妙的水沙处理，蕴含着深刻的科学道理，然而这些道理，却是以浅显平凡的形式表现出来。长期积累的治水经验与技术规范，不是以深奥难懂的"规定""标准"等形式出现，而是以朗朗上口的都江堰"三字经"、治水"八字格言"等形式，一代代口耳相传，从而深深地扎根于平民的土壤之中。同时，历代历年的岁修维护，均采用简便易行的传统技术，就地取材，用本地盛产和随处可见的竹、木、卵石作为工程的材料，这些传统技术与"三字经""八字格言"一样，为广大群众所熟悉、所掌握，得以世代相传，这是保证都江堰工程长盛不衰的重要原因之一[59]。都江堰治水文化是下里巴人与阳春白雪的融合，是我国古代人民高度智慧与创造力的平凡体现。

李冰治水，功在当代，利在千秋，成都平原能够如此富饶，从根本上说，是李冰创建都江堰的结果。两千多年来，李冰父子凿离堆，开堰建渠为天府之国带来的福泽一直为世人所崇敬、感激。灌区的百姓为感恩先圣"泽沃川西"的遗德，修建起了伏龙观、二王庙，从古至今不但香火鼎盛，而且在历史上一直都有官方以及民间的祭典活动和祭祀活动，形成了以李冰父子为主题人物的每年农历六月二十四日和六月二十六日为中心的庙会活动，大大丰富了都江堰水利文化的内涵。

2000 年 11 月，都江堰被联合国列入"世界文化遗产"名录，受到了世界各国人民的赞誉。今天的都江堰，不仅是一座巧夺天工的水利工程，而且还是一处风光秀丽的湿地景观，以其优美的自然环境、深厚的历史文化底蕴，吸引着无数的景仰者和观光者。

3. 西北的"地下长城"

公元前 202 年，中国进入了汉王朝，这是继秦朝之后强盛的大一统帝国。这一时期，出了一位具有雄才大略的皇帝，即汉武帝。他的主要功绩之一是开发了广大的西北地区，当时把移民实边和修渠屯田作为抗击匈奴侵扰的组成部分，这使西北地区成为仅次于关中的水利重点地区，水利工程技术也大大提高。新疆特殊的水利工程形式——坎儿井也创始于西汉。

坎儿井，是"井穴"的意思，早在《史记》中便有记载，时称"井渠"，新疆维吾尔语则称之为"坎儿孜"。坎儿井是荒漠地区特殊的灌溉系统，普遍于中国新疆吐鲁番地区，吐鲁番的坎儿井总数达 1100 多条，全长约 5000 公里，是中国乃至世界罕见的地下人工湿地，它与万里长城、京杭大运河并称为中国古代三大工程。

坎儿井在吐鲁番盆地大量兴建的原因，是和当地的自然地理条件分不开的。吐鲁番是中国极端干旱地区之一，年降水量只有 16 毫米，而蒸发量可达到 3000 毫米，可称得上是中国的"干极"。吐鲁番虽然酷热少雨，但盆地北有博格达山，西有喀拉乌成山，每当夏季大量融雪和雨水流向盆地，渗入戈壁，汇成潜流，为坎儿井提供了丰富的地下水源。盆地北部的博格达峰高达 5445 米，而盆地中心的艾丁湖，却低于海平面 154 米，从天山脚下到艾丁湖畔，水平距离仅 60 公里，高差竟有 1400 多米，地面坡度平均约四十分之一，地下水的坡降与地面坡变相差不大，这就为开挖坎儿井提供了有利的地形条件。吐鲁番土质为砂砾和黏土胶结，质地坚实，井壁及暗渠不易坍塌，这又为大量开挖坎儿井提供了良好的地质条件。

坎儿井的结构，大体上是由竖井、地下渠道、地面渠道和"涝坝"（小型蓄水池）四部分组成。其构造原理是：在高山雪水潜流处，寻其水源，在一定间隔打一深浅不等的竖井，然后再依地势高下在井底修通暗渠，沟通各井，引水下流。地下渠道的出水口与地面渠道相连接，把地下水引至地面灌溉桑田。由于坎儿井是在地下暗渠输水，不受季节、风沙影响，蒸发量小，流量稳定，可以常年自流灌溉。正是因为有了这独特的地下水利工程，把地下水引向地面，灌溉盆地数十万亩良田，才孕育了吐鲁番各族人民，使沙漠变成了绿洲。

在坎儿井的挖掘过程中，劳动人民充分发挥了聪明才智。坎儿井的主体是暗渠，又称地下渠道，暗渠的作用是把地下含水层中的水汇聚到它的身上来，一般是按一定的坡度由低往高处挖。西汉时，指南针还未传入西域，在开挖暗渠时，为尽量减少弯曲、确定方向，吐鲁番的先民们创造了木棍定向法。即相邻两个竖井的正中间，在井口之上，各悬挂一条井绳，井绳上绑上一头削尖的横木棍，两个棍尖相向而指的方向，就是两个竖井之间最短的直线。然后再按相同方法在竖井下以木棍定向，地下的人按木棍所指的方向挖掘就可以了。

在掏挖暗渠时，吐鲁番人民还发明了油灯定向法。油灯定向是依据两点成线的原理，用两盏旁边带嘴的油灯确定暗渠挖掘的方位，并且能够保障暗渠的顶部与底部平行。但是，油灯定位只能用于同一个作业点上，不同的作业点又怎样保持一致呢？挖掘暗渠时，在竖井的中线上挂上一盏油灯，掏挖者背对油灯，始终掏挖自己的影子，就可以不偏离方向，而渠深则以泉流能淹没筐沿为标准。

暗渠越深空间越窄，仅容一个人弯腰向前掏挖而行。由于吐鲁番的土质为坚硬的钙质黏性土，加之作业面又非常狭小，因此，要掏挖出一条 25 公里长的暗渠，不知要付出怎样的艰辛。据说，天山融雪冰冷刺骨，而工人掏挖暗渠必须要跪在冰水中挖土，因此长期从事暗渠掏挖的工人，寿命一般都不超过 30 岁。所以，总长 5000 公里的吐鲁番坎儿井被称为"地下长城"，真是当之无愧。

由于吐鲁番高温干燥，蒸发量大，水在暗渠不易被蒸发，而且水流地底不容易被污染，再有，经过暗渠流出的水，经过千层沙石自然过滤，最终形成天然矿泉水，富含众多矿物质及微量元素，当地居民数百年来一直饮用至今，不少人活到百岁以上。因此，吐鲁番素有中国长寿之乡的美名。

很久以来，坎儿井一直是当地发展农牧业生产和解决人畜饮水的重要水源。目前吐鲁番地区总灌溉面积的 30 % 左右仍靠坎儿井解决，特别是坎儿井作为具有重要文化内涵的地下水利灌溉工程，正越来越成为一种不可多得的旅游文化资源，吸引着中外游客。坎儿井的浩大工程以及其中凝结的古代新疆人民的聪明智慧，使它成为两千多年来人类文明史上有代表性的水利灌溉工程。

4. 钱江潮涌大海塘

明清鱼鳞大海塘，在世界海塘建筑史上被认为是一项杰出的创造，而它就在钱塘江边。

钱塘江发源于安徽省休宁县，于杭州湾口入东海，它以壮观的钱塘江涌潮闻名中外，"八月十八潮，壮观天下无"。钱江潮汹涌澎湃，如果任其四处奔涌，那么今天的杭嘉湖平原和萧绍宁平原早已是一片泽国。是海塘挡住了海潮的肆虐，使两岸沃土成为历代朝廷的"粮仓"，古语"苏杭熟，天下足"，而钱塘江海塘正是这巨大"粮仓"的天然屏障（图 4-41）。

《说文解字》注："塘，堤也。"塘，即钱塘江海塘，为钱塘江河口防洪、防潮江堤的习称。自古以来，为了卫护杭嘉湖平原南部和萧绍平原不受洪潮侵害的屏障，钱塘江两岸一直在修筑海塘。从汉唐以来，历代王朝都动用了大量人力财力来固堤御潮。筑塘技术从土塘、柴塘发展到石囤木柜塘，可是海塘屡建屡毁。直到明嘉靖年间，杭州人黄光开总结前人经验教训，终于想出了一种名叫"鱼鳞石塘"的筑塘技术，防住了大潮。"鱼鳞石塘"的建设十分精巧，比如塘基用的是 5 米多长的粗木料，打成"马牙桩""梅花桩"等不同类型的桩，塘底垒石最厚的有 23 层，最少的也有 18 层，均用上千斤的重条石逐层上叠，像鱼鳞一样，故此得名。每块条石之间，用糯米浆拌石灰砌连，再用铁锔扣榫。条石下面，密密麻麻地打入无数 7 米长的木桩，称为"蚂蝗桩"。海塘外侧筑相当宽度的砌石护坦，护坦外侧采用木排桩护脚，海塘内侧筑土堤防漏，史称"根基巩固、表里坚凝，严若长城"[60]。到清乾隆末年，历时 250 年，沿着钱塘江终于建立起 280 公里巍峨坚实的鱼鳞大海塘。

海塘之上，明清时代的塘工们也不乏精彩的一笔，他们按照天字号排列顺序，每二十张一块石碑，分别刻着"天地玄黄，宇宙洪荒"，如此连绵数百公里。历代皇帝更是不会放过这个青史留名的好机会，清朝的雍正和乾隆立有一块父子碑，碑文记载了当年遭遇特大潮汛而海塘安然无恙，两岸人民欢呼雀跃的情景："越七年秋汛盛长儿至泛吏民震恐而风息波止堤防无恙远近欢呼于一片荒芜之中"。乾隆六下江南，四次亲临钱塘江畔视察海塘。在海宁建安澜园，亦即"愿其澜安之"之意，并写下诗文"如杭第一要，筹莫海塘澜"。可见当时海塘建设的重要性。

新中国成立后，政府对钱塘江海塘不断进行加固，同时在钱塘江河口进行滩涂围垦工作，钱塘江海塘成为了滩涂湿地的典型代表，同时，它比其他滩涂湿地具有更深的水利文化内涵。因为它是"潮文化"的一个重要组成部分，它是沿江人民抗御潮患的历史缩影，记载着沿江人民抗御潮患的英勇斗争历史，凝聚着沿江人民与潮患奋斗的智慧，传承着沿江人民抗御潮患的文化遗产。因此，钱塘江海塘极富文化价值。今天，我们赞美海塘，不仅仅是因为它雄伟壮观，坚固不摧，它用自己的身躯捍卫着杭嘉湖平原几千万亩良田和数百万劳动人民的甜蜜生活，更重要的是在海塘的分分寸寸中都凝结渗透着沿江人民的奋斗精神，绽放着沿江人民的智慧之花。

5. 筑坝造就千岛湖

时下，上到古稀老人，下到三岁稚子，对着农夫山泉矿泉水都能说出"农夫山泉有点甜"这句朗朗上口的广告词，伴随着这句广告词一起闻名遐迩的，还有农夫山泉的水源地千岛湖。

千岛湖，即新安江水库，位于浙江省杭州市西南部的淳安县和建德市境内，是1959年在新安江建德马铜官峡筑坝兴建水电站而形成的湖泊湿地，面积达567.40平方公里，是杭州市面积最大的水体。新安江水库大坝是新中国建造的第一座大坝，水库大坝设计高度105米（海拔115米），于1957年破土动工，1959年9月水库建成开始蓄水。当水库水位运行于108米高程（黄海）时，2500平方米以上岛屿共1078个，因此是世界上岛屿最多的湖。

千岛湖蓄水量178.4亿立方米，湖水平均深度34米，最深处100米。湖水清澈见底，大小岛屿宛如星斗点缀其间，晨时暮间浓雾翻滚恍如仙境，且凉气袭人，是国内外休闲避暑胜地。千岛湖既有太湖之浩渺，又有西湖之秀丽，湖内水质清澈，山峦苍翠，岛屿奇特，空气净洁。郭沫若曾欣然赋诗"西子三千个，群山已失高，峰峦成岛屿，平地卷波涛"来赞美千岛湖湿地绝好的山水风光[61]。1984年12月，千岛湖为新安江水库的风景区名。从此，千岛湖就以"天下第一秀水"的优美自然景观和丰富的人文景观而成为天下游人"宠爱"之一。

千岛湖以蓄水发电为主，兼顾防洪、灌溉、航运、养殖、旅游等多方面的综合效益。而真正让千岛湖享誉全国的，则是为农夫山泉矿泉水提供了水源地。众所周知，弱碱性的水最有利于人体的健康，由于酸雨等的影响，弱碱性天然水显得弥足珍贵。只有好的天然水源才能生产出优质的瓶装饮用水。千岛湖森林覆盖率94.7%，空气质量指数一级，常年水温12℃，富含天然的钾、钠、钙、镁、偏硅酸等矿物元素，属国家一级水资源保护区，是中国最好的水体。农夫山泉取水源于此，生产出含有天然矿物元素的饮用水，最符合人体需求，是任何人工水都难以比拟的。1998年，"农夫山泉有点甜"的广告语迅速传遍大江南北，童叟皆知，农夫山泉的红色风暴也开始席卷全国各地。随着农夫山泉的"天然"概念深入人心，千岛湖的养生文化也成为千岛湖湿地水利文化特有的组成部分。

千岛湖水利工程衍生出的旅游文化、养生文化使千岛湖成为国内外知名的人工湿地。2001年9月15日，以"人·水·发展"为主题的中国·淳安千岛湖秀水节在美丽的千岛湖畔举办，内容由水文化、水旅游、水经济、水运动四大板块12个活动项目组成。秀水节每两年举办一次，已连续举办了六届。千岛湖秀水节已成为淳安县人民的盛大节日，也是集中展示千岛湖湿地独特的秀水魅力、一流的生态环境、丰富的旅游资源、悠久的历史文化的重要平台，对于打响千岛湖地方品牌、促进淳安县经济发展具有十分积极的作用。

二、湿地与水运

繁荣的中华大地，黄河、长江水系保障了中华民族绵延传承，水作为生命之源的重要性不言而喻，征服水、使用水、利用水的场景千百年来不断上演。古有"四载"之说：陆行乘车，水行乘船，泥行乘橇，山行乘檋。利用河流的自然力实现交通目的是人类最伟大的发明之一，水运具有运载量大、消耗少、成本低的优势，它突破了长途交通中人力或畜力的体能局限，且随着经济社会的发展，土地、资源、环境等要素对交通运输发展的制约日益显现，水运不占地、污染小的特色更是其他运输方式难以企及的[62]。

水运的发明不仅实现了人类走得更远的愿望，而且使得区域之间大规模运输物资成为可能和具有商业价值。从古至今，水运对国民经济生产和消费系统的影响无疑是巨大的。夏、商、周时，黄河已成重要运粮干线。到了春秋战国，各个诸侯国为了各种需要，也在一定范围上自己开挖运河，疏通渠道，也就是这个时候形成了我国水路网的雏形。秦朝开挖灵渠，沟通了长江水系和珠江水系，不仅在政治上体验了中央集权对地方的控制，也促进了长江流域与珠江流域的交流往来，达到了中国历史上空前的统一。至隋代开始，历经唐、宋600多年，至元朝建成了纵贯南北的京杭运河，北与海河相连，南与钱塘江相连，将海河、黄河、淮河、长江与钱塘江五大水系，连成一个统一的水运网。随着社会政治、经济和文化的发展，它对于南北货物往来，人口迁移、流动，政府漕运发挥着越来越重要的作用，从而形成中国古代水运的兴盛时期。

近现代以来，随着航道不断被开发，我国的水运资源越来越丰富。目前有流域面积1000平方公里以上的河流5万余条，其中通航河流5600余条。有水域面积1平方公里以上的大小湖泊900余个[55]，不仅自身有着航运交通功能，也为流域提供了调蓄水源的条件。这些大大小小的河流湿地构成了密密麻麻的水路运输网，成为中国内河航运的主要干道。

在利用水运资源的过程中，劳动人民也充分发挥了聪明才智，制造了各式各样的水上交通工具，来帮助他们更好地凌驾河水。中国船舶的历史几乎与人类发展一样长久。在新石器时代，杭嘉湖地区的先民已经"刳木为舟，剡木为楫"，制造原始的水运交通工具，独木舟和筏在当时已经广泛应用了。随着社会的发展和科技的进步，人们对独木舟不断改进，商代造出了有舱的木板船；汉代出现了锚、舵齐全的桨船；唐代，李皋发明了利用车轮代替橹、桨划行的车船；宋代，出现了10 桅10 帆的大型船舶。15 世纪，中国的帆船已成为世界上最大、最牢固、适航性最优越的船舶。数千年来，船舶经历了筏、独木舟、木板船、桨船、木帆船、轮船，螺旋桨到钢质现代船的发展历程，岁月悠悠，孕育了丰富的船文化，成为水运文化的重要组成部分。

到了现代，随着科技的进步和水运事业的发展，许多新时代的水上交通工具应运而生。过江轮渡、水上索道、水上巴士……在展现人民多元化的智慧和创造力的同时，现代人环保、"低碳"的理念尽在其中。这些水上"公交车"既大大缓解了现代交通的压力，也成为湿地观光旅游的一道特殊风景线。在享受湿地水运带来的便捷时，我们也深深地体会到，湿地，犹如母亲的怀抱，养育我们，承载我们，它传送的，不仅有生命，还有文明。

1. 江山此地分楚越

"六王毕，四海一"。公元前221 年，秦始皇吞并六国、平定中原后，立即派出三十万大军，北伐匈奴；接着，又挥师五十万南下，平定"百越"。因山路崎岖、粮草不济而久攻不下，于是令监察御史史禄和3 位石匠担纲凿灵渠以通粮道。史禄率众四经寒暑，凿渠成功。公元前214 年，这条体现我国古代劳动人民智慧和科学技术伟大成就的人工运河，终于成功通航。

灵渠，古称秦凿渠、零渠、澪渠，又名陡河、兴安运河、湘桂运河，位于湘桂走廊中心的今广西桂林市兴安县境内。全长37 公里（其中人工开凿4.5 公里），由铧嘴、大小天平、南渠、北渠、泄水天平和斗门组成，将海洋河水三七分流，三分入漓江，七分入湘江，沟通了长江、珠江两大水系[63]。它是中国历史上最早的人工运河，与陕西的郑国渠、四川的都江堰并称为"秦的三大水利水运工程"。郭沫若称之为："与长城南北相呼应，同为世界之奇观。"

在灵渠的开凿过程中，斗门是不得不提的一项伟大创造。斗门，又称陡门，或作斜门，是灵渠中用于减缓比降、提高水位，蓄水行舟的一种建筑物，相当于现在的多级船闸。由于灵渠处在高山之中，有的地方比降很大，最高达1/160，也就是说，船每走160米，水位就要上升或下降一米，根本不能行船。如果继续把河道延长，再多走几个"之"字形，让比降减小到1/3000，那河道就要延长20 倍，工程量十分巨大[63]。

面对这一情况，人们发明了斗门。在灵渠水位比降大而又不适于延长河道的地方，分别用巨石做了一个又一个的斗门。最多时设36 座斗门，最少时也有10 座斗门。每个斗门都有专用的工具，如斗杠、斗脚、斗编等。船进入一个斗门后，随即把身后的斗门用专用的工具堵严，使其不能漏水，然后徐徐开启前进方向上的另一个斗门。随着斗门打开，水从前方的斗门涌进来，不一会，两个斗门间的水位就平了。于是船就可以前进到前一个斗门内，随后又堵住船后斗门，再打开前面斗门。如此周而复始，船就一级一级向山上"爬"去。同样道理，船也可以从山上一级一级"爬"下来，不过方向相反罢了。

灵渠的斗门一共有36 个，据记载，当时每天通过的船只约40 艘，灵渠有了斗门，几千年来久运不衰。而在国外，最早的船闸直到1375 年才在欧洲的荷兰出现，这时我国已经是明朝了。所以，专家们认为：斗门是历史上最早的船闸，是现代电动闸门的鼻祖，堪称"世界船闸之父"。斗门的发明和创建，是我国古代劳动人民与河流湿地相互作用的智慧结晶，在世界和中国航运史、建筑史上写下了辉煌的一页。

灵渠从秦代开凿以来，历代在航运方面都发挥了重要的作用。秦汉时代，主要是军事运输，运送军粮。唐代以后，货物的运输量日益增多，既有运送广东、广西的特产到长安的船只，也有运送南来北往的粮食、食盐的船只过往灵渠，对南北经济的互通提供了极大的便利。灵渠的修筑通航也促进了先进的中原文化与落后的岭南文化的交流、交融。在过去漫长的历史进程中，由于交通隔绝，中国岭南一带较之中原欠开发、欠开化，被称为"南蛮之地"。灵渠通航，连接了长江与珠江两大水系，使中原先进的文化、耕作、纺织、建筑等技术，不断开化并繁荣了广西十分落后的经济、社会与文化，使这块多山地、无耕种的不毛之地繁荣起来。因灵渠的修建，桂北成为广西先进文化的集散地，这里吸收了中原文化，然后向南渗透，中原文化与沿边文化、山地文化与平原文化、汉文化与少数民族文化交融，形成了岭南独特的地域文化。

古人感佩于史禄开凿灵渠居功至伟，称赞他"咫尺江山分楚越，使君才气卷波澜"。兴安县也留下了为纪念 3 位石匠而留下的"三将军墓"。其后，汉代马援、唐代李渤、鱼孟威又继续主持修筑灵渠。灵渠南渠岸边的四贤祠内，至今还供奉着史禄和他们的塑像。灵渠在向世人展示着中华民族不畏艰险、刻苦耐劳精神的同时，也展示着中华民族丰富的智慧和无穷的创造力。

灵渠自创建至今，已有 2200 多年。在漫长的历史时期中，成为中国南北交往的重要通道，对维护国家统一、促进中原与岭南经济文化交流做出了重要贡献。近代因公路的修筑和 1941 年湘桂铁路通车后，它在航运方面的作用才逐渐被取代，但仍发挥着灌溉、供水和湿地观光旅游的作用。灵渠，作为湿地水运史上承上启下的里程碑，将永远被记入史册。

2. 京杭水阔通九州

在还没有汽车、火车、飞机的水交通时代，江、河、湖、海是人类交通运输的主要凭借，物资的运输交换全都依赖于水运。在中国漫长的历史长河中，永远有那么一条河流，贯穿南北，衔接古今，负载与运输一个泱泱大国数亿人口的生存资源与经济血脉，在中国几千年的历史进程中起着举足轻重的地位，这就是京杭大运河。

京杭大运河，全长 1794 公里，北起北京，南至杭州，流经天津、河北、山东、江苏和浙江四省一市，沟通海河、黄河、淮河、长江和钱塘江五大水系，是中国也是世界上开凿最早、规模最大、线路最长的人工大运河，是苏伊士运河的 16 倍，巴拿马运河的 33 倍[64]。它与万里长城、埃及金字塔、印度佛加大佛塔并称为"世界上最宏伟的四大古代工程"。万里长城、金字塔、佛加大佛塔随着现代文明的推进而成为历史陈迹，唯独京杭大运河是至今还活着的流动的文化遗产。

京杭大运河肇始于春秋时期，公元前 486 年，吴王夫差开凿邗沟，沟通了长江和淮河。4 年后，夫差再凿运河，沟通泗水和济水。由此，全面沟通长江、淮河与黄河，成为大运河的前身和主干。隋朝统一全国后，大运河全面开凿贯通。605 ~ 610 年间，以东都洛阳为中心，分 4 段开通南北运河，即北部的通济渠、永济渠，南部的邗沟和江南河，总长 2000 多米。大运河真正沟通定型是在元代，元朝统一全国后，南北经济交流进一步扩大，元政府着手整治旧河道，开凿新河道，缩短、拉近北京和江南的距离，历时 40 多年，恢复了大运河，成为沟通海河、黄河、淮河、长江和钱塘江五大水系、纵贯南北的水上交通要道，组成半个中国"丰"字版图。

运河的航运主要分为漕运和民运。漕运，就是历代统治者将田租赋税由水路运往京城的一种称谓，它是封建王朝的经济、政治命脉，是朝廷的生命线，也是封建政权维护其统治的一项重要措施。漕运的物资主要是粮食、丝绸、官窑瓷器、建筑材料等。民运，是指包括生产性航运、商业性航运和客旅航运的民间航运，是市镇繁荣之源。运河沿岸丰富的粮食、蚕桑、丝绸、水果、茶叶等物资和手工业制成品的运输大多依靠运河。唐代就记载："东南郡邑，无不通水，天下货利，舟楫居多"。除了生产和商业运输之外，客旅航运业也很繁忙，隋炀帝三下扬州，清代康熙、乾隆各六下江南，大都由运河坐船而下。明代旅行家徐霞客有经无锡、苏州、青浦、王江泾、乌镇、新市、塘栖至杭州的"舟行"。历史上杭嘉湖地区的大量香客到杭州的寺庙进香，也大都是坐船经运河到杭州的。

在两千多年的历史进程中，大运河为中国经济发展、国家统一、社会进步和文化繁荣作出了重要贡献。其触角所及给当地带来了繁荣兴盛，尤其把河流流经的各山川盆地连接起来，使瓜州镇、界首镇、赣南的吴江县、宝应县等这些水口处的城镇成为名副其实的风水宝地。运河经济刺激运河沿岸城市的发展，形成了沿运河线的城市群落，济南、扬州、镇江、无锡、苏州、杭州，这些美丽富庶的历史名城的繁荣发展，与大运河是分不开的。唐朝诗人皮日休在《汴河怀古二首·其一》中咏道："尽道隋亡为此河，至今千里赖通波。若无水殿龙舟事，共禹论功不较多"。可见大运河对中国南北经济交通的巨大影响。

京杭大运河是一座辉煌的中华民族文化丰碑，也是典型的湿地水运文化精品。它显示了中国古代水利航运工程技术领先于世界的卓越成就，留下了丰富的历史文化遗存，孕育了一座座璀璨明珠般的名城古镇，积淀了深厚悠久的文化底蕴，凝聚了中国政治、经济、文化、社会诸多领域的庞大信息。有人将大运河誉为"大地史诗"，它与万里长城交相辉映，在中华大地上烙了一个巨大的"人"字，同为汇聚了中华民族祖先智慧与创造力的伟大象征。

3. 天堑流动羊皮筏

在没桥的时代，黄河是天堑。河这边喊，河那边能听见，想要靠近确实难上难。然而，世上最难的事也难不倒充满智慧的沿岸百姓，古老的羊皮筏子，载着百姓们的聪明才智，在黄河上飘荡了千百年，被誉为黄河湿地上"流动的文化"。

羊皮筏，是古代沿袭至今的摆渡工具。古代劳动人民"缝革为囊"，充入空气，泅渡用。唐代以前，这种工具被称为"革囊"，到了宋代，皮囊是宰杀牛、羊后掏空内脏的完整皮张，不再是缝合而成，故改名为"浑脱"，浑做"全"解，脱即剥皮。人们最初是用单个的革囊或浑脱泅渡，后来为了安全和增大载重量，而将若干个浑脱相拼，上架木排，再绑以小绳，成为一个整体，即后来的皮筏。

我国使用皮筏的历史悠久。《水经注·叶榆水篇》载："汉建武二十三年（公元47年），王遣兵乘船（即皮筏）南下水"。《旧唐书·东女国传》："以牛皮为船以渡"。《宋史·王延德传》："以羊皮为囊，吹气实之浮于水"。古诗有云："纵一苇之所如，凌万顷之茫然"，描写的就是指皮筏破浊浪、过险滩的情景。清康熙十四年（公元1675年）二月，据守兰州的陕西提督王辅臣叛乱，西宁总兵官王进宝奉命讨伐时，曾在张家河湾拆民房，以木料结革囊夜渡黄河，大破新城和皋兰龙尾山；六月，王辅臣兵也造筏百余，企图渡河以逃，王进宝率军沿河邀击，迫使王辅臣兵投降。可见，至少在320多年前，黄河上就大量使用皮筏以渡了。

制作羊皮筏子，需要很高的宰剥技巧，从羊颈部开口，慢慢地将整张皮囫囵个儿褪下来，不能划破一点毛皮。将羊皮脱毛后，吹气使皮胎膨胀，再灌入少量清油、食盐和水，然后把皮胎的头尾和四肢扎紧，经过晾晒的皮胎颜色黄褐透明，看上去像个鼓鼓的圆筒。民间流传："杀它一只羊，剥它一张皮，吹它一口气，晒它一个月，抹它一身油即可"。晒干后，用麻绳将坚硬的水曲柳木条捆一个方形的木框子，再横向绑上数根木条，把一只只皮胎顺次扎在木条下面，皮筏子就制成了[65]。

羊皮筏子体积小而轻，吃水浅，十分适宜在黄河航行。黄河上多暗礁、浅滩、人工大坝，使用羊皮筏子就得以方便地越过这些障碍。沾了水的筏子才百把斤重，一个人就能扛上肩头翻过礁石或大坝，再放入河中就可以继续航行了。到达目的地后拆了筏子把皮囊的气放了，晒干打捆，雇匹骆驼驮回家以备下次使用。正因为制作简单，成本低廉，使用方便，加上西北曾经绝大部分地方为牧区，羊皮来源广泛，所以羊皮筏子就成为黄河上具有悠久历史的渡河工具。

羊皮筏子大量发展起来，大概在清末时期，主要用于青海、兰州、包头之间的长期贩运。黄河皮筏分大、小两种，最大的皮筏用600多个羊皮袋扎成，长12米，宽7米，6把浆，载重量在20～30吨之间。从兰州至包头，每天顺流行进200多公里，12天可抵达包头。小皮筏一般用10多个羊皮袋扎成，适于短途运输，主要用于由郊区往市区送运瓜果蔬菜，渡送两岸行人等。最轻巧的是单只羊皮或牛皮做的筏子，将渡河者装入袋中，吹气扎袋后筏子客爬在袋上，一手抓袋，一手划水，片刻将渡河者送到河对岸，可谓"吹着牛皮过黄河"[64]。

现在，羊皮筏子已经成为黄河湿地特色旅游项目（图4-1），黄河边供游客乘坐的羊皮筏子都是用13只皮胎采取前后4只中间5只的排列方式绑扎成的小筏子，重10多公斤，能坐6个人。游客们乘坐着羊皮筏子，充分领略黄河湿地的壮美风光，发思古之幽情，别有一番情趣。

4. 嘉陵江上通"走廊"

2011年3月1日，运行了29年零两个月的嘉陵江索道停运拆除，从此，这座昔日的"湿地空中走廊"，带着人们的回忆和念想，消失在林立的高楼之中。

环绕山城，生生不息自西向东流淌的长江和嘉陵江，成了重庆人出行与外界交往的负累。20世纪70年代，全市几个主城区的交通主要靠36艘渡轮。爬坡上坎去乘船，洪

图 4-1 羊皮筏子成为黄河上的特色旅游项目

水季节要断航，当时大雾天气一年有 68 天，虽然有了嘉陵江大桥，江北区和渝中区的人们相互来往还是极为不便。

修建嘉陵江索道的想法可以追溯到 1957 年底，当时重庆望江厂有一名叫唐远才的铣床工人，他住在江北城的姨姐经常向他诉苦，埋怨坐船到朝天门，半个小时才能等到一班船，一天 20 岁的唐远才突发奇想，要是在朝天门和江北嘴之间建一座索道桥该多好？他找来图纸，设想在朝天门和江北嘴之间建两条索道，为了省力，车厢的前进方向都设计为走下坡。他把草图画好装在一封平信里，直接寄给交通部。一个多月后交通部给他回函，告知他所画的交通工具属架空索道，至于是否可行，交通部没有作评价。到了 20 世纪七八十年代，交通设施落后越来越成为制约重庆经济发展的"瓶颈"，当时设备等条件也较为成熟，市政府决定将过江索道付诸实施。

经过紧锣密鼓的筹备，1980 年 12 月 15 日，中国第一条城市跨江客运索道及中国第一条自行研制的大型双线往复式过江载人索道嘉陵江索道破土动工。工期用了一年左右，拆迁安置和土建都比较轻松，真正难度大的是横跨嘉陵江铺架索道。从西德进口，跨度为 740 米的钢绳重达 15 吨，车厢重 3 吨，市中区沧白路站点和江北区金沙街站点的落差为 29.9 米，钢绳自重 15 吨加上张力，共重 75 吨。江北站需要两个分别重 43 吨的重锤，用来调节钢绳的松紧和高度。当时没有承受那么重的起重设备，只有用土办法，将装重锤的货车停在斜坡地带，用千斤顶和滚木卸货。从头天早上 9 点到第二天早上 9 点，才把重锤搬到地面，到最后把它们拖进站房并到位，足足用了一周多时间。为避免钢绳掉在水中无法拖起，动用了 7 艘驳壳船，每隔一段距离一只，一字形排在江面承驮钢绳。一艘拖轮用一根直径为 21.5 毫米的拖绳拖着索道钢绳，挨着驳船，从市中区驶向对岸江北。每经过一只驳船，拖轮上的工人将索道钢绳拖上驳船。当拖轮到岸时，索道钢绳躺在了驳船上，在驳船与驳船之间的那一部分钢绳泡在水中。

1982 年 1 月 1 日，嘉陵江客运索道建成试通车，全长 740 米，车厢最大容量 46 人，最大牵引速度 6.5 米/秒。通车后江北区和渝中区的人们出行便利了，从那一天起市中区和江北区的交通压力大为减轻，虽然索道的价格比轮渡和电车贵一点，但因其方便快捷，成为当年"上班族"的首选，重庆市旅游业也增加了一个新景点。29 年来嘉陵江索道载客量已突破 1 亿人次，最高峰每天运载量达到 2.54 万人次，成为两区人们不可缺少的交通工具。

尽管随着千厮门大桥的修建和轨道交通的地下隧道布局，嘉陵江索道在服役 29 年后，遗憾地退出了历史舞台，但它在湿地水运文化的长河中留下不可磨灭的印迹，永远鲜活在一代人的记忆里。

5. 去桨来帆笛声远

有水的地方就有船———这是河流湿地和轮渡近乎宿命的关系。从清代《汉口竹枝词》："五文便从大江过，两个青钱即渡河。去桨来帆纷似蚁，此间第一渡船多!"到方方、池莉的小说里，轮渡不仅是一种湿地水上交通工具，而且构成了江城市民生活的背景，成为市民生活的象征。

轮渡，指在水深不易造桥的江河、海峡等两岸之间，用机动船运载车辆、旅客，以连接两岸交通的运输设备。它起源于用非机动船运载人、畜的摆渡。在公路、铁路建设中，当造桥技术或资金赶不上需要时，常采用轮渡。轮渡与桥梁、隧道相比，其建设周期短，修建费用低，能较快形成运输能力。

除了客运，轮渡最壮观的是要数公路轮渡和铁路轮渡了。公路轮渡一般在渡船的两端设置活动跳板，便于汽车上下。铁路轮渡要求渡船上铺设轨道，在两岸设置接连数跨的活动栈桥，这些桥跨的支点可视水位变化而升降，由它们形成坡度平缓的线路，使与渡船上的轨道衔接，便于列车上下渡船。中国于 1933 年 9 月在江苏浦口和南京间的长江上建成一处铁路轮渡。一艘渡船能装载客车 12 辆或载重 40 吨的货车 21 辆，开始时每日只航 6～8 渡。到 1958 年，经常用三艘渡船运转，每日提高到 120 渡，运送车皮 1000 多辆，其中有四对长途客运列车。直至 1968 年底南京长江桥建成后，该轮渡完成了它光荣的历史使命。

中国有很多城市，如武汉、南京、上海等，市内穿流而过的河流把城市分割成几个相对疏离的区域，在还没有过江大桥的年代，是轮渡把它们联系到一起。在长江大桥建成之前，武汉轮渡鼎盛时年客运量达到 1.67 亿人次。轮渡有着辉煌的历史，曾经是这个被水贯穿的城市中最重要的交通工具，但轮渡的意义绝对不止于此。古话说："同船共渡五百年修"，对很多武汉人来说，这也是他们的道德原则之一，所以在外地人心中，才有了武汉人很团结的整体印象。轮渡就是这样不但融进武汉人的生活，也深深刻画着武汉人的心理。

比起自行车，比起公交车，轮渡更像是曲折进取的道路，是间接抵达的途径，它可以让你在路途欣赏风景，更近距离地感到江水翻滚，凉丝丝的水汽扑面而来，而不同的人来品轮渡，也有不同的韵味。池莉在她的成名作《烦恼人生》里写到，轮渡是主人公心情流露的出口。被忙碌琐碎的生活压得喘不过气的中年男人，每天搭轮渡过江去工厂上班，轮渡乘风破浪的雄姿，长江上壮阔的日出，在浪花上飞翔的洁白江鸥，别人看来欣欣向荣、给人以鼓舞和召唤的美景，而在中年男人眼中，却只有落日大江流般的苍茫色调，失落和惆怅都在那一支向着长江飘散的香烟上。轮渡，折射着市民文化的千姿百态。

伴随着城市的发展，交通的进步，坐轮渡的人越来越少是不争的事实。但在生活节奏犹如电影按了"快进"键的今天，保留轮渡这种纯朴的湿地交通工具的意义，并不纯粹在于缓解陆地交通的紧张状况，我们也希望自己甚至我们的后代还可以听到汽笛鸣响的动人音乐，可以享受坐船的乐趣，也真正懂得忙碌生活里隐藏的浪漫和感动。

6. 水上巴士低碳行

在城市工作和生活的人，都会被拥堵的交通所困扰，早晚高峰，出行不易，大把的时间都耗在等车和坐车上。而河流湿地的一种交通工具——水上巴士的出现，大大缓解了城市的交通压力，给人们生活提供了极大的便利，也成为都市里一道亮丽的风景。

水上巴士，指的是水上公交巴士，主要是承担水上公共交通和旅游的功能。它的开通前提是在有河流贯穿的城市里，它比轮渡的规模要小，建造和运营都更加方便，也更加适应新时代人的生活需要。

杭州是全国首家在运河干道上开通水上公交巴士的城市。杭州城市人口密集，交通十分拥堵。京杭大运河贯穿了整个杭州城，有这么好的一条河，陆路走不通的时候，是不是可以考虑走水路呢？杭州市交通局对运河做了一系列可行性调查研究，并正式提出了开通水上公交巴士的构想。在运河市区段开辟一条水上公交线路，完全可以助陆上交通一臂之力。这个跳跃性的构思得到了市委、市政府的肯定，杭州现在是有车"无"路、有水"无"船，站在上为政府解愁、下为百姓分忧的高度，一定要充分挖掘资源，尽快推进水上巴士建设。于是各部门齐心协力，加紧建设，最终形成了现在水上巴士"一门两桥三码头"的格局[67]。

2004 年，水上巴士穿越杭州的大运河，第一次承担起公共交通的功能，为打造杭州立体交通添上了浓重的一笔。一期水上巴士设置了 3 处上下客站，分别通过运河水域连接运河文化广场、信义坊、西湖文化广场。整条线路长约十公里，以每小时 40 公里左右的速度行驶，加上在 3 个停靠站的时间，单程约需 28 分钟，每班次可坐五十人左右。水上巴士没有拥堵的烦恼，可避开上下班的道路高峰期，比如在武林门附近上班，住在信义坊，晚上 6 点的时候，坐水上巴士只需 15 分钟左右时间，比坐公交车和出租车大大节省了时间。

从 2004 年到现在，杭州的水上巴士从 1 条发展到 8 条。利用运河、余杭塘河、上塘河这杭城三大水系，打通了杭州的"水脉"。水上巴士的开通，不仅为缓解市区交通"两难"提供了一条便捷、舒适的出行通道，也为京杭运河杭州段增添了一道亮丽的风景线。市民和外地游客们坐上水上巴士，赏水上风光，听运河传说，一波一浪，荡漾出"慢生活"的节拍。水上巴士赋予了古老大运河新的生机活力，也为湿地水运文化贴上了"低碳""休闲"等具有时代意义的标签。

目前，开通了水上公交巴士的城市还有广州、上海、苏州等，与杭州水巴不同的是，这些城市的水上巴士都定位为观光旅游，乘水上巴士，近距离观览珠江、苏州河这些历史悠久的河流湿地风貌，别有一番滋味。尤其是上海水巴，成为 2010 年世博会的重要交通工具之一，让全世界的游客，在观赏到全世界文化的精粹时，还领略到了老上海的水上风情和湿地文化。

第三节　湿地景观文化

一、湿地与园林

湿地有变化多端的水体，优美的自然环境，是最适合营造园林的地方。古往今来，宫苑园林和私家园林都与湿地密不可分。在湿地这样灵动的环境中，园林的诗情画意能够得到充分的展现。不仅园林择址首选湿地，园林本身的营造也是湿地的艺术化创造，有的园林因借自然的山水而营建，有的园林则创造出人工的山水，园林自身形成了一种特殊的人工湿地，它在文化、艺术的发展历史上独树一帜，更在人居环境的改善、优化上起到了重要的作用。

中国园林是可行、可望、可游、可居的，空间的感觉是流动的、往复无穷的，"是潆洄委曲，绸缪往复，遥望着一个目标的行程（道）"[68]，而中国园林这种典型的空间流动的美感往往是通过各种不同水体的联系来实现的，实现的正是一种对"道"的追求。

山水为骨、画意入园是中国古典园林的首要营造特点。水，是不可或缺的，是关键性的要素，亦是表达精神，使园子活起来的所在，也是接近"道"的所在。

苏州本身就是河网纵横的水乡，它独特的湿地环境造就出私家园林的鼎盛。苏州古典私家园林，水是园子的灵魂，无论园子大小，园中总有不同形态的池湖泉潭，概括出自然的水体，塑造出多变的空间，大多数的园林都以水为布局的中心，更表达出对水的向往。

圆明园这座"万园之园"宏大而精致，其山重水复、烟水迷离、变幻无尽而又整体统一的空间，实是平地造园的典范[69]。圆明园的整体布局就是利用自然低洼地势开挖水体，形成大、中、小各种尺度的湖面，萦回曲折的溪流河道把这些湖面联络成一个网络和整体，而挖湖的土在园中堆成丘、峦、峰、岗、阜、洲、岛、堤等各种形态的地貌，山水形成整体有控制的几个大空间，在这几个大的结构中又有分景，形成小的园中园，且又联络贯通。每个园中园里还有多处景物，空间变化、多样、流动，往复无穷，变幻无尽，恰是"道"的体现。圆明园还直接仿造了许多江南的名山胜水、名园胜景。杭州最为重要的湿地——西湖，其代表性的景观系列——西湖十景，均在圆明园内有呈现，仿造之中又有新的创意，不是江南却胜似江南。

而清漪园的整体山水格局与杭州西湖山水的总体结构非常相似[70]。经过人工疏浚和扩大的昆明湖（原瓮山泊）仿西湖，西堤仿苏堤，而经过人工整理的万寿山（原瓮山）即西湖北面栖霞岭、宝石山等北山的位置。其中许多造园手法和风景营造也是来自江南的山水和园林，是典型的以大面积湖泊为核心的半人工湿地。

避暑山庄的理水，北引狮子沟、武烈河之水，西接山泉、山涧，逐渐汇集，园中的水体和洲岛的景观组织展现了从溪流、瀑布、池潭到河湖到汪洋而无穷的一个过程，最后又从南端五孔闸出，复归武烈河，重回自然平静[71]。理景、理水、造园都十分精彩，因势随形，用巧妙的艺术手法增强了自然之美。

北京的园林营造是与湿地密不可分的。从金代开始，北京的城市建设就伴随着对水的利用和治理[72]。金代依托莲花池水系营造中都，元代以后以积水潭东岸确立城市中轴线，依托高梁河水系营造大都。对水系的疏浚整理随之带来了园林的营造和繁盛。利用原有的湖泊，北海、中海、南海形成了御苑的核心，而前海、后海、西海在古都营造了一片难得的湿地，并伴生着典型的古都文化。时至今日，什刹海一带是北京仅剩的最为完整的历史街区，它的风景和园林对于古都的城市生态环境的改善以及历史文化的保存，意义是非常重大的，也是不可替代的。而在西北郊海淀，原本就是平地涌泉的湿地，遍布泉溪河湖的湿地风光，元代美其名曰"丹棱沜"，西山、玉泉山和瓮山泊以及万泉庄水系，滋养了西北郊大量生发的园林，使得这片地区在历史上形成了堪称为基于自然湿地上的艺术作品，三山五园和其他众多价值很高的园林都汇聚于此，在生态和文化上起到了重要的不可估量的作用。

依靠优美的河湖湿地，最适合营造园林，在众多的城市历史上也形成了在湿地造园的必然繁盛。造园的理水大都利用、模拟、提炼、概括湿地的景观意象和结构，虽由人作，宛自天开，或使自然风景艺术化，或再现了艺术化的自然。湿地既是园林择址的必要选择，营造的基础和范本，又是园林营造的重要意象和美学趋向。园林本身是人工与自然合力的艺术化的湿地。

下面讨论的是中国园林的典型代表，包括被列入世界遗产名录的颐和园、苏州私家园林、承德避暑山庄，以及万园之园圆明园，它们都与湿地有着密不可分的紧密联系。

1. 颐和园

其亭台、长廊、殿堂、庙宇和小桥等人工景观与自然山峦和开阔的湖面相互和谐地融为一体，具有极高的审美价值，堪称中国风景园林设计中的杰作。——世界遗产委员会对北京颐和园的评价。

北京颐和园（图4-2），原名清漪园。始建于1750年，1860年被英法联军烧毁，1886年在原址上重新进行了修缮，并于两年后改名颐和园，作为慈禧太后晚年的颐养之地。从此，颐和园成为晚清最高统治者在紫禁城之外最重要的政治和外交活动中心，是中国近代历史的重要见证与诸多重大历史事件的发生地。

颐和园拥有大型的真山真水，并借景周围的山水环境，有着皇家园林的恢弘富丽之气势，又富于优美的自然风光。颐和园全园占地300.8公顷，万寿山、昆明湖是圆明园山水格局的主体，水面约占四分之三。其中佛香阁、长廊、石舫、苏州街、十七孔桥、谐趣园、德和园大戏台等为代表性景点。

园中主要景点大致分为四个区域：以庄重威严的仁寿殿为代表的宫殿区；以乐寿

图 4-2   颐和园

堂、玉澜堂、宜芸馆等庭院为代表的宫廷生活区；以大报恩延寿寺为中心的前山后山中部的宗教建筑区；以长廊沿线、后山、西区组成的广大区域，是布局灵活、自由巧妙的苑园游览区。

颐和园是一座代表性的以天然山水为基础施以艺术加工的园林，这个天然山水的主体便是万寿山、昆明湖。在明代，万寿山原名瓮山，昆明湖原名西湖。而当年的西湖与玉泉山山水联属，环湖修有诸多寺庙、园林，文人墨客将之比拟西湖盛景，有"环湖十寺"和"西湖十景"之誉，"环湖十里为一郡之胜观"，游人如织。但当时的瓮山位于西湖的东北方向，对位关系比较偏，并不理想，而且也是荒芜的秃山。在清朝，畅春园和圆明园的相继修建虽有平地造园，写意江南水乡的万千姿态，然而缺乏大型自然山水。香山静宜园和玉泉山静明园均为山地园林，缺少大面积的水面。而西湖与瓮山恰得天然之胜，最为适合进行艺术加工。乾隆十五年，为庆祝母后寿辰，乾隆开始大报恩延寿寺的修建和清漪园的相继建设。整理后的西湖，得到了大幅的开拓与疏浚，湖面往北和往西都得到了拓展，东堤设二龙闸以灌溉稻田，西北开河道北延，过青龙桥连接清河。疏浚西湖的湖泥堆在瓮山上，使得瓮山的形态更为完整、东西匀称。清漪园的掇山理水不仅有园林的优美，更重要的是兼有水利的成果，园东面的田野得到了充足的灌溉，并且提供了其他园林的用水。湖面经过开拓和改造，形成了山嵌水环之势，万寿山与昆明湖形成了北山南水的良好对位关系，万寿山如同水面托出的佛国仙山。以万寿山前山的大报恩延寿寺为中心的南北轴线控制了全园。而水面中形成治镜堂、藻鉴堂、南湖岛三个大岛，象征蓬莱、方丈、瀛洲三神山，形成典型的"一池三山"的传统理水格局。到乾隆二十九年，清漪园园工完成。万寿山东西长约 1000 米，山顶高出地面 60 米。昆明湖南北长 1930 米，东西宽 1600 米，西北端收束为河道，绕接万寿山北麓的后湖，南端收束于绣绮桥，连接长河。湖中西部有一条纵贯南北的长堤——西堤，东有横向的南湖岛十七孔桥，湖中有三大岛（治镜堂、藻鉴堂、南湖岛）和三小岛（小西泠、知春亭、凤凰墩）。东望，一片沃野平畴，西望，玉泉山玉峰塔风神秀丽，更远处西山脉脉，园内之景和园外之景融为一体，气魄宏大，构图精妙，艺术价值十分突出。除了有昆明湖中央宏大开阔的水面，并以东岸的铜牛和西北部的耕织图隔湖以象征天汉外，清漪园中还有各种形态的水体。西堤一带烟柳画桥连缀的如江南水乡的小型水面，西北部的河道，北部时收时放的带状水体带来多变的空间，清琴峡的溪流瀑布，谐趣园的曲水游廊庭院等，水体景观丰富多彩。

　　1961 年 3 月 4 日，颐和园被公布为第一批全国重点文物保护单位。1998 年 12 月 2 日，颐和园以其丰厚的历史文化积淀，优美的自然山水园林景观，卓越的保护管理工作被联合国教科文组织列入世界遗产名录。

2. 苏州古典园林

　　没有任何地方比历史名城苏州的九大园林更能体现中国古典园林设计"咫尺之内再造乾坤"的理想。苏州园林被公认是实现这一设计思想的杰作。这些建造于 11 ~ 19 世纪的园林，以其精雕细琢的设计，折射出中国文化取法自然而又超越自然的深邃意境。——世界遗产委员会对苏州古典园林的评价。

　　地处江南水乡的苏州，素来以山水秀丽、园林典雅而闻名天下，有"江南园林甲天下，苏州园林甲江南"的美称。苏州古典园林的历史可上溯至公元前 6 世纪春秋时吴王的园囿，私家园林最早见于记载的是东晋（4 世纪）的辟疆园。苏州的私家园林遍布古城内外，16 ~ 18 世纪全盛时期，苏州城内有大小园林近 200 余处，现在保存尚好的有数十处。其中沧浪亭、狮子林、拙政园和留园分别代表着宋（公元 960 ~ 1278 年）、元（公元 1271 ~ 1368 年）、明（公元 1368 ~ 1644 年）、清（公元 1644 ~ 1911 年）四个朝代的艺术风格，被称为苏州"四大名园"。1997 年，这四大名园作为苏州古典私家园林的典范被列入世界文化遗产名录。2000 年，网师园、环秀山庄、艺圃、耦园、退思园五座园林，由于其突出普遍价值，亦被列入世界文化遗产名录。

　　苏州私家园林以诗情画意入园，是文人写意山水园的典范，在城市中营造"咫尺山林"，构建梦中的"山水"，表达的是内心对自然的向往。

　　拙政园位于苏州娄门内的东北街，占地 62 亩，是苏州最大的一处园林。明正德年间（公元 1506 ~ 1521 年），由御史王献臣所建。后屡易其主，多次改建。现存园貌多为清末时所形成。拙政园布局以水为中心，池水面积约占总面积的五分之一，各种亭台轩榭多临水而筑。全园分东、中、西三个部分，中部是其主体和精华所在，占地 18 亩半，

图4-3　拙政园小飞虹（摄影：曹新）

水面约占三分之一。远香堂是中园的主体建筑，玉兰堂、香洲、小沧浪、海棠春坞等，较集中地分布在园南靠近住宅的一侧，而北部则以山池林木为主，亭廊楼榭辅之。远香堂南筑有黄石假山，山上配置林木，作为住宅入园的屏障和过渡。堂北临水，水池中以土石垒成东西两山，两山之间间隔溪桥，两山将水面大致分为南北两部。西山上有"雪香云蔚亭"，东山上有"待霜亭"，形成对景。西山西面水中小洲，置"荷风四面亭"，连接四面之水，风光无限。园西北山石林木交织，经柳荫路曲登见山楼，向西则进入别有洞天。水体南部为主体水面，开朗疏阔，与东西两园连通，北部水面呈带状，较为幽静。而小飞虹（图4-3）、小沧浪、远香堂南院、玲珑馆的水体更为曲折，幽深清雅。进入"别有洞天门"即可到达西园。西园的主体建筑是十八曼陀罗花馆和卅六鸳鸯馆。两馆共一厅，内部一分为二，北厅原是园主宴会、听戏、顾曲之处，在笙箫管弦之中观鸳鸯戏水，是以"鸳鸯馆"名之，南厅植有山茶花，即曼陀罗花，故称之以"曼陀罗花馆"。西园水面较小，往西南和东北各伸出一支，尤以北支东侧水廊临波曲折，高下错落，映水光树影，是最佳的水廊典范（图4-4）。

图4-4   拙政园西园水廊（摄影：曹新）

拙政园布局以水为主，有开阔处，有曲折处，水面形态变化多端，而廊榭花木与山水的结合更显空间的多变，于明朗自然中蕴含丰富的内涵，充分展示了古典园林丰富的艺术创造手法，具有极高的艺术价值和文化价值。

3. 承德避暑山庄

建筑风格各异的庙宇和皇家园林同周围的湖泊、牧场和森林巧妙地融为一体。避暑山庄不仅具有极高的美学研究价值，而且还保留着中国封建社会发展末期的罕见历史遗迹。——世界遗产委员会对承德避暑山庄的评价

承德避暑山庄，又称"热河行宫"，坐落于河北省承德市中心以北的狭长谷地上，占地面积584公顷。避暑山庄始建于清康熙四十二年（公元1703年），雍正时代一度暂停营建，清乾隆六年（1741年）到乾隆五十七年（1792年）又继续修建，增加了乾隆三十六景和山庄外的外八庙。整个避暑山庄的营建历时近90年。康熙以四个字命名的三十六景和乾隆以三个字命名的三十六景最为著名，合称"避暑山庄七十二景"。

避暑山庄集南方园林之秀和塞北风光之雄，主要分为宫殿区和苑园区两部分，前宫后苑。苑园区又分湖泊区、平原区和山岳区。西北山岳区、东南湖泊区、北部平原区，整体布局取意类似中国的地貌缩影。宫殿区以北为湖泊区，展现了江南的景观。平原区位于湖泊区以北，乾隆帝常在这里召见各少数民族政教首领，举行野宴。平原区的西部和北部是山岳区，约占避暑山庄总面积的五分之四，属燕山余脉风云岭山系。自北而南有松云峡、梨树峪、松林峪、榛子峪等四条大的峡谷。峻峭的山峰好似天然屏障，阻挡

了西北寒风的侵袭，调节了山庄的气候。

湖泊区面积大约 43 公顷，虽然所占比例不到总面积的十分之一，然而却是山庄的精华所在，所谓"山庄胜处，政在一湖"。北面狮子沟和东面武烈河来的水是避暑山庄的主要水源，汇聚后于宫墙的东北隅设"暖流喧波"一景，利用水的落差创造景观，流水激荡，微波喧然。而半月湖继而承接了北面和西面的山谷水瀑和径流，往南收束为河，到松云峡和梨树峪又扩大为狭长的长湖，分东西夹长岛南流，如江河之冲积三角洲的形态。到南端水面扩大为内湖，与如意湖交接处，又筑一岛加以收束，形成"双湖夹镜"之景。如意湖中自宫廷区万壑松风的岸边伸出曲折之堤，名"芝径云堤"，"逶迤曲折，径分三枝"，连接湖中大小三个岛，"若芝英，若云朵，复若如意"，造型十分优美，堤与湖平，四周杨柳荷花，亭台廊榭，目不暇接，这一部分形成了湖区的核心，是堤岛巧妙组景的典型代表，十分佳妙（图 4-74）。连接的大岛为如意洲，次为月色江声，中间的小洲为采菱渡，如意洲占据了重心。湖中岛屿最大的如意洲 4 公顷，最小的仅 0.4 公顷。堤与岛的结合将如意湖划分为几个意趣各异的水面，丰富了景观层次。北部澄湖和西部如意湖是较大的两个水面，小一些的有上湖、下湖、镜湖、银湖，形态各异。最后湖水由银湖南端静静流出宫墙，复归武烈河而南流。

避暑山庄的理水利用自然之河水、泉水加以艺术的整理、加工和营造，有着丰富的湿地形态，开合聚散、大小曲直，对比巧妙，洲岛堤桥、宫苑建筑、山石花木与水体精心结合，创造出步移景异、动静咸宜的塞上江南风光。

4. 万园之园——圆明园

圆明园规模之宏敞，丘壑之幽深，风土草木之清佳，高楼邃室之具备，亦可称观止。天宝地灵之区，帝王豫游之地无以逾此（乾隆《圆明园后记》）。

圆明园不但是一个绝无仅有、举世无双的杰作，而且堪称梦幻艺术之崇高典范——如果梦幻可以有典范的话（雨果《致巴特勒上尉的一封信》）。

圆明园先后经历了康熙、雍正、乾隆、嘉庆、道光、咸丰六朝，自 1707 年始，经过 150 余年的营建，形成圆明、长春、绮春三园，合称为圆明园。其总平面呈倒"品"字形，占地约 350 公顷，南北宽约 2 公里，东西长约 3 公里，周长约 10 公里。后于 1860 年遭英法联军大肆劫掠焚毁，沦为一片废墟，随后又长期遭到土匪、军阀、私民等破坏和盗窃，导致遗珍尽散，名园湮没。

圆明园是我国写意山水园营造的巅峰之作，是平地造园的集大成作品。圆明园的实物遗存除了各景点的遗址外，最有价值的就是现今仍较为完整的山形水系，这是圆明园保护的重要部分[73]。

圆明园因借自然低洼地势，挖湖堆山，创造了变化丰富、风格多样、往复无穷而又整体统一的山水空间。园内山的高度虽绝大多数在 10 米以下，但连绵不绝，气势逼真，并成为划分园林景观空间的重要介质。园中以水景为主题，水面占总面积的三分之一以上。圆明园的整体景观意象为烟水迷离、萦回变幻的江南风光。圆明园体现出中国园林显著而典型的空间的流动美感，"是'俯仰自得'的节奏化、音乐化了的中国人的宇宙感""是饮吸无穷于自我之中""是一个充满音乐情趣的宇宙""是潆洄委曲，绸缪往复，遥望着一个目标的行程(道)"[68]。

圆明园的掇山理水是写意山水园空间营造的典型代表。它包含各种丰富多变的类型。不同类型的山水空间,与园中园的造景特点和功能需求相结合,形成了丰富的景观和空间感受。而从全局看,圆明园的山水空间又形成了一个气脉贯通的整体[75]。

圆明园的水体形态变化极其丰富,水面宽度从几米到五百多米,宽窄不同,大小不一,泉瀑池潭、溪河湖海,形态各异。

而山体形态,峰、峦、岭、岗、阜、洲、岛、渚、堤,各种具备。整体脉络为发于西北部的紫碧山房处的最高峰,而其源来自于太行余脉之西山,此峰以象征昆仑,其他各峰象征发展于神州的各条山脉,展于全园。

圆明园的水源主要来自万泉河引来的玉泉山、香山的泉水和山水,以及黑龙潭边小清河引来阳台山、凤凰岭一带泉水和山水。圆明园择址和布局体现出勘舆学的理论和创造环境的手法。山水脉络,因地制宜,蓝本神州,整体统一,又在其中创造出多样变化、往复无穷的局部空间。圆明三园123处景点,其中圆明园景点69处,长春园24处,绮春园30处,形成了众多的园中园,是集景式园林的代表,圆明园四十景是这些众多园中园的精华,沈源、唐岱二人奉命绘成彩色绢本《圆明园四十景图》,乾隆为每一景题诗。圆明园是"山水为骨、画意入园"的典范。集中体现了中国文人写意山水园的创作理念,并凸显出皇家造园的典型特征。以自然之理,得自然之趣,营造出步移景异、气象

图4-5   圆明园四十景图——濂溪乐处(清·沈源、唐岱)

万千的园林景观。自然与艺术结合，包涵深邃的文化底蕴。具有极高的艺术、文化、历史价值。

圆明园以九州清晏为重心，九个岛象征华夏九州，南部正大光明，左右分别为勤政亲贤和长春仙馆，西面有万方安和与十三所，东面有曲院风荷和洞天深处。西北部鸿慈永祜（安佑宫）为祭祀皇家先祖的家庙，日天琳宇、月地云居，为佛教建筑。武陵春色与濂溪乐处（图4-5）、汇芳书院等，体现出文人的情怀和志趣。多稼如云，柳浪闻莺，水木明瑟，映水兰香，澹泊宁静，形成了田园风光为主的景观，中夹文渊阁（藏书楼），水系婉转而过，阡陌平畴，一展各色田园之趣。往东舍卫城为佛教建筑，买卖街呈现宫廷街市之景。东部的福海象征大海，环绕十洲，中为三岛"蓬岛瑶台"，整体象征道教"十洲三岛"的仙境系统；东北角有"方壶胜境（图4-6）"，亦象征道教的神仙境界。北部紫碧山房—鱼跃鸢飞—北远山村—天宇空明一带，水系时收时放，潆曲回环，形成连续不断、变化多端的河流型带状空间。

图4-6　圆明园四十景图——方壶胜境（清·沈源、唐岱）

长春园的规划和建设更具整体性，不再是分为几块、逐渐添加的过程，而其整体特征十分明显。长春园整体近似方形，岛堤划分中间的大水面为若干水域。长春园以中央大岛含经堂这一归政娱乐之所为中心，其东面东玉玲珑馆、映清斋，西面思永斋、海岳开襟，呈不完全对称，其中海岳开襟象征海市蜃楼之景。在外围临水还分布着茜园、如园、鉴园、狮子林、泽兰堂等几个小的园中园，以及北部的宝相寺、法慧寺等佛教景点。长春园的北端景区"西洋楼",用山丘与园中占总面积绝大多数的中式园林隔开,营造了辉煌的巴洛克园林景观,并形成了三组大型喷泉,这一景区也是被焚毁劫掠后留存最多的遗址。

长春园较之圆明园的水体空间更为疏朗,呈现大海大河的象征意味。而小面积的水体如池塘、假山跌水,以及北侧西洋楼更有各种喷泉涌现,水体形态十分丰富完整。

绮春园是后来将几个小的园林连缀而成,布局较为自由、灵活,水体大小开合,十分富于自然之趣。其中的春泽斋、清夏斋、涵秋馆、生冬室,这四景是四季景观的集中体现。绮春园的水体依然与其他二园联络贯通,在园中周流回环,水体形态变化多端。

圆明园以山水为骨,画意入园,营造艺术的山水空间,巧妙布局园居建筑、点景建筑和观景建筑,精心配置树木花卉,创造出一系列丰富多彩、性格各异的园林空间,形成了众多的园中园和景点,而整体又非常统一、连贯,一气呵成如行云流水般,同时园林景观感觉往复无穷,意境相当丰富,"真目不给赏,情不周玩也"(乾隆)。

二、湿地与名楼

楼阁在中国古代建筑中,是一种极具艺术感染力的多层建筑。它们体量高大、华美壮观,或跻身宫苑之内,架空百尺;或居于市井之中,巍峨矗构;或傍依岩壁之侧,突兀层崖;或莅临江渚之畔,俯峙山川。其造型之精、结构之巧,展示了木构建筑艺术和建筑技术的高超成就,令人叹为观止。其遏云蔽月的壮丽之姿,又常常让人产生"可上九天揽日月"之遐想,蕴涵着古人向高空发展的通天愿望[74]。

源于东汉时期的中国古代楼阁建筑到明清时期进入繁荣发展期,历时将近两千年,虽然与我国传统的木结构建筑发展历史相比,楼阁建筑的发展历史相对较短,但就楼阁建筑本身而论,它自身的发展又是相当复杂的。与一般的单层木构建筑不同,楼阁建筑的发展目的,是为了提供形体高大和高效实用的空间,形体与空间的有效结合是衡量楼阁建筑发展的最重要指标,这个指标对现代的先进结构与材料来说矛盾不大,但囿于古代的木构技术,形体与空间的平衡是经历了将近千年的缓慢进展而获得的。中国古代楼阁建筑在这缓慢的演变过程中呈现了一定的发展规律,这些规律从楼阁建筑的结构、形体、空间及社会性功能等方面显现出来[75]。

楼阁就建筑本身而言即有着重要的价值,而将视野展开,将楼阁与其所处的环境放到一起考虑,环境在以楼阁为中心的景观中也起着同样重要的作用。其中,在楼阁的历史演变中,水的陪衬则一直扮演着重要的作用。江河湖畔,位置显赫,若在此建筑楼阁,易产生强烈的艺术构图效果,"水平线条——无限延伸似与天际相接的广阔江湖平面"与"垂直线条——挺拔矗立的楼阁";"静态"的建筑与"动态"的江水,这既形成了构图规律中线条、态势之间鲜明的对比,又在整个大自然的三维空间里达到了恰如其分的和谐统一。"临江"楼阁不论是水平方向的视线还是垂直方向的视高,都不受视线遮挡,极目楚天,放眼潇湘,远眺赣水,"凭高而四观,景物之富固不乏矣"。人们登临览观于临江楼阁,不仅对周围的山川地貌、市肆街道之景观能一望无余,可以赏心悦目地观景,同时,建筑本身还具有"航标"的功能,游子从江上归航远望,远远便可以看见,顿时，思乡心切，情感滋生[76]。

　　建于公园 1374 年，坐落在南京城西北角的狮子山巅，濒临长江的阅江楼；建于公元 1682 年，面朝滇池的大观楼；建于公元 1826～1874 年，浙江嘉兴南湖湖心岛上的烟雨楼；建于公元 1889 年，位于成都市东门外九眼桥锦江南岸的望江楼……这些至今仍为人们所熟知的楼阁，多建在临水之地，人们凭高远眺，极目无穷。还有著名的"江南三大名楼"——建在长江边上的黄鹤楼、洞庭湖之畔的岳阳楼、赣江边上的滕王阁，正因有了这几经毁建的名楼，它们所凭借俯瞰的江湖之水，便摄入了其景观之中，使得身临其境者将那浩荡壮丽的江湖水景与自己的情感交织，寓情于景，情景交融。

1. 岳阳楼

先天下之忧而忧，

后天下之乐而乐。

——《岳阳楼记》范仲淹

　　岳阳楼位于湖南岳阳西门城头，紧靠洞庭湖畔，始建于三国东吴时期，自古有"洞庭天下水，岳阳天下楼"之誉，与湖北武汉黄鹤楼、江西南昌滕王阁并称为"江南三大名楼"。北宋范仲淹脍炙人口的《岳阳楼记》更使岳阳楼著称于世。

　　始建于公元 220 年前后的岳阳楼，其前身相传为三国时期东吴大将鲁肃的"阅军楼"，西晋南北朝时称"巴陵城楼"，唐代"巴陵城"已改称为"岳阳城"，"巴陵城楼"也随之称为"岳阳楼"了。千百年来，无数文人墨客在此登览胜境，凭栏抒怀，并记之于文，咏之于诗，形之于画，工艺美术家亦多以岳阳楼为题材刻画洞庭景物，使岳阳楼成为艺术创作中被反复描摹、久写不衰的一个主题。

　　岳阳楼在湖南岳阳洞庭湖东岸，登岳阳楼可浏览洞庭湖的湖光山色。洞庭湖是中国第二大淡水湖，古称"云梦泽"，面积 2820 平方公里。洞庭湖南纳湘、资、沅、澧四水汇入，北由东面的岳阳城陵矶注入长江，号称"八百里洞庭"。位于洞庭湖中被道书列为天下第十一福地的君山原名"洞庭山"，洞庭湖也由此得名，洞庭湖浩瀚迂回，山峦突兀，其最大的特点便是湖外有湖，湖中有山，渔帆点点，芦叶青青，水天一色。春秋四时之景不同，一日之中变化万千。宋代形成的"潇湘八景"中瑰丽的"洞庭秋月"至今都是洞庭湖的写照。因泥沙淤积，洞庭湖现已分割为东洞庭湖、南洞庭湖和西洞庭湖三个部分。岳阳楼所在的东洞庭湖，总面积约 19 万公顷。1982 年，湖南省人民政府批准建立了东洞庭湖自然保护区，核心区面积 2.9 万公顷，缓冲区面积 3.64 万公顷，实验区面积 12.46 万公顷。1994 年经国务院批准升格为国家级自然保护区。1992 年列入国际重要湿地名录。南洞庭湖湿地和水禽自然保护区以及西洞庭湖自然保护区也于 2002 年被列入国际重要湿地名录。

　　前瞰洞庭，背枕金鹗，遥对君山，南望湖南四水，北瞰万里长江。它虽在湖南省的北部，但正当中国中部，挨长江、伴洞庭，于洞庭湖居其口，于长江居其中。因岳州地处南北通途，又有楼台胜景，"迁客骚人，多会于此"。张九龄、孟浩然、贾至、李白、杜甫、韩愈、刘禹锡、白居易、李商隐等风邀云集，接踵而来，留下许多语工意新的名篇佳作。杜甫的《登岳阳楼》"昔闻洞庭水，今上岳阳楼。吴楚东南坼，乾坤日夜浮。亲朋无一字，老病有孤舟。戎马关山北，凭轩涕泗流。"——实为千秋绝唱，不愧古今"登楼第一诗"的美誉。而在震古烁今的《岳阳楼记》中，范仲淹以"笼天地于形中，挫万物于笔端"的雄才，给壮丽多姿的景观注入精神，使人们在赏湖观山之余备受教益。"不以物喜，不以己悲""先天下之忧而忧，后天下之乐而乐"，集孔孟思想之精髓，塑造出一个中国人心目中真醇完美的人格，为我中华精神文明之绝句，古往今来世代崇尚不已。"'先天下之忧而忧，后天下之乐而乐'，虽圣人复起，不易斯言""一言可以终生行之者欤"一代文豪苏轼也发出了如此赞叹。

岳阳楼多灾多难，历史上可考之重修达 32 次之多，其中以张说、滕子京重修为最。滕子京重修的岳阳楼，在明崇祯十一年（公元 1639 年）毁于战火，翌年重修。清代多次进行修缮。清光绪六年（公元 1880 年），知府张德容对岳阳楼进行了一次大规模的整修，将楼址内迁 6 丈有余[77]。

岳阳楼在 1700 余年的历史中屡修屡毁又屡毁屡修。几经风雨沧桑，每次重修后，"则层檐冰阁，炎颂于其上，文人才士登眺而徘徊"；圮毁之时，"则波巨浪，冲击于其下，迁客骚人矫首而太息"。至民国末年，楼身已经破旧不堪。

现在的岳阳楼为 1983～1984 年根据晚清原物风貌重修，1984 年 5 月 1 日，岳阳楼大修竣工并对外开放，修复后的岳阳楼保存了清朝的规模、式样和大部分的建筑构件。

岳阳楼的建筑构制独特，风格奇异。其气势之壮阔，构制之雄伟，堪称江南三大名楼之首。岳阳楼也是江南三大名楼中唯一一座仍保持原貌的古建筑，可见其建筑艺术价值之高。岳阳楼坐东向西，面临洞庭湖，遥见君山。岳阳楼为四柱三层、飞檐、盔顶、纯木结构，楼中四柱高耸，楼顶檐牙啄，金碧辉煌，远看恰似一只凌空欲飞的鲲鹏。全楼高达 25.35 米，平面呈长方形，宽 17.2 米，进深 15.6 米，占地 251 平方米。岳阳楼正面三间，周围廊，三层三檐，通高近 20 米。屋顶为四坡盔顶，屋面上凸下凹，为中国现存最大盔顶建筑，覆黄琉璃瓦，翼角高翘。楼前两侧左右与楼"品"字并列，有三醉亭和仙梅亭作为陪衬。

岳阳楼于 1988 年 1 月被国务院确定为全国重点文物保护单位。

2. 黄鹤楼

<blockquote>
昔人已乘黄鹤去，
此地空余黄鹤楼。
黄鹤一去不复返，
白云千载空悠悠。
</blockquote>

——《黄鹤楼》崔颢

黄鹤楼，这座被冠以"天下江山第一楼"美誉的楼阁，位于湖北武汉武昌长江南岸蛇山峰岭之上。最初以军事瞭望台始建于三国，唐代时因诗人崔颢这一句"昔人已乘黄鹤去，此地空余黄鹤楼"而名声始盛。现今的黄鹤楼坐落在海拔高度 61.7 米的蛇山顶，以清代"同治楼"为原型设计，楼高 5 层，总高度 51.4 米，建筑面积 3219 平方米，72 根圆柱拔地而起，雄浑稳健；60 个翘角凌空舒展，恰似黄鹤腾飞。楼的屋面用 10 多万块黄色琉璃瓦覆盖。在蓝天白云的映衬下，黄鹤楼色彩绚丽[78]。

黄鹤楼原址位于湖北省武昌蛇山黄鹤矶头，"城西临大江，江南角因矶为楼，名黄鹤楼"，于三国时代东吴黄武二年（公元223年），在形势险要的夏口城（即今天的武昌城）西南面朝长江处作为军事瞭望台建造而成。晋灭东吴以后，三国归于一统，该楼在失去其军事价值的同时，随着江夏城地发展，逐步演变成为官商行旅"游必于是""宴必于是"的观赏楼[79]。唐代黄鹤楼已具规模，然而兵火频繁，黄鹤楼屡建屡废，仅在明清两代，就被毁7次，重建和维修了10次。最后一座建于同治七年（公元1868年），毁于光绪十年（公元1884年）。遗址上只剩下清代黄鹤楼毁灭后唯一遗留下来的一个黄鹤楼铜铸楼顶。

冲决巴山群峰，接纳潇湘云水，浩荡长江在三楚腹地与其最长支流汉水交汇，造就了武汉隔两江立三镇而互峙的伟姿。这里地处江汉平原东缘，鄂东南丘陵余脉起伏于平野湖沼之间，在蛇山上俯瞰江上舟楫如织，黄鹤楼天造地设于斯，历代文人墨客到此游览，留下不少脍炙人口的诗篇。

现今的黄鹤楼于1981年开始重建，1985年落成开放，以主楼为中心形成了黄鹤楼公园，成为中外游客来武汉旅游的必到之处，是国家旅游局评定的"中国旅游胜地四十佳"之一，武汉市首家AAAAA级景点，享有"天下绝景"之称。

3. 滕王阁

落霞与孤鹜齐飞，

秋水共长天一色。

——《秋日登洪府滕王阁饯别序》王勃

滕王阁位于江西省南昌市赣江东岸，赣江与抚河故道的汇合处，始建于唐朝永徽四年，因唐太宗李世民之弟——李元婴始建而得名。上元二年（公元675年）洪州都督阎公重修此阁，王勃写成《秋日登洪府滕王阁饯别序》，因"落霞与孤鹜齐飞，秋水共长天一色"而流芳后世。

滕王阁面临的赣江为长江主要支流之一，是江西省最大河流，到南昌市注入鄱阳湖，后泄入长江，长758公里，流域面积81600平方公里。赣州以上为上游，山地纵横，支流众多。赣州至新干为中游，亦多山地峡谷。新干以下为下游，山势渐退，江面逐渐开阔，水流平缓。滕王阁所在的南昌市即位于赣江的下游，下游开阔平缓的江面与雄踞江岸的滕王阁建筑交相呼应，形成了人工建筑融于自然的美景。

自唐至清，滕王阁在历史上的兴废更迭达29次之多，现今的滕王阁为1986年以后在原址陆续重建，楼阁和园林共占地面积约60000平方米。今滕王阁主体建筑为宋式仿木结构，突出背城临江、瑰伟绝特的气势，共9层，净高57.5米，建筑面积13000平方米。这是根据古建筑大师梁思成1942年所绘草图，并参照"天籁阁"所藏宋画《滕王阁》以及宋代《营造法式》建筑而成。2001年元月滕王阁核准为首批国家AAAA级旅游景区，2004年被评为国家重点风景名胜区。

三、湿地与桥梁

世界文明发展史表明，城市的文明与发展往往与"水"这一元素紧密相连，人们沿河而居，城镇滨河而建，河流给人们的生活带来了丰富的资源，为社会的发展奠定了基础。然而，河流也成为两岸交流的天然阻挡，因此临水而居就产生了"桥梁"——这个沟通两岸必要的构造物，这也是人们依赖湿地、作用于湿地的产物[80]。

茅以升先生说，早在人类历史以前，就出现了三种桥：一是植于河边的大树，被风吹倒，恰巧横跨于河上，形成现代所谓的"梁桥"，"梁桥"一词中的"梁"就是指跨越的横杆；二是两山间有瀑布，中为石脊所阻，水穿石隙成孔，渐渐扩大，孔上的石层被水打磨成圆形，形成现代所谓的"拱桥"，"拱"则是指弯曲的梁；第三种桥为一群猴子过河，第一个先上树，第二个上去抱住它，第三个又去抱住第二个，如此一个个上去连成一长串，将地上猴子甩过河，让尾巴上的猴子，抱住对岸一棵树，这就成为一串"猿桥"，形式上就是现代所谓"悬桥"。这里的"梁桥""拱桥""悬桥"是桥的三种基本类型，当今所有千变万化的各种形式，都是由此变化而来。人们与河流相互作用获得的实践知识，促进了现代桥梁的发展和现代文明的进步[81]。

我国最早的桥在文字上的记载叫做"梁"，并非现在所说的"桥"。《诗经》中"亲迎于渭，造舟为梁"，这里的"梁"，就是浮桥，是用船编成的，上面可以行车。这样说来，在历史记载上，我国最早的桥，就是浮桥。

桥梁的不同类型和形态常常是在特定的环境下产生的。桥梁与环境的融合与桥梁本身的技术艺术之美有着同样重要的地位。若于峻岭深谷，宜修栈道、造索桥，与野趣的环境相适应；若是林木茂盛的地方，木材丰富，则修木桥；湍急的河道处宜造敦厚的石桥，以抵抗河水的冲击；水系密布的地区可修薄墩拱桥，轻盈而不失美观。由此看来，在桥梁设计修建的过程中，对环境的考虑是其中重要的环节。人工建筑与自然环境之间有着"显隐"的关系。隐，即消失在环境之中；显，即突出于环境之上。中国古代的众多桥梁，一存在就不求显而自显，日处其间，熟视无睹，不求隐而自隐[82]。

江山壮美，桥梁自求雄伟；风景幽邃，桥梁自求静穆。古代中国，天子脚下，道路宽阔，城市繁华，桥梁不妨求其华饰；而于人迹稀少，郊远幽僻处，桥梁自然求其野趣。中国的匠人们身怀绝技而又富有创造力，因而有很多美丽的桥留存于各地，甚至有很多古代桥梁至今还在被人们使用。这些桥梁或因其建造技艺，或因其艺术美感，或因其相关的历史事件、文学艺术而为人们熟知和记忆。

回顾我国过去数千年的历史，在科学技术上盛极一时，桥梁的建造技艺就是其中重要的一个方面。我国有许多桥梁，其技术在当时是大大超过世界水平的。首先要提到的是赵州桥，这座在一千多年前的隋代建造的石拱桥，直到现在仍可以使用。福建泉州的洛阳桥（又名万安桥）于宋代建于洛阳江水流湍急、波涛汹涌的入海口处，这样一座长834米，有47个桥孔的石梁桥实是划时代的巨大贡献。广东潮州的广济桥（又名湘子桥），东西两段，皆石墩石梁，中段却是由18只木船组成的浮桥，浮桥可以解缆移动，让出河道以通航，是为技术上的创举。

桥梁与水联系紧密，无论是广阔的水面或是山水相依的景象里，桥已成为这个画面的一部分，不仅桥本身具有技术与艺术高度统一的美感，也要与其所处的环境相宜，为自然风光添色。因其本身的艺术特色而著名的桥梁数量众多：江苏苏州的宝带桥，是座连拱石桥，共 53 孔，全桥构造复杂，而又结构轻盈，奇巧多姿，堪称"长虹卧波，鳌背连云"；北京颐和园的玉带桥，桥拱高耸，玲珑而又不失庄重，大为湖山生色。

与历史事件相关的桥梁也不在少数，如泸定桥、卢沟桥、阴平桥等。与文学艺术相关的灞桥、枫桥、《清明上河图》中的虹桥也为大众所熟知。

关于我国古代桥梁"十大名桥"之说，囊括不同类型，具有技术、艺术上不同特征的古代名桥：

卢沟桥位于北京西南，建于 1189 年，为联拱石桥，长约 265 米，每个柱子上都雕刻着形态各异的狮子；

广济桥又名湘子桥，位于广东潮州东门外，是我国古代一座交通、商用综合性桥梁，也是世界上第一座开关活动式大石桥，有"一里长桥一里市"之说；

五亭桥位于扬州瘦西湖内，是个十字交叉的飞梁桥，在中心广场和东南西北的 4 个翼桥上，各有一亭，桥下正侧面共有 15 个桥孔，月满时分，每孔各衔一月，蔚为奇观；

安平桥位于福建晋江安海镇，桥面由 7 条大石板铺成，桥头有六角五层砖构宋塔一座，为中国古代最大的梁式石桥，桥长五里，有"天下无桥长此桥"之誉；

赵州桥位于河北赵县，是一座单孔石拱桥，于一千多年前的隋代所建造，是世界上现存最早、保存最好的巨大石拱桥；

风雨桥位于广西三江县程阳村边林溪河上，为石墩木面瓦顶结构，桥上建塔形楼亭5 座，可避风雨，整座桥梁不用一根铁钉，精致牢固；

铁索桥位于四川泸定县的大渡河上，全长 136 米，由 13 根碗口粗的铁链系在两岸的悬崖峭壁上；

五音桥位于河北东陵顺治帝孝陵神道上，桥面两侧装有方解石栏板 126 块，敲击能发出奇妙的声音；

玉带桥位于北京颐和园，用白石建成，拱圈为蛋尖形，桥面呈双向反曲，桥身用汉白玉雕砌，两侧则有雕刻精美的白色栏板和望柱；

十字桥位于山西太原市晋祠内，桥梁为十字形，中心为 6 米见方的广场，东西向和南北向的两头各有挑出的"翼桥"，形成两桥交叉的形态，整齐秀雅，富丽堂皇。

我国古代桥梁最具代表性的"四大名桥"，为赵州桥、卢沟桥、广济桥、洛阳桥。赵州桥悠久的历史与其精妙的结构；卢沟桥数不清的狮子与"卢沟晓月"的美景；广济桥对于梁桥、拱桥、浮桥的完美组合；洛阳桥在对建造技术的突破——这四座古桥可被视为中国古代桥梁的缩影，技术、艺术、历史、文化在这四座古桥上都得到了充分的体现，下面将具体介绍这四座古代桥梁。

1. 赵州桥

赵州桥距今已有约 1400 年的历史，是当今世界上现存最早、保存最完善的古代敞肩石拱桥，也是建成后一直使用到现在的最古老的石桥。

赵州桥又称安济桥（宋哲宗赐名，意为"安渡济民"），在河北省省会石家庄东南约40 多公里的赵县，它横跨洨水南北两岸，建于隋朝大业元年至十一年（公元 605～616年），由匠师李春监造。

全桥长 50.82 米，跨径 37.02 米，券高 7.23 米，两端宽 9.6 米。全桥只有一个大拱，大拱又由 28 道拱圈拼成，每道拱圈独立承重，即使其中一道出现损坏对其他部分也不产生影响。在大拱两肩各设有两个跨度不等的小拱，即敞肩拱，这是世界造桥史的一个创举，这个创造性的设计既减轻了桥身自重，节省材料，在河水暴涨时还可以增加桥洞的过水量，减少洪水对桥身的冲击。除了技术上的非凡，赵州桥整体造型匀称美观，桥上石栏石板这样的细节也经过了精心雕刻。其设计构思和工艺的精巧，不仅在我国古桥是首屈一指，对比世界桥梁，像这样的敞肩拱桥，欧洲到 19 世纪中期才出现，比我国晚了 1200 多年。

唐玄宗开元年间的宰相张嘉贞在为赵州桥整修所写的《安济桥铭序》中说道："制造奇特，人不知其所以为"。唐朝文学家张鷟也赞叹赵州桥"望之如初月出云，长虹饮涧"。

现在的赵州桥于 1955 年经过了大规模的整修和加固，仍然被人们所使用。1961 年 3 月 4 日中国国务院公布赵州桥为全国第一批重点文物保护单位之一；1991 年美国土木工程师学会选定其为世界第十二处"国际土木工程历史古迹"，并在桥北端东侧建造了"国际历史土木工程古迹"铜牌纪念碑。

2. 卢沟桥

卢沟桥位于北京市西南约 15 公里丰台区永定河上，是北京市现存最古老的厚墩厚拱半圆形连拱石拱桥。意大利旅行家马可·波罗在他的游记中称赞"它是世界上最好的、独一无二的桥"。

永定河旧称"卢沟河"，桥亦以卢沟命名。永定河流域夏季多暴雨、洪水，冬春旱严重。上游黄土高原森林覆盖率低，水土流失严重，河水混浊，泥沙淤积，日久形成"地上河"，河床经常变动。其善淤、善决、善徙的特征与黄河相似，故有"小黄河"和"浑河"之称。因迁徙无常，又称"无定河"。清康熙三十七年（公元 1698）大规模整修平原地区河道后，始改今名。

卢沟桥始建于金大定二十九年（公元 1189 年），经过元、明、清三代的多次修整逐渐形成如今所见的卢沟桥。

桥全长 266.5 米，宽 7.5 米，下分十一个桥孔。每个桥孔均呈圆拱形，每个桥墩左右各有一拱，前一拱的结束就是下一拱的开始，于是原本由一拱承担的载重，通过桥墩由全桥承担，将十一个拱连为整体，提升了单个拱的承重能力。卢沟桥上的附属建筑，如金代所建的"东西廊"、元代所建的"过街塔"，如今已经不复存在，但清代的"碑亭"和享誉中外的石栏狮柱依然保存完好。石栏柱头的石狮是卢沟桥重要的艺术表现，每根柱头上都有雕工精巧、神态各异的石狮，或静卧，或嬉戏，或张牙舞爪，更有许多小狮子，或爬在雄狮背上，或偎在母狮膝下，千姿百态，数之不尽[83]。以致民间有歇后语云："卢沟桥的石狮子——数不清"。

金代的"燕山八景"其中之一就有"卢沟晓月"；至元代"卢沟桥畔有符氏雅集亭"，桥旁设有名为"雅集"的亭子，可见文酒雅集之胜；而到了明清两代，"卢沟晓月"一景更为人熟知，桥东的碑亭内立有清乾隆题"卢沟晓月"汉白玉碑，即为"燕京八景"之一。而看晓月要在黎明时分，站在古桥上，凭栏远眺，西山叠翠，月色妩媚。

卢沟桥又是一座与历史紧密相关的古桥。《元史》记载："天历初，上都兵入紫荆关，游兵逼都城南，大都兵与之战于卢沟桥，败之"，《明史》："建文中，李景隆谋攻北平，燕将请守卢沟桥以御之"。1937年7月7日，卢沟桥畔响起了第一声抗日炮声，日本帝国主义在此发动全面侵华战争，我守军由此上桥，抗击日本帝国主义的侵略，史称"卢沟桥事变"（亦称"七七事变"）。

3. 广济桥

创建于宋代的广济桥位于广东潮州市东面韩江上，距今约800年，旧名"济川桥"，通常称为"湘子桥"。这座集梁桥、拱桥、浮桥于一体的桥梁，是我国桥梁史上的孤例。

现代桥梁专家茅以升先生和罗英先生都对这座桥独特的结构高度赞扬，茅以升先生把广济桥列为中国五座"在我国历史上都曾发挥过巨大作用，在科学技术上都有过重要贡献的古桥"之一，誉之为"我国桥梁史上的一个特例"。罗英先生言其为"我国唯一特殊构造的开关活动式大石桥"。广济桥不仅结构独特，装饰也非常精美，历来有"江南第一桥"的美称，被列为第三批全国重点文物保护单位。

广济桥所在的韩江为东支汀江、西支海江两大支流汇成的巨川，是重要的水运航道，因此往来于韩江的船舶数量多，同时韩江水流量变化大、水流湍急，如何解决桥梁与这些条件的关系是技术上的关键。

潮州广济桥由东西二段石梁桥和中间一段浮桥组合而成。西段于宋代乾道六年（公元1170年）开始动工，历时57年建成；东段于宋代绍熙元年（公元1190年）开始建造，历时16年。后经过多次扩建、修整等变动，现存桥墩二十座，其中东桥有桥墩十二个和桥台一座，桥孔十二个；西桥共有七孔八墩。东西段石桥建成后，二者间仍有近百米宽的河道，"中流惊湍尤深，不可为墩，设舟二十四为浮梁"，东西两段之间以浮桥相连，平时闭合，方便行人过江；遇到大型船舶过桥或洪峰过境时，打开浮桥，大桥中间部分则成为一个巨大的通航口和排洪口。

广济桥启闭式的结构，创造了桥梁与河流的自然属性、桥梁与河流航运要求的完美组合；与桥梁结合的亭台楼阁，古朴而精致，充分地展现了中国传统建筑文化在潮汕地区的传承和发扬；古色古香的韵味与韩江两岸风光相映生辉，具有极高的桥梁美学价值，当为桥梁建筑之成功典范[84]。

4. 洛阳桥

我国现存年代最早的跨海梁式大石桥——洛阳桥，位于福建省泉州市东郊的洛阳江入海处，是世界桥梁筏形基础的开端。洛阳桥原名万安桥，于北宋皇祐五年至嘉祐四年（公元1053～1059年）由泉州太守蔡襄主持修造，为国家级重点文物保护单位。这座我国现存最早的跨海石桥，其"筏型基础""种蛎固基法"，是中国乃至世界造桥技术创举。

"洛阳潮声"为泉州十景之一。在桥头看"潮来直涌千寻雪，日落斜横百丈虹"，自是不寻常的景观。洛阳江的得名一说是唐宣宗即位时避居泉州，晋江县志对唐宣宗此行有这样的记载："微行，览山水胜概，有类吾洛阳之语"。洛阳江正位于入海口处，水阔五里，正当交通要道，北宋南渡后人口增加，经济发展，渡江之人愈多风险也愈大，因此对于桥梁的需求是迫切的。然而江流湍急，海涛汹涌，水面广阔，泥沙莫测，如何建桥是一个关键的问题。

时任泉州太守的蔡襄在洛阳桥建成后留下了这样的文字："泉州万安渡石桥，始造于皇佑五年四月庚寅，以嘉祐四年十二月辛未讫工。累趾于渊，酾水为四十七道，梁空以行，其长三千六百尺，广丈有五尺，翼以扶栏，如其长之数而两之。"这座建造耗时六年八个月，长3600尺，47孔，宽15尺的洛阳桥在建造过程中有着两个关键的步骤，一是"种蛎于础以为固"，二是利用潮水，浮运石梁。洛阳桥建造时，以大石块铺于江底作为桥基，但是水深流急，石块易在水流冲击下漂流入海，当时的石灰浆在水中也无法凝结，而洛阳江"盛产牡蛎，皆附石而生，初如拳石，四面伸展，渐长至一二丈，崭岩如山，俗呼蚝山"，于是在所抛石块上繁殖牡蛎，凝结成整体作为桥基。另外由于当时没有现代的起重设备，便利用海潮涨落的高低变化，涨潮时，将放有石梁的木排驶入两桥墩之间，待潮落，木排下降，石梁便落到了石墩上。这样建成的"筏形基础"是造桥技术上的创举。

洛阳桥有桥墩46座，桥长834米，宽7米。桥的两侧有500个石雕扶栏，28尊雕刻精美的石狮。桥的两侧建置石塔9座，用以镇风，桥上筑石亭7座。整座桥梁规模宏大，样式美观。洛阳桥建成后，工程艰苦浩大的桥体，与蔡襄的《万安桥记》，以及精美的石刻艺术，为世人瞩目。其中《万安桥记》碑因其文字精练、书法遒劲有力、刻工精致，被人们称为"三绝碑"。

四、湿地与庙观

"天下之多者水也，浮天载地，高下无所不至，万物无所不润。及其气流届石，精薄肤寸，不崇朝而泽合灵宇者，神莫与并矣。是以达者不能测其渊冲，而尽其鸿深也。"郦道元在《水经注·序》中对于水有这样一段描述。"水"与中国文化有着深刻的渊源，湿地文化也因此源远流长，在中国佛、道、儒三家文化中，便蕴含着丰富的"湿地"文化因子。

佛教崇尚出世的解脱，注重选择清静的修身之境。它结合中国传统的"仁者乐山，智者乐水"思想，因此隐居山水被认为是仁智之选；又融合老庄"无为"的思想，玄学家旷达放任、纯任自然的风尚。综观大部分佛寺，环境选址的总原则许多是"四灵兽"模式即"左有流水，谓之青龙。右有道，谓之白虎。前有汗池，谓之朱雀。后有丘陵，谓之玄武。为最贵地"。从风景园林学的观点分析，负阴抱阳、背山面水的空间有利于形成良好的生态环境和局部小气候，结合我国的地理状况来分析，背山可以阻挡冬季寒冷的西北风，面水可以改善局部小气候，迎接夏季南来的凉风，冬暖夏凉，且可以获得方便的生活灌溉用水，可谓是"风水宝地"。这些寺庙往往山环水绕，与自然融为一体，这与宗教文化也有着密切的关系的[85]。

佛教的"水"，水意为清、净。佛教远离尘嚣，不预世事，有更多的机会去思考生活的根本意义。水，启人灵思，发人玄想，自然在禅宗中打下深深的印迹。因此，水与佛教特别是禅宗的关系尤为密切[86]。

道教的"水"，水是至善的，老子说"上善若水"，老子认为，水善于滋润万物，却不与万物相争。人达到了上善的境界就应该和水一样，心怀博大，以柔克刚，谦和而又进取，无为无不为。

长江流域是历代宗教昌盛的地区。历代兴建的庙宇建筑和佛像雕塑，遍及大江上下，四川峨眉山、安徽九华山，是中国著名的佛教圣地；四川青城山、湖北武当山，则是道教圣地。金碧辉煌的寺观，重檐飞阁的殿宇，高耸于巍峨秀丽的高山峻岭之上，古木林海之间。

随着时光的流逝，历代兴建的寺庙，几经兴衰，至今仍保留一部分，镇江的金山寺，苏州的寒山寺，杭州的灵隐寺，四川乐山大佛等，依然展现它昔日的风姿。唐代修凿的中国最大的石佛——四川乐山大佛，迄今依然端坐在临江的凌云山上。江苏镇江金山寺所在的金山为南北走向的孤峰，寺庙于西麓依山而建，错落有致，以寺包山，广阔的江面与天空将建筑与山势清晰地显现出来，取得峰巅寺庙景观。

位于丛林中的寺庙的周边常有流出于山峡的溪涧，一般都是水草茂盛、溪上有树荫、溪中有砥石的自然水景，在落差大的地方甚至以瀑布的形式出现。南京灵谷寺志公殿钱溪涧两岸是数株高大乔木，岸边岩石缝隙藤灌丛生，形成一派自然湿地景观空间。

寺庙不仅多依山靠水掩映在丛林中，且多泉水。始建于西晋永嘉元年（公元307年）的潭柘寺，寺院初名"嘉福寺"，清代康熙皇帝赐名为"岫云寺"，但因寺院后山有两股丰盛的泉水，一眼名为龙泉，一眼名为泓泉，两股泉水在后山的龙潭汇合继而南流，且山上有柘树，故民间一直称为"潭柘寺"。灵隐寺飞来峰西麓，天王殿外一线天前，有冷泉掩映在绿荫深处，泉水晶莹如玉，在清澈明净的池面上，有一股碗口大的地下泉水喷薄而出，无论溪水涨落，皆喷涌不息。过冷泉，往北高峰半山腰有一池，则为杭州第四名泉——韬光金莲池。

除了居于山水之间，在寺庙园林中，也常常有自然湖泊形成的水体，如南京栖霞寺的明镜湖、鹫峰寺的白鹭湖、灵谷寺的万工湖、七佛寺前湖等。

"水"的文化特色在北京的很多寺庙也有着具体的表现。许多寺庙的选址和命名与水密切相关。金朝兴建的京西"八大水院"均是以水为依托而建寺庙，大批寺庙取名当地的泉水。此外，寺庙建筑结合当地水环境，充分体现用水、惜水、爱水。潭柘寺的流杯亭、孔水洞大历万佛龙泉宝殿、水峪寺的石渡槽引水均是寺庙与水文化结合的佳作。寺庙的文化更是与"水"文化的内涵相契相合，烘托出寺庙清、净的气氛[87]。

1. 寒山寺

寒山寺建于梁代天监年间（公元502～519年），初名"妙利普明塔院"。唐代高僧寒山、希迁先后来此，创建伽蓝，成为吴中名刹"寒山寺"。

唐代诗人张继举棹归里，夜泊枫桥，"月落乌啼霜满天，江枫渔火对愁眠。姑苏城外寒山寺，夜半钟声到客船"，一首《枫桥夜泊》脍炙人口，寒山钟声传播中外。这座寺庙，历经数代，屡建屡毁于火，现在的建筑是清末重建的。

寒山寺的"天下第一佛钟"为仿唐式的古铜钟，总重量为108吨，钟高8.588米，钟底裙边最大直径5.188米，钟面主体铭文《大乘妙法莲华经》共69800字，钟面上总共有铭文70094个字。整个钟体造型宏大、厚重、秀美，是一件反映当代中华梵钟文化的艺术珍品。

与大钟同时奠基的大碑，号称"中华第一诗碑"，主体高度为 15.9 米，总重量为 388.188 吨。碑的正面，镌刻有清俞樾所书张继的《枫桥夜泊》诗一首，背面则镌刻有乾隆皇帝手抄的《般若波罗蜜多心经》一卷，共 289 个字。大碑上共雕刻有 28 条蛟龙。大碑矗立在一个水池中，以寓意张继夜泊枫桥时，水波涟漪，渔火点点的情景。

2. 金山寺

古代金山是屹立于长江中流的一个岛屿，"万川东注，一岛中立"，与瓜洲、西津渡成犄角之势，为南北来往要道，久以"卒然天立镇中流，雄跨东南二百州"而闻名，被称"江心一朵芙蓉"[88]。直至清代道光年间，才开始与南岸陆地相连。

金山寺打破寺院坐北朝南、分三路的布局，依山就势，大门西开，正对江流，各色建筑散布其上，风格奇特。唐代张祜描述为"树影中流见，钟声两岸闻"；北宋沈括赞颂曰："楼台两岸水相连，江北江南镜里天"。水上风光变为陆上胜境。由于金山寺位于长江边上，建筑风格独特，殿宇厅堂、亭台楼阁，全部依山而建，加之慈寿塔突兀拔起于金山之巅，寺院殿宇鳞次栉比，楼塔争辉，从江中远望金山，只见寺庙不见山，故以"金山寺裹山，见寺，见塔，不见山"的风貌而蜚声海内外。

金山寺中线主体建筑由牌坊山门、天王殿、大雄宝殿、藏经楼一直到山上的观音阁，基本上运用了对称美的法则。寺庙的建筑分布还采用了以线串点、以点带面的手法。天王殿两侧分别建有关帝庙和龙王庙，丹墀南北建有客堂和大澈堂、禅堂，大雄宝殿两边有长廊相接，并延伸到五观堂、大寮；藏经楼的北边是雄跨堂，南面是妙高台。中轴线串联了庙宇的主体建筑，建筑又由此伸展开去，形成了面，构成了一个个灵活布局的景点。僧人们于此因地制宜地创造出独具特色的寺庙园林，远望见寺不见山，建筑物于金山上整肃而又错落布置不失灵活，椽摩栋接，丹辉碧映。其中位于金山寺建筑群后部北侧高地上的慈寿塔，成为整个金山景域的重要点缀和最为突出的标志；以其 30 米的高度把小小的金山拔高了许多，丰富了建筑群的立体轮廓，为游人提供了登高远眺的观赏点，镇江江山之雄壮、都市之繁荣，尽收眼底[89]。

3. 灵谷寺

灵谷寺位于南京市东郊紫金山东南坡下，中山陵以东约 1.5 公里处，灵谷寺初名开善寺，是南朝梁武帝为纪念著名僧人宝志禅师而兴建的"开善精舍"，明太祖朱元璋亲自赐名"灵谷禅寺"，并封其为"天下第一禅林"。

灵谷寺中有著名的功德泉水，前人有诗"翠壁如屏旱不枯，一泓甘滑饮醍醐。高僧到此闻丝竹，还有金鳞对踽无"，叙述了功德泉的一个传说：高僧昙隐云游钟山，忽闻金石丝竹之音，便沿着山崖，依音寻迹，见粒粒水珠顺着石缝落在青石板上，似轻拢慢捻琵琶声的水滴声在幽静的山林中回响，昙隐认为这是上天对世间人们的施舍，故称此泉为"功德泉"。此泉一清、二冷、三香、四柔、五甘、六静、七不㿏、八不餲饐，故又名"八功德水"。八功德水原在紫霞洞东北的悟真庵后，悟真庵造来后，僧人用竹管引水，故又名："竹递泉"。早在梁朝时，寺院僧人就用泉水为人治病，八功德水名传遐迩。后因战乱，树木砍伐，功德泉废。北宋天圣年间，史馆学士兰陵肃公访求到八功德水所在，买了八块石板，在泉眼四周立壁建井，并建亭其上，以保"灵源之甘洌"。此后，八功德水就成了井水。清朝，灵谷寺一带成为清军与太平军激战的战场，素负盛名的八功德水只剩下许许清泉，一壁井栏。

4. 乐山大佛

乐山大佛，又名"凌云大佛"，即嘉州凌云寺大弥勒石像，地处中国四川省乐山市，岷江、青衣江和大渡河三江汇流处，与乐山城隔江相望。依岷江南岸凌云山栖霞峰临江峭壁凿造而成的这座弥勒佛坐像，是唐代摩崖造像的艺术精品之一，是世界上最大的石刻弥勒佛坐像。乐山大佛景区由凌云山、麻浩岩墓、乌尤山等景观组成，面积约 8 平方公里。景区属峨眉山国家级风景名胜区范围，是国家 5A 级景区，闻名遐迩的风景旅游胜地。古有"上朝峨眉、下朝凌云"之说。

佛像开凿于唐玄宗开元初年（公元 713 年），是海通禅师为减杀水势，普度众生而发起，招集人力、物力修凿的。海通禅师圆寂以后，工程被迫停止，多年后，先后由剑南西川节度使章仇兼琼和韦皋续建，直至唐德宗贞元十九年（公元 803 年）完工，历时 90年。乐山大佛被近代诗人誉为"山是一尊佛，佛是一座山"。

乐山大佛面对着滚滚东流的江水，体态雍容，神情自若。大佛整体比例匀称，所处位置山水交融，与峨眉山遥相呼应，数十里外都可以看到。乐山位于三江汇流之处，岷江、青衣江、大渡河三江汇聚凌云山麓，水势相当凶猛，舟楫至此往往被颠覆。每当夏汛，江水直捣山壁，常常造成船毁人亡的悲剧。海通和尚见此立志凭崖开凿弥勒佛大像，欲仰仗无边法力，"易暴浪为安流"，减杀水势，永镇风涛。这便是乐山大佛建造的起因。

乐山大佛通高 71 米，头与山齐，足踏大江，双手抚膝，大佛体态匀称，神势肃穆，依山凿成，临江危坐。在大佛左右两侧沿江崖壁上，还有两尊身高超过 16 米的护法天王石刻，与大佛一起形成了一佛二天王的格局。与天王共存的还有数百龛上千尊石刻造像，汇集成庞大的佛教石刻艺术群。大佛左侧，沿"洞天"下去就是近代开凿的凌云栈道的始端，全长近 500 米。右侧是唐代开凿大佛时留下的施工和礼佛通道——九曲栈道。佛像雕刻成之后，曾建有七层楼阁覆盖（一说九层或十三层），时称"大佛阁""大像阁"，宋时称"凌云阁""天宁阁"，元代称"宝鸿阁"，明代俗称"佛棚"，清代俗称"佛亭"，最终废毁……至今，仍旧可以从大佛两侧的山崖上看到多处孔穴和屋檐痕迹，专家证实，这些正是历代建造或维修楼阁时，安置梁柱和屋檐的地方。

1996 年 12 月，峨眉山乐山大佛被列入世界自然与文化遗产名录。联合国教科文组织世界遗产专家桑塞尔博士·席尔瓦教授实地考察时，赞誉"乐山大佛堪与世界其他石刻如斯芬克司和尼罗河的帝王谷媲美"。

五、湿地其他文化遗存

1. 古文化遗址

公元前 4000 年后期是中国文明化比较普遍的阶段，在长江流域、黄河流域等地区，人们在公元前 3000 年左右或稍晚些进入了初级文明阶段。此时手工业、畜牧业得到了很大的发展，资源和财富开始累积，随着经济的发展，资源和财富的分配开始引发矛盾与战争。随着时间推移到夏代也就是公元前 2000 年左右，中国进入世袭王朝的文明时代，并于商周时代进入鼎盛时期[90]。这是中华文明的起源和形成的基本脉络。

主要分布在杭州湾南岸的宁绍平原及舟山岛的河姆渡文化，是中国长江流域下游地区古老而多姿的新石器文化，其年代为公元前 5000～前 3300 年，它是新石器时代母系氏族公社时期的氏族村落遗址；而仰韶文化则是黄河中游地区重要的新时期文化，持续时间大约在公元前 5000～前 3000 年；公元前 4300 年～前 2500 年的大汶口文化是新石器时代后期父系氏族社会的文化典型；起源于燕山以北、大凌河与西辽河上游流域的红山文化大约存在于公元前 4000～前 3000 年；约公元前 3300～前 2100 年，良渚文化是我国长江下游太湖流域重要的古文明；公元前 2400～前 2000 年出现在中国黄河中、下游地区的龙山文化约处于新石器时代晚期……这些在不同时期、不同地点出现的文明，在九州大地上展现出强大的生命力，并从分裂的状态逐渐走向统一，形成伟大的中国文明。目前，红山文化遗址、良渚文化遗址等多处文化遗址已被列为我国世界文化遗产预备清单。

（1）仰韶文化遗址。仰韶文化，因在渑池仰韶村发现而得名。位于此地的仰韶文化遗址坐落在仰韶村南边的缓坡台地上，北依韶山，东、西、南三面环水，东北到西南长 900 余米，西北到东南宽 300 余米，总面积约 30 万平方米。

在陕西境内的渭水流域，仰韶文化遗址分布极为稠密，内涵也十分丰富。中国社会科学院考古研究所考古队于 1959 年对渭水流域及其主要支流进行了较大规模的考察，在调查中共发现 95 处仰韶文化遗址。这些遗址，主要分布在渭水北岸及其支流径河、潜河、漠谷河、漆水河、雍河、横水河、霸王河、黑河两岸的第一、二级台地，渭水与其支流交汇处的三角地带和一面依山、三面临水的高地。从遗址分布看来，大都是在河流两岸台地上，有的依山傍水，可知古人已认识到居住环境选择的重要性。遗址相当稠密，有的已形成具有 120 万平方米的大型村落，可知当时人口繁衍，人们早已过着农业生产的定居生活[91]。

仰韶文化遗址出土的农业生产工具和与农业生活相适应的生活用具，无论是数量和种类都相当多。各遗址都有不少农业工具出土，种类包括石斧、石铲、石锄、石刀、石磨盘、磨棒等生产工具和谷物加工工具，还有骨铲和大量的陶刀等工具。与农业生活相适应的陶质器皿出土数量更多，种类包括鼎、釜、灶、甑、罐、钵、碗、盆、壶、瓶、杯、盘、豆、缸、瓮等炊具、饮食器、水器和容器四大类。仰韶文化遗址中发现的农作物遗存则有粟、黍、高粱等，还发现有蔬菜种子。上述发现，说明当时的农业定居村落已有很大发展，农业耕作面积扩大，生产水平亦有显著的提高，当时的定居生活已非常稳定[92]。

从对遗址的考察以及对出土文物的研究中发现，仰韶文化时期制陶、制石、制骨、木作、纺织、编织等手工业相较之前的裴李岗文化时期，生产规模扩大，技术水平提高，产品更为丰富；家畜饲养在此时期也有了较大发展，养畜的圈栏和场所也在此时出现。从手工业和家畜饲养业的发展状况来看，仰韶文化时期所创造的社会财富已经比较丰富。随着物质文化的发展，精神文化亦相应地得到发展。当时的精神文化产品，据考古资料所见，主要有绘画、雕塑和记事的刻符等。

渭水流域的水系及地貌结构为仰韶文化时期的先民提供了良好生活环境，满足先民对于依山傍水生存环境的需求，对于仰韶文化时期的经济方式、生产生活工具产生了重大影响[93]。仰韶文化时期农业的发展，定居生活的稳定，继而促进手工业和家畜饲养业的发展，推动社会的进步与发展。因此，仰韶文化农业的发展就为古代文明的起源与形成奠定了坚实的物质基础，创造了良好的条件。

（2）良渚文化遗址。良渚文化是环太湖流域分布的以黑陶和磨光玉器为代表的新石器时代晚期文化，因 1936 年首先发现于良渚而命名，距今 5300～4000 年。良渚文化中心地区在太湖流域，而遗址分布最密集的地区则在太湖流域的东北部、东部和东南部。良渚文化是长江流域高度发达的古文化，被多数学者看作中华文明的曙光。

该文化遗址最大特色是所出土的玉器。挖掘自墓葬中的玉器包含有璧、琮（图 4-7）、钺、璜、冠形器、三叉形玉器、玉镯、玉管、玉珠、玉坠、柱形玉器、锥形玉器、玉带及环等；另外，陶器也相当细致[94]。

图 4-7　良渚文化玉琮（被誉为"琮王"），现藏于浙江省博物馆

浙江省余杭县，地处杭嘉湖平原西南，其西北为天目山余脉形成的丘陵山地，其东南为平原水网地区。处于山地和平原交接地带的谷地，东西长约 10 公里，南北宽约 5 公里，在这 50 平方公里范围内，背靠山丘，面向平原，东苕溪流经其间，包括良渚、安溪、长命、瓶窑四乡镇，是良渚文化遗址群密集分布的地区。

良渚文化时期，人类的生存和文化的发展依然是湿地环境的产物。良渚文化分布发育地区属于临海的三角洲平原地形，河网密布，地势低平，地下水位随海平面升降和气候的干湿变化而变化。因此，良渚时期先民的经济生活模式是以稻作为基础的农业经济，由于生产力低下，不得不靠聚居生活来获得相对稳定的食物来源。在生产力低下的这个时期，人类往往择水而居，水为人们的农耕生活提供了较为有利的条件，良渚文化发展分布的区域便多为这样的一些水乡泽国。但在洪水期来临的时候，水也成为居住的不利因子，从良渚文化遗址的台城建筑风格来看，当时的人们为了摆脱水患，采用筑土台的方式为自己创造良好的居住环境[95]。

2. 传统聚落

文化景观在地面的直接表现是聚落形态、土地利用类型和建筑样式。作为人类活动叠加于自然景观之上的景观形式，聚落及其建筑最具持续性、标志性和代表性[96]。在中国，聚落类世界遗产中较为典型的有平遥古城、丽江古城、皖南古村落、福建土楼等，其中，平遥古城和丽江古城是目前我国仅有的以整座古城申报世界文化遗产获得成功的两座古县城，这些都是一定时期内建筑景观的杰出范例，或在建筑艺术、城镇规划与设计方面产生过重大影响。以丽江古城为例，区别于中原的古代城市规划，丽江城中没有规整的路网和森严的城墙，古城布局中以三山为屏、一川相连；水系则形成三河穿城、家家流水的形态；建筑物依山傍水、错落有致，构筑物与环境相互融合。

除了这些已列入世界文化遗产的古城，"小桥、流水、人家"的江南水乡古镇则是我国江南地区风貌具有代表性特征的聚落，水乡古镇以其深邃的历史文化底蕴、清丽婉约的水乡古镇风貌、古朴的吴侬软语民俗风情，在世界上独树一帜，驰名中外。"江南水乡古镇"，包括甪直（江苏省苏州市）、周庄（江苏省昆山市）、千灯（江苏省昆山市）、锦溪（江苏省昆山市）、沙溪（江苏省太仓市）、同里（江苏省吴江市）、乌镇（浙江省桐乡市）、西塘（浙江省嘉善县）、南浔（浙江省湖州市）、新市（浙江省德清县）已被列入我国世界文化遗产预备名单。

以周庄、乌镇为例，简要叙述这两座江南水乡古镇的风貌。

（1）周庄。

江南水乡，河港纵横，湖泊星罗，密布的水网被当地百姓用作交通运输的通道，舟船就是他们生产、商业、生活服务与交通的运送工具。一些位置合适的河道交汇处往往形成集市，这形成了日后城镇空间的骨架。出于商品交易的需要，城镇一般以河港的交汇处形成中心，街巷沿河道排列，构成了河街平行的交通体系，两岸散布着水陆码头，街畔商铺鳞次栉比[97]。

周庄，地处上海青浦和江苏吴江、昆山的交界处。其周边为澄湖、白蚬湖、急水港、南湖、油车漾等湖港。始建于1086年的古镇周庄是中国江南一个具有900多年历史的水乡古镇，于清康熙初年，正式定名为"周庄镇"。千年历史沧桑和浓郁吴地文化孕育的周庄，以其灵秀的水乡风貌，独特的人文景观，质朴的民俗风情，享有"中国第一水乡"之美誉。

现在，周庄被列入世界文化遗产预备清单，荣获迪拜国际改善居住环境最佳范例奖、联合国亚太地区世界文化遗产保护杰出成就奖、美国政府奖、世界最具魅力水乡和中国首批十大历史文化名镇、中华环境奖、国家卫生镇、全国环境优美乡镇等殊荣。

清光绪年间的《周庄镇志》中记载："近水远山，平林修竹，春秋佳日，雅足流连"，描述了周庄良好的自然景观，纵然经历了近千年的历史变迁，但周庄的江南水乡之美依然不减当年。自然与历史，再加上丰富的文化遗存，这座小巧玲珑、古朴典雅的小镇实不负盛名。

周庄古镇区面积24公顷，四面环水，以水为依托。古镇以四条河道为骨架，依水形成八条长街，河街平行，前街后河，河路相间。自然而巧妙地把水、路、桥、房联成一体，河、桥、街、店、宅、楼、埠布局得宜。桥头是水路交汇处，桥楼夹街而设，茶楼酒店，尽得地利人气，凭栏闲情，水乡美景尽收眼底。临街的前店后坊、前店后宅、下店上宅的各式格局的商业建筑密布，狭窄的街巷中，古朴典雅的沈厅、张厅等深宅大院规模宏大、装修精良。镇上人家濒水而居，7处过街骑楼，4处临河水阁，5100米长的石栏驳岸上36处造型各异的缆船石与驳岸相映生辉，201座河埠踏渡，为人们日常生活提供了方便，处处充满了浓郁的水乡生活气息[99]。

　　古镇中保留了丰富的历史文化遗产。即使经历了 900 多年的历史，这个小镇仍然完整地保存了一大批古建筑、古民居、古桥梁、古河道、古街巷等文化遗存。全镇约一半的建筑系明清时代的建筑。明代建筑张宅、大业堂，清代建筑沈厅、冯元堂等深宅大院，还有一些前街后宅的商业与民居相结合的建筑至今保存完好，其布局和风格都非常有特色，房屋前后都与河道密切结合[99]。现存古石桥中，有一座为元代建造，六座为明代建造，三座为清代所建，古桥本身的形态几乎没有发生改变，整个水乡因为桥梁形成了便利的交通体系，并且桥梁与河道、建筑、街巷相得益彰，构成了优美的空间景观。

　　（2）乌镇。

　　曾名"乌墩"和"青墩"，具有 6000 余年悠久历史。乌镇是典型的江南水乡古镇，素有"鱼米之乡，丝绸之府"之称。1991 年被评为浙江省历史文化名城，1999 年开始古镇保护和旅游开发工程。乌镇也已被列入世界文化遗产预备清单。

　　乌镇位于浙江省桐乡县北部，紧傍京杭大运河西侧，地处水路要冲，为两省（浙江、江苏）、三府（嘉兴、湖州、苏州）、七县（乌程、归安、崇德、桐乡、秀水、吴江、震泽）交界之地。此地地势低洼，为河流冲积和湖沼淤积平原，河港密布、纵横交叉，从地理环境上讲这也是乌镇具有浓厚的水乡特色的原因[100]。

　　乌镇内街道，东、西、南、北，四条老街呈"井"字交叉，构成双棋盘式河街平行、水陆相邻的古镇格局。街道设于河道一侧或两侧，也就是"一河一街"或"一河二街"的形式。"一河一街"即河流居中，河流的一侧为建筑和街道，另一侧有建筑却无街道；"一河二街"即以河流为中心，两侧各布一条街道，街道两侧是两排建筑物，充分利用了江南水乡的地理环境，把人们的生活和自然河流结合在一起[101]。另外也有与河道没有关系的街道，这种街道的宽度大多比较狭窄，两侧多为二层建筑，这样使得街道总是处于阴影中，这种街道形式的形成适应了当地炎热多雨的气候条件。虽然这种街道比较窄，但底层的店铺开敞而通透，形成了相互渗透的室内外空间。街道路面大都用小青砖或青石板铺成，小青砖和青石板之间有间隙，增强了雨天渗水能力。

　　在建筑上，"家家面水，户户枕河"是乌镇和许多江南水乡小镇相同之处，有一部分民居用木桩或石柱打入河床中，上架横梁，搁上木板，造成"人在屋中居，屋在水中游"的"水阁"，水阁三面有窗，窗旁有门，门外有石阶，这即是乌镇的"水上吊脚楼"。具有了防雨、遮阳和休息多种功能的棚廊也是乌镇独特的地方性景观。廊棚有的临河，有的居中，有的在沿河一侧还设有靠背长凳，供人歇息，里侧是商店和民宅，行人来往无雨淋日晒之苦。桥梁是这样一座江南水乡古镇不可缺少的元素，乌镇自古以来桥梁众多，旧时就有"百步一桥"之说，桥最多时达 120 多座，现存古桥 30 多座，这些桥的式样因地势不同而异，有圆形石拱桥，有梁式桥、风雨桥等。

　　地方文化上，乌镇如今一直保留着传统工艺品制作坊，如蓝印花布印染作坊、布鞋作坊、刨烟作坊等。除此之外还有茅盾故居、林家铺子、立志书戏台、修真观、翰林第、竹刻工艺馆、江南百床馆、余榴梁钱币馆、汇源典当等，还有桐乡拳船、花鼓戏、皮影戏、香市等独特的民俗风情，组成了乌镇浓郁的文化气息。江南特殊的地理环境、经济因素和人文因素形成了乌镇独具一格的水乡湿地生活文化。

第四节　湿地文学艺术及非物质文化遗产

一、湿地文学

从古至今，人们从逐水草而居，到沿河流、湖泊筑城生活，一直都离不开湿地的滋养。奔腾的河流带来肥沃的泥土，灵动的水下游动着万千鱼虾，宽阔的水面生长着丰茂的花草。湿地或宁静，氤氲缥缈；湿地或狂躁，变幻莫测。湿地在供养人们丰富资源的同时，也给予人们无边的想象。因此，千百年来，人们对湿地投入了极高的热情去歌咏其中的美，寄托自己的情思。

2000 多年前的中国第一部诗歌总集《诗经》，就有众多和湿地紧密相关的诗篇。《诗经》是中国古典诗词以水喻爱情的滥觞，影响到历代的诗歌创作。其中《关雎》可说是爱情诗的代表，"在河之洲"的水鸟，"左右流之"的水草，传达的都是美好动人的情意。"关关雎鸠，在河之洲。窈窕淑女，君子好逑。参差荇菜，左右流之。窈窕淑女，寤寐求之。求之不得，寤寐思服。悠哉悠哉。辗转反侧。参差荇菜，左右采之。窈窕淑女，琴瑟友之。参差荇菜，左右芼之。窈窕淑女，钟鼓乐之。"

而另一篇《蒹葭》，则营造了湿地洲岛水路萦回曲折、水草迷茫、景物清寒的凄迷、朦胧、缥缈、无垠的意象，对后世诗歌创作产生了重要影响。"蒹葭苍苍，白露为霜。所谓伊人，在水一方。遡洄从之，道阻且长。遡游从之，宛在水中央。蒹葭凄凄，白露未晞。所谓伊人，在水之湄。遡洄从之，道阻且跻。遡游从之，宛在水中坻。蒹葭采采，白露未已。所谓伊人，在水之涘。遡洄从之，道阻且右。遡游从之，宛在水中沚。"

《诗经》中涉及的河流有 20 多条，除了大家熟知的黄河、长江、淮水、汉水、济水、渭水、泾水之外，还有淇水、汝水、溱水、洧水、汶水、汾水、漆水、沮水、滮水、洽水、杜水、丰水、泮水等等。

《诗经》"国风"中有大量的湿地环境的描写，其中写到水意象的诗作共有 40 多篇，有关爱情的诗就有 30 多篇，水是传情达意的主体，以水寄情，以水寓情。

《国风·魏风·汾沮洳》："彼汾沮洳，言采其莫。彼其之子，美无度。"所描写的是，一个女子一边在汾水（汾河）低湿的地方采集酸模（羊蹄菜），一边在想意中人英俊潇洒、俊美无匹。《国风·陈风·东门之池》："东门之池，可以沤麻。彼美淑姬，可与晤歌。"则描写一个男子一边在东门护城河浸泡苎麻，一边与美丽的姑娘对歌的情景。《国风·陈风·泽陂》："彼泽之陂，有蒲与荷。有美一人，伤如之何？寤寐无为，涕泗滂沱。"描写的地点在湖边，写的是一个女子见到蒲草和荷花，想到意中的美男子，感叹情伤，无眠哭泣。

这些诗都以水起兴，直抒胸臆，抒发了对心仪异性的思慕之情。

《国风·周南·汉广》以江汉之广难以渡过为比，抒写了男子对女子的无限爱慕，而又不能如愿以偿的惆怅和苦闷之情："汉有游女，不可求思。汉之广矣，不可泳思。江之永矣，不可方思"。

《国风·郑风·溱洧》则记载了春日上巳节青年男女在水边相会的场景："溱与洧，方涣涣兮。士与女，方秉蕑兮。女曰：'观乎？'士曰：'既且。''且往观乎！洧之外，洵訏且乐。'维士与女，伊其相谑，赠之以芍药。"在春日的融合天气，风景优美的溱水洧水边，青年男女互赠芍药，心意相通，这是古人的质朴情怀，也展现出一幅富于淳朴民风的风俗画。

《国风·卫风·竹竿》："淇水在右，泉源在左。巧笑之瑳，佩玉之傩。淇水滺滺，桧楫松舟。驾言出游，以写我忧。"淇水、家乡、亲人、亲情，都融化在一起，激起心中感情的波涛，这是一首思亲怀乡的代表。

《国风·邶风·柏舟》："泛彼柏舟，亦泛其流。耿耿不寐，如有隐忧。"《柏舟》这首诗比较隐晦，但它仍然是借河流、舟船比兴。这首诗正是借变动不居的流水、随水漂泊的舟船表达家国天下的忧戚之情，足以勾起后人相似的情怀。

战国时期的庄子，不仅是卓越的哲学家和思想家，同时也是杰出的文学家，其作品极具浪漫主义色彩，代表作之一《逍遥游》里有一幅具有超凡想象力的图画："北冥有鱼，其名为鲲。鲲之大，不知其几千里也。化而为鸟，其名为鹏。鹏之背，不知其几千里也。怒而飞，其翼若垂天之云。是鸟也，海运则将徙于南冥。南冥者，天池也。……鹏之徙于南冥也，水击三千里，抟扶摇而上者九万里，去以六月息者也。"纵横恣肆的想象画面与湿地——天池湖泊联系在一起。清人胡文英评价说：（这段文字）"如烟雨迷离，龙变虎跃。"其形象之生动，令人难以忘怀。

"袅袅兮秋风，洞庭波兮木叶下。"在神秘优美洞庭沅湘之际，屈原留下了具有瑰丽想象和宏大结构的楚辞诗篇，后人也因此将《楚辞》与《诗经》并称为"风、骚"。如写少司命仙态轻盈："荷衣兮蕙带，倏而来兮忽而逝。"《九歌·湘夫人》中描述了水神的居处，无比的美好芳香："筑室兮水中，葺之兮荷盖，荪壁兮紫坛，播芳椒兮成堂。桂栋兮兰橑，辛夷楣兮药房。罔薜荔兮为帷，擗蕙櫋兮既张。白玉兮为镇，疏石兰兮为芳。芷葺兮荷屋，缭之兮杜衡。合百草兮突庭，建芳馨兮庑门。九嶷缤兮并迎，灵之来兮如云。"楚辞中多次描述香花芳草佳木，提及有兰，蕙，石兰，杜衡，杜若，秋兰，蘪芜，薜荔，荪，椒，荷，芙蓉，桂，芷，荃，留夷，揭车，木兰，菊，等等，以香花芳草佳木喻君子。而他自己则"制芰荷以为衣兮，集芙蓉以为裳。""佩缤纷其繁饰兮，芳菲菲其弥章。"。这些描述营造了美好芳香纯净的世界，更让后世步步追摹，心灵皈依，不断追求一种高洁的人格塑造。

《古诗十九首》是在汉代民歌基础上发展起来的五言诗，寓情于景，情景交融，质朴自然。"迢迢牵牛星，皎皎河汉女。……河汉清且浅；相去复几许，盈盈一水间，脉脉不得语。（迢迢牵牛星）"这首诗借民间关于牛郎、织女相隔于天上银河的故事寓意爱情，形象生动，哀怨动人，语言清新淡雅，极富音乐美感。"涉江采芙蓉，兰泽多芳草。采之欲遗谁，所思在远道。还顾望旧乡，长路漫浩浩。同心而离居，忧伤以终老。（涉江采芙蓉）"全诗借优美的湿地之景感叹情伤，意境含蓄清幽，余味悠长，令人一唱三叹。

曹魏时期的文学家曹植的《洛神赋》，以瑰丽的手笔描绘一位洛河的女神，"于是洛灵感焉，徙倚彷徨，神光离合，乍阴乍阳。竦轻躯以鹤立，若将飞而未翔。践椒涂之郁烈，步蘅薄而流芳。超长吟以永慕兮，声哀厉而弥长。""休迅飞凫，飘忽若神，陵波微步，罗袜生尘。动无常则，若危若安。进止难期，若往若还。"淋漓尽致地写出水际女神飘忽、轻盈、超凡绝尘的神秘之美，与水边优美、奇异、灵动的水鸟有异曲同工之妙。

东晋永和九年（354 年），王羲之与谢安、孙绰、支遁等 41 位文人墨客在兰亭的溪水边集会，举行禊礼，饮酒赋诗，事后将作品结为一集，由王羲之写了《兰亭序》总述其事。"永和九年，岁在癸丑，暮春之初，会于会稽山阴之兰亭，修禊事也。群贤毕至，少长咸集。此地有崇山峻岭，茂林修竹；又有清流激湍，映带左右，引以为流觞曲水，列坐其次。虽无丝竹管弦之盛，一觞一咏，亦足以畅叙幽情。是日也，天朗气清，惠风和畅，仰观宇宙之大，俯察品类之盛，所以游目骋怀，足以极视听之娱，信可乐也。"其文有着优美的记述以及深刻的哲思，更有奇绝的书法。这个发生在 1600 多年前水边的兰亭雅集，使得曲水流觞这个艺术活动在后来广为流传，其艺术形象出现在诸多的作品中。

唐代张若虚一首《春江花月夜》，孤篇横绝，成为描述水景与思考永恒相结合的空前绝后的杰作。这首以扬州的曲江和扬子江月下夜景为背景，将最美好动人的五件事物——春、江、花、月、夜融在一首长诗中，被闻一多先生誉为"诗中的诗，顶峰上的顶峰"。诗中描绘月下江天：春江潮水连海平，海上明月共潮生。滟滟随波千万里，何处春江无月明。江流宛转绕芳甸，月照花林皆似霰。空里流霜不觉飞，汀上白沙看不见。江天一色无纤尘，皎皎空中孤月轮。极富澄澈空明之美感。在这一片澄明之中，由近推远，进而思索宇宙永恒：江畔何人初见月？江月何年初照人？人生代代无穷已，江月年年只相似。由远又及近，由景又及人，转而述相离相思：此时相望不相闻，愿逐月华流照君。鸿雁长飞光不度，鱼龙潜跃水成文。……江水流春去欲尽，江潭落月复西斜。斜月沉沉藏海雾，碣石潇湘无限路。景象邈远，意味无穷。这种邈远无穷的意象正是湿地综合之美引起人深层思考的反映。

唐代是一个对风景尽情吟咏的时代，许多具体的风景被不断赋予热情的诗篇。洞庭湖在这一时期已扩张到一个浩瀚大泽，这一云梦之泽也吸引了无数目光。孟浩然"八月湖水平，涵虚混太清。气蒸云梦泽，波撼岳阳城。"撼人心魄。刘禹锡"湖光秋月两相和，潭面无风镜未磨。遥望洞庭山水翠，白银盘里一青螺。"意味隽永。李白"且就洞庭赊月色，将船买酒白云边"，飘然洒脱，超逸天外。而"水天一色，风月无边"一联更是写尽洞庭美景，也是湿地景观的典型概括。

唐诗中所吟咏许多都与水景有关，涵盖了各种类型的湿地，江河湖瀑、溪流泉池，不一而足，佳作迭出，美不胜收。

王勃的《秋日登洪府滕王阁饯别序》不仅描绘了鄱阳湖优美的自然景象，也描绘了临江带湖神仙洞府般的都督府。诗句大气磅礴，一气呵成。许多水天景色的描绘成为千古名句。"时维九月，序属三秋。潦水尽而寒潭清，烟光凝而暮山紫"。表现湖光山色的色彩变幻：深秋雨水退尽，寒潭一片清明。晚霞收于天边，暮霭笼罩山峦，幻化一片紫色美景。"临帝子之长洲，得仙人之旧馆。层台耸翠，上出重霄；飞阁流丹，下临无地。鹤汀凫渚，穷岛屿之萦回；桂殿兰宫，列冈峦之体势"。分明是一幅仙湖琼阁的青绿山水画，美不胜收。"云销雨霁，彩彻区明。落霞与孤鹜齐飞，秋水共长天一色。渔舟唱晚，响穷彭蠡之滨，雁阵惊寒，声断衡阳之浦"。青天碧水，天水相接处浑然一色：彩霞自上而下铺陈，孤鹜自下而上飞翔，相映增辉，构成一幅色彩明丽而又浑然天成的绝妙好图，成为千古绝唱。

李白的《黄鹤楼送孟浩然之广陵》："故人西辞黄鹤楼，烟花三月下扬州。孤帆远影碧空尽，唯见长江天际流。"语言清丽自然，意境雄浑开阔。面对悠远无尽的江水，面对水天一色的远方，诗人把自己对友人的依依惜别深情，无限的眷恋，都托付其中，让人感到一种言已尽而意无穷的悠远境界。

白居易《暮江吟》："一道残阳铺水中，半江瑟瑟半江红。可怜九月初三夜，露似真珠月似弓。"描写日落前后暮色之中的江边，残阳照水，霞飞映江，好一幅美景，却不料，转眼日落西山，月似弯弓，夜凉生露，让人惆怅不已。

李白《望庐山瀑布》："日照香炉生紫烟，遥看瀑布挂前川。飞流直下三千尺，疑是银河落九天。"这首老少成诵的名篇，以"飞流直下三千尺"银瀑的衬托，庐山的雄阔壮美、变幻多姿、瑰丽神奇之境就呼之欲出了，庐山的灵性，全因云海瀑布而成。

孟浩然《宿建德江》："移舟泊烟渚，日暮客愁新。野旷天低树，江清月近人。"日暮时分，行船停靠在江中的一个烟雾朦胧的小洲边，羁旅之愁油然而生，放眼望去，旷野无垠，远处天空比树木还低，江水清澈，映照一轮明月，仿佛触手可及。全诗亦景亦情，形成了一种典型的空旷寂寥、富于美感的意象。画面中散落淡淡的哀愁，融于溶溶的月色之中。

王维，不仅是诗人、画家，更兼精通佛学，诗品高妙，被誉为诗佛。他的山水诗作空灵澄净，意境高远。苏轼在评论王维的诗画时曾说："味摩诘之诗，诗中有画；观摩诘之画，画中有诗。"这个评价为历代文人所认同。如《山居秋暝》："空山新雨后，天气晚来秋。明月松间照，清泉石上流。竹喧归浣女，莲动下渔舟。随意春芳歇，王孙自可留。"诗中描绘了秋雨初晴、傍晚时分，山间清泉明月之景以及山居村民纯朴美好的画面，写景生动，富有情趣，意境空灵超然，韵味无穷。《泛前陂》："秋空自明回，况复远人间，畅以沙际鹤，兼之云外山。澄波澹将夕，清月浩万闲。此夜任孤棹，夷犹殊未还。"描摹出夜月水际十分空明灵动的境界。这类诗作在王维的诗集中俯拾皆是。如："江流天地外，山色有无中。郡邑浮前浦，波澜动远空。""高城眺落日，极浦映苍山。""寥廓凉天净，晶明白日秋。圆光含万象，醉影入闲流。"都有着空明澄净而又雄奇阔大的境界。

唐代还有一些诗描绘水际的小景，同样也十分动人。杨万里的《小池》中"泉眼无声惜细流，树阴照水爱晴柔。小荷才露尖尖角，早有蜻蜓立上头。"这首诗描写清泉、细流、一池树阴、几支小小的荷叶，还有立于荷尖的蜻蜓，构成一幅生动的风物图。清新精巧，细致入微，情趣盎然。韦应物《滁州西涧》"独怜幽草涧边生，上有黄鹂深树鸣。春潮带雨晚来急，野渡无人舟自横。"平常的景物"涧边幽草"，鸣叫的黄鹂，经过诗人的点染，带雨的春潮，一叶空荡荡横浮的渡舟，一幅意境幽深的画面顿时生动地呈现于人们面前。

而白居易一首《忆江南》对江南春色进行了高度概括，描绘了一幅生机盎然的江南春景图：江南好，风景旧曾谙。日出江花红胜火，春来江水绿如蓝。能不忆江南。他的《长相思》中"汴水流，泗水流，流到瓜洲古渡头，吴山点点愁。思悠悠，恨悠悠，恨到归时方始休，月明人倚楼。"则将登高倚楼远望的女子心中无限愁思，通过"汴水""泗水"的江水长流，以及"古渡头""吴山"等山水意象，表现得淋漓尽致。真是写尽相思之哀愁，词浅韵深，感染力极强。

柳宗元描写江雪的绝句《江雪》"千山鸟飞绝，万径人踪灭。孤舟蓑笠翁，独钓寒江雪"。在苍茫寂静的天地中独钓寒江雪的老翁，寄托了诗人孤洁傲世的情怀。"寒江""雪""孤舟"，以及独钓的"蓑笠翁"是点睛的妙笔，整体形成了典型的意象。

除了描绘湿地的景物，诗人更借景寓情。

李白在《宣州谢朓楼饯别校书叔云》中吟道：抽刀断水水更流，举杯消愁愁更愁。人生在世不称意，明朝散发弄扁舟。"抽刀断水水更流"，看似平常却比喻奇特，言别人所未言，富于独创性。这几句通过水的比拟和"弄扁舟"的景象，抒发出超然摆脱胸中苦闷、豪迈放逸的思想情怀。《赠汪伦》中"桃花潭水深千尺，不及汪伦送我情。"在安徽泾县西南的桃花潭畔，结识了汪伦这样一个豪爽的朋友，以桃花潭为喻，表达朋友的深情厚谊，历来为人们所传颂。

南唐中主李璟《摊破浣溪沙（二首）》，其中"菡萏香销翠叶残，西风愁起绿波间"通过衰败的荷叶和秋风吹皱的池水，将深秋的萧瑟写得生动细腻，衬托出画中人借景生情，"愁绪"不经意间爬上心头，万般无奈。"青鸟不传云外信，丁香空结雨中愁。回首绿波三峡暮，接天流。"诗中主人公回首瞭望，但见浩浩江水，从三峡奔腾而下，苍茫的暮色笼罩着西接天际的碧涛，长空万里，水天一色，似那无尽的思念悠悠不尽，思念之人仍在云外，杳渺不可及。

人称"词中皇帝"的南唐后主李煜作《虞美人》中"春花秋月何时了，往事知多少。小楼昨夜又东风，故国不堪回首月明中。雕栏玉砌应犹在，只是朱颜改。问君能有几多愁，恰似一江春水向东流"。历代文人在诗词中将"水"与"愁思"联系在一起。"一江春水向东流"以水喻愁，则将这一意象达于极致。他的愁痛不是凭空而来，而是亡国之后成为阶下囚的真情实感，如春水的汪洋恣肆，奔放倾泻，又如春水之不舍昼夜，长流不断，无穷无尽。

宋代理学开山始祖周敦颐做《爱莲说》，短短119字，一文名垂天下："水陆草木之花，可爱者甚蕃。晋陶渊明独爱菊。自李唐来，世人盛爱牡丹。予独爱莲之出淤泥而不染，濯清涟而不妖，中通外直，不蔓不枝，香远益清，亭亭净植，可远观而不可亵玩焉。予谓菊，花之隐逸者也；牡丹，花之富贵者也；莲，花之君子者也。噫！菊之爱，陶后鲜有闻；莲之爱，同予者何人？牡丹之爱，宜乎众矣。"以水中植物"莲花"喻"君子"，高度提炼概括了其正直高洁的品格，令无数后来者深思和效仿。这篇以莲花为主题的文章，成为描写植物、借物言志的典型代表。而"出淤泥而不染，濯清涟而不妖"成为君子的典型象征。

苏轼在《赤壁赋》中描绘夜游赤壁的情景：白露横江，水光接天。纵一苇之所如，凌万顷之茫然。浩浩乎如冯虚御风，而不知其所止；飘飘乎如遗世独立，羽化而登仙。苏轼在这一名篇中，不仅描绘江天夜景，而且表达了自己的自然观和宇宙观。苏子曰："客亦知夫水与月乎？逝者如斯，而未尝往也；盈虚者如彼，而卒莫消长也。盖将自其变者而观之，而天地曾不能一瞬；自其不变者而观之，则物于我皆无尽也。而又何羡乎？且夫天地之间，物各有主。苟非吾之所有，虽一毫而莫取。惟江上之清风，与山间之明月，耳得之而为声，目遇之而成色。取之无禁，用之不竭。是造物者之无尽藏也，而吾与子之所共适。"他认为天地之物非吾所有，一毫莫取，而江上的清风和山间的明月是造物的无尽瑰宝，足可忘怀得失，超然自乐。此文不仅充满诗情画意，而且富于人生哲理，"文境邈不可攀"（清·方苞）。而其中蕴含的对于自然的态度足可为现代的生态理念所借鉴。

"竹外桃花三两枝，春江水暖鸭先知。蒌蒿满地芦芽短，正是河豚欲上时。"这是苏轼为北宋大画家惠崇的画《春江晚景》所题。惠崇以善绘鹅、鸭、鹭鸶等水上动物见长。苏轼这首小诗寥寥几笔，通过岸边"桃花""芦芽"，河中的"鸭"和"河豚"之间的串联，勾勒出了早春江景的优美画境。尤其令人叫绝的是"春江水暖鸭先知"，更令此诗情趣盎然，令人顿觉怡然可喜。

作为中国历史上最负盛名的女词人，李清照的山水词写得温婉动人。《如梦令·常记溪亭日暮》："常记溪亭日暮，沉醉不知归路。兴尽晚回舟，误入藕花深处。争渡，争渡，惊起一滩鸥鹭"。这首小令用词简练生动，选取"溪亭""日暮""小舟""藕花""鸥鹭"几个片断，把美丽的风景和少女怡然自乐的心情融合一起，让人仿佛看见一位荡舟荷丛的少女，微微醒醉，在长满莲花的湖面，急急忙忙赶回家的画面，划船声和水鸟鸣叫声交相呼应。不事雕琢，清新自然，极具动感之美。

北宋李之仪的《卜算子》："我住长江头，君住长江尾。日日思君不见君，共饮长江水，此水几时休，此恨何时已。只愿君心似我心，定不负相思意。"词句重叠回环，明白如话，深得民歌的神情风味。写出了相隔千里的永恒之爱，江水长流情永恒。语极平常，感情却深沉真挚。

南宋文天祥的《过零丁洋》："辛苦遭逢起一经，干戈寥落四周星。山河破碎风飘絮，身世浮沉雨打萍。惶恐滩头说惶恐，零丁洋里叹零丁。人生自古谁无死？留取丹心照汗青"。前面诗句写尽风雨飘摇、山河破碎时痛彻肺腑之感。但是，末尾两句奇峰突转，由悲愤转悲壮，由沉郁转向昂扬，形成一曲千古不朽的壮歌。表现了诗人为了国家宁愿慷慨赴死的民族气节，激励了一代代仁人志士为国捐躯的豪情。

金代诗人元好问在赴试并州的路上，遇到一只雁被捕杀，另一只雁竟投地而死，诗人被这种生死至情所震撼，买来这对雁，葬于汾水之上，垒石为识，号曰"雁丘"，并赋《摸鱼儿·雁丘词》：问世间情是何物？直教生死相许。天南地北双飞客，老翅几回寒暑。欢乐趣，离别苦，就中更有痴儿女。君应有语，渺万里层云，千山暮雪，只影向谁去？……天也妒，未信与，莺儿燕子俱黄土。千秋万古，为留待骚人，狂歌痛饮，来访雁丘处。这首《雁丘词》是歌颂水鸟爱情的空前绝后的佳作，让后来人感慨万端，发人深省。

元代最高的文学成就是元曲，元曲里也有很多和湿地——江河湖泊相关的名篇。人们耳熟能详的《天净沙·秋思》（三首）是元散曲作家马致远著名的散曲小令作品。其一曰：枯藤老树昏鸦，小桥流水人家，古道西风瘦马。夕阳西下，断肠人在天涯。同样是小桥流水，但以"枯藤""老树""昏鸦""古道""西风""瘦马""夕阳""天涯""断肠人"聚合在一起，呈现出凄凉、压抑的景象，令人黯然神伤，抒发了一个飘零天涯的游子倦于漂泊的凄苦愁闷之情。

明代是小说、戏曲繁盛的时期，其中描写湿地的场景也很多，有些经典片段至今仍为人们传唱不衰。比如，杨慎的《临江仙》："滚滚长江东逝水，浪花淘尽英雄。是非成败转头空。青山依旧在，几度夕阳红。白发渔樵江渚上，惯看秋月春风。一壶浊酒喜相逢。古今多少事，都付笑谈中。"这是杨慎所做《廿一史弹词》第三段《说秦汉》的开场词，清初毛宗岗父子评刻《三国演义》时将其移置于《三国演义》卷首。词首起笔大气，胸襟开阔，以长江水喻历史长河，意境深邃，耐人寻味。下阙为白发渔樵（抑或隐者）的形象刻画出一幅闲适自在的生活图景：三两好友时常相聚小酌几杯，谈古论今，岂不快哉！可叹那历史上多少轰轰烈烈的人和事，如江上的浪花，旋起旋仆，烟消云散，成为后人酒后饭余的谈资而已。诗人超然物外、通达古今的旷达之情跃然纸上。

清初诗人王士禛作有《高邮雨泊》"寒雨秦邮夜泊船，南湖新涨水连天。风流不见秦淮海，寂寞人间五百年。""寒雨""夜泊""湖水连天"总是给人无限想象。这首诗借景生情，在烟波浩渺、凄清迷蒙的意境下，孤寂的诗人只有与古人情思交会。"吴头楚尾路如何？烟雨秋深暗白波。晚趁寒潮渡江去，满林黄叶雁声多（《江上》）。"作者于烟雨迷蒙之中立于船头，江波泛白似银，放眼望去，黄叶点点，雁叫声声……好一幅江南深秋景色，令人赏心悦目。

与王士禛齐名的同时代文人朱彝尊的《孤屿》："孤屿题诗处，中川激乱流。相看风色暮，未可缆轻舟。"借川流湍急、天色黄昏之景，表明此处"未可缆轻舟"，暗喻怀才不遇的复杂心情。《洞仙歌·吴江晓发》："澄湖淡月，响渔榔无数。一霎通波拨柔橹，过垂虹亭畔，语鸭桥边，篱根绽、点点牵牛花吐。"描写静谧的江南水乡的清晨，乘舟出发的情景。湖边月淡水柔，篱边牵牛花开，描摹十分细腻，显出一种清幽静谧的情趣。"那年私语小窗边，明月未曾圆。含羞几度，几抛人远，忽近人前。无情最是寒江水，催送渡头船。一声归去，临行又坐，乍起翻眠。"《眼儿媚》把初恋时的欲罢还休，热恋后离别之际的坐立不安，表现得淋漓尽致。离别之处又在江边渡头，无情的江水透着寒凉，为送别之人增添几许愁意。

郑板桥写过十首《道情》，其中第一首：老渔翁，一钓竿，靠山崖，傍水湾，扁舟来往无牵绊，沙鸥点点清波远，荻港萧萧白昼寒，高歌一曲斜阳晚，一霎时波摇金影，蓦抬头，月上东山。一幅超然洒脱、怡然自得的渔舟唱晚图，至今300年，悠扬的旋律仍在民间传唱不绝。

进入20世纪，格律诗词不像以前那么盛行，但新文学的主题依然离不开令人浮想联翩的池塘、河流和湖泊这些湿地。朱自清 1927 年 7 月在清华园写下著名的《荷塘月色》："沿着荷塘……月光也还是淡淡的……我且受用这无边的荷香月色好了。曲曲折折的荷塘上面，弥望的是田田的叶子。叶子出水很高，像亭亭的舞女的裙。层层的叶子中间，零星地点缀着些白花，有袅娜地开着的，有羞涩地打着朵儿的；正如一粒粒的明珠，又如碧天里的星星，又如刚出浴的美人……月光如流水一般，静静地泻在这一片叶子和花上。薄薄的青雾浮起在荷塘里。叶子和花仿佛在牛乳中洗过一样；又像笼着轻纱的梦。"这篇散文极具美感，韵味十足，读后令人烦恼顿消，心中宁静，是月下荷塘美文的绝佳代表。

1928 年，新诗的领军人物、新月派领袖徐志摩创作了《再别康桥》："轻轻的我走了，正如我轻轻的来；我轻轻的招手，作别西天的云彩。那河畔的金柳，是夕阳中的新娘；波光里的艳影，在我的心头荡漾。软泥上的青荇，油油的在水底招摇；在康河的柔波里，我甘心做一条水草！"这首诗虽然是新韵新体，却远承《诗经》之精髓，脍炙人口，自其诞生之日起，就广为人们传颂，是新月派诗歌的代表作品。

以泉、瀑、江、河、湖、沼各种水体为核心的湿地，是人们繁衍生息的地方。它给生于斯长于斯的人们许许多多滋养，启迪着人们无穷的灵感、无尽的想象，激发人们美好的情怀、深刻的思索。所以，中国自先秦时代以来，历来的文学作品里都有大量讴歌湿地的美丽篇章。正如湿地的水之长流不绝，人们对湿地的歌咏也会代代相传，绵绵不绝，就如同水中停留跳跃的盈盈水鸟，生机盎然；就如同水边茂盛的春草，远远流芳；就如同那水面映射出的粼粼波光，不断闪烁。

二、湿地书画

中国书画艺术博大精深，是中华民族特有的传统艺术形式，在光辉灿烂的中华文化宝库中占有重要位置，也是对世界文化的重要贡献。华夏大地上的湿地景观，或壮阔、或秀美，中国的湿地书画艺术可谓是传统文化中一颗熠熠生辉的明珠，是古代文化中的瑰宝，是历代文人画师情感寄托的载体，也是湿地文明的化身。几千年来，历代书画大家为我们留下了大量弥足珍贵的传世经典。

中国的书法艺术始于东汉，确立于魏晋，昌盛于之后的各代。一方面，书法家、画家师法自然，从自然山水中获得灵感；另一方面，书法绘画融入山水景观，进一步衬托出山水景观之美，它不仅是记录语言的符号，也是表达美感与情感的载体[102]。书法艺术讲究气韵生动，而水有流泻之美，江河瀑布和风云雨雪的流转浮动所表现出的气韵与书法艺术十分相近。江河涌动时的激骤奔泻、平静时的舒缓静流，瀑布倾泻时"飞流直下三千尺"的气势，流云飞动时的飘逸，对中国书法艺术起着潜移默化的影响。一代一代的书法家都从山水的形态中领悟笔法笔意，展开丰富的联想，创作出伟大的书法作品。书法艺术源于山水，又被用之描绘山水。被后人誉为书圣的王羲之，一生喜欢在崇山峻岭和清流急湍的山水中跋涉，其书法作品代表《兰亭序》，以江河滔滔奔流般的笔法写出曲水流觞、清流修竹，表达的就是其山水情趣；《洛神十三行》也因其笔间独树一帜的写意风采与文章内涵极为相衬，在楷书发展史上占有重要的地位；被苏轼注入物我皆无尽之哲理《赤壁赋》，完成于水月之景中，反映的是作者出世入世的超脱与旷达……

与湿地景观紧密联系的中国山水画的成熟晚于人物画，在秦汉以前，山水多作为人物画的背景；魏、晋、南北朝时虽在逐渐发展，但仍附属于人物画；隋唐时期山水画开始独立成科，出现金碧山水、设色山水、水墨山水等形式；到了五代及两宋，山水画的发展迎来了它的鼎盛时期，从此成为中国画的第一大画科。从洛水之畔浪漫哀愁的《洛神赋图》，到反映繁华汴河两岸风土人情的《清明上河图》，再到湖湘文化中激发后人无限灵感的"潇湘八景"，中国传统湿地绘画艺术在蓬勃发展的同时也为后人留下了数不尽的传世名作。

1. 兰亭序

兰亭序又名《兰亭集序》《兰亭宴集序》《临河序》《禊序》《禊帖》，为东晋大书法家王羲之所作。书法遒健飘逸，被历代书法界奉为极品。宋代书法大家米芾称其为"中国行书第一帖"，王羲之因此也被后世尊为"书圣"。

《兰亭序》诞生于会稽湿地之畔。兰亭刚刚修葺完毕，王羲之纵情于山水之间，感悟宇宙的奥妙，思索人生的真谛，挥毫泼墨一气呵成，完成了千古杰作《兰亭序》。作者将气韵注于毫端，达到了自然天成的境界；作者的笔法精严，笔底如行云流水，每个字都形神兼备，这篇作品的书写意境达到了圆融的境界。《兰亭序》不仅是传世的书法作品，同时也是出色的文学作品。在《兰亭序》中，王羲之首先描写兰亭集会的盛况，以突出生之"乐"，随后写静者躁者的异同以突出死之"痛"，意在以"死生亦大矣"的观点来警醒"后之览者"[103]。

王羲之书法富于创造。王羲之把平生从博览所得秦汉篆隶的各种不同笔法妙用，悉数融入于真行草体中去，遂形成了他那个时代最佳体势，推陈出新，更为后代开辟了新的天地。所谓"兼撮众法，备成一家"。在笔画线条方面，《兰亭序》可谓"肥不剩肉，瘦不露骨"。王羲之用笔方圆并举，以圆转为主，又寓圆于方、圆中有方，巧妙配合，形成"遒丽劲健"的艺术效果。他用笔技巧极为丰富，以中锋为主，侧锋、藏锋、露锋并用，且笔锋变换自如，极为精到[104]。

《兰亭序》被书法界奉为"中华第一书"，有多个版本在世间流传，如藏于北京故宫博物院的冯承素摹本《兰亭序神龙本》（图4-8），虞世南的《虞本》、褚遂良的《褚本》、欧阳询的《定武本》等。但是在这件空前绝后的珍品面前，任何的临仿都难得其真谛。南唐李煜在《书评》中评价："善法书者，各得右军之一体。若虞世南得其美韵而失其俊迈，欧阳询得其力而失其温秀，褚遂良得其意而失于变化，薛稷得其清而失于窘拘。"《兰亭序》集中体现了王羲之书法艺术的最高成就，这件空前绝后的艺术作品将作者的气度、风神和襟怀淋漓尽致地表现出来。人们用"清风出袖，明月入怀"来称赞王羲之的行草，这是非常绝妙的形容，这件作品的笔法、墨气、神韵等都得到了充分体现，是公认的王羲之作品的最高峰。

2. 洛神赋十三行

《洛神赋十三行》，简称《洛神赋》，东晋书法名家王献之的小楷书法代表作。内容为曹植名作《洛神赋》中的一段，自"嬉"字起，至"飞"字止，约计250余字。原来的墨

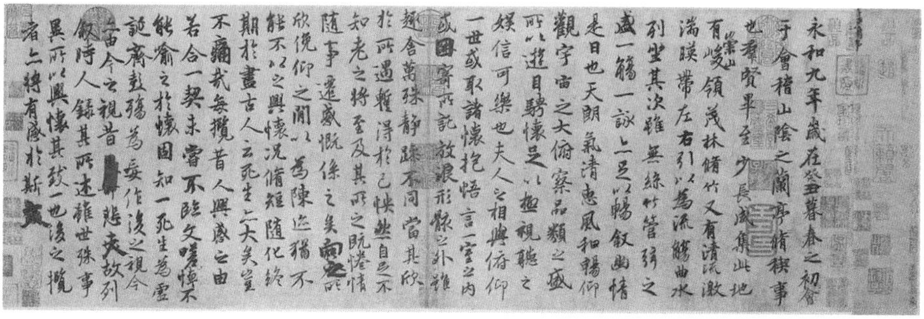

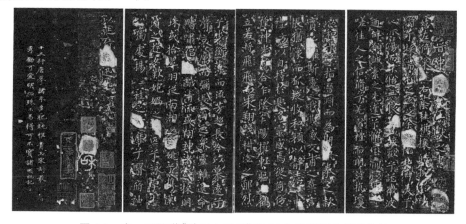

图 4-8 唐·冯承素摹本《兰亭序神龙本》现藏于北京故宫博物院

迹写在麻笺上，早在宋代就已遗损，流传下来的刻本为贾似道根据真迹上石的拓本，因石色如碧玉，又称其为"碧玉十三行"，它于明万历年间在杭州西湖葛岭的半闲堂旧址出土，现藏首都博物馆（图 4-9）。

图 4-9 宋·贾似道《碧玉十三行》（石本）现藏于首都博物馆

洛神的形象与洛河湿地密不可分。文学中的洛神是从远古神话和民间传说中走出来的，而且经过了历代文人的阐释、演绎甚至赋意。洛神在周朝是一位被称为"宓妃"的神女；而到了汉代，被认为是在洛水溺水而死的女人之灵魂，并因此变成洛水之女保护神；再到后来，则被视为英雄伏羲之女。在《洛神赋》中，洛神为曹植所爱慕女子的化身，曹植在序中说"感宋玉对楚王说神女之事，遂作斯赋"。

王献之所书《洛神赋》（十三行）体势秀逸，虚和简静，与文章内涵极为和谐，灵秀流美的笔法契合了洛神之哀怨、洛水湿地之秀美。这件佳作被后人誉为"小楷之极则"，清杨宾《铁函斋书号》认为"字之秀劲园润，行世小楷无出其右"。此帖在楷书发展史上具有重要意义。楷书源于汉末，而成熟于魏晋。现存最早的楷书作品传为钟繇的《宣示表》《荐季直表》等，尚存隶意，至晋代，经王氏父子改进而完善。王羲之的《乐毅论》《黄庭经》等小楷，已足见其法度完备。王献之则突破其父的成法束缚，别创新法。此帖点画劲健，体势峻拔奇巧，风神秀逸萧散，是楷书中追求写意书风的经典之作，在楷书发展史上占有重要地位，也产生过广泛的影响。后世楷书对所谓晋人格调的追摹，无不以《洛神赋》为圭臬[105]。

3. 赤壁赋

《赤壁赋》，纸本，行楷书，纵 23.9 厘米，横 258 厘米。现藏于台北故宫博物院。作为苏轼真迹精品的代表作，其书法丰腴劲秀。明董其昌在《画禅室随笔》中对它评价很高，认为此卷书法"全用正锋，是坡公之兰亭也。每波画尽处，隐隐有聚墨痕如黍米珠。嗟乎！世人且不知有笔法，况墨法乎。"

《赤壁赋》是苏轼于"乌台诗案"获释后，被贬为黄州团练副使时所作。元丰五年（1082 年）七月和十月作者先后两次游览黄州城外的赤壁，写了两篇游记，后人习惯称前一篇为《赤壁赋》或《前赤壁赋》，称后一篇为《后赤壁赋》。《赤壁赋》中苏轼借水月清丽之景，寓物我皆无尽之哲理。文章抒写了黄州赤壁湿地风光的清奇和对历史人物的感慨，表达了作者对人生和宇宙的独到见解。叙述、描写、议论、抒情交替使用，写景状物挥洒自知，字里行间渗透出一种独具智慈的出世入世的超脱与旷达。

苏轼生活在书法界抑唐崇晋的时代，虽然他们不可能完全像魏晋人那样追求玄学精神，但淡泊神远的意境却是他们所向往和在作品中着意表现的。纵观《赤壁赋》，全文蕴含着与日月同在、与天地同生的那种"天人合一"的思想。就《赤壁赋》书法而言，字势以扁肥为主，笔画以粗壮为多，而横细竖粗更增加了它的横向视觉效果。但苏轼却能做到"细而不纤弱，肥而不臃肿"，实有"纯棉裹铁"的感觉，传达着那种温润、含和、朴拙的美境[106]。

在《赤壁赋》手书中，苏轼全用正锋，遒劲有力，入木三分，集典雅、静穆、深邃、阔大于一身。他的行书丰腴规正，笔圆而韵腾，沉着而痛快地表达文境。清代的孙承泽在《庚子销夏记·卷八》中有语评："《前赤壁赋》为东坡得意之作，故屡书之。此本小字楷书，犹有精彩。"由于苏轼的文学修养深厚，书法传统功底坚实，结字在方整中有流动的气势，特别是用墨虽浓，但灵活不滞，看去平平正正，却令人玩味无穷。

4. 洛神赋图

《洛神赋图》是中国十大传世名画之一（图 4-10），为东晋著名画家顾恺之的代表作品。《洛神赋图》，绢本，设色，纵 27.1 厘米，横 572.8 厘米，现藏于北京故宫博物院。

图 4-10　晋·顾恺之《洛神赋图（宋摹本）》（局部）现藏于北京故宫博物院

提到《洛神赋图》就不能不再提到《洛神赋》与洛河湿地。《洛神赋图》卷以三国时代著名文学家、诗人曹植的浪漫主义名篇《洛神赋》为蓝本，运用浪漫主义的表现手法绘画而成。洛神是曹植的恋人甄宓的化身，但她被曹操许与曹丕，后来忧郁而终。曹植从京城返回封地路经洛水停脚休歇时，在洛河湿地那茫茫的云水间似乎又恍惚看到了丽人的身影，感慨间写下了千古名篇《洛神赋》。画家顾恺之依此创作的《洛神赋图》卷开创了中国绘画史上文学与绘画相结合的先河。《洛神赋图》卷保留了赋文故事性分段描述的手法，将赋中极为幽雅的文句化为具体形象，按照赋文结构顺序，选择重要情节加以描绘[107]。全画情节可分八段："洛神初现""神人悟对""信物盟誓""洛水倦息""再陷惆怅""驾车追赶""心灰意冷"和"走马上任"。画卷对赋中的故事情节逐节描绘，细致入微地刻画了曹植对洛神的相思之情。

在《洛神赋图》中，画家以较高层次的宏观总体把握能力，运用散点透视的方法，以洛河湿地为宏观背景，把洛河水、奇峰、林木等巧妙地荟萃于画卷中，同时将赋中的优美语句进行艺术幻化，从而达到画赋交融的高度境界[108]。长卷构成形式鲜明地体现了《洛神赋图》卷独特的整体连续性艺术神韵。此种构成形式对我国人物画及山水画的艺术构思产生了深远影响，尤其在仕女人物画中被一直沿用至今。

5. 夏景山口待渡图

《夏景山口待渡图》描绘的是江南夏天景色（图4-11），被认为是南唐著名画师董源江南风格的典型作品之一。原作为绢本长卷，纵50厘米，横320厘米，现藏于辽宁省博物馆。

图4-11 南唐·董源《夏景山口待渡图》（局部）现藏于辽宁省博物馆

董源善山水、人物、云龙、牛虎，无所不能，尤以山水画最为著名，开创南派山水。他的画风对元明山水画产生了重大的影响，被尊为中国山水画的鼻祖之一。沈括《梦溪笔谈》赞董源之画"皆宜远观，其用笔甚草草，近视之几不类物象，远视则景物粲然，幽情远思，如睹异境"。米芾《画史》称董源之作"近世神品，格高无与比也"。

在《夏景山口待渡图》中，作者选取江南渡口湿地景观，画中江水蜿蜒而过，在群山中时隐时现，使山体结构变幻无穷，一洗山形的概念化之弊。开卷处干沙浅岸，坡下溪流萦绕，布景空灵；中幅结构缜密，山峰层丘叠壑，焦墨大披麻皴，高厚雄壮；卷末沙岸延伸，垂柳成行，展现出平远辽阔的江景。全卷用披麻皴加墨点笔法表现漫山的树木丛林。此图与北京故宫博物院所藏《潇湘图》在画法、风格上颇为相似,卷高尺寸完全一样,但用笔有不同之处,描绘更为复杂,其笔墨变幻是多样的。

6. 清明上河图

《清明上河图》(图4-12)是由北宋著名画师张择端所画,它描绘了北宋都城汴京(今河南开封)清明时节汴河及其两岸的风光。作者以全景式构图、严谨精细的笔法,展现了12世纪我国都市各阶层人物的生活状况和社会风貌。此图不仅具有极大的艺术价值,也蕴含了不尽的文化价值,历来备受世人称赞。

图4-12   宋·张择端《清明上河图》(局部) 现藏于北京故宫博物院

《清明上河图》绢本,长528.7厘米,宽24.8厘米,画卷展现出汴梁汴河沿岸及东南角门里市区清明时节的社会生活风貌。画面的内容结构大致可分为三个段落:画卷右端起为首段,始为城郊的农村风光,寂静的原野,略显寒意,渐而有村落田畴,嫩柳初绿,有上坟回城的轿马人群,行走于稀疏的树石、潺潺的溪流之间。通过对环境和人物的描写,点出了清明时节的特定时间和风俗,为全画拉开了序幕。渐而人物增多,房舍逐渐稠密,河道也渐显宽广,画面的气氛随之热烈。中段为繁忙的汴河码头,以"虹桥"为中心,形成了全画最为紧凑、最为热闹的场面。虹桥横跨在汴河之上,桥身全由巨木架成,有梁无柱,结构精巧,规模宏敞,形制优美,宛如长虹。桥两端连接街市,来往行人熙熙攘攘,车水马龙,与桥下紧张的水运相为呼应。桥下河面狭窄,水深流急。槽船上,船工们正在与河水激烈搏斗,有的撑篙,有的掌舵,有的放桅杆,有的掷缆绳,有的呼喊指挥,十分纷繁紧张。过桥的行人也不由驻足观看,情不自禁地指点提醒、呼号助力,一时间,多少人手忙脚乱,鼎沸一片。后段为城门内外热闹的市区街道景象,城楼高耸巍峨,街道纵横交错,店铺鳞次栉比,茶坊、酒肆、脚店、肉铺、寺观、公廨等应有尽有。街市中有专营沉檀棟香、罗锦匹帛、香火纸马的,有医药门诊、大车修理、看相算命的,还有沿街叫卖零食及小百货的。街上的行人摩肩接踵、络绎不绝,男女老幼、士农工商，无所不备[109]。全卷总计绘制人物达 587 个、动物 13 种、植物 9 种、牲畜 50 余头，船只、车轿各 20 余个。所有这些大者盈寸、小者如豆的人物及其活动，在画面上安排得纷而不乱，繁而有序；劳逸苦乐，生动有致；揖让呼应，形神兼备。

描绘汴河湿地的《清明上河图》可谓是风俗画的鸿篇巨制，它就像一部纪实片向观者详细真实地讲述了北宋时期都城汴京的时代风貌[110]。该作品内容复杂，场景开阔，人物众多，是一幅不可多得的艺术珍品，也是一幅最具传奇色彩的绘画作品，还是历朝历代被临摹最多的一幅作品，堪称中国美术史上的稀世神品。

7. 雪江归棹图

《雪江归棹图》是宋徽宗赵佶的山水画代表作，纵 30.3 厘米，横 190.8 厘米，绢本长卷，墨笔，现藏于北京故宫博物院。赵佶政治上极其昏庸腐败，在位二十五年，纵欲无度，玩物丧志，终致北宋朝廷在其手中倾覆。但赵佶在书画上颇有造诣，在位期间重视和大力发展画院，亲自掌管翰林图画院，编撰《宣和书谱》《宣和画谱》《宣和博古图》等书，推动了宫廷美术的繁荣。他独创的"瘦金书"，隽永瘦硬，别具一格，历来备受推崇，而他的画，以宋徽宗至高无上的地位和突出的艺术价值，自然极其珍贵，流传下来的《雪江归棹图》为其山水画代表作。

《雪江归棹图》以长卷的形式表现寒江湿地两岸的雪景，极富手卷层层深入、峰回路转之情趣：开卷是茫茫寒江，远山缥缈，底下是江岸，向内延伸，一石突出河岸，有篷舟靠其旁，两人在忙碌，应是"归棹"之点题；再向内，渐见土岗、山丘，而后群峰突起，层峦叠嶂，画面向纵深演绎，有楼阁村舍隐匿山后，栈道、小桥点缀其中，依稀有人行，或骑驴，或肩挑；再往后则又见水岸，复归寒江浩渺。整幅画面富有高低错落的节奏感，布置精巧，使观者仿佛身临其境，坐于舟船中，沿江眺望窗外时时变换的景色，充分展示了长卷绘画的特点和魅力。全卷用笔细劲，笔法流畅，意境肃穆凝重。画卷左上方有赵佶瘦金书题"雪江归棹图"，卷末有"宣和殿制"及"天下一人"草押。

如当时蔡京题跋所云："伏观御制《雪江归棹》，水远无波，天长一色，群山皎洁，行客萧条，鼓棹中流，片帆天际，雪江归棹之意尽矣。"卷后有明代王世贞的题跋，评赞十分中肯："宣和主人花鸟雁行黄（筌）、易（元吉），不以山水、人物名世，而此图遂超丹青蹊径，直闯右丞（王维）堂奥，下亦不让郭河中、宋复古。"全幅布置精巧，构图旷远。明人张丑《清河书画舫》认为此图"布景用笔大有晋、唐风韵"。《雪江归棹图》开启了南宋以至元代笔墨及构图渐趋简略的先河，代表了北宋后期绘画的最高水准。

8. 千里江山图

北宋王希孟《千里江山图》（图 4-13），是故宫博物院收藏的我国古代绘画遗产中的一件优秀作品，它以综合概括的艺术手法，生动地表现了祖国的锦绣河山，具有重要的历史价值和艺术价值。这幅设色山水长卷，横 191.5 厘米，纵 51.5 厘米，是用一幅整绢画成的，无作者款印，本幅上有清弘历（乾隆）题诗，后隔水有宋蔡京跋一，尾纸有元李溥先题一，钤鉴赏印共 30 余方。

《千里江山图》是宋代青绿山水画中具有突出艺术成就的代表作[111]。"青绿山水"就是用矿物质的石青、石绿上色，使山石显得厚重、苍翠，画面爽朗、富丽，色泽强烈、

图4-13   宋·王希孟《千里江山图》(局部) 现藏于北京故宫博物院

灿烂。有时山石轮廓加泥金勾勒，增加金碧辉煌效果，被称为"金碧山水"。它是隋唐时期随着山水画日趋成熟、形成独立画科时，最早完善起来的一种山水画形式。《千里江山图》描绘了祖国的锦绣河山。依据山水构图的节奏变化可以将画面大致分为六个部分，每部分之间以水面、游船、沙渚、桥梁相衔接或呼应。从卷首的山谷间开始，穿过树林、山峦，进入村庄，跨过板桥绕过山冈来到村边、江岸，江水隔断处有渡船停泊或长桥相连，暗示着气脉的连贯，随后穿越千山万水回到最后近岸的山中，这仅仅是从平面构成的角度来看。在画面纵深处，小路的迂回曲折也将纵深的空间拉伸开，消失于无限深远的空间。画面起首为起伏的山峦，山坳间树木葱茏，村舍民居散见于湖岸泊边。一桥与湖中小岛相连，一片广阔湖面的远处为平渚沙洲，接着又有层叠的峰峦。两座高山为一水所阻隔，水上架设木桥，桥身结构精巧。此后仍然是连绵不断的群山，时而移为近景，时而推成远景。平缓的岸边，停泊舟船数只，湖中渔舟张网捕鱼。水田迷蒙的空中，一群飞鸟回旋盘绕。岸边巨石耸立，山势逐渐陡峭，山间林木丛生，生机郁勃。一条溪水自幽深的山谷中曲折流下。山势略见平缓，又见湖泊、舟船、渔村。画幅的最后一段，近处画茂密的树林，远处山石猛然壁立，在高潮中结尾[112]。整幅作品高下起伏，错落有致，富有节奏感。湖面和山石虚实相生，层出不穷。青绿山水画将湿地绘画艺术又推向了新的顶峰。

从整体来看，《千里江山图》上峰峦起伏绵延，江河烟波浩渺，气象万千，壮丽恢弘。山间高崖飞瀑，曲径通幽，房舍屋宇点缀其间，绿柳红花，长松修竹，景色秀丽[113]。《千里江山图》山水间野渡渔村、水榭楼台、茅屋草舍、水墨长桥各依地势、环境而设，与山川湖泊相辉映。整幅画卷以精炼概括的手法、绚丽的色彩和工细的笔致表现出祖国山河的雄伟壮观，一向被视为宋代青绿山水的巨制杰作。

9. 富春山居图

作为中国十大传世名画之一，《富春山居图》始画于至正七年(1347年)，于至正十年完成，清代顺治年间曾遭火焚，断为两段，现存于世部分分为《富春山居图·剩山图》(纵31.8厘米，横51.4厘米)与《富春山居图·无用师卷》(纵33厘米，横636.9厘米)两部分，现分别藏于浙江博物馆和台北故宫博物院。《富春山居图》被视为黄公望绘画艺术上的巅峰之作，黄公望以苍润洗练的笔墨展现了富春江两岸动人风貌。

黄公望作为元朝异族统治下的汉族士大夫，在当时系浙西廉访司一名书吏，因上司贪污案受牵连，被诬入狱，出狱后改号"大痴"，更入道教全真派。富春江是东汉严子陵隐居垂钓之地，具有避世隐居的文化象征。黄公望晚年隐居于富春江畔的筲箕泉，他的山水画多取材于隐居生活，通过表现自身所居的秀美山川来宣泄情感。

《富春山居图》卷所绘皆为浙江富春山两岸周边湿地的初秋景色。画面上坡峦起伏林木森秀，其间有村落亭台渔舟小桥，并写平沙及溪山深处的飞泉。画中的峰峦旷野，丛林村舍、渔舟小桥，或雄浑苍茫，或清丽飘逸，都生动地展示了江南翠微杳霭的优美风光，可谓"景随人迁，人随景移"，达到了步步可观的艺术效果。展披画卷，笔墨苍简清润。历代凡见此画者，无不叹为观止[114]。《富春山居图》的布局由平面向纵深展宽，空间显得极其自然，使人感到真实和亲切，笔墨技法包容前贤各家之长，又自有创造，并以淡淡的赭色作赋彩，这就是黄公望首创的"浅绛法"。整幅画简洁明快，虚实相生，具有"清水出芙蓉，天然去雕饰"之妙，富春山湿地之景跃然纸上，显示出黄公望的艺术特色和心灵境界，被后世誉为"画中之兰亭"。

对于《富春山居图》，明代董其昌《画禅室随笔》中说其"展之得三丈许，应接不暇。"清代张庚《图画精意识》称："富春山卷，其神韵超逸，体备众法，脱化浑融，不落畦径。"恽南田《瓯香馆画跋》中记："所作平沙，秃锋为之，极苍莽之致。"明清许多文人画家多因此图得到启示，其临本有十余本之多。在中国墨彩画"抒情山水"的传统中，《富春山居图》可谓上承王维、董源、"二米"与赵孟頫的艺术探索，下开王蒙、倪瓒、陈淳、徐渭、董其昌、王原祁、八大、石涛……直至黄宾虹、余承尧的笔墨道路，承先启后，是一件转折点式的伟大抒情山水杰作。

《富春山居图》取材于画家的隐居地富春江，画家一生，爱富春江，对富春江有极为深切的体会，才能把富春江湿地景色表现得出神入化，令观者犹如置身于绮丽山光水色之中[115]。

10. 潇湘八景图

潇湘八景因宋迪山水画而成名，历经千年成为彰显湖湘文化的重要遗产资源[116]。最早对潇湘八景做专门记述的是宋代的沈括，他在《梦溪笔谈》中提到宋迪"尤善平远山水"，宋迪将湘江中下游至洞庭湖一带的自然风景作为绘画题材，创作了八幅山水画，分别为"潇湘夜雨""平沙落雁""烟寺晚钟""山市晴岚""江天暮雪""远浦归帆""洞庭秋月"与"渔村夕照"。潇湘八景从湖南湘江中游的永州"潇湘夜雨"开始，北到岳阳市东洞庭湖上的"洞庭秋月"，涵盖丰富的自然与人文资源，成为彰显湖湘魅力的重要文化遗产。宋迪的八景图对宋代潇湘题材绘画的影响很大，被称为"洞庭山水样"。宋迪的潇湘画作给后人确立了八景的绘画模式，使得潇湘八景的绘画模式成为后人共同遵守的范式[117]。

作为一种常见的画作题材，潇湘八景被历代画家所青睐。宋代有米友仁《潇湘奇观图》《潇湘白云图》《潇湘图》与《楚山清晓图》；元代有赵孟頫的《洞庭东山图》与《洞庭西山图》，张远的《潇湘八景图》；明代唐寅的《潇湘夜雨》，文徵明的《潇湘八景图》和文伯仁的《潇湘八景图》；清代有挥寿平的《仿米友仁潇湘图》等画作[118]。

11.《潇湘奇观图》

《潇湘奇观图》(图4-14)是米友仁山水画的代表作品之一。作者在自题中写道:"先公居镇江四十年……作庵于城之东,高冈上以海岳命名,卷乃庵上所见山……余生平熟潇湘奇观,每于登临佳胜处,则复写其真趣。"由此可知此"潇湘奇观"并非湘江山水的再现,而是借镇江山水抒发对潇湘景色的怀念。此画以"潇湘"为题但是并不是潇湘的实景,这无论是对潇湘绘画还是潇湘意象来说都是一个大的突破,它标志着潇湘摆脱了地域的限制,更多的是一种情感风格的代表。

图4-14 宋·米友仁《潇湘奇观图》(局部)现藏于北京故宫博物院

在《潇湘奇观图》中,画家泼墨挥洒,水墨连缀,横点渲染,左掩右映,上下相随,在烟云缭绕、明暗显隐的模糊状态中,表现出潇湘湿地山水烟雾迷象的景象,给读者以魅力无穷的模糊美享受[119]。米芾曾在《画史》中赞美那种云影飞动,出没有无的境界:"峰峦出没,云雾显晦,不装巧趋,皆得天真;岚色郁苍,枝干劲挺,咸有生意;溪桥渔浦,洲堵掩映,一片江南也。"画家用淋漓水墨画江上云山、云雾变幻的奇境,山峰、江水、树木并未作具体细致的描写,追求的是苍茫雨雾中自然界的特殊韵致。

12. 赵孟頫《洞庭东山图》

《洞庭东山图》纵61.9厘米,横27.6厘米,现收藏于上海博物馆。此图描绘洞庭东山的景色。洞庭山位于江苏吴县西南太湖中,分东西雨山。东山古名胥母山,又名莫厘山,为伸出太湖之半岛。图上东山山势不高,圆浑平缓,山径曲折,一人伫立岸边眺望太湖。山后雾气迷蒙,岗峦隐约。湖面微波粼粼,轻舟荡漾。近处小丘浮起,杂木叶生。赵孟頫在《洞庭东山图》中自题:"洞庭波兮山崒嵂,川可济兮不可以涉。木兰为舟兮桂为楫,渺余怀兮风一叶。"落款"少昂",钤"赵氏子昂"朱文印。

与之相呼应的还有赵孟頫的《洞庭西山图》,现已遗失。

13. 张远《潇湘八景图》

历代文人画师都对"潇湘八景"题材情有独钟,其中,元代画家张远所绘制的《潇湘八景图》(图4-15)更是难得地完整传承到了今天,让人一窥完整的潇湘八景墨宝。

张氏《潇湘八景图》为长卷,绢本,设色。纵19.3厘米,横519厘米。现藏于上海博物馆。图卷中山峦起伏,碧波荡漾,人三三两两,或撒网捕鱼,或促膝而谈,呈现一派祥和的景象。

图 4-15　元·张远《潇湘八景图》(局部) 现藏于上海博物馆

在湿地绘画艺术方面，历代画师留给后世的山水名篇举不胜举，除以上画作之外，《溪山行旅图》《渔父图》《四景山水图》等都是湿地艺术的杰出代表作品，在中国古代山水画史上有着重要地位，感染并影响着一代又一代的画师。

如今，摄影作为新兴的艺术形式，让更多的人参与到湿地艺术的创作中来。越来越多的摄影爱好者开始涉足湿地题材，他们镜头所捕捉的对象，无论是湿地风光本身，还是湿地植被、湿地珍稀动物，都被更加直观地呈现在大众面前。中华人民共和国国际湿地公约履约办公室和国家林业局宣传办公室等单位于 2008 年首次在国内举办了以湿地为主题的"关注湿地——健康的湿地，健康的人类"中国湿地摄影展，旨在用摄影艺术的形式反映我国在保护和利用湿地方面所取得的成就，以及破坏湿地带来的危机，进一步向全社会宣传和介绍湿地的重要作用和保护湿地的重大意义，进一步提高广大公众的湿地保护意识，推动湿地保护事业的健康发展，让人们更多地了解湿地、认识湿地，提高保护湿地的意识和责任。

摄影这种通过影像再现湿地生态环境的方式，能够更加广泛地宣传湿地和湿地保护知识，并将多样性的湿地生态景观呈现在更多的人面前。可以说，摄影艺术在湿地题材上的蓬勃发展，不仅仅是丰富了湿地的艺术形式，更重要的是它还能将湿地的概念在大众中推广，让越来越多的人意识到湿地生态问题，扩大湿地保护的队伍，对湿地的发展有着重要意义。

三、湿地传说

水是万物之本原，以水为本的湿地孕育了整个华夏民族及华夏文明。梁启超曾说："凡人群第一期之文化，必依河流而起，此万国之所同也。"可见湿地是人类文明、文化的源泉。从上古时代起，"逐水草而居"，广大劳动人民的生产生活就与湿地密不可分。我们奉黄河为中华民族的"母亲河"，称自己为水之龙神的后人——龙的传人，这一切表明，湿地在文明的发展中起了不可忽视的巨大作用。

从洪荒时期洪水肆虐背景下产生的治水神话，到以水畔精怪为主角的浪漫传奇，随着时代与技术的发展，人类对水的态度已从畏惧变为赞美，不变的是那些流传千古的动人传说。例如"大禹治水"的上古神话，表明古代先民们对水的威力有着深刻的认识，并演化成中国最原始的文化形态，蕴含着丰富的水思想及湿地文化，成为中华文化产生的渊源；舜之二妃与"湘妃竹"的典故有复杂的演变史，以它为轴心，衍生出诸多以"潇湘"为主题的传说故事、诗词歌赋、书画作品和地方古迹，是我国流传百世的文化遗产；龙作为中华民族的图腾，正是广大劳动人民与水、与湿地紧密联系过程中所形成的一个重要文化特征，以龙为主题的"柳毅传书"，本身就充满光怪陆离的憧憬与幻想，将古人心目中至高无上的"龙神"赋予人的感情色彩，表达了对水之神灵的敬畏、爱慕之心；湿地景观以其独特的动人魅力，成为历朝历代浪漫故事发生的背景与载体，在西湖湿地美丽的风光之下，梁山伯与祝英台草桥义结金兰，许仙与白娘子断桥一见倾心，湿地风光为神话传说增添了水雾朦胧的神秘浪漫之感。湿地传说，承载了劳动人民千百年来对水的赞颂，对美的追求，对生活的希望。

1. 湘妃

《山海经》载："洞庭之中，帝二女居之，是常游于江渊，出入必以飘风暴雨。"此处帝指唐尧，二女名娥皇、女英。尧帝选定舜为继承人，并把二女同时嫁给了他。汉代刘向《列女传·有虞二妃》云："有虞二妃，帝尧二女也，长娥皇，次女英。"娥皇、女英姐妹二人合称二妃，又称湘妃、湘夫人、湘君。

据《水经注》记载："大舜之陟方也，二妃从征，溺于湘江，神游洞庭之渊，出入潇湘之浦"，舜帝晚年勤政死于九嶷山，娥皇女英二人于湘水之畔投水而死，受封为湘水之神（图4-16）。相传舜帝死后，二妃天天扶竹向九嶷山方向泣望，把这里的竹子染得泪迹斑斑。晋张华《博物志·史补》云："舜崩，二妃啼，以涕挥竹，竹尽斑。"《群芳谱》云："斑竹，即吴地称湘妃竹者，其斑如泪痕。世传二妃将沉湘水，望苍梧而泣，洒泪成斑。"今江南有"斑竹""湘妃竹"之说，盖出于此。湘妃竹的传说乃成为这一爱情故事的最后绝响。

湘妃和虞舜的感情传说随同虞舜一代史事载入经典，历代传咏备载不绝，经史以外，在文学、绘画、音乐中也都有所体现。诗人屈原的《九歌》中的《九歌·湘君》《九歌·湘夫人》，是最早的歌颂二妃的不朽诗篇。由湘妃故事开启的潇湘、潇湘楼、潇湘馆、潇湘驿、九嶷白云、湘妃竹、湘妃泪、湘妃怨等文学意象，丰富了古典文学主题。

图4-16   国画《湘灵图》（华三川绘）

2. 西门豹治邺

西门豹治邺的故事已经流传了千年。西门豹是战国初期的法家无神论者，他在邺县（今河北临漳县）镇压了官绅和巫婆利用封建迷信危害百姓的罪恶活动，并修渠灌田造福百姓，留下了不朽的丰功伟绩。西门豹在当时是著名的政治家、军事家、水利家，曾立下赫赫战功。我们今天对西门豹的了解多来自于西汉时期褚少孙续补《史记》的著作《史记·滑稽列传》中的《西门豹治邺》。

据《西门豹治邺》一文记载，西门豹初到邺城就微服私访，见这里人烟稀少，田地荒芜，百业萧条，一片冷清。后才知魏国邺郡屡遭水患，百姓为"河伯娶妇"所困扰。当地女巫勾结群臣，假借河伯娶妇，榨取民财——"邺三老、廷掾常岁赋敛百姓，收取其钱得数百万，用其二三十万为河伯娶妇，与祝巫共分其余钱持归"，百姓困苦不堪。他巧妙地利用三老、巫婆和地方豪绅、官吏为河伯娶妻的机会，惩治了地方恶霸势力，遂颁律令，禁止巫风，令当地官员"不敢复言为河伯娶妇"。他又亲自率人勘测水源，发动百姓在漳河周围开掘了十二渠，使大片田地成为旱涝保收的良田，"至今皆得水利，民人以给足富"，邺城得到繁荣发展[120]。

引漳十二渠凿通后，灌溉效益显著。《论衡·率性》中记载："魏之行田百亩，邺独二百亩。西门豹灌以漳水，成为膏腴，则亩收一钟（一钟是六斛四斗）。"据《汉书·食货志》记载，在汉代一般亩产一石五斗，而战国时邺田竟达到六斛（相当于石）四斗，可见引漳水灌溉后邺地农业发展的程度。后来，老百姓为了尊重和纪念西门豹的功绩，也为了在称谓上的方便，便将西门豹开凿的渠道改称"西门渠"，并在灌区内修建了纪念西门豹的祠堂。

3. 梁祝

万松书院位于杭州西湖东南松木苍翠、风景秀丽的万松岭上，因诗人白居易《夜归》中"万株松树青山上，十里沙堤明月中"的诗句得名。被世人广为传颂的梁山伯与祝英台的故事便是东晋时期以万松书院为背景展开的。

梁祝故事妇孺皆知，最早有文字记载是在唐代张读的《宣室志》："英台，上虞祝氏女，伪为男装游学，与会稽梁山伯者，同肄业。山伯，字处仁。祝先归。二年，山伯访之，方知其为女子，怅然如有所失。其告父母求聘，而祝氏已字马氏子矣。山伯后为鄞令，病死，葬鄮城西。祝适马氏，舟过墓所，风涛不能进。问知有山伯墓，祝登号恸，地忽自裂陷，祝氏遂并埋焉。晋丞相谢安奏表其墓曰：'义妇冢'。"说的是浙江上虞祝家有一女祝英台，女扮男装到杭州游学，遇到从会稽来的同学梁山伯，同窗三年。后来祝英台中断学业返回家乡。梁山伯到上虞拜访祝英台时，才知道三年同窗的好友竟是红妆，欲向祝家提亲，此时祝英台已许配给马文才。之后梁山伯在鄞当县令时过世。祝英台出嫁时，经过梁山伯的坟墓，突然狂风大起，阻碍迎亲队伍的前进，祝英台下花轿到梁山伯的墓前祭拜，梁山伯的坟墓塌陷裂开，祝英台投入坟中与之埋在一起。在民间流传过程中又逐渐加入了"草桥结拜""讨药"和"化蝶"等经典情节[121]。2006年6月，梁祝传说被纳入国务院批准文化部确定并公布的第一批国家级非物质文化遗产名录中。

4. 柳毅传书

"淡扫明湖开玉镜，丹青画出是君山。"这是唐代诗人李白咏君山的诗句。风景如画的君山是洞庭湖上的一个小岛，在它的龙舌山至今保留着一口柳毅井。《柳毅传书》是发生在洞庭湖畔的故事，源于唐代传奇小说《柳毅传》。《柳毅传》最早见于《天平广记》419卷，出自唐人陈翰所编《异闻集》，由李朝威撰写。

柳毅传书的主题是侠义与爱情。唐代仪凤年间，落第书生柳毅回乡途经洛阳，遇龙女于荒野牧羊，探听之下得知洞庭龙女远嫁泾川，受其夫泾阳君与公婆虐待。柳毅出于义愤，为龙女传家书至洞庭龙宫，得其叔父钱塘君营救，回归洞庭，钱塘君即令柳毅与龙女成婚。柳毅因传信乃急人之难，本无私心，且不满钱塘君之蛮横，故严词拒绝，告辞而去。但龙女对柳毅已生爱慕之心，自誓不嫁他人，后在柳毅接连丧妻之后化作范阳卢氏女，与其终成眷属。

柳毅传书的故事并不是单纯的才子佳人模式。主人公柳毅有着不同于以往人们对男子"以才为美"的理解，即有着更深层次的道德理想。同时龙女的反抗精神和钱塘君的疾恶如仇、刚直暴烈也都富有强烈的现实主义精神[122]。《柳毅传书》作为唐代以来传奇里最有成就的篇章之一，几乎历朝都出现了改编之作，如宋代官本杂剧有《柳毅大圣乐》，金代有诸宫调《柳毅传书》，元代南戏有《柳毅洞庭龙女》，元杂剧有尚仲贤的《洞庭湖柳毅传书》，明代有黄惟楫的《龙绡记》、许自昌的《橘浦记》，清代有李渔的《蜃中楼》、何塘之的《乘龙佳话》[123]。

5. 白蛇传

白娘子和许仙的故事广为人知。而提起他们就不能不提西湖，白娘子与许仙相会在断桥，最后被分离于雷峰塔。白蛇传作为中国四大民间传说之一（其余三个为《梁山伯与祝英台》《孟姜女》《牛郎织女》），现多认为其故事的雏形始于南宋，初见于《清平山堂话本》之《西湖三塔记》，梗概大异于今。讲的是白蛇精、乌鸡精、水獭精设计加害奚宣赞，而其叔父奚真人乃得道之人，做法将他们收服，并镇压于西湖中的三个石塔之下的故事[124]。

在明末冯梦龙《警世通言》卷二十八之《白娘子永镇雷峰塔》，小说写的是南宋绍兴年间，南廊阁子库官员李仁内弟许宣做一药铺主管，一日祭祖回来，在雨中渡船上遇到一自称为白三班白殿直之妹及张氏遗孀的妇人（蛇精白娘子），经过了借伞还伞后，蛇精要与许宣结为夫妇，又叫丫鬟小青（青鱼精）赠银十两，殊不知此银为官府库银，被发现后，许宣被发配苏州，在苏州与蛇精相遇而结婚，后又因白娘子盗物累及许宣，再次发配至镇江，许白又于镇江相遇复合，法海识出此美女是蛇精，向许宣告知真相，许宣得知白娘子为蛇精后，惊恐万分，要法海收他做徒弟，在法海禅师的帮助下收压了蛇精青鱼精。许宣化缘盖雷峰塔，修禅数年，留警世之言后一夕坐化去了。到了清代，白蛇的故事又经《雷峰塔传奇》《义妖传》等话本的重新演绎，已经完全由单纯的妖怪迷惑人的故事变成了有情有义的女子不屈于命运与世俗抗争的故事[125]。

白蛇传故事在长期流传过程中，一方面由于大量富于人情味、现实性情节的加入，使它的内容大大丰富鲜活起来；另一方面随着时代的前进，受民主思想的冲刷，它的思想性、艺术性日益提高。白娘子形象凝聚着历代人民的真挚情感，她身上的"恶"性即妖气愈来愈淡，"善"和"美"的本性愈来愈浓，终至成为一个十分理想完美的妇女典型，被誉为东方的爱神，承载着人们对爱情自由的理想，对诗意的追求[126]。白、许爱情故事成为我国文学史上的经典爱情故事。2006 年，"白蛇传说"被列入国家级非物质文化遗产名录。

6. 玛纳斯

反映柯尔克孜族在叶尼塞河上游等地的迁徙、征战以及游牧生活场景的《玛纳斯》史诗，是柯尔克孜族人民以口头形式世代相传英雄史诗杰作。2009 年 9 月，联合国教科文组织将其列入人类非物质文化遗产名录之中，使它真正登上了人类文化的最高殿堂。

《玛纳斯》广义指整部史诗，狭义指其第一部。与藏族史诗《格萨尔王传》、蒙古族史诗《江格尔》不同，史诗《玛纳斯》并非一个主人公，而是一家子孙八代人。整部史诗以第一部中的主人公之名得名。

玛纳斯是柯尔克孜族传说中的著名英雄和首领，是力量、勇敢和智慧的化身。《玛纳斯》这部史诗叙述了他一家八代，领导柯尔克孜族人民反抗异族统治者的掠夺和奴役，为争取自由和幸福而进行斗争的故事。史诗共分八部，以玛纳斯的名字为全诗的总名称，其余各部又都以该部主人公的名字命名：如《玛纳斯》《赛麦台依》《赛依台克》《凯乃木》《赛依特》《阿色勒巴恰与别克巴恰》《索木碧莱克》《奇格台依》。每一部都独立成章，叙述一代英雄的故事，各部又相互衔接，使全诗构成了一个完整的有机体。这部史诗长约 20 万行，共 2000 万字。史诗的每一部都可以独立成篇，内容又紧密相连，前后照应，共同组成了一部规模宏伟壮阔的英雄史诗。

柯尔克孜族在民间以口头形式传承了多年的《玛纳斯》史诗直到 19 世纪后半期才开始出现书面形式的手抄记录本，到了 20 世纪初才有了真正的印刷文本，开始逐步走向书面定型化[127]。如今，在新疆各地的柯尔克孜族聚居区，《玛纳斯》史诗仍然保持着口头传承的状态，很多史诗歌手"玛纳斯奇"（manas-chi）仍然活跃于民间，为民众演唱这部古老的英雄史诗。

根据玛纳斯演唱大师居素普·玛玛依唱本的描述，英雄玛纳斯因为大意而遭到夙敌空吾尔拜的暗算，头颈部被毒斧砍中，回到塔拉斯故乡黯然离开人世[128]。玛纳斯的妻子卡妮凯与谋士巴卡依圣人商讨，按照柯尔克人的习俗，人们将其尸骨埋在河床地下、能够容纳五百人的墓穴中，然后再把挖掘墓穴之前引开的河水恢复原位，让英雄在滔滔的河水中安眠。自此，英雄的传说与湿地紧密相连，在一代代后人口中传唱至今。

四、湿地戏剧

中国古典戏曲历史悠久，是中华民族文化的一个重要组成部分，堪称国粹，她以富于艺术魅力的表演形式，为历代人民群众所喜闻乐见，并在世界剧坛上占有独特的位置，与古希腊悲喜剧、印度梵剧并称为世界三大古剧。中国戏曲种类繁多，我国各民族地区的戏曲剧种约有 360 多种，比较著名的剧种有昆曲、京剧、豫剧、评剧、越剧、黄梅戏、粤剧、徽剧、沪剧、吕剧、湘剧、柳子戏、茂腔、淮海戏、锡剧、婺剧、秦腔、汉剧、楚剧、苏剧、湖南花鼓戏、潮剧、藏戏、高甲戏、梨园戏、桂剧、北京曲剧、二人转、河北梆子、京韵大鼓、山东快书等 50 多个剧种。丰富的戏剧遗产和人民群众有密切的联系，继承这种遗产，加以发扬光大，是十分必要的。随着社会经济的转型和变迁，如不及时加以抢救，无形文化遗产的消亡将比有形的文化遗产快得多[129]。

湿地因其秀美的自然风光，成为最使人流连忘返的风景之一，所以在湿地风景区就易发生民间历史典故，继而在文人艺人的笔下转化成为文学艺术作品。在水景周围的风景点，与桥、亭、阁等构筑有关的就有许多著名传说，比如为国人所周知的白蛇传，其故事的高潮情节发生于西湖附近的断桥、雷峰塔等处。同时这些风景易激发文人艺人的创作灵感，创作出众多优秀的作品。戏剧自然而然地成为这众多的文学艺术形式中的一类，比如已有百年历史的湖剧，流行于浙江省的湖州、嘉兴地区及杭州的余杭、临安，江苏省的吴江、宜兴，安徽省的广德等地，带有浓郁的江南水乡情调，语言亲切柔和，曲调清新流畅，表演文雅细腻，具有质朴柔和、生活气息浓厚的特点。

戏剧作品中有许多作品与湿地相关，如越剧，国家级非物质文化遗产，与湿地直接相关的曲目有《追鱼》等；京剧，人类非物质文化遗产代表作，与湿地相关的传统剧目有《借东风》《水淹七军》等，现代京剧有《沙家浜》等；昆曲，人类非物质文化遗产代表作，与湿地相关的剧目有《白蛇传》等。

1.《追鱼》

越剧，中国五大戏曲剧种之一，全国第二大剧种，2006 年列入首批国家级非物质文化遗产名录。越剧有三个引人注目的特点，即民间文化的根基，现代文化的血脉和江南文化的风韵。越剧产生于典型的江南文化环境中，有着与北方文化尤其是中原文化不同的传统、气质，以独特的风韵使人为之陶醉[130]。越剧长于抒情，以唱为主，声音优美动听，表演真切动人，唯美典雅，极具江南水乡灵秀之气，多以"才子佳人"题材为主，艺术流派纷呈。

越剧剧目《追鱼》，剧中叙说张珍与金丞相之女牡丹小姐幼年订婚，张珍父母去世后，金丞相嫌他贫穷而冷落他，表面命他暂居在后花园碧波潭畔的草庐中读书，其实心里却想找机会悔婚。鲤鱼精不甘水府寂寥，见张珍纯朴，就变成牡丹小姐每晚和他相会，不料被真牡丹小姐发现而被赶出金门。假牡丹与张珍在回乡路上，被金丞相见到误以为其女与张私奔。到府内真假牡丹难辨，特请包公，鲤鱼精又演了一出真假包公的闹剧。后鲤鱼精转为凡人，与张珍结为夫妻。

剧目通过张珍和鲤鱼精的爱情故事，歌颂了纯洁的爱情，讽刺了富贵人家嫌贫爱富的卑劣行为。鲤鱼精的形象可爱可敬，她对真挚爱情的追求，象征着人民对美好生活的渴望。

《追鱼》在乐性方面有突出的特色，和其他的越剧曲目一样，完全是江南的水乡乐性，其运声的吴侬软语与音乐的轻柔舒缓，都似江南的流水婉转流畅、亲切感人。其曲调和唱腔也以委婉柔美、深沉哀怨著称，淋漓尽致地演绎着江南之水的本性与特质。

《追鱼》剧目中的唱腔婉转清丽，突出了越剧的特色，表现出才子佳人的浪漫气息，具有很高的审美价值。

2.《借东风》

京剧又称平剧、京戏，是中国影响最大的戏曲剧种，分布地以北京市为中心，遍及全国。清代乾隆五十五年（1790 年）起，原来在南方演出的三庆、四喜、春台、和春四大徽班陆续进入北京，与来自湖北的汉调艺人合作，同时接受了昆曲、秦腔的部分剧目、曲调和表演方法，又吸收了一些地方民间曲调，通过不断地交流、融合，最终形成京剧。京剧艺术历史悠久、技艺精湛，艺术形式璀璨、鲜明，艺术手段丰富、卓越，反映生活深刻、贴切，在世界文化艺术中影响深远，能够适应多种审美需求[131]。

京剧《借东风》取材于古典小说《三国演义》。剧中讲曹操伐吴，兵扎长江。蒋干盗书，黄盖诈降曹营，庞统献连环计，诱曹操钉锁战船，以利火攻，曹操中计。然时值隆冬，独缺东风，难将火势引向曹营，周瑜因之忧思成病。诸葛亮料定甲子日东风必降，因借探病之机向周瑜建言，称能借得东风。周瑜为其在南屏山搭筑坛台，诸葛亮登台"作法"，东风果然如期而至。周瑜嫉其能，故遣将追杀之。诸葛亮早有防备，在赵云接应下返回夏口。

京剧《借东风》的表演手法与中国古典文学艺术常用的白描手法"形散而神不散"很相似。剧情本叙述的是一场波澜壮阔的战争风云，但是在舞台上呈现的，却不是全景油画似的"战争与和平"，而是散点聚焦式的"清明上河图"。表面上平铺直叙，内中却有一股举重若轻的气度。没有更多的心理独白，绝少景物的细致描绘，甚至难见人物大块整场的独角戏，但寥寥几笔乃至零打碎敲中略加点染，一个个人物就活灵活现，简洁清晰地勾勒出一幅幅动人心魄的画面[132]。

京剧《借东风》是一出老生唱工戏，是马连良的代表作，由于有"蒋干盗书"和"黄盖诈降"等铺垫，常与《群英会》一起演出，也有单独演出。

3.《水淹七军》

京剧传统剧目，也称《威镇华夏》。红生戏，唱、做并重。取材于《三国演义》第74回"关云长放水淹七军"。

三国时期，刘备立汉中王后，命关羽进攻襄阳、樊城。曹操以于禁为帅，庞德为先锋统七军迎敌。庞德骁勇善战，关羽几为所败，于禁嫉庞德，急鸣锣收兵。关羽回营，夜里观兵书、窥敌阵，利用襄江涨水，开闸水淹七军，生擒于禁、庞德。

《水淹七军》原为徽班剧目，唱吹腔、高拨子，清代同治、光绪年间徽班艺人景元福、王鸿寿常演此剧于久乐、金桂、天仙等茶园，后成为王鸿寿代表作。在此剧中着重表演关羽的大将风度和谋略。"观书"一场词白不多，主要通过表演动作刻画人物从具思苦索到豁然开朗的心理过程，与周仓的舞蹈动作配合，形成多幅具有造型美的画面，描绘了关羽庄严肃穆的神态。"观阵"唱腔高亢激越，"水战"武打繁重，孙玉声在《二十年来梨园之拿手戏》中评王鸿寿中年所演此剧"台步工架之稳……洵属空前绝后之作，他人万不能及"。

戏剧作为我们民族文化的瑰宝，是我们民族赖以生存和发展的文化基因，也是世界文化的重要组成部分，挖掘和保护戏剧不仅是我们民族生存发展的需要，同时也具有世界意义，继承发扬戏剧遗产，十分必要。在物质文明不断发展的今天，人们渴求精神生活水平的提升，戏剧不仅能供人娱乐、增长知识，又能陶冶情操、引人向善，有益于构建和谐社会。中国戏剧应以其独特的艺术魅力，维持自身发展、屹立于世界艺术舞台的有效途径[133]。

戏剧的发展如果和湿地文化相结合，将更促进戏剧艺术的传扬。同时，这种文化的结合可以使人们在了解中国传统戏剧的同时，更能深切地体会到中国优美的湿地自然风景和自然风景给予我们的启迪，提升对湿地的认识，促进湿地文化的发展。

五、湿地其他非物质文化遗产

根据联合国教科文组织《保护非物质文化遗产公约》定义：非物质文化遗产指被各群体、团体、有时为个人所视为其文化遗产的各种实践、表演、表现形式、知识体系和技能及其有关的工具、实物、工艺品和文化场所。

非物质文化遗产有诸多分类，包括民间文学，传统音乐，传统舞蹈，传统戏剧，曲艺，传统体育、游艺与杂技，传统美术，传统技艺，传统医药和民俗等等，它具有独特性、活态性、传承性、流变性、民族性、地域性和综合性的特点。它依托于人本身而存在，以声音、形象、技艺、习俗等为表现手段，并以身口相传作为文化链而得以延续，是"活"的文化以及传统中最脆弱的部分。因此，对于非物质文化遗产传承的过程来说，人的传承就显得尤为重要[134]。

中华五千年悠久历史和文化撞击出璀璨的火花，遗留下数目众多的非物质文化遗产。目前，我国共有昆曲、古琴艺术等30个项目入选联合国教科文组织"人类非物质文化遗产代表作名录"，羌年、中国编梁木拱桥传统营造技艺等7个项目入选"急需保护的非物质文化遗产名录"，这两个名录都是世界上入选项目最多的国家。与此同时，我国已经有1517项非物质文化遗产分四批列入国家级非物质文化遗产名录。

湿地与森林、海洋并称全球三大生态系统，在世界各地分布广泛。湿地对人类风俗、文化形成、发展和演变发挥着不可替代的作用[135]。随着人类社会文明的发展，对自然地理环境不断适应、改造和利用，在湿地这种得天独厚的优越自然条件下所产生的物质及非物质文化遗产非常丰富。在江河湖海附近，人们吟诗作画，流传故事，排演戏剧，还有音乐、节日、技艺、民俗等文化艺术形式中有许多非物质文化遗产与湿地紧密相关，借着湿地独特绚丽的自然美景，这些文化遗产也蒙上了特殊的色彩，带有湿地所赋予的灵动性和神秘感，往往给人留下深刻印象。

1. 湿地与传统音乐

湿地生态环境特殊，风景优美，文人借秀美的自然山川河海抒发自己内心情感，由此诞生了众多令人陶醉的乐曲，这些乐曲中有许多成为了影响深远的名曲。伴随着在自然河海辛勤劳作的劳动人民，还诞生了许多劳动歌曲、号子。许多被列入国家级非物质文化遗产。这些音乐和美丽的风景交织，使得这些风景名胜更加具有感染力。

（1）古琴。是人类非物质文化遗产代表作之一，又称琴、瑶琴、玉琴、丝桐和七弦琴，是中国的拨弦乐器，有3000年以上历史，属于八音中的丝。古琴音域宽广，音色深沉，余音悠远。自古"琴"为其特指，19世纪20年代起为了与钢琴区别而改称"古琴"。古琴初为5弦，汉朝起定制为7弦，且有标志音律的13个徽，亦为礼器和乐律法器。现存以唐琴最古，不到20张（图4-17）。

古琴是中国古代文化地位最崇高的乐器，有"士无故不撤琴瑟"和"左琴右书"之说。古琴位列中国传统文化四艺"琴棋书画"之首，被文人视为高雅的代表，亦为文人吟唱时的伴奏乐器，自古以来一直是许多文人必备的艺术修养。俞伯牙、钟子期以"高山""流

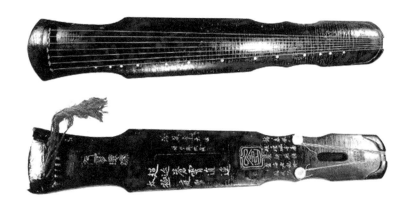

图 4-17 唐琴"九霄环佩",故宫博物院藏

水"之曲而成知音的故事流传至今。大量诗词文赋中有琴的身影。古琴主要流传范围是汉文化圈的国家和地区,如中国、朝鲜、日本和东南亚,而欧洲、美洲也有琴人组织的琴社。

古琴是汉民族最早的弹拨乐器,是汉文化中的瑰宝。湖北曾侯乙墓出土的实物距今有 2400 多年,唐宋以来历代都有古琴精品传世。据查阜西先生的统计,流传至今的历代手抄或刊印的古谱达 144 部,琴曲 3365 首,琴歌 336 篇。还有大量关于琴家、琴论、琴制、琴艺的文献,遗存之丰硕堪为中国乐器之最。隋唐时期古琴还传入东亚诸国,并为这些国家的传统文化所汲取和传承。近代又伴随着华人的足迹遍布世界各地,成为西方人心目中东方文化的象征。

古琴音乐是古代雅乐和雅文化的代表,其所承载的不仅仅是演奏技法和制琴工艺,更重要的还有中华文化和文人精神,深受古人尤其是士人们的喜爱[136]。自古,中国历代文人皆讲求"达则兼济天下,穷则独善其身"。抚琴作为修身养性的方式之一,令历代文人雅士为之沉醉。这正如嵇康在《琴赋》当中所言:"物有盛衰,而此(古琴)无变;滋味有猒,而此不勌,可以导养神气,宣和情志,处穷独而不闷者,莫近于音声也。是故复之而不足,则吟咏以肆志,吟咏之不足,则寄言以广意。"

古琴曲中有许多名曲创作源自自然河湖,如《潇湘水云》《流水》《欸乃》《渔樵问答》《醉渔唱晚》创作灵感都来源于湿地,琴曲与自然美景的结合是相得益彰,充满意境,值得传承。

古今流传的古琴曲《流水》,引出一段俞伯牙与钟子期脍炙人口而感人至深的故事,成为千古美谈,拨动着醉人的心弦,带给我们无尽的遐思。

据《琴史》记载:"伯牙善鼓琴,钟子期善听。伯牙志在高山,子期曰:'巍巍乎,若泰山';伯牙志在流水,子期曰:'洋洋乎,若江海';伯牙所念,子期心明。伯牙曰:'子之心而与我心同'"。因子期一语道出伯牙所弹琴曲的内涵,伯牙从此将子期视为"知音",二人情谊深厚。后来子期不幸早亡,伯牙断弦摔琴,发誓终生不再抚琴。伯牙子期真挚的友谊被传为佳话,"知音"一词也由此流传千古。

　　古琴曲《流水》是一首极具表现力的乐曲，充分运用滚、拂、打、进、退等指法及上、下滑音，生动地描绘了流水的各种情态。旋律起首之音，时隐时现，犹如置身高山之巅，云雾缭绕，飘忽无定。继而转为清澈的泛音，节奏逐渐明快，"淙淙铮铮，幽间之寒流；清清冷冷，松根之细流。"凝神静听行云流水般的旋律，好似欢泉于山涧鸣响，令人愉悦之情油然而生。随之旋律开始跌宕起伏、风急浪涌。正如清刊本《琴学丛书·流水》所云："极腾沸澎湃之观，具蛟龙怒吼之象。息心静听，宛然坐危舟过巫峡，目眩神移，惊心动魄，几疑此身已在群山奔赴，万壑争流之际矣。"而后音势大减，恰如"轻舟已过，势就徜徉，时而余波激石，时而旋洑微沤。"曲末流水之声复起，缓缓收势，整首乐曲一气呵成，听之如同得到了流水的洗涤一般，不禁令人久久沉浸于"洋洋乎，诚古调之希声者乎"的思绪中。

　　时至今日，管平湖先生弹奏的古琴曲《流水》依然作为中国音乐的灵魂与精髓的代表，镌刻在美国"旅行者"号太空飞船的金唱片里，昼夜不息地回响在茫茫的太空之中，寻觅着宇宙间的"知音"。

　　《潇湘水云》这首大曲由南宋浙派琴家郭沔创作。当时元兵南侵入浙，临安失守，官场腐败黑暗，朝廷偏安江南，郭沔移居湖南衡山附近，常在潇、湘二水合流处游航。每当远望九嶷山为云水所蔽，见到云水奔腾的景象，便激起他对山河残缺、时势飘零的无限感慨，满怀愤国忧世之情，却只能观潇湘二水水起云涌，遥思故国，遂创作此曲，以寄眷念之情。曲谱最早见于《神奇秘谱》，共 10 段。后经历代琴家发展为 18 段加一尾声。现存琴谱多达 50 种。经过许多琴家不断加工，艺术更臻成熟。全曲寓意深刻，情景交融，自 13 世纪中国明初问世以后，数百年来广为流传，许多琴谱专集都收载了此曲，被历代琴家公认为优秀的琴曲之一。

　　《渔樵问答》曲谱最早见于《杏庄太音续谱》，乐曲通过渔樵在青山绿水间自得其乐的情趣，表达出对追逐名利者的鄙弃，采用渔者和樵者对话的方式，以上升的曲调表示问句，下降的曲调表示答句。旋律飘逸潇洒，表现出渔樵悠然自得的神态。正如《琴学初津》中所述："《渔樵问答》曲意深长，神情洒脱，而山之巍巍，水之洋洋，斧伐之丁丁，橹歌之矣乃，隐隐现于指下。迨至问答之段，令人有山林之想。"此曲有一定的隐逸色彩，能引起人们对渔樵生活的向往，但此曲的内中深意，应是"古今多少事，都付笑谈中"及"千载得失是非，尽付渔樵一话而已"。兴亡得失这一千载厚重话题，被渔父、樵子的一席对话解构于无形，这才是乐曲的主旨所在。

　　（2）琵琶。作为中国古典弹拨乐器，当代越来越受到国内外音乐爱好者的欣赏和喜爱。琵琶是我国优秀的民族乐器，距今已经有 2000 多年的历史。唐代诗人白居易在《琵琶行》中这样描述琵琶音乐："大弦嘈嘈如急雨，小弦切切如私语。嘈嘈切切错杂弹，大珠小珠落玉盘。"琵琶具有刚中有柔，柔中带刚，刚柔相济的音乐特征。它的音色优美，既具有鲜明的颗粒性声音特点，又富于歌唱性的音乐风格。自古以来，文人对琵琶音乐的喜爱与重视，使琵琶音乐蕴涵了文人音乐的文化属性；另一方面，琵琶在民间的普及与流传，使琵琶音乐兼具民间音乐和世俗音乐特征，因此，琵琶成为雅俗共赏具有多重性的乐器。从我国隋唐时期流传下来的与琵琶相关的众多诗句描绘中，可以看出琵琶与文人有着密切的关系。正是由于文人对琵琶及琵琶音乐的极大关注，使得琵琶音乐具有了丰富的文化内涵[137]。

琵琶艺术已经被列入第二批国家级非物质文化遗产名录。作为中国琵琶十大名曲的《春江花月夜》《大浪淘沙》都表达了作者对于"水"的情有独钟。又如《寒鸦戏水》是潮州音乐十大套曲之一。此曲旋律优美、格调清新、韵味别致，常戏称为潮州之州歌，是潮州弦诗《软套》十大曲中最富诗意的一首。其他还有《鱼儿嬉水》《浏阳河》等。

《春江花月夜》是中国古典音乐名曲中的名曲，是经典中的经典。这是一首典雅优美的抒情乐曲，以安宁的情调、柔婉的旋律、巧妙细腻的配器、流畅多变的节奏及丝丝入扣的演奏，描绘出人间的良辰美景，宛如一幅山水画卷。暮鼓送走夕阳，箫声迎来圆月的傍晚；人们泛着轻舟，荡漾于春江之上；两岸青山叠翠，花枝弄影；水面波心荡月，桨橹添声，此曲尽情地赞颂了江南水乡的风姿异态。

《春江花月夜》是一首抒情写意的文曲，多用推、拉、揉、吟等演奏技法，旋律雅致优美。乐曲主题富于江南水乡情调，以鼓声、箫声起始，其后各段运用扩展、紧缩、移易音区、换头合尾等变奏手法和水波声、桨橹声等拟声乐，使人产生无限的遐想。

《春江花月夜》意境优美，节奏比较平稳、舒展，结构严密，旋律古朴、典雅，用含蓄的手法表现了深远的意境，具有较强的艺术感染力。乐曲构思非常巧妙，随着音乐主题的不断变化和发展，乐曲所描绘的意境也逐渐地变换，时而热烈，时而幽静，展现了大自然景色的变幻无穷。

《春江花月夜》意境所涵有的，不仅仅是对于祖国大好河山的赞美，并非"二十五弦弹夜月，不胜清怨却飞来"的伤感，而是"凄婉而不哀伤，深情而不沉溺"的情调。正如英国诗人沃兹华斯所说："它并不激越，也不豪放，但却有纯化和征服灵魂的浩大力量。"[138]

《寒鸦戏水》以别致幽雅的旋律、清新的格调，独特的韵味，明快跌宕，演绎了早春时节的美丽景色。积聚了整整一冬的寒气仍然凝滞在广漠的大地上，然而，寒鸦（即鱼鹰）却已经敏感到春天的信息，它们不畏春寒，在清冷的湖面上悠闲自得，互相追逐嬉戏。

除了描绘景色，乐曲更有深刻含义。"寒"指孤单，"鸦"意自卑，"戏水"指自娱自乐。明末清初，清政府为巩固其统治，仍留用了一批明朝旧臣，但采取监控手段，残酷镇压。明朝旧臣之间见面不敢交谈，走路不敢停留，生怕稍有不慎即招来杀身之祸，自感孤独卑微，只有回家方可闭门自乐。此曲由两大部分，四个乐段（慢板、稍慢板、稍快板、快板）组成。乐曲的两部分层层递进，清晰地表达出了由"压抑"到"释放"的感情变化。第一部分重点描写人物压抑、痛苦、敢怒不敢言的情绪；第二部分描写情绪逐渐好转，闭门游戏，精神得以暂时完全放松的心境。

《寒鸦戏水》不但旋律优美，而且格调清新、别致，凡潮乐所流传之处，必可闻此乐声，故人们常戏称此乐曲为潮州之州歌。

（3）号子。也称劳动号子、哨子，是劳动人民在生产劳动过程中创作演唱、并直接与生产劳动相结合的民歌。先秦典籍《吕氏春秋》有一段说："今夫举大木者，前呼'邪许'，后亦应之，此举重劝力之歌也。"这是先民一边集体搬运巨木，一边呼喊号子的逼真描写。而且，还说出了一个极朴素又极重要的道理：早在原始时代，凡"举重"，必唱"劝力之歌"。所谓"劝力之歌"就是后来的劳动号子。传统的劳动号子按不同工种可分为搬运、工程、农事、船渔和作坊五类。

船渔号子指唱用于水运、打鱼、船务等水上劳动过程中的号子。目前，传承下来的船渔号子中，澧水船工号子已被列入第一批国家级非物质文化遗产名录，海洋号子、江河号子和码头号子已被列入第二批国家级非物质文化遗产名录。

"澧水船工号子"是首批国家级非物质文化遗产。地方色彩鲜明，艺术风格独特，是我国船工号子的典型代表[139]。澧水船工号子是由地方小调转化而成的一种独特的劳动号子，是以反映战天斗地的劳动场面和船工们苦难生活为主题的一种独特的民间音乐。澧水船工号子没有固定的唱本和唱词，也不需要专门从师，全凭先辈口授，代代相传。大多是因人因地因时即兴而起，脱口而出，比较通俗。

澧水船工号子虽然比较通俗，但豪气冲天，充满了艺术魅力。特别是急板、平板、慢板三种唱腔各具特色，能有力刻划船工行船时那种勤劳、坚毅、勇敢的性格和气质，生动地表现船工们在不同环境条件下从事撑篙、摇橹、拉纤时的情景，给人留下深刻难忘的印象，一直为广大人民群众所喜爱。

澧水船工号子有其独特的艺术价值：

一是历史悠久，源远流长，忠实地记录着澧水船工们的泪与心酸，展现了劳动人民勇于与大自然拼搏的大无畏的精神。同时，澧水船工有不少人来自于少数民族，象征着民族团结、奋力拼搏、勇于开拓进取的民族精神。因此，它是我国人民的最珍贵的文化遗产之一。

二是具有浓厚的地方色彩和鲜明的民间音乐特点。粗狂、浑厚、铿锵有力，声调高亢和谐，在狂风大浪中，用以凝聚力量、振奋精神、统一步调，是一种最有实用价值的民间音乐。

又如第二批国家级非物质文化遗产江河号子，它包括黄河号子、长江峡江号子和酉水船工号子三种。其中长江峡江号子在峡江上下广为流传。现存126首，其中搬运号子32首，包括起舱、出舱、发签、踩花包、抬大件、扯铅丝、上跳板、平路、上坡、下坡、摇车和数数等；船工号子94首，包括拖扛、搬艄、推桡、拉纤、收纤、撑帆、摇橹、唤风、慢板等9种。

长江峡江号子是人与自然抗争而又和谐共处的结果，已成为该地域人民中最富凝聚力、最具标志性的文化符号，具有持续认同感，是人们在适应周围环境以及与自然和历史的互动中，不断再创造的精神文化遗产。

另外，洞庭渔歌和汕尾渔歌，已被列入第四批国家级非物质文化遗产目录。

渔歌、号子是江河山川间人民的劳动之音，象征着劳动人民的勤劳、勇敢与智慧。传承这种劳动之音对于继承民族风情，传扬民族劳动精神具有重要意义。

2. 湿地与民俗（传统节日）

在湿地周围生活的劳动人民在辛勤劳作的同时，形成了许多与湿地相关的民俗节日，如耳熟能详的中国"端午节"，已被列入人类非物质文化遗产代表作名录。另外还有许多传统节日列入了国家级非物质文化遗产名录，如"都江堰放水节""大禹祭典""傣族泼水节""塔吉克族饮水节"，已被列入第一批国家级非物质文化遗产名录；"青海湖祭海""独木舟节"等被列入第二批国家级非物质文化遗产名录。

（1）端午节。端午节为每年农历五月初五，又称端阳节、午日节、五月节等。端午节最初是人们祛病防疫的节日，后来传说爱国诗人屈原在这一天死去，也同时成了汉族人民纪念屈原的传统节日。端午节有吃粽子（图4-18），赛龙舟，挂菖蒲、蒿草、艾叶，薰苍术、白芷，喝雄黄酒的习俗。端午节为国家法定节假日之一，并被列入人类非物质文化遗产代表作名录。

图4-18 《端阳佳节》（朱宣咸绘）

端午节的历史由来说法不一，主要的传说分为纪念屈原、纪念伍子胥、迎涛神、纪念孝女曹娥和龙的节日五种。而吴越之地在端午以龙舟竞渡举行部落图腾祭祀的习俗更是早于春秋。

第一种传说也是最主要的说法，端午节是为了纪念战国时代楚国诗人屈原。屈原虽忠事楚怀王，却屡遭排挤，怀王死后，屈原又因襄王听信谗言而被流放，最终投汨罗江而死。节日活动围绕楚国大夫屈原展开，如包粽子、划龙舟、喝雄黄酒，人们纪念缅怀屈原的高洁情操，并传播至华夏各地。

第二种传说，江南吴地端午节纪念的是吴国大夫、被视为河神的伍子胥。南朝萧梁时期宗懔所著的《荆楚岁时记》的第卅节里头记载着："按五月五日竞渡，俗为屈原投汨罗日，伤其死所，故并命舟楫以拯之……邯郸淳曹娥碑云，五月五日，时迎伍君……斯又东吴之俗，事在子胥，不关屈平也。"认为东吴地区的端午竞渡是为了迎接已被当时人们视为河神的伍子胥，与屈原无关。

第三种传说是迎涛神。春秋时吴国忠臣伍子胥含冤而死之后，化为涛神，世人哀而祭之，故有端午节。

第四种传说是纪念孝女曹娥，此说出自东汉《曹娥碑》。曹娥是东汉上虞人，父亲溺于江中，数日不见尸体，当时孝女曹娥年仅14岁，昼夜沿江号哭。过了17天，在农历五月五日投江，五天后抱出父尸。

第五种传说端午节是龙的节日，这种说法来自闻一多的《端午考》和《端午的历史教育》。他认为，五月初五是古代吴越地区"龙"的部落举行图腾祭祀的日子。称端午节为龙的节日的主要原因是：①吴越民族的祭祀仪式"端午竞渡"用的是龙舟，说明竞渡用的主要工具是龙的标志。②粽子与龙的联系。粽子最初其实是用作祭祀祖先及神灵，称为"角黍"。后来人们祭祀屈原投粽子入水中，故缠五彩丝线以免蛟龙窃食，另说"作此投江，以饲蛟龙"，以免蛟龙伤害屈原的身体。③竞渡与古代吴越地方的关系尤深，百姓还有断发纹身"以像龙子"的习俗。④古代五月初五日有用"五彩丝系臂"的民间风俗，应当是"像龙子"的纹身习俗的遗迹。

（2）泼水节。泼水节是我国西南一带少数民族中影响最大、参与人数最多的节日。过这一节日的少数民族有傣族、阿昌族、德昂族、布朗族、佤族等。此外，东南亚的泰国、柬埔寨、缅甸、老挝等国家也有过泼水节的习俗。泼水节源起于印度，随佛教传入我国的西南地区，佛教的影响加深使泼水节成为一种民族习俗流传了下来，至今已有数百年。

泼水节是傣族的新年，常在公历的 4 月中旬，往往持续 3～7 天。节日期间，傣族人穿上节日盛装，来到佛寺赕佛、浴佛。"浴佛"完毕，便开始相互泼水。人们用各种容器盛水，在大街小巷，嬉戏追逐，逢人便泼[140]。傣族人认为，这是吉祥的水，能够消除疾病，去除灾难，洗去过去一年的不顺。因此，虽个个全身湿透，但人们依然兴高采烈，异常开心。整个节日期间，除泼水活动外，还有赛龙舟、放高升、放孔明灯、赶摆、丢包等传统娱乐活动。傣族泼水节已被列入第一批国家级非物质文化遗产名录。

德昂族的泼水节除传统的泼水、赛龙舟、丢包等活动外，还有一些特色的习俗。德昂人在相互泼水嬉戏前，长者要用鲜花蘸水洒向周围的人群，以示祝福；年轻人则要将水滴洒在长者的手上，祝愿长者健康长寿。德昂族的泼水节有为长辈洗手、洗脚的传统，年轻人要备好热水，请出长辈，细数自己一年中不孝顺的事情，并叩头谢罪，请求长辈的谅解，同时长辈也要检讨自己的不足，反省结束后，年轻人便开始给长辈洗手、洗脚，并互相致以节日的问候[141]。

阿昌族的泼水节是年轻人择偶的好机会，姑娘家里常要备好丰盛的美食来招待串亲的小伙子。用餐中，小伙子要在不被众人觉察的情况下偷走鸡头，如若被姑娘查出便要罚酒，否则姑娘要被罚喝酒。倘若小伙子被当场抓住，除要受罚外，还会被众人取笑。酒后小伙子则要悄悄地将饭钱交给姑娘[142]。

随着泼水节在我国的影响越来越大，一些旅游景点通过旅游资源的开发与整合，形成了许许多多的亲水产品，如红河谷泼水节、白马潭漂流泼水节、赤壁泼水节、中国杭州千岛湖泼水节等。中国杭州千岛湖泼水节有最纯净的泼水节之称，自 2008 年 6 月举办的第一届泼水节开始，至今已成功举办 7 届。

（3）放水节。清明放水节，首批被列入国家级非物质文化遗产名录，是世界文化遗产都江堰水利工程所在地都江堰市的民间习俗。每年农历二十四节气的清明这一天，为庆祝都江堰水利工程岁修竣工和进入春耕生产大忙季节，同时也为了纪念李冰，民间都要举行盛大的庆典活动，包括官方祭祀和群众祭祀等，即都江堰放水节。

放水节初始于"祀水"。那是因为都江堰修筑以前，沿江两岸水患无常，人们饱受水患之苦，为了祈求"水神"的保护，常常沿江"祀水"。都江堰修筑成功后，成都平原从此水旱从人，不知饥馑，后人为了纪念伟大的李冰父子，人们将以前"祀水"改为了"祀李冰"。当地群众也自发地组织到二王庙祭祀李冰父子，举办二王庙庙会，又称"清明会"。

每到冬天枯水季节，人们在渠首用特有的"杩槎截流法"筑成临时围堰，维修内江时，拦水入外江，维修外江时，拦水入内江。清明节内江灌溉区需水春灌，便在渠首举行隆重仪式，撤除拦河杩槎，放水入灌渠，这个仪式就叫"开水"。唐朝清明节在岷江岸边举行的"春秋设牛戏"，就是最早的"放水节"。公元 978 年，北宋政府正式将清明节这一天定为放水节。

祭祀与缅怀是振发中华文明传统精神的方式之一，清明放水节再现了成都平原农耕文化漫长的历史发展过程和民俗文化，体现了中华民族崇尚先贤、崇德报恩的优秀品质，已成为川西平原最隆重的节日。都江堰成为以深厚的水文化底蕴为核心内容的文化空间，而经过历史洗涤和沉淀的"清明放水节"是中国水文化最具独特性和唯一性的知名品牌，是世界水文化历史上的绝版，它的文化意义远远超过了活动本身，成为一张极具历史积淀和文化内涵的"文化名片"，具有弘扬传统文化的现实意义。

（4）开渔节。对滨海湿地里的渔民来说，"开渔节"可以算是一年中最为隆重的节日，因为"开渔节"的来临意味着休渔期正式结束，他们即将再次起航，牧海耕渔。我国开渔节产生的背景有两个：首先是自 20 世纪 70 年代以来，海洋环境日益恶化、渔业资源日益枯竭，为此，宁波象山的渔民首先发起了"禁渔倡议"，得到政府积极响应，1995 年东海渔区正式实施伏季休渔制度；1998 年，时值联合国大会命名的首个"国际海洋年"，象山政府和人民共同创办了中国开渔节，之后各个沿海城市纷纷效仿。因此"休渔期"的实施是举办开渔节的最初动因，这也使得"保护海洋"始终成为历届开渔节的主题之一。其次，由于过去生产力水平较低以及要面对大海的诸多不确定性，一直以来，渔民扬帆出海或丰收归来，都要举办祭祀、送别（如开洋、谢洋）等仪式，以祈求平安丰收，庆祝凯旋，而"开渔节"正好传承和发扬了这一延续了千百年的渔猎文化。

象山拥有 656 个岛礁和 925 公里海岸线，海域面积就占到了县域面积的 82.7%。基于自身的资源禀赋，海洋渔业经济一直是象山的特色经济。1998 年象山县发起并举办第一届中国开渔节，至今已连续举办了十六届，而且一届比一届精彩，一届比一届红火，已正式列入中国十大民间节日之一。开渔节所提出的"善待海洋，保护海洋环境，与大海共存共荣"的科学理念与"蓝色保护志愿者行动"已在全世界引起广泛的共鸣和响应。这其中除了开渔节本身的价值取向等原因外，经过扬弃的渔俗文化所展示的特有魅力也是开渔节引起广泛重视的重要原因[143]。

出海也叫"出洋"或"开洋"，就是出去捕鱼作业。渔民每次出海前都有一套严格的程序：要先在船头祭神、烧化纸牒，称为"行文书"，祭祀后将酒肉倒入海里，称为"酬游魂"。然后船老大向圣母娘娘关圣菩萨参拜许愿，再邀请亲朋好友上船喝酒壮行，最后出海时还要鞭炮齐鸣。

由于渔民的生活环境和生产环境的分离，导致了亲人间的必然分离。而这种分离，使得亲人、尤其是夫妻间经常处于期盼和等待中，时空的隔离不断加深双方的思念和情谊，这种情感自然关系到他们的情趣走向和文化选择，所以，渔民们总是喜欢那些吉祥、欢乐的表演，而忌讳那些悲苦、死丧的内容。他们喜欢笑，不喜欢眼泪，不是先苦后甜或大团圆结局的戏不能讨得他们的欢心[144]。

开渔节最出彩的庆典晚会，其主题还是离不开浓厚的海洋文化和鲜明的渔俗文化特色，唱渔歌、跳渔舞成为晚会的主要看点，那种吉祥喜庆的表演形式和内容正迎合即将出海的渔民那种乐观豁达、期盼平安凯旋的情趣指向。实际上，开渔节晚会就是过去渔民们海上作业凯旋后，男女老少欢聚一堂所举行规模宏大的"谢洋节"民俗文化活动的创新和再现。

渔尾开洋、谢洋节已被列入第二批国家级非物质文化遗产。

（5）装泥鱼习俗。装泥鱼习俗起源于清乾隆三十年间（1765 年），作为一种历史悠久的习俗，现已被列入第三批国家级非物质文化遗产名录。"装泥鱼"集传统手工编织和捕鱼技艺于一身，由于泥鱼表皮非常光滑，经常在浅滩上跳跃或爬行，很难徒手捕捉，村民们根据泥鱼喜在泥洞里出没的习性，琢磨出了用笼子诱捕的办法，而"装"在广东方言里即"诱捕"之意。

编鱼笼，不仅选材和工序讲究，还要求编织者要有一套娴熟的手工技巧。一般鱼笼要求长 18 ~ 20 厘米，直径 8 厘米。特制的泥鱼笼设有机关装置，内附一环带齿暗器，形如漏斗状向内伸，当泥鱼误闯入笼中后，便难以逃脱。

装泥鱼习俗在珠海市斗门区乾务镇滩涂地区广为流传。但现在，即使在"装泥鱼"的发源地斗门，了解"装泥鱼"的人也越来越少，目前乾务镇会"装泥鱼"的村民以 40 岁以上的中年男性为主，面临后继乏人的局面。由于该习俗濒临失传，斗门区将建立泥鱼生态保护区，设立"装泥鱼传承基地"，以使这项极富地方特色的民间习俗得到更好的保护和传承[145]。

（6）水族的端节。水族有一个传统节日——端节，又叫瓜节，相当于汉族的春节。端节在水族地区没有统一的过节时间，通常在水历 12 月 ~ 2 月（即农历 8 月 ~ 10 月）之间分期分批轮流过节。端节主要的活动是祭祖仪式，缅怀在族群迁徙和定居过程中为了民族利益牺牲的先民。仪式的主祭品是糯米饭和鱼包韭菜，此外还有炕鱼、豆腐、米酒、南瓜等，有时还需摆上农具、衣物及首饰。水族端节祭祖时忌吃荤，但不忌吃鱼及水产品。鱼是端节最重要的供祭品，不可或缺；如若缺少，则可选用虾、螺、蚌、鳖等来代替[146]。端节除要进行庄严的祭祖外，还有赛马、舞火龙、耍水龙、抢鸭子等传统民间表演活动。水族的端节已被列入第一批国家级非物质文化遗产。

3. 湿地与传统技艺

古代劳动人民在湿地中劳作的同时，随着劳动经验的累积，总结创造了一系列的劳动技艺。这些技艺的种类众多，包括酿酒、建筑、桥梁、造船、蚕桑丝织等。酿酒技艺中"茅台酒酿造技艺""绍兴黄酒酿造技艺""杏花村汾酒酿制技艺"和"泸州老窖酒酿制技艺"已经被列入国家级非物质文化遗产名录；建筑桥梁技艺中"中国木拱桥传统营造技艺"已被联合国教科文组织列入急需保护的非物质文化遗产名录，"苗寨吊脚楼营造技艺""兰州黄河大水车制作技艺"已被列入首批国家级非物质文化遗产名录，"徽派传统民居营造技艺""石桥营造技艺"已被列入第二批国家级非物质文化遗产名录；木船制造技艺中"中国水密隔舱福船制造技艺"已被列入急需保护的非物质文化遗产名录，"传统木船制造技艺""龙舟制造技艺"已被列入第二批国家级非物质文化遗产名录；"中国蚕桑丝织技艺"已被列入人类非物质文化遗产代表作名录。这些技艺在为劳动人民提高了生产效率的同时，也为湿地的风景加上了一道亮丽的风景线，湿地因其而更美。

（1）传统酿酒技艺。华夏酿酒的历史文化可谓博大精深，意味隽永，渊源悠长，它深深地根植于华夏民族文化的厚重沃土，并在世界酒文化的历史长河中始终散发着颇具特色的生命芬芳。华夏先贤圣哲在创造"酒文化"物质财富的同时也在建构着精神宝藏[147]。

名酒产地，必有佳泉。湿地因其特殊的生态环境、气候和水资源，有益于多种微生物的生长，诞生了许多有名的酒乡。茅台酒酿造技艺、绍兴黄酒酿造技艺、杏花村汾酒酿制技艺和泸州老窖酒酿制技艺已经被列入国家级非物质文化遗产名录。

"茅台酒酿造技艺"是首批国家级非物质文化遗产，茅台酒是中国大曲酱香型的鼻祖，历史悠久。数百年来，茅台酒酿造工艺在继承和发展中不断完善，它具有幽雅细腻、酱香突出、酒体醇厚丰满、空杯留香持久、回味悠长的特点，至今仍完整延用。

茅台酒虽产于偏远的茅台镇，却位列世界三大蒸馏白酒之一[148]。茅台酒质量与其产地密切相关。茅台镇风景秀丽，依山傍水，于赤水河东岸、寒婆岭下、马鞍山斜坡上；地理地貌独特，地域海拔高度420～550米，地理位置在东经105°，北纬27°附近，为河谷地带；地层由沉积岩组成，属下第三系，为紫红色砾岩、细砂岩夹红色含砾土岩。茅台地区年平均气温18.5℃，年平均相对湿度78%，年平均降水量1088毫米左右。茅台镇地处河谷，风速小，十分有利于酿造茅台酒微生物的栖息和繁殖。茅台镇独特的地理地貌、优良的水质、特殊的土壤及亚热带气候是茅台酒酿造的天然条件，一定程度上也可说茅台是大自然赐予人类之杰作。

白酒界专家称："贵州茅台酒技术是最独特的大曲酱香型酿酒工艺，是人类将微生物应用于酿造领域的典范。"作为中华民族的珍贵文化遗产，茅台酒酿制技艺得到了很好的保护和继承发扬，在中国酒文化中占据极为重要的地位。

（2）传统建筑桥梁技艺。湿地的自然环境丰富多样，空气湿润，水流众多，因此生活在此的人们的居家建筑风格也别具一格，桥梁的建设技艺也独出心裁。湿地风景因着这些雕琢精细、别具一格的构筑而更加富有灵性，为优美的自然风光增添了一份神秘色彩，使人忍不住去一探究竟。

"中国木拱桥传统营造技艺"已被列入急需保护的人类非物质文化遗产代表作名录。被列入首批国家级非物质文化遗产名录的有"苗寨吊脚楼营造技艺""兰州黄河大水车制作技艺"。"徽派传统民居营造技艺""石桥营造技艺"已列入第二批国家级非物质文化遗产名录。

"中国木拱桥传统营造技艺"，2008年被联合国教科文组织列入急需保护的非物质文化遗产名录。中国木拱桥是传统木构桥梁中技术含量很高的一种，主要分布在中国的浙江、福建省两地。福建、浙江地处中国东南丘陵地带，境内山高林密、溪流纵横、谷深涧险。当地人民在与河流的长期相互作用过程中，利用独特的自然地理环境和原材料，创造了木拱桥，加强了相互间的交流，形成了桥文化，使造桥技艺得到了长远的流传与发展。在中国现存木拱桥不足100座，在浙江省泰顺县境内有15座国家文保单位的木拱桥，福建省宁德市境内有54座。木拱桥由桥台、桥身（包括拱架、桥面）、桥屋组成，有单拱、双拱和多拱之分，桥身如同彩虹，故又称"虹桥"。木拱桥既变溪涧为通途，又可供人们躲避风雨、乘凉歇息。桥屋置神龛可供人们祭祀神衹，表达了建桥者和民众祈盼风调雨顺、国泰民安的朴素愿望。

中国木拱桥传统营造技艺最为直观的描绘可追溯到距今 900 多年北宋时期名画《清明上河图》中的汴水虹桥。到了明清时期，木拱桥传统营造技艺在中国南方的福建、浙江等地广泛流行，且工艺上有了一定的发展。明代陈世懋在《闽中疏》中感叹"闽中桥梁甲天下"，清代周工亮也在《闽小记》中描写："闽中桥梁，最为巨丽，桥上建屋，翼翼楚楚，无处不堪图画。"体现了木拱桥在建筑艺术上的精美。

"石桥营造技艺"是绍兴市列入国务院公布的第二批非物质文化遗产名录的传统技艺之一。绍兴作为江南水乡，万桥之市，石桥营造技艺，历史远久，营造技艺高超，一直站在时代的前列。它的营造技艺包括各类浮桥、木梁桥、石梁桥、折边拱、半圆形拱、马蹄形拱、椭圆形拱、准悬链线拱等古桥建造技术。

绍兴石桥不但表现了先进的营造技艺，又蕴涵着深厚的文化底蕴，具有极高的美学价值、学术价值和使用价值。

绍兴石桥，如一件件大小不同的艺术品，在广袤的稽山鉴水平原供人欣赏，又供人使用。绍兴古桥所特有的环境布局美、结构装饰美和桥楹诗文美，构成了特有的水乡交通景观。"垂虹玉带门前来，万古名桥出越州"，绍兴石桥文化成为越文化的重要组成部分。

绍兴石桥营造技艺独特，部分石桥，如八字桥、广宁桥等的营造技艺为国内罕见，桥梁形式多样，形成了极为系统的技术体系，在各个不同时期都处于全国领先水平。而且石桥的用料质量讲究，营造技术非常科学，布局、选址合理，古石桥一般寿命能长达千年以上。绍兴被称为中国的"古桥博物馆"，成为中国古桥发展、演化的一个缩影，美名"桥乡"。

"苗寨吊脚楼营造技艺"是首批国家级非物质文化遗产，远承河姆渡文化中"南人巢居"的干栏式建筑，在历史沿革中又结合居住环境的要求加以变化。造房匠师根据地形和主人的需要确定相应的建房方案，在 30～70 度的斜坡陡坎上搭建吊脚楼。

西江村寨大都在靠山面水的地方，造房时往往利用山坡倾斜度较大或者濒临水、沟的一侧，屋的前半部分临空悬出，盖起与环境结合的轻盈灵动鳞次栉比的吊脚楼。这里的民居建筑为木结构，框架由榫卯连接，建筑依山势而成，风格别具特色，形成独特的苗寨吊脚楼景观。

苗族村民多安家落户于依山傍水的山间河谷地带，住房也常常建在背山面水之处，故在美人靠栏边放眼望去，映入眼帘的总是秀山丽水[149]。西江千户苗寨吊脚楼连同相关营造习俗形成了苗族吊脚楼建筑文化，它对于西江苗族社会文明进程和建筑科学的研究具有极为珍贵的价值。保护好西江千户苗寨，也就是保存了一块研究苗族历史和文化的"活化石"。

（3）传统木船制造技艺。湿地蕴含着丰富的水资源，因此水路成了重要的交通运输和出行的通道，理所当然，船就成了必要的交通工具。由此而产生的造船技艺也种类繁多。比如已经被列入急需保护的非物质文化遗产代表作名录的"中国水密隔舱福船制造技艺"，被列入第二批国家级非物质文化遗产名录的"传统木船制造技艺"和"龙舟制造技艺"，都是中国古代造船技艺的典型代表。

"中国水密隔舱福船制造技艺"，2010 年被联合国教科文组织列入急需保护的非物质文化遗产名录。福船，是福建、浙江沿海一带尖底古海船的统称。其船上平如衡，下侧如刀，底尖上阔，首尖尾宽两头翘，全身上下蕴藏着美的因素，散发出诱人的魅力。而所谓"水密隔舱"，就是用隔舱板把船舱分为互不相通的舱区。这一船舶结构是中国在造船方面的一大发明，提高了船舶的抗沉性能，又增加了远航的安全性能。漳湾福船承其衣钵，特征鲜明，一脉尚存。如今，它已是一种濒临消亡的民间手工技艺，堪称中华绝活之一。

漳湾造船的用料，为既轻便、坚固，又耐水的木材。一艘漳湾福船的制造，从备料、立龙骨到上画油漆，全都是手工操作。漳湾福船船型多样，尤以一种当地称作"三桅透"(三桅三帆)的最具代表性。它的制作过程相当复杂，要经过安竖龙骨、配搭肋骨、钉纵向构件舷板、搭房、做舵等工序，最后油灰工塞缝、修灰、油漆上画，才完成全船。

福船制造技艺具有重要保护价值、历史价值。中国自唐代木船制造就已采用水密隔舱技术，并从 18 世纪起逐渐被各国所吸收采用。至明末清初，由于实行海禁，海船制造业衰弱，但它的技艺却一直在民间传承。漳湾福船从船型到浑然流畅的曲线设计等，都充分保留与体现了"古福船"的特点，其形式对功能美学与产品设计艺术都有一定的研究借鉴意义。水密隔舱和舵，是中国古代船舶的两项重大发明，是"福船"两大特色，而漳湾福船均完整具备，在科学技术上无疑有着特殊的地位。漳湾福船保留了丰富的地域行业特色造船与航海的民俗，可谓一份难得的传统文化的宝贵遗产。

（4）中国蚕桑丝织技艺。蚕桑丝织是中华民族认同的文化标识，5000 年来，它对中国历史作出了重大贡献，并通过丝绸之路对人类文明产生了深远影响，如今中国蚕桑丝织技艺已被列入人类非物质文化遗产代表作名录。中国的蚕桑丝织包括：杭罗、绫绢、丝绵、蜀锦、宋锦等织造技艺及轧蚕花、扫蚕花地等丝绸生产习俗。

古代以来，蚕桑经常与鱼塘并存，浙江湖州桑基鱼塘系统已被列入第二批中国重要农业文化遗产。桑基鱼塘具有悠久的历史和良好的环境、社会、经济效益，是中华文化的经典[150]。

蚕桑丝织是中国的伟大发明，这一遗产包括栽桑、养蚕、缫丝、染色和丝织等整个过程的生产技艺，其间所用到的各种巧妙精到的工具和织机，以及由此生产的绚丽多彩的绫绢、纱罗、织锦和缂丝等丝绸产品，同时也包括这一过程中衍生的相关民俗活动，是中国文化遗产中不可分割的组成部分。

（5）赫哲族鱼皮制作技艺。赫哲族鱼皮制作技艺是首批国家级非物质文化遗产。赫哲人的生产生活与鱼类关系极为密切，他们以捕鱼为生，吃鱼肉，穿鱼皮衣，使用各种鱼皮制品，以"鱼皮部落"闻名于世。

鱼皮制品的种类丰富，既有传统的鱼皮衣（图 4-19）、鱼皮裤、鱼皮靰鞡、鱼皮绑腿、鱼皮手套、鱼皮口袋、鱼皮画（图4-20）等，也有适应现代人生活需要的实用物品，如鱼皮腰带、鱼皮拎包、鱼皮手机袋等[151]。

鱼皮服饰是赫哲族渔猎文化的代表性符号，不仅在中国北方民族服饰中最具特色，在世界服饰文化上也独树一帜。粗犷质朴、保暖实用的鱼皮服饰包括长袍、短衫、衣裤、套裤、鞋子、绑腿等各式部件，在丝质布料传入之前，是赫哲族人主要的防水、御寒衣物。清代张缙彦在《宁古塔山水记》中记载："鱼皮部落食鱼为生，不种五谷，以鱼为衣，暖如牛皮"。

赫哲人的鱼皮制品以北方冷水鱼的鱼皮为原料，用鱼皮丝做线，用鱼骨做针、做纽扣，用鱼鳔制成的鱼胶粘合纹样等方法至今仍令人叹为观止。鱼皮服饰的制作过程相当繁琐，从鱼皮挑选到成品完工，要经过选料、剥皮、干燥、锤压熟制、拼剪缝合等一整套复杂工序。对于重要场合穿戴的服饰，赫哲族人还会在衣物的胸前、口袋、裙角上缉缝精美的花纹以及装饰图案，当然，这些图案也是用鱼皮剪成的。

图4-19 鱼皮衣及制作工具（张闻涛拍摄）

图4-20 "捕鱼场景"鱼皮画（乔东东拍摄）

赫哲人把传统的中国图案艺术与渔猎文化相融合，在长期的渔猎生活中形成了独特的图案艺术[152]。其奇特的图案纹饰多体现在人们的服饰和生产生活用具上。赫哲人的鱼皮衣以云水纹为主，且多缝制在衣服的前后及袖口；鱼皮靴则以圆曲纹和勾连纹为主；门楣梁柱、摇车、桦皮器具等常以不同颜色的三角形与菱形鱼皮有序地拼贴缝制出各式图案。赫哲人的剪刻镂空艺术应用亦非常广泛，赫哲语称这种艺术为"霍乎底"[153]。"霍乎底"常用于墙画、窗花、服饰的补绣剪花、鞋样子及萨满教信仰中神的木雕造型等。

鱼的种类不同，鱼皮制品亦不相同。如皮质柔软的胖头鱼、狗鱼可用于制作鱼皮线和裤子，纹理美观的大马哈鱼适宜做服装面料，花纹清晰、大鳞片的鲤鱼可剪成各种图案作为装饰材料[154]。制作鱼皮制品需要熟制鱼皮，鱼皮熟制的过程包括选料、剥取、熟软和染色四道工序。熟制的鱼皮经裁剪后利用鱼皮线便可缝制成各种精美的物件。

赫哲族结亲没有门当户对的观念，不太讲究贫富之分，男女双方父母为子女选择配偶，主要看青年本人的品德、技能等。鱼皮衣制作就是赫哲族考媳妇习俗之一，也是衡量赫哲族妇女是否心灵手巧的重要标准。在婚姻关系中，男方家庭既要考察女方鱼肉饭菜做得好坏，也要看她熟制鱼皮和缝制鱼皮衣的手艺如何。

鱼皮服饰对于赫哲人有特殊的意义，新人举行婚礼时须穿着制作精美的鱼皮长袍。然而，鱼皮长袍仅在婚礼中穿用 3 天，此后便保存起来待死后穿去另一个世界。

（6）桦树皮制作技艺。白桦是我国东北地区一种典型的湿地植物，其树皮质地柔软坚韧、不易透水、不怕碰撞、防腐耐潮、易于塑造、经久耐用且剥取简单，因此常被用来制作各种生产与生活用具[155]。使用白桦树皮制作生产生活用具的民族从欧洲北部经东北亚，直至北美洲都有分布，这种传统的以桦皮为原料进行生活器皿创造—因袭—再创造的文化现象，谓之"桦皮文化"[156]。我国境内制作和使用桦皮制品的民族主要是分布于东北三江流域的鄂温克族、鄂伦春族和赫哲族等少数民族。这些民族的桦皮制品相当丰富，体形较大的如桦皮小屋、桦皮船；体形中等的有桦皮箱（图 4-21）、桦皮水桶、桦皮盒、桦皮篓、桦皮帽（图 4-22）等；体形较小的桦皮制品更是数不胜数，像常见的针线包、盘子、皮哨等都是可以用桦皮制作而成。桦皮还常被用来制作成动物模型的儿童玩具、结婚嫁妆中的各种器物以及供奉萨满教古老神偶的神匣等。此外，在传统的桦皮制品之上，人们开发出了种类丰富的桦皮工艺美术品，像首饰盒、梳妆盒、笔盒、名片夹、手提包等既具有一定实用价值又有很高的观赏价值；但也有一些仅具观赏价值的工艺品，如桦皮画（图 4-23）、雨伞、扇子、花瓶、琵琶、皮鞋等。

图 4-21　桦皮箱

图 4-22　桦皮帽（张闻涛拍摄）

桦皮制品的制作有很多讲究。首先，桦皮的剥取应选择合适的季节，通常在白桦发芽的时候，即每年农历 5 月，此时树干水分充足，适宜剥取。其次，剥取桦皮应选取树干通直、树皮光滑、节疤少、生长健康的高大植株[157]。剥取时应先用刀在树干上、下横切两刀，再竖切一刀，沿切口处向外轻拉，即可轻易将桦皮剥取下来。剥取桦皮时应注意不能损伤树皮里面的嫩皮及形成层，树皮剥掉的白桦经两三年的时间就能长出新

图 4-23　"制衣"桦皮画（乔东东摄）

皮，几年后便可恢复至剥皮前原貌。桦皮剥下后，须将桦皮外表的硬皮和凹凸不平的部分去除，然后进行熟化。熟化的方法有两种：一是对桦皮加热处理，处理后压平；二是将桦皮和半干的马粪埋放一周，即可熟化[158]。熟化的桦皮可直接用于制作各种桦皮制品。制作时需根据制作对象的形状、大小、结构来裁剪；剪裁好后，用筋线、马鬃线等缝接起来。桦皮制品制作完成后，为使其美观应进行装饰。装饰通常是在桦皮制品表面雕刻各式花纹，花纹的纹样主要有植物纹、几何纹、动物纹和人纹等。花纹刻好后，人们可根据自己的喜好及需要进行着色，颜色不同象征意义不同。红色和绿色分别代表新婚女子和新婚男子，黑色表示婚姻幸福、家庭和睦，白色或蓝色则暗指家有不幸。

4. 湿地与传统体育

自远古时代，人类文明的起源就在自然的江河湿地周围。劳动人民在此劳作、起居生活、娱乐、举办礼仪活动，由此自然产生了很多传统体育活动。这些体育活动从产生、发展到流传至今，随着中华文化一同传承，生生不息。在湿地风光下孕育的"赛龙舟"等都已经列入第三批国家级非物质文化遗产名录。

赛龙舟是端午节的一项重要活动。最早是古越族人祭水神或龙神的一种祭祀活动，其起源可追溯至原始社会末期。

我国南方雨量充沛、江河众多，为孕育龙舟竞渡提供了地理基础。南方湿地为人们提供了生产生活资源，但也限制了他们的生活空间，给他们的出行带来诸多不便。先民们从自然界的漂叶、浮木等现象中得到启发，刳木为舟，剡木为楫，以济不通。文明时期之前，南方先民已利用舟楫在水上活动，为获取生存资源，必然出现竞争，由此生发龙舟竞渡这项水上活动。

龙舟竞渡作为民俗，三国时已初步形成，西晋、三国之交的阳羡（今江苏宜兴）人周处，在《风土记》中记载了端午的种种民间习俗，其中就包括了竞渡，不过当时龙舟竞渡并非一定在端午。

我国龙舟竞渡中属杭州西溪的龙舟胜会规模最大、气势最恢弘。相传康熙帝驾临高士奇在西溪的庄园，适逢热闹非凡的西溪"闹龙舟"，精彩的龙舟表演使得龙颜大悦，连声称赞"胜会！胜会！"并大赏龙舟。此后，周边一二十里的民间盛事闹龙舟改称为"龙舟胜会"。

每到端午时节，西溪腹地蒋村深潭口、五常浜口和余杭塘河边的仓前集镇，水面龙舟云集，表演种种惊险动作，岸上观赏者人山人海。西溪龙舟胜会只有约定俗成、相对固定的竞技水面，没有明确的竞赛起点、终点，不设犄标，也不排名次。龙舟胜会中讲求的是技巧，不以速度分高下，竞技中虽有你追我赶、奋勇直前的场面，但献艺色彩浓于竞技，目的是为完成高难度动作，最大程度发挥激动人心、热闹气氛的作用。

端午节龙舟竞渡还出现在长江流域。其中，以江苏扬州端午龙舟竞技和江阴龙舟竞渡为代表。扬州的龙舟竞技被称为龙船市，时间为农历五月初一到五月十八。四月的最后一天演试，谓之"下水"；五月十八日牵船上岸，谓之"送圣"，即敬送龙王。龙舟长十余丈，龙首、龙腹、龙尾各占一色，四角枋柱，扬旌拽旗。孩童在舟尾表演"独占鳌头""红孩儿拜观音""指日高升""杨妃春睡"等节目。船上金鼓振之，与水声相激。游人购乳鸭或以猪尿胞（膀胱）填以钱币、果品为犄标，掷于水中，供龙舟水手飞身泅水抢之。

江阴的龙舟竞渡为的是预庆端阳，日期在农历三月十七、十八日，也有在农历四月初十、十一日进行，一般为时两天。龙舟竞渡时不但有划桨飞驰的龙舟竞相追逐，还有披绸扎彩的"当船"表演枪棍、拳术、关公刀、钢叉等武术，以及抛掷石锁、倒立跑步等特技，实为水上武术的盛会。

龙舟竞渡在闽、桂也很普遍，只是形式与长江流域有所不同。福建漳州的芗城、浦头龙舟赛是农历四五月间最热闹的民俗活动，一般在农历四月初一开始练习，农历五月十三日举行竞赛，称为"摆龙船"，龙舟分别以黄、青、白、黑、浅蓝、红等颜色标志参赛村社。广西苍梧有着别具一格的端午龙舟竞渡：胜者取龙标、擎锦旗、抬烧全猪吹打游街；负者也须取龙标，带着猪头等铩羽而归。一般以一至四名为重奖。龙标是一支细长的旗，旗上题有诗句，不写名次，由主持人按龙标所题诗句发奖。题诗类似谜面，包含十二个名次，让观众自己猜想。

龙舟竞渡在祖国的台湾同样盛行。台湾淡水河及台南、高雄、彰化、嘉义、基隆、澎湖等临河海地方，每年端午都要举行盛大的龙舟竞渡，船中置锣鼓以助声威，搭牌楼、插彩旗，俗称"扒龙船"。

一些水源丰富的少数民族地区也盛行龙舟竞渡。黔东南苗族地区有龙舟节，一般在农历五月二十四至二十七举行，龙舟节寓意扫邪敬神。云南傣族在泼水节的第三天也会举行重要的划龙舟活动，人们盛装欢聚在澜沧江、瑞丽江边观看龙舟竞渡。

龙舟竞渡在我国可以说凡水乡皆有此俗，尽管形式各异，但人们祈祷风调雨顺、追求祥和幸福的愿景却是一致的。

我国丰富多彩的非物质文化遗产是各族人民在长期生产生活实践中创造的，是中华民族智慧与文明的结晶，是联结民族情感的纽带和维系国家统一的基础。在湿地风景中的非物质文化遗产更是自然美景之间的一道特殊的风景线。有了这些文化遗产，湿地因此而变得更加生动，富有人情，不再只是山水，更有生生不息的活力。这些遗产的传承，不仅仅是保留了先前的民俗生活状态，更是继承了一种精神，一种朴实勤劳的劳动人民的精神，一种蕴含真善美的先人的精神。而这样一种精神状态，更是我们现代快节奏生活的社会所急需的。这些遗产更是传承我们中华文明，提升全民素质的必须。保护和利用好我国非物质文化遗产，对落实科学发展观，实现经济社会的全面、协调、可持续发展具有重要意义。

第五节　湿地宗教与民俗文化

一、湿地与宗教

中国是个多宗教的国家，中国宗教徒信奉的主要有佛教、道教、伊斯兰教、天主教和基督教，这五大主要宗教分布于广袤的湿地环境中，丰富的湿地资源为这些宗教的存在及发展提供了有利的条件。湿地是宗教赖以存在和发展的自然环境基础，在我国6千多万公顷的湿地上有着发达的宗教文化。宗教信仰、宗教建筑、宗教活动及仪式等方面都与湿地有着密不可分的联系，同时，宗教的生态伦理观使人类正确认识了湿地及其价值，加强了人类保护湿地的自我约束，从而促进了湿地的保护与建设。

水是湿地属性的决定性因素。道教中蕴藏着"水生万物"的宇宙观，催生了一些专管江河湖海等湿地水域的水神。佛教也把水置于神圣的位置，近水崇水是佛教主要的生活心理样态。佛教中也有许多与湿地水域相关的水神，如观音水神，以"救苦救难、大慈大悲"的形象成为我国东南沿海湿地的保护神，到唐代时，舟山群岛的普陀山已经成为中国最大的观音道场，是民众顶礼膜拜的神圣之地。基督教和天主教中"水"也有着至高的地位和洁净的品质。神创造天地时，他的灵运行在水面上，水还多多滋生了有生命的物。基督教和天主教认为"泉源，或是聚水的池子"是洁净的。"洁净的人要洒水在不洁净的人身上，就使他成为洁净"。在伊斯兰教中，水也代表了生命的物质起源，真主用水创造一切生物。

中国的宗教建筑包括祠庙、道观、佛寺、清真寺等处于湿地的自然环境中，精致的建筑与天然的山水相映成趣。道教重视自然环境，在大环境的选择上重视以"洞天福地"作为修炼成仙的最佳环境，如都江堰等川西湿地水碧山青、重峦叠嶂，正是道教所要寻求的"人间仙境"，洞天福地。这里良好的植被、森林、洞穴、瀑布等自然景观，是道教生态环境观的生动体现。道教在小环境的选择上，也注重选择最佳的地理位置以及方位。道教风水学相地的重要原则就是要能"背山面水"。因此，道观多是依山面水而建，布局巧妙。佛教庙宇的选址也常在依山靠水之处，以水为依托，许多寺院内即有湖泊溪泉。如杭州西溪湿地内的寺庙庵堂即遍布于溪流池塘之间。宗教建筑在湿地中显示出了长久的活力，庄严而不呆板，凝重而又富于色彩。

宗教仪式和活动是宗教文化的外在表征。在各宗教仪式中，湿地被赋予了特别的意义，尤其是湿地中的水更被赋予了神性，它被认为是彼岸派来的使者，是将凡人渡向天国的媒介，能引导人们达成与神的对话。基督教与天主教的圣水礼，佛教的圣湖崇拜是其中的典型体现，藏传佛教徒将被群山环抱的湖泊视为具有神性的水面，朝拜、转湖、沐浴等仪式都能使人远离尘世，获得超脱。

湿地具有旖旎的风光、丰富的动植物资源和深厚的文化底蕴，由此构成了独具特色的生态景观。湿地特有的水文环境，使之形成的景观具有自然之美；丰富的动植物资源，使之充满着天然野趣。宗教都以湿地为原型，预设了无比美妙的人与自然和谐的生态圣境。佛教的生态圣境是净土，净土就是清净功德所在的庄严处所。佛教描绘的净土种类很多，其中弥陀净土的"西方极乐世界"最具圣境特质。极乐世界有丰富的优质水，"处处皆有七宝池，八功德水弥漫其中"；极乐世界有多样的树木鲜花，"诸池周围有妙宝树，间饰行列，香气芬馥。是诸池中，常有种种杂色莲花"；极乐世界有奇妙的鸟类，"常有种种奇妙可爱杂色众鸟，所谓鹅、雁、鹭、鸿、孔雀、鹦鹉、共命鸟等。如是众鸟，昼夜六时，恒共集会，出雅声，随其类音宣扬妙法"；极乐世界还有美妙的空气与和风吹习，"常有妙风吹诸宝罗网，出微妙音"。总之，极乐世界是个类似于湿地的理想生态国。基督教和天主教的生态圣境是伊甸园，伊甸园里"各样的树从地里长出来，可以悦人的眼目，其上的果子好作食物。园子当中又有生命树和分别善恶的树。有河从伊甸流出来滋润那园子，第一道名叫比逊，第二道河名叫基训，第三道河名叫底格里斯，第四道河就是幼发拉底河。"伊斯兰教也把理想中的乐园描述为："有水溺，水质不腐；有乳河，乳味不变；有酒河，饮者称快；有蜜河，蜜质纯洁；在乐园中，有各种水果，可以享受"。

在保护湿地方面，各宗教都有相关的讨论和规定。佛教认为湿地生态系统中的每一种生命形式，都有发挥其正常功能的权利以及生存、繁荣的权利，众生平等，皆有佛性。佛教的慈悲关怀，从有生命的一切生命体到那些无生命的自然界，森林植物、山山水水、一石一木，都在保护之列，保护湿地就是保护生命，破坏湿地就是破坏生命。道教戒律要求"不得塞井及沟池""不得竭彼池水泽"等，反对对湿地水土资源的破坏。伊斯兰教根据早期的"圣训"和宗规，制定了包括保护动物、森林、树木、牧草、水源地的一系列法律，成为约束穆斯林行为的有力武器。伊斯兰文明把保护环境、防止污染提高到信仰的角度来看待。基督教在《律法书》中也要求信众做到：爱护野生动物、珍惜树木、保持土壤的肥力等。

宗教对湿地生态环境建设的价值，在实践中得到了印证。如三江源湿地生态保护的重要江域——青海省玉树藏族自治州，是一个藏族佛教占统治地位的区域。在保护野生动物和天然林资源方面，充分利用宗教资源，调动全州146座寺院、3600名僧侣的积极力量，初步建立国有林场、分林、寺院、护林员四位一体的具有玉树特色的管护体系，使该地区的人与动物和谐相处，森林、河流、草原、动物、鸟类都得到了有效保护[159]。

1. 海天佛国尚观音

普陀山为舟山群岛的一个岛，位于浙江省东北沿海舟山群岛东南的莲花洋上，南北狭长，全岛面积约 12.5 平方公里。普陀山四面环海，海岸曲折，属于典型的滨海湿地。普陀山独特的海岛环境，使生活于此的人们以渔猎为生。渔业生产的流动性和海洋生活的危险性，迫使广大渔民去寻找某种精神寄托。因而，观世音大慈大悲、救苦救难的形象，慰藉了处于恶劣自然环境中的渔民。渔民们虔诚地信奉着观音菩萨，视其为"济世造福的神圣"。可以说，普陀山四面悬海的恶劣自然环境，凶险莫测的生产、生活环境，促成了观音信仰的产生，有所谓"海岛处处供观音，观音信仰说不尽"之说。普陀山"处处念弥陀，户户拜观音"，与其独特的滨海湿地的自然条件是密切联系的。

普陀山是享誉海内外的"观音道场"，素有"海天佛国"之称。在佛教中，观音是四大菩萨之一，她具有无比的智慧与神通，大慈大悲，广救世间疾苦，当世间人们遇到灾难时，只要称其名，就会前去救度，所以被称为观世音。观音随着佛教传入中国，逐渐与水发生关系，成为渔民的保护神。渔民把一切苦乐祸福都寄托于观音菩萨：海上遇到风暴，求观世音保佑；家里有人生病，求观世音救治；渔业生产丰收，是托观世音的福；有了天灾人祸，怨己拜观世音不诚。

普陀山真正成为"观音道场"，应是唐大中年间开始。据舟山历史上第一本普陀山志《补陀洛迦山传》记载："唐大中，有梵僧来（潮音）洞前燔指，指尽，亲见大士示现，授与七色宝石，灵感遂启。"可见在唐大中年间已有中外僧侣来普陀礼佛[160]。

到唐咸通四年（公元 863 年），日本高僧慧锷到普陀请观音首创不肯去观音院，普陀山观音道场遂成事实。慧锷当时来中国交流佛教文化，到五台山参拜文殊道场，看见一尊观音大士圣像，清净庄严，想请回日本供养，又怕该寺当家不肯，于是就偷偷地将这尊圣像请走了。慧锷得到这尊圣像之后，立即买舟东渡，准备回国。当船驶进普陀山附近的莲花洋时，忽然海中涌现出无数铁莲花，挡住航道，船不能行。如此三日三夜船只能围绕普陀山四周打转转。慧锷见此奇异，当即跪在圣像前忏悔说："大士，弟子因菩萨圣像庄严，我国佛法未遍圣像少见，所以想请圣像回国供养。如果因我是不与而取，或因我国众生无缘供养，弟子就在此地建立精舍，供养圣像。"慧锷忏悔完毕，铁莲顷消，船驶进了潮音洞边安然停下。慧锷登山后，在潮音洞附近找到一家张姓渔民说明来意，张氏把自己住的茅屋让出来筑庵供奉观音。这个供奉观音的庵，民众称之为"不肯去观音院"。这就是普陀山历史上有记载的最早的供奉观音的佛教寺院，慧锷因此成为普陀山第一代开山祖师。从此普陀山成为我国家喻户晓的观音道场。

普陀观音不仅佑护着岛内百姓和渔民，还保护着过往的船只。史书中有普陀山观音菩萨灵验的记载：北宋宣和五年，大臣徐竞出使韩国，当天海上大风突起，徐竞登普拓山朝拜观音菩萨。当天夜里，天气好转，海水清澈，微波荡漾，第二天，船队顺利扬帆出海了。千百年来，海天佛国的观音信仰长盛不衰。

2. 寺庙庵堂遍西溪

杭州西溪，位于浙西南天目山余脉与浙北杭嘉湖平原的交接区域，是我国罕见的城中次生湿地。西溪湿地河流纵横交汇、水道如巷、河汊入网、鱼塘栉比如鳞、诸岛棋布，形成了"一曲溪流一曲烟"的独特景致。西溪湿地山幽水澈，人迹难至，是一个与喧嚣红尘截然不同的澄明空寂之境，这就在客观上为佛道修行隐逸提供了一方好山水，成为一处清幽的佛国净土。

西溪湿地早在汉晋时期就建有佛道设施并伴有佛道传布活动，后经唐五代特别是南宋的发展，成为全国寺观最密集的地区之一，宗教文化一度极为昌盛。宗教文化是西溪湿地文化的主要表征因素之一，而寺院文化则又是西溪宗教文化的重要组成部分。寺院是佛教徒供奉佛像出家修行的场所，僧众在这里进香朝拜举行各种佛事活动。佛教寺院中，一般寺最大，院次之，够不上寺、院规模的称庵，另外还有堂、社、林、居、室、舍、庄、苑、巢、斋等雅称。

早在汉晋时期，西溪湿地的丘陵坡麓地带就开始修建佛道寺观。据文献记载，法华山历史上曾有数十个佛道之庐，堪称竺国圣地。《西溪梵隐志·纪胜》称，法华山乃"西湖北山一支。其阳为竺国鹫岭，其阴为法华。有晋法华僧灵迹，因以名山"。旧时，北高峰南麓的灵隐寺和北麓的法华寺是西湖北山规模最大的两座古刹。

隋唐以前，西溪湿地较为重要的佛道之庐主要有法华寺、妙静寺、洞霄宫。隋唐以后主要有报福寺、永兴寺、福清竹院、悟空寺、光明寺、显教寺、普宁寺、喜鹊寺、浩然院、报先寺、隆庆寺、大崇真寺、佛慧寺、古福胜院、赵山寺（大苏林）、宝寿寺、清化寺（龙归院）、法华律院、梵天山院、智胜寺、净性寺、资严寺、能仁寺、真觉寺、闲林寺、光孝寺、梧桐寺、普慈院、上关寺廨院、上乘院、清溪道院、菩提下院、悟空下院、泗州退院、兜率院、室罗院、广福院、慈严院等。明清以后，西溪湿地寺院等较大型佛道设施逐渐衰减，规模中等的庵却繁复发展，密集度之高为他处所罕见。尤其是在蒹葭里一带，名庵林立，如：万历初年，在南宋正等院的旧址上建了茭芦庵；崇祯元年，建曲水庵；崇祯七年，又在南宋资寿岩禅院旧址上建秋雪庵；另一名庵——烟水庵，自古是佛教圣地，据传初建于南宋末期，明时复建[161]。

西溪湿地自南宋以来，以庵堂文化著称，最盛时曾有庙百余座，寺院60多处，成为西溪佛教文化的一大特色。这些寺庙庵堂除少量的如交芦庵、曲水庵、秋雪庵、烟水庵等在西溪综保工程中得以恢复重修外，余者多半不存。但是，历史会永存西溪湿地环境与佛教寺庙庵堂共同营造出的特殊审美境界："远岫苍苍夕照沉，闲移短棹入空林。钟声一杵知何处，秋水寒芦野寺深。"

3. 圣湖朝佛祈福安

青藏高原上的湖泊星罗棋布，是我国湖泊分布最密集的地区之一，说青藏高原是湖泊湿地的世界毫不为过。青藏高原上的湖泊多达千余，湖面总面积近30000平方公里，形成地球上海拔最高范围最大的高原湖泊湿地景观。青藏高原又是我国著名的江河发源地，如雅鲁藏布江、金沙江、怒江、黄河、澜沧江等东亚著名大河，都纵横或发源于青藏高原。

这些江河、湖泊使青藏高原成为一个雄浑而又气势磅礴的地理单元。面对如此神秘莫测的自然世界，在这片土地上世代繁衍生息的藏族人们相信高原上的每条河、每个湖泊都有无形的神灵居住。这些神灵主宰着世间的一切，决定着人类的生老病死、祸福丰歉。于是圣湖崇拜成为高原原始宗教信仰的主要内容之一。

藏族是一个全民信教的民族，最早信原始宗教本教，松赞干布时期，佛教传入藏区，在与本教的斗争、融合中，逐渐形成几乎是全民信奉的藏传佛教。藏传佛教沿袭着圣湖崇拜这一古老的传统，并加以改造，纳入自身的系统，使得圣湖崇拜体现出一种宽容博大的佛教哲理精神。

藏区佛教徒把湖泊中水说成是神灵赐予人间的"甘露"，或者说是"神水""圣水"。他们一般都认为，湖水变得圣洁是因为佛教大师加持的结果。在佛教信徒的心目中，湖是人间天堂，湖的周围长满了各种医治身心疾病的草药。"圣水"能洗去人们心灵上的贪、嗔、痴、怠、嫉五毒，能清除人肌肤上的污秽。在湖边膜拜、饮用湖中的神水或在湖中沐浴净身，灵魂可得到净化，肌肤会变得洁净，可以益寿延年[162]。藏区最著名的"四大圣湖"为玛旁雍错、纳木错、雍错赤宿甲摩和羊卓雍错湖，每年藏传佛教信徒都会不辞劳苦，来到这些神湖边膜拜、饮用湖水或在湖中沐浴。

玛旁雍错，藏语意为"永恒不败的碧玉湖"，坐落在西藏阿里地区普兰县境内的冈底斯山峰的主峰——被誉为"神山"的冈仁波齐峰东南20公里，海拔4588米，是世界上海拔最高的淡水湖，面积412平方公里。沿湖而建的佛寺很多，现存八座，其中吉乌、楚古两寺最为有名。许多宗教典籍都曾记载描述过玛旁雍错，认为它是"世界江河之母"。藏传佛教认为玛旁雍错湖水具有"澄净、清冷、甘美、轻软、润泽、安和、除饥渴、长养诸根"八种功德，用它来洗浴能清除人们心灵上的"五毒"，清除人肌肤上的污秽。所以每年来圣湖洗浴的佛教徒摩肩接踵，他们还将圣湖的水千里迢迢带回家去，当做珍贵的礼品，馈赠亲友。朝圣者如绕湖转经或临湖朝拜（图4-117），也是功德无量的。

纳木错，藏语意为"天湖"，位于西藏拉萨市以北当雄、班戈两县之间。湖面狭长，东西长70公里，南北宽30公里，面积为1940平方公里，为我国第二大咸水湖。纳木错曾被本教奉为第一神湖，是本教的保护神。佛教在藏区兴起后取代了本教，这些本教神灵就被佛教高僧调伏，湖中的神灵也就被收为佛教的保护神。据说，当年莲花生大师在收服此湖的精灵时，曾以手印示湖，迄今当日出之时，伏卧湖岸之地，俯视水面，还可以见到一硕大如山的掌影，显现于湖面。另外还有一种说法，如有福分，登上湖边的山崖，就可以看到湖中显现的灵异现象，可以预知未来吉凶。

雍错赤宿甲摩，即青海湖，因湖水长年湛蓝，故称青海。青海湖位于青海省东北部的盆地内，是我国最大的咸水湖，环湖周长360多公里，湖面面积为4583平方公里。青海湖一直被人们尊为神灵加以崇拜，每逢藏历羊年，数以万计的佛教徒都来此转湖朝拜。藏传佛教有"马年转山，羊年转湖"之说，据说这是佛祖给人间留下的旨意。羊年是最吉祥和最能祈愿的，所以羊年来青海湖转湖的人就异常多。修行者绕湖而行，可得到无量的功德和渊博的知识，并能舍去自己的恶习和痛苦。

羊卓雍错湖，简称羊湖，藏语意为"碧玉湖""天鹅池"。它位于西藏山南地区浪卡子县，拉萨市西南70多公里，湖面海拔4441米，湖面面积达678平方公里。羊湖是喜马拉雅山北麓最大的内陆湖泊，湖光山色之美，冠绝藏南。羊湖的形状很不规则，分叉多，湖岸曲折蜿蜒，并附有空姆错、沉错和纠错等3小湖。藏族人都说该湖形似蝎子，这同佛教有关。相传羊湖曾为九个小湖，空行母益西措杰担心湖中许多生灵被干死，把七两黄金抛向空中并祈愿、诵咒，又把所有小湖连为一体，其形似莲花生大师的手持铁蝎。羊卓雍错之所以被称为"圣湖"，据说主要原因是它能帮助人们寻找达赖喇嘛的转世灵童。达赖圆寂后，由西藏上层僧俗组成负责寻找灵童的班子，先请大活佛打卦、巫师降神，指出灵童所在的大方位；然后到羊卓雍错诵经祈祷，向湖中投哈达、宝瓶、药料等；最后，主持仪式的人会从湖中看出显影，指示灵童所在的更加具体的方位。如果上述仪式所示方位一致，便可派出人马，循所示方位寻找灵童。

4. 盂兰盆会莲花灯

荷花，是一种典型的湿地植物，华夏大地各个湿地中都能见到它曼妙的身影。荷花生长在水中，出淤泥而不染。在宗教中，荷花称为莲花，拥有至高无上的地位，其"出淤泥而不染"和"守一茎一花之节"的品性象征了宗教中最崇高的美德。莲花在佛教中为诸花之胜，其圣洁高贵的特征常譬喻菩萨慈悲心、不受污染的佛性及法性。同时，莲花又是道教标识，是"道瑞"的象征，充满珍祥色彩，拥有异乎寻常的神奇力量，是仙界之花。

在莲花神圣特性的影响下，一种独具特色的宗教用品——莲花灯也就应运而生了。莲花灯常在各类宗教仪式中出现，其中最为人所知的是农历七月十五放莲花灯。农历七月十五，佛教称"盂兰盆节"，演述劝善行孝故事，是中国佛教里非常重要的节日。节日当天，佛教徒要举行重要的"盂兰盆会"的仪式，仪式中有一项是在晚间往河中、湖中放点燃的成百上千盏莲花灯，谓"慈航普度"。一盏盏灯飘满水面，随着水波荡漾渐渐远去，灯光水影加上月色星空，构成一幅奇妙的夜景。

"盂兰"为倒悬之义，表示饿鬼的痛苦如人倒悬一般；而"盆"则为救护的器皿，所以"盂兰盆"有"救倒悬""解痛苦"之义，即用盆之类的器皿盛食供佛奉僧，以救倒悬之苦。《盂兰盆经》记载了目连救母的故事。目连，又名目犍连，是佛陀的十大弟子之一。目连以天眼通观见他的母亲投生饿鬼道，皮骨相连，日夜受苦，于是手持钵饭给母亲食用；然而目连的母亲因以恶业受报的缘故，饭食还没入口，就全部变成火炭。目连为拯救母亲脱离苦趣，于是向佛陀请示解救的方法。佛陀指示目连在僧众夏季安居终了之日，即农历七月十五日，以百味饮食、床敷卧具，放置于盆中，供养三宝，仗此功德，能使现在父母寿命百年无病，无一切苦恼的忧患，乃至七世父母得以脱离饿鬼道的苦趣，生人天中，享受福乐。目连依佛陀的慈示奉行，终于使他的母亲得以脱离饿鬼的苦趣。

仁慈的目连将此情形告诉佛陀，将来佛门弟子行孝顺的方式，也应该奉盂兰盆供养。后世遂于七月十五日举行盂兰盆法会，斋僧供佛，沿习成例。南北朝梁武帝崇拜佛教，倡导办水陆法会，僧人在放生池放河灯。此后，放莲花灯在七月半举行，并随着佛教传播而流行全国，成为盂兰盆会法事的重要组成部分。

放莲花灯的形式不一。明代是在湖泊水域的荷花或荷叶里插上红烛燃点成灯；亦有以纸捻的灯花放于荷花、荷叶之间。清代以来，京师多以纸制粉红色莲花一朵（周圆直径半尺），中插灯芯，内燃红烛，外插茄子半块，放于河泊水域之内，任其随风漂流，映灯光于水，上下皆明，成为双灯，蔚为奇观。

清代皇家放莲花灯的规模更大、景观更妙。清人潘荣陛在《帝京岁时记胜》记载了皇家作盂兰盆法会的热闹场景："闻世祖朝每岁中元建盂兰道场，自十三日至十五日放河灯，使小内监持荷叶燃烛其中，罗列两岸，以数千计。又用琉璃作荷花灯数千盏，随波上下。中驾龙舟，奏梵乐，作禅诵，自瀛台南（中南海内）过金鳌玉桥（现北海大桥），绕万岁山（现北海琼岛）至五龙亭回"[163]。

而今，北京等地仍会在农历七月十五盂兰盆会燃放莲花灯，除藉此祈祷过世亲人早升莲界、得以超度之外，更有许愿祈福之意。

二、湿地与民俗文化

作为反映人类在长期的生产实践和社会生活中稳定传承的历史文化现象——民俗，湿地生态地理环境对其形成、发展、演变、传播和传承发挥着重要的作用。民俗是流行于民间的一种通俗文化，一般分为物质民俗、社会民俗和精神民俗几大类。物质民俗是指人们的日常衣食住行等生产生活方式及相关的习俗礼仪；社会民俗包含家族村舍、婚丧嫁娶及人生礼仪等相关内容；精神民俗则以信仰、节日、民间文学艺术为其代表。

湿地是民俗文化产生的生态本源之一，可以说是湿地孕育了我国丰富灿烂的民俗文化。湿地中的水文因素对风采各异的民风民俗的塑造与形成有着重要的影响，居住于湿地的人们在世代生息繁衍中，形成了靠水吃水的生产和消费民俗、因水制宜的居住和交通民俗、喜庆热闹的岁时和仪礼民俗、精彩纷呈的游艺竞技民俗等。

湿地以水为首要特质，俗话说靠山吃山、靠水吃水，水文条件对饮食习俗也有很大影响。江南水乡的人们多以稻米为主食，各种鱼类也会丰盛他们的饭桌。在海边，人们以渔猎为生，置船打鱼等生产生活都与水紧密相连。

在江南水乡和北方湿地，常常可以见到半依陆地、半悬水上形态各异的房屋，有的甚至是屋屋相连，形成水上村落。在服饰习俗上，湿地水文条件也有其生动的表现：生活在东北以渔猎为生的赫哲族人，喜欢穿用保温防水的鱼皮缝制而成的衣服，而生活在南方水乡的渔民则穿着宽松肥大的衣裤，打赤脚，便于在船上捕鱼作业。水文条件对交通习俗也有重要影响。例如船、排、筏等都是带有地方特色的水上交通工具。为了跨越各种水体，智慧的人们还创造出多种多样的桥，例如藤桥、索桥、木桥、石桥、铁桥、风雨桥等[164]。

湿地与人们的生活息息相关，因而在一年中重要的岁时节日和一生中重要的事件诸如婚嫁之时，生活在湿地的人们总会赋予湿地以独特的意义。不论是全国各地端午时节的龙舟竞渡，还是水乡人家的水上婚礼，都是湿地孕育丰富民俗的典型体现。

湿地既能给我们丰厚的馈赠，也会使我们面临很多灾难。在河流、湖泊尤其是海洋上劳作，其危险性要比在陆地上大得多。人们为了远离水患水灾，逐渐形成了许多特有的祈祷、祭祀和禁忌习俗。例如"祭海神""洗船眼""祭海关菩萨"等祭祀活动和忌讳说"翻"字的习俗等。

1. 精心置船慎出海

我国有着漫长的海岸线，海域沿岸大约有 1500 多条大小河流入海，形成了广袤的滨海湿地。这些滨海湿地为久居于此的人们提供了丰富的生产、生活资源，但也使他们面临灾难的困扰。在与海洋的搏斗中，人们祖祖辈辈总结、传承了大量涉海生活的规约习俗，这些具有地域特色的"规矩"，体现了民俗的魅力和约束力，沿海居民都在潜移默化中自觉地认可和遵守。这种海洋民俗也将伴随着子孙后代的繁衍生息一直延续、传承下去。

渔船是渔家的致富工具，因而备置渔船就被认为是一件大事，各地渔民造船都有着隆重的仪式。海南岛渔民在造船之前要请先生择日，与造房子择日一样讲究。造船时，先把船底"龙骨"竖立起来，像盖房子升梁一样，将红布系在"龙骨"上，名为"拴红标"。在造船过程中，闲人、孕妇和月经期女人等不得登船，以图吉利之意。此外，船头还要挂上镜子（取驱除妖魔鬼怪之意）、筛子（取渔业丰收之意）、剪刀（取剪除妖魔鬼怪之意）、红布（取避邪和吉庆之意）等，寄托渔民对渔业生产丰收和出海打鱼顺利的美好愿望[165]。

山东蓬莱等地造渔船，由专门的"海木匠"来施工，工地也不许女人走近，尤其不准孕妇走近。开工之日，先铺船底三块板，名为"铺志"，要放鞭炮，念喜歌，宴请工匠；渔船造到船面，举行仪式，称"比量口"，用红布包裹铜钱（俗称太平钱）放入渔船底盘中间；最后的仪式名为"上梁面"，安梁时，在船上做一个小洞，内放"太平钱"，用红布覆盖，再用面梁压住。船下海前，船头扎上红色彩绸，挂上各色彩旗，一起吊，就开始放鞭炮，直至首航回来为止。鞭炮部分点在舱里响，要崩掉舱里的邪气；部分燃在海里响，要驱散海里的邪气，以保证今后顺利航行。

常年与大海打交道的渔民，希望每次出海顺利，能多捕鱼，所以在新船下水时，总要举行一定的仪式。船主择"黄道吉日"，船头披彩，船桅挂旗，设供品，点蜡烛，焚香纸，鸣鞭炮，行大礼，把神请到船上。之后，船主用朱砂笔为新船点睛、开光，众人高呼"波静风顺""百事大吉"等号子，送船入海[166]。

由于对喜怒无常的海洋束手无策，渔民们对海产生了敬畏，于是便形成了各种禁忌习俗。如渔网放在海滩上，忌人从上面跨过；在胶新网和缀织渔网时，忌别人走近观看和讲话，否则认为此网会因此捕不到鱼；在浆网或晾网时，竹竿头处要挂上一团筋刺（又称"筋古头"）以辟邪；新造而尚未入水的竹筏，忌人坐在上面；在船上，忌把饭碗倒着放，汤匙忌紧贴碗边拖过，否则认为渔船会有搁浅、翻船的危险；忌把脚踏在炉灶上；渔家出海最怕触礁，故煮饭做菜皆忌烧焦；忌说"翻""扣""完""没有""老"等词语。

2. 水上婚礼展风情

婚嫁是人生之大事，也是人成年、受到社会接纳所应举行的仪式。湿地水乡，以水代路，以舟代步，在独特的地理环境影响下，生活于此的人们传承着独特的婚礼习俗，水上婚礼是最别具一格的。位于浙江省西部新安江上"九姓渔民"的婚嫁风俗最为出名，被称为最原汁原味，最富地方风情。

九姓渔民是生活在新安江上的"水上部落"，以捕鱼为生，日出撒网、日落泊舟。数百年来，他们浮舟泛家，自成一套完整的婚俗。水上婚礼的程序非常讲究，主要有：接亲、讨喜、称嫁妆、抛新娘、拜天地、并彩、入洞房七个程序，每一个程序都渗透了他们与湿地的历史渊源。

婚礼正日，新郎、新娘两家的乌篷船都披红挂彩，一派喜庆。当送亲船（女方）出现在江面上时，接亲船便鸣炮奏乐，急速地迎接上去。两船在江中相遇，同时缓缓地驶向预定的位置，但相隔一段距离，此举为"接亲"。

船停稳后，从送亲船中出来一位利市婆婆，从接亲船中出来一位利市公公，两人以歌对答。若利市公公答对一题，两船便靠近一篙，直至两船相距咫尺，此为"讨喜"。在这过程中，篙手用竹篙稳住船舷，不让两船相碰。据说若是两船相碰则不吉利，预示着婚后夫妻不和。

接着，女方船中的伴娘便把嫁妆一一从乌篷船中拿出来，利市婆婆手握杆秤，在将嫁妆一一过秤的同时，喊唱一句彩头，以讨吉利。彩头颇为有趣，如"锦被十斤翘上天，夫妻恩爱赛神仙"，唱完之后将称过的嫁妆递给利市公公，这叫做"称嫁妆"。

待"称嫁妆"一结束，利市婆婆便高喊道："千金小姐送出来！"接着，鼓乐喧天，盖着红头巾的新娘由两个打扮齐整的伴娘从船舱里扶出，坐入"彩盆"（大水桶）。与此同时，利市公公喊道："王孙公子站起来，珍珠凉伞撑起来！"话音刚落，一位穿新衣新鞋、胸带红花的新郎便站到了船头。接下来，利市婆婆开始给新娘喂"离娘饭"，并唱嘱托词。喂完饭后，娘家四个彪形大汉在鼓乐声中将坐有新娘的"彩盆"轻轻托起，用力向男方船抛去，而男方船上的四个彪形大汉则负责将新娘稳稳接住，这便是"抛新娘"。

之后，新娘由男方的两个伴娘扶出"彩盆"。接着，利市公公拉着新郎、新娘走到摆设好桌案的船头，在鞭炮声中，新郎新娘拜天地、拜公婆、夫妻对拜，并喝交杯酒。"拜天地"便结束了。

随即，送亲船便点篙离开岸边向江中驶去，而接亲船在原地转三个圈圈后迅速追上送亲船。追上后，两船并拢，搭上跳板即为"并彩"。船儿缓缓地在新安江中游弋，亲朋好友在船舱中开怀畅饮，为新郎新娘祝福[167]。

入暮，新娘由伴娘扶进作为新房的乌篷船，而新郎则要遭到伴娘的"刁难"，只能爬过大船的船篷，从后舱进入小船。当新郎进入小船后，鼓乐声再次响起，新郎新娘相携步入洞房。随后，新娘向大船抛撒花生、红枣、桂圆等果品，新郎划着小船，缓缓地告别两只大船。至此，一场独特的婚礼便结束了。

3. 方寸船头"武"拳脚

船拳是起源和流传在江浙一带的地方传统体育民俗。《中国传统养生学辞典》中描述船拳是"一种近似南拳的拳种。多流行于江南水乡，其特点是适合在船上练习，作为以船为家者活动、锻炼身体之用。因船头面积较小，船身晃动不已，故腿法较少，要求底盘牢，身体稳，架子低，少跳跃、闪展、腾挪动作，似南拳而非南拳。"

江浙一带地处长江三角洲，长江下游随着泥沙淤积、河床抬高，逐渐封闭出一些湖泊、岛屿，使大片沧海变成桑田。同时，由于淮河、泗水、沂河、沭河、钱塘江等的不断变迁、淤塞，江苏、浙江境内又形成了一连串的湖泊[168]，造成了这一带众多的湖泊湿地、河流湿地。这种水网纵横、湖泊星罗的地理特点，加上后来开凿的运河等，使江浙地区形成了"以舟为车"的水上交通特色。江浙地区的水域环境决定了人们的生活与船有着密切联系，也因而为船拳的产生奠定了必要的物质条件基础。

作为一种体育民俗，船拳大多出现于各种大型的节庆、祭祀、庙会活动之中。在这些活动中，船拳的表演，一方面体现了人们对鬼神的虔诚、崇仰和敬重；另一方面也显示了人们强身健体的文化需求。船拳表演实际上起到了"名为娱神，实为娱人；名为驱鬼逐祟，实为自己开心"的作用。

江浙船拳依托海洋、湖泊、河流等湿地环境，形成了以舟山、温州、杭州、湖州、上海、常州等为代表的江南船拳。这些地方的船拳在长期的演变过程中，结合了当地丰富多彩的民俗体育项目，呈现出鲜明的区域文化特色和特有的民俗性。

舟山船拳发端于吴越春秋，形成于明清，是明清时期帮会组织之一的洪帮特有拳种。海岛渔民在长期海上生产劳动实践中，将一些实用的生产劳动动作融入洪拳中，逐渐形成了舟山船拳。

温州船拳又称"五龟拳"，是温州南拳的一大流派，在浙江有着悠久的历史，以明、清时用"杨家将""水浒"等故事立拳的居多数。温州船拳有着相当古朴的形态和自成体系的功法理论，以行为拳、以意为神、以气催力，适宜于船上施展，并善于短打、近攻、先发制人。几百年来，五龟拳由女到男，由船上到陆地广泛流传。

湖州船拳发源于太湖沿岸的浙江吴兴（今湖州市）。湖州船拳套路繁多，有近百套之多，其中以"五虎拳"为代表。湖州船拳在武林中独树一帜，具有体用兼备、内外兼修、短兵相接、效法水战的独特风格和刚劲遒健、神形合一、步稳势烈、躲闪灵活的特点。

杭州船拳在长期的演练过程中，根据其自身的特点，兼收各派武功之长，又自成一脉，其套路尤为丰富多彩。杭州船拳在其技术风格上兼收南北拳种文化表现形式，形成了南北兼容的特点。

常州船拳，又称"阳湖拳"。阳湖拳与其他拳种比较，其特点是幅度很小。阳湖拳讲究紧凑实用与精悍灵巧的近身短打，所以其活动幅度小，可在船头、八仙台上练拳，因而有"拳打卧牛之地"一说。

上海船拳起源于河流纵横、湖塘密布的上海水乡。早在450年前，浦东人民就演练出了在渔船上防身的"船拳"。上海船拳在套路中多使用短兵器，如牛角、木梳、灰耙、腰菱等。其中牛角为罕见独门兵器，因其形状如水牛头角而得名，其套路精短独特，近战中威力无比，为我国江南武术中的一朵奇葩[169]。

船拳是在江南特有的地理环境和社会因素下形成的一种民俗文化符号，有着广泛的群众基础。它与当地民俗活动互通，向世人展现了一个武术文化的空间，承载着历史悠久的传统文化，是江南地区传统文化活的载体。

4. 三月初三上巳节

上巳节是中国汉族古老的传统节日，俗称三月三，该节日在汉代以前定为三月上旬的巳日，后来固定在夏历三月初三。

　　上巳春浴的习俗，发源于周代水滨祓禊，后由朝廷主持，并专派女巫掌管此事，成为官定假日。"上巳"最早出现在汉初的文献。《周礼》郑玄注："岁时祓除，如今三月上巳如水上之类。"据记载，春秋时期上巳节已在流行。上巳节是古代举行"祓除畔浴"活动中最重要的节日。《论语》："暮春者，春服既成，冠者五六人，童子六七人，浴乎沂，风乎舞雩，咏而归。"就是写的当时的情形。

　　上巳节有高禖、曲水流觞、祓禊、会男女、蟠桃会等习俗。

　　在上巳节活动中，最主要的活动是祭祀高禖，即管理婚姻和生育之神。高禖，又称郊禖，因供于郊外而得名。禖同媒，禖又来自腜。最初的高禖，是成年女性，具有孕育状。在汉代画像石中就有高禖神形象，还与婴儿连在一起。后来高禖有了很大的变化，如河南淮阳人祖庙供奉的伏羲，就是父权制下的高禖神。起初上巳节是一个巫教活动，通过祭高禖、祓禊和会男女等活动，除灾避邪，祈求生育。

　　在上巳节中还有临水浮卵、水上浮枣和曲水流觞三种活动。在上述三种水上活动中，以临水浮卵最为古老，它是将煮熟的鸡蛋放在河水中，任其浮移，谁拾到谁食之。水上浮枣和曲水流觞则是由临水浮卵演变来的，成为文人雅士的娱乐活动。

　　上巳节还有祓禊、修禊或沐浴活动。修禊，源于周代的一种古老习俗，即农历三月上旬"巳日"这一天，人们相约到水边沐浴、洗濯，借以除灾去邪，古俗称之为"祓禊"。后文人饮酒赋诗的集会，也称为修禊。春日踏青有"春禊"，秋日秋高气爽，文人在此时赏景吟诗，称为"秋禊"。历史上最为有名的修禊当数兰亭修禊（图4-24）和红桥修禊。

图4-24　明·文徵明《兰亭修禊图》（局部）现藏于北京故宫博物院

　　王羲之鼎鼎大名的《兰亭集序》就是写的一次文人雅士从事禊的活动，"暮春之初，会于会稽山阴之兰亭，修禊事也"。有了书圣的风雅前例，三月三这个官民游乐的好日子，更成了骚人墨客赋诗的好机会。吴自牧《梦梁录》卷三《三月》云："三月三日上巳之辰，曲水流觞故事，起于晋时。唐朝赐宴曲江，倾都禊饮踏青。"

　　明清以后，理学强盛，上巳节因原始宗教意味较浓，其求偶求子的形式有伤风化之嫌，故祓禊修禊的意味日渐淡薄，该节日亦演变为春游节，民间有"寻春直须三月三"之说，上巳节还并入寒食清明节，其流杯、戴柳、探春、踏青等习俗亦或成为清明节之组成部分，其余则湮灭矣[170]。

三、湿地图腾文化

图腾文化是产生在原始时代的一种十分奇特的文化现象。世界上大多数民族都曾存在过图腾文化。每一种文化的发生都有一个核心元素，它使该文化具有一种内聚力和向心力。在图腾文化中，它的核心元素就是图腾观念。虽然世界各地所保留的图腾文化现象差别较大，但都有一个共同的观念——即把图腾当做自己的亲属、祖先或神。只有在这种观念的驱使下，才会产生图腾名称、图腾标志、图腾禁忌、图腾仪式、图腾神话和艺术等。

湿地作为人类文明的摇篮，养育了人类的同时，也孕育了灿若星河的图腾文化。在生产力水平低下的远古时代，人们不得不依赖气候适宜、水源充沛、土地肥沃的自然环境来耕作生息，聚合部落。纵观古今，人类的文明史就是江河的历史。世界上许多河流、平原湿地都为养育古代文明提供了一个可靠的栖息地，成为孕育人类古老文明的"摇篮"。长江与黄河同心协力创造了华夏文明。可以说，没有湿地就没有人类文明，没有湿地就没有源远流长的图腾文化。

任何文化现象的产生都是由于人类和社会的需要。在人类社会早期，人类的需要主要是生存的需要，即"求食"和"求安"。图腾的起源主要基于人的"求安"本能。面对随处存在的死亡威胁，特别是恶虫猛兽的侵袭，为了在生存斗争中幸免于难，原始人除了采用积极的方式来抵御各种威胁之外，还采用一种消极的方式来求得自身的安全。这种方式就是认动物为亲属。希望它们也像自己的血缘亲属一样，永远不伤害自己，而且还希望它们像自己的父母、兄弟一样，处处保护自己。中国文化源远流长，中国的远古居民无疑也曾存在发达的图腾文化，图腾亲属观念、图腾祖先观念、图腾神观念是古代各民族的共同意识。古代神话传说中的许多神祇都是图腾神。

一般认为图腾发生于旧石器中期。最早的图腾为动物，植物图腾的产生较晚，无生物和自然现象图腾可能是在图腾文化晚期产生的。在人类社会早期，人们主要从事采集和渔猎生产，由于采集和渔猎经济所反映的关系主要是人与动物及植物之间的关系，因而人们经常观察、思考的是人与动植物之间的关系。在各种图腾类型中，动物形象最为多见。因为在自然界中，动物在许多地方与人相似，又有许多人类没有的优势，如鸟能在空中飞，鱼能在水中游，爬虫会蜕皮，又避居于地下……这一切，都正是初民们把动物放在图腾对象第一位的原因。在中国的图腾文化中，与生活在湿地的动物形象相关的图腾占有举足轻重的位置。

1. 深入人心的鱼图腾

鱼和湿地的关系不言而喻。在中国图腾文化中，鱼图腾极为普遍。在原始时代，水灾时常发生，对人们的生命财产危害极大。当人在洪流之中、危在旦夕之时，十分希望能有鱼的本领，因而羡慕鱼，崇拜鱼。所以，希望能像鱼一样具有在水中游的本领，可能是人们选择鱼作图腾的主要原因之一。另外人们崇拜鱼的另一原因是鱼多产，是多子的象征。而人的生殖能力与鱼相比，有天壤之别。

西安半坡遗址出土的彩陶人面鱼纹盆家喻户晓。虽然半坡出土的动物纹样尚有鹿纹和鸟纹，但主要是鱼纹，不仅有人面鱼纹，还有单体鱼纹、复体鱼纹、变体鱼纹和图案化的鱼纹。由此可以推断，半坡氏族图腾无疑是鱼。彩陶上的人面鱼纹是图腾祖先或图腾神的象征。

在新石器时代文化遗址中，还发现有以图腾作为陪葬品的习俗。如大溪文化遗址中，用鱼陪葬很普遍，有的把鱼摆放在死者身上，有的置于口边，有的把两条大鱼分别垫压在两臂之下。其中较为典型的是有一死者口咬两条大鱼尾，鱼分两边放在身上。有人认为，它与半坡的人面鱼纹形象极为相似，鱼是墓主的图腾。

从古籍记载和调查资料来看，我国古代民族均存在部落图腾。《山海经》和其他古籍记载的"国"，似与部落类似。这些"国"中之人大多被描绘成半人半兽的怪异形象。诚然，半人半兽是不存在的，这些半人半兽大概是他们部落的图腾祖先或图腾神形象，并作为部落的标志。《山海经》作者不明真相，误以为这些"国"的人都是半人半兽的。《山海经·海内南经》有文："氐人国在建木西，其为人，人面而鱼身，无足。"这表明，鱼为氐国人的图腾，半人半鱼形象是他们的图腾祖先或图腾神[171]。

至今备受我国众多湿地居民喜爱的"鲤鱼跳龙门"传统吉祥纹样也是鱼图腾文化的延续。龙门，在山西河津和陕西韩城之间，跨黄河两岸，形如门阙。相传夏禹治水时，在这里凿山通流。辛氏《三秦记》："河津一名龙门，水险不通，鱼鳖之属莫能上。海江大鱼薄集龙门下数千，上则为龙；不上者点额暴腮。"这可能就是跳龙门传说的渊源。明代李时珍《本草纲目》："鲤为诸鱼之长。形状可爱，能神变，常飞跃江湖"。因此，鲤鱼跳龙门，常作为古时平民通过科举高升的比喻，鲤鱼纹饰在刺绣、剪纸、雕刻中常被广泛应用，被作为幸运的象征。"鱼"与"余"同音，比喻生活富裕，到年节之时，家境殷实。这表达了古代湿地居民追求年年幸福富裕生活的良好愿望。过新年的时候，家家挂一张儿童抱鲤鱼的年画，既表达欢庆之情，又图来年吉利。

2. 历史久远的龟图腾

中华民族的龟崇拜，源远流长，由此积淀而成的龟文化，渗透到经济、政治、军事、天文、地理、数学、医学，乃至人的思想意识形态、社会风土民情各个领域。

据科学考证：在中生代三叠纪，龟就在地球上成为独立的家族，比人类早 2 亿 2 千万年。当原始初先民们处于蒙昧状态，在强大自然力面前束手无策，尤其是生活中受到山水之阻、寒暑之苦、食物之难、疾病之灾，以及风雨雷电无情摧残而不能抗御时，龟却经过大冰川期一般生命难以生存的长期磨难之后，进入生命的春天。原始人看到龟的性情温和，行为善良，能水陆两栖，风雨不惧，无病无灾，耐饥耐饿，遇到强敌以甲护身，认为这是不可思议的天生神物。因此，在原始自然崇拜中，龟这一湿地生物成为若干氏族所崇拜的图腾。中华民族向有"万世一系，皆出于黄帝"的信念，而黄帝族就是以龟为图腾的氏族。相传黄帝族发祥于中原的天鼋山，黄帝族的领袖黄帝即轩辕就是天鼋。天鼋就是大龟。禹之后，夏统一中国历 16 代 432 年之久，使龟崇拜在中华大地上得以延展深化。

对龟的崇拜还与生殖崇拜有关。人自身的生殖崇拜，是一切信仰崇拜的核心。在母系社会，人们的生育观是神灵感应生育，主要是图腾感应生人。这时的生殖崇拜是直接的图腾神灵的崇拜。到父系社会，则是男根崇拜。龟传人的信念表现为龟护人根或人根植龟。随着社会生产力的发展，先民们对龟图腾龟传人崇拜的内涵，亦在不断丰富。原来只向龟祈求生殖和生存，进而向龟祈求免祸消灾、吉祥知寿、升官发财等人生所追求的幸福。寿是人生的第一追求。在古老中华民族的心目中，龟是寿星，千年老鳖万年龟。因此，全民族形成一个共同心理：以龟龄作为人生最高追求。时至今日，闽南及台湾省内，人在 60 岁生日时，要作一次龟寿。

龟还是财富的象征。从上古始，人们不仅在观念上把龟当作财神，而且龟本身实体就是财富。无论从经济效应还是其他社会效应看，可以说，有了龟就有了一切。关于龟能救人于危难，引人出迷途，为人镇邪驱妖，使人起死回生，给人以诸多欢乐喜庆吉祥如意等，古籍中多有记载。因此，民间在嫁娶、贺寿、生子等喜庆场合，多以龟形物器壮喜。

上至帝王下至黎民百姓，评价任何地理形势，均以具四灵之象为贵。认为在风水宝地上建阳宅阴宅，只要背靠玄武，就能永保太平，荣华富贵。玄武即龟之异名。龟水族也，水属北，其色黑，故曰玄。龟有甲，能捍御，故曰武。世人不知，乃以玄武为龟蛇二物。玄武就是龟。因为龟主宰北方天地，道教又把龟推崇为水神或北极大帝，使它主宰与人生关系极大的雨水旱涝，有权调遣生云布雨的四海龙王。从崇拜龟能为民解除水旱之苦，进而发展到龟能为人治病。在古老的中华大地上，以龟为地名、水名、山名的，为数众多。凡被名为龟山、龟水的，备受当地人所崇拜。鳌是传说中海里的大龟或大鳖。唐宋时期，宫殿台阶正中石板上雕有龙和鳌的图像。凡科举中考的进士要在宫殿台阶下迎榜。按规定第一名状元要站在鳌头那里，因此称考中状元为"独占鳌头"

3. 原始神秘的蛇图腾

在我国古籍中有众多的关于蛇神、半人半蛇神的记载，充分说明上古时代的人们是十分崇拜蛇的。远古湿地先民们奉蛇为图腾的原因有多种。其一是由于恐惧，恐惧是原始崇拜的根源之一。其二是由于神秘。毒蛇杀人不像猛兽，它轻轻咬一下，人就可能因而死亡。蛇还会冬眠，一到冬天，不吃不动，春天又会"复活"。这些都是古人无法解释的。其三是由于羡慕。蛇有许多人所不及的技能和特性，既能在地上走，又能在水里游。由于以上原因，原始时代的人们十分崇拜蛇，并奉之为图腾。

崇蛇的我国侗族在过元宵节时，人们都要跳蛇舞，由身穿织有蛇头、蛇尾、蛇鳞、水波、花草形象的彩色图案古装的数十名男女，在神坛前石板坪跳蛇形舞，即大家臂挽臂或手挽手地围着圆圈，模仿蛇匍匐而行、徐徐回旋的动作。

上古三代时，福建境内至少居住着 7 支互不相属的土著部族，古文献称之为"七闽"。春秋末，楚灭越国，部分越人遁入福建，史称这个时期的福建土著为"闽越"，他们喜欢傍水而居，习于水斗，善于用舟，最重要的习俗是以蛇为图腾、断发纹身，盛行原始巫术。《说文解字》在解释"闽"字时说："闽，东南越，蛇种。"所谓"蛇种"，意谓闽越人以蛇为先祖，反映他们对蛇的图腾崇拜。在相当长时期内，这种崇拜一直存在于闽越族的后裔中。如闽侯疍民，直至清末仍"自称蛇种"，并不讳言。他们在宫庙中画塑蛇的形象，定时祭祀。在船舶上放一条蛇，名叫"木龙"，祈求蛇保佑行船平安，若见蛇离船而去，则以为不祥之兆。清代，福州一带疍民妇女，发髻上多插着昂首状蛇形银簪，其寓意亦为不忘始祖。

与原始宗教信仰相辅相成的巫术在闽越人中也相当盛行。闽越人流行断发纹身的习俗，《汉书·严助传》说："（闽）越，方外之地，劗发纹身之民也。"这实际是原始巫术的"模仿术"，剪去头发、在身上纹上蛇的图案，用以吓走水怪。如《说苑·奉使》所称：越人"劗发纹身，灿烂成章，以象龙子者，将避水神。"

在我国湿地众多、水网密布的江南地带出土过众多几何印纹陶。有人认为几何印纹陶与古越族的蛇图腾崇拜有关。云雷纹"可能就是蛇的盘曲形状的简化"，或是由"蛇身上的花纹演变而来，因为商周青铜器上有许多龙蛇身上常常刻有云雷纹"；S纹"可能是蛇身扭曲的简化"；菱纹、回纹"都是蛇身花纹演变而来的"；波状纹"可能是蛇爬行状态的简化"；曲折纹"是蛇身花纹的简化"；叶脉纹"也是蛇纹，它可能是从上述的曲折纹发展而来的"；三角形纹的"来源可能是五步蛇的斑纹"；圆点纹"可能是蛇眼睛的简化"[161]。

在近现代，一些民族仍崇蛇、敬蛇。在景观壮丽的人工湿地——哈尼梯田里从事生产生活的哈尼族人平时碰到大蛇，一般不敢轻易伤害它，要说声"各走各路"，示意蛇走开。他们普遍认为，蛇是某种神灵的化身，或是某种神灵饲养的神物。《圣经》中，引诱人类始祖夏娃和亚当犯罪的蛇，即是魔鬼撒旦的化身。

4. 吉祥如意的麒麟图腾

麒麟单称麟，商周古文写作麐，战国时写作骐麟，汉代以后统一写作麒麟。麒麟是中国传统文化中的瑞兽，历来被视为"仁义""吉祥"的象征。麟被誉为仁圣之兽由来已久。早在三千年前后的《诗经·麟之趾》就是以麟之德来赞颂王孙公子的，说明当时麟已被赋予仁、德的品格。《史记·孔子世家》云："剖胎杀夭则麒麟不至"把麒麟看成天人和谐的象征。此外麒麟还被誉为英杰人物的象征。如西汉之初，皇帝刘邦在未央宫建造了麒麟殿，汉宣帝建麒麟阁，将功臣像画在阁中，以麒麟来比喻功臣。后来，麒麟的象征意义越来越多。"麟趾呈祥"喻结婚，"育麟有庆"喻生贵子，"麒麟祥瑞""麒麟丹桂"等来形容吉祥平安。

但是麒麟究竟是一种什么动物呢？和湿地有什么关系呢？据《尔雅》所言："麟，麇身、牛尾、一角。"麟具备了牛、马、鹿、狼等多种动物的特性。从汉代多种形态的玉、石等麒麟造型看，有的像羊头、鹿身、马蹄、牛尾（陕西出土玉麒麟），有的像鹿头、马身、牛尾、羊腿，有的带有双翼（石刻麒麟），有的像带一角的骏马（陕北东汉画像），有的像羊头、鹿身、马尾、羊蹄、凤翅等。这些动物形象在自然界是根本不存在的，而古人造就麒麟这种动物的依据只能是图腾。以鹿为图腾的氏族生活在大野泽一带。甲骨卜辞《合集》有"麐"之地名，其中的麐字带水旁（左氵右麐），表示这个麐地在水边。今巨野县东麒麟镇获麟台龙山文化遗址，位于古大野泽南岸，应是古麐族的原居地。商代最后两王帝乙、帝辛都曾在麐地游猎，是麐族的世居地。古人生活离不开水。菏泽境内菏泽、雷泽、孟渚泽、大野泽等四泽周围和济水、菏水、沮水、羊里水等十三条河流两岸为太昊、少昊、伏羲、炎帝、黄帝等氏族和尧舜禹等部落的生息之地。其中各种鹿科动物亦生活在水草丰美的泽边水岸。2008年春在古大野泽西发掘的帝尧陵遗址中，就出土大批距今5000～3000年前的大量鹿角、鹿骨等。由此可推测上古时此地有一族以鹿科动物为图腾是肯定的。春秋时大野泽西(今菏泽城东北)就有鹿城，乃上古传下来的古地名，这应是以鹿为图腾氏族最早的居地。后来鹿族又融入了以牛、马为图腾的氏族，演变为综合图腾麒麟。以羊、牛、马为图腾的炎帝族长期生活在大野泽周围。史载，炎帝生于常羊，姜姓。学者考证常羊是古羊里水岸边的地名，即今鄄城县王堌堆。羊里水源于黄河，流经濮阳、鄄城(常羊)，过雷泽、大野泽，是炎帝族的发祥之水。

以羊、牛、马、鹿为图腾的氏族形成部落，其综合图腾成为麒麟。约在公元5000年前后，麟、凤、龟、龙又合并入龙凤图腾之中，麟、龟遂成为人们尊崇的灵物。商周之际，血缘家族的祖宗崇拜代替了图腾崇拜，麟、凤、龟、龙四大综合图腾遂被时人尊为四灵。西周、春秋、战国800年间，文献中不绝四灵出现的记载，其图腾崇拜的影子可见一斑。秦汉以后，龙凤二灵被皇家占有，麟龟二灵成为全民的崇拜。元、明之后，龟灵的地位在民间消失，唯有麒麟之灵慢慢发展为麒麟文化，且愈演愈大，深深扎根于传统文化之中。

5. 民族象征的龙图腾

最早提出龙图腾说的是闻一多。闻先生在他的一篇专门谈论龙凤的文章中这样说道："就最早的意义说，龙与凤代表着我们古代民族中最基本的两个单元——夏民族和殷民族，因为在'鲧死，……化为黄龙，是用出禹'和'天命玄鸟(即凤)，降而生商'两个神话中，人们依稀看出，龙是原始夏人的图腾，凤是原始殷人的图腾(我说原始夏人和原始殷人，因为历史上夏殷两个朝代，已经离开图腾文化时期很远，而所谓图腾者，乃是远在夏代和殷代以前的夏人和殷人的一种制度兼信仰)，因之把龙凤当做我们民族发祥和文化肇端的象征，可说是再恰当没有了。"

那么，龙图腾是如何形成的呢？闻先生在他的名篇《伏羲考》说：龙这种图腾，"是只存在于图腾中而不存在于生物界中的一种虚拟的生物，因为它是由许多不同的图腾糅合成的一种综合体"；是"蛇图腾兼并与同化了许多弱小单位的结果"。

传说中龙的形象是：蛇身为主体，接受了兽类的四脚，马的毛，鬣的尾，鹿的角，狗的爪，鱼的鳞和须。意味着以蛇为图腾的远古华夏氏族部落，不断战胜并融合其他氏族部落，即蛇不断合并其他图腾逐渐演变为龙。

龙起源于新石器时代早期，距离今天的时间不会少于8000年。辽宁阜新查海原始村落遗址出土的"龙形堆塑"，为我们的"时间定位"提供着证据。查海遗址属"前红山文化"遗存，距今约8000年。这条石龙，是我国迄今为止发现的年代最早、形体最大的龙。这个时期，原始先民已不单纯地、被动地依靠上天的赏赐了，他们把猎获的野马野牛野猪等等畜养起来；也不单单吃那些采拾得来的野果了，而是有选择地种植谷物以求收获。他们能够熟练地取火用火，学会了用木头搭简单的房子，开始磨制石器、骨器，手工制作陶器，逐渐定居下来，从事生产活动了。生产活动使人们同大自然的接触越来越宽泛，自然界作为人之外的不可思议的力量对人们精神世界的撞击也越来越大。

为什么鱼类穿游不居，湾鳄声形俱厉，蛇类阴森恐怖，蜥蜴形色怪异？为什么云团滚滚，电光闪闪，雷声隆隆，大雨倾盆？为什么海浪翻卷，虹贯长空，泥石流咆哮而下，吞吃人畜，所向披靡？……这些动物的行为和变化不已的自然天象对古人来说，是无法科学解释的。他们模糊地猜测到，应当有那么一个力大无穷的，与"水"相关的"神物"主宰着、指挥着、操纵着、管理着这些动物和天象，像一个氏族必有一个头领那样；或者说，这些动物和自然天象是这个"神物"的品性体现，像人要说话，要呼叫，要吃喝拉撒睡，要嘻笑怒骂一样。龙，作为一种崇拜现象，一种对不可思议的自然力的一种"理解"。

中国各民族普遍奉龙为雨水神，在中国古代，祭龙求雨是最普遍的雨水崇拜现象。相传英黄帝与蚩尤大战时，黄帝"令应龙攻冀州之野。应龙蓄水，蚩尤诗集请风伯雨师纵大风雨。"应龙是黄帝时人的雨神。另据传说，黄帝时专门派人豢养龙，养龙之池称为龙池。禹的雨神也是应龙。《楚辞·天问》云："应龙何画，河海何历？"王逸注："禹治洪水时，有神龙以尾画地，导水所注，当决者，因而治之也。"由于人们相信龙能致雨，自远古至近代，祭龙求雨习俗十分普遍。龙崇拜之所以数千年不衰，其主要原因之一，是雨水对于以农业为主的中国人来说，影响十分重大。

龙的模糊集合过程的起点在新石器时代，经过商、周至战国时期的长足发展，到秦汉时便基本成形了。这个"基本"有两个意思，一是说构成龙的框架、要素、样式，秦汉时都基本具备了；二是说龙是一个开放的、不断纳新的系统，它并不满足秦汉时的基本成形，之后的历朝历代，直到今天还都在不断地加减、变衍和发展。

6. 多姿多彩的植物图腾

植物图腾较动物图腾少得多。植物种类繁多，但作为图腾的大多数是可食或可用的。在考古资料中，所表现的植物图腾遗迹现象主要表现在彩陶图案中。

在人类出现以前，大约一亿零四千五百万年前，地球大部被海洋、湖泊及沼泽覆盖。当时，气候恶劣，灾害频繁没有动物，大部分植物被淘汰，只有少数生命力极强的野生植物生长在这个贫瘠的地球上。其中，有一种今天我们常见的湿地植物荷花，经受住了大自然的考验，在我国的阿穆尔河(今黑龙江)、黄河、长江流域及北半球的沼泽湖泊中顽强地生存下来。大约过了九千年，原始人类开始出现。人类为了生存，采集野果充饥，不久便发现这种荷花的野果和根节(即莲子与藕)不仅可以食用，而且甘甜清香，味美可口。渐渐地，荷花这一人类赖以生存的粮食来源便深深地印刻在我们的祖先——原始人类的心中，成为人类生存的象征，深入到人们的精神世界。荷花和被神化的龙、螭及仙鹤一样，成为人们心目中崇高圣洁的象征。

南方不少民族都有葫芦图腾神话，其内容大同小异：古时洪水滔天，淹死万物。唯有兄妹两人，挖空葫芦作船，得免于难。后兄妹成婚，繁衍了人类，从此便崇奉葫芦。这一传说难免夸张，以葫芦作船乘人是不可能的。人在洪流之中，忽遇一葫芦飘来，人依葫芦漂流，才未被淹死，这是有可能的。于是，人们感激救命之恩，奉之为图腾。例如黎族地区的《葫芦瓜》传说，讲述远古时期，黎族先民得救于葫芦瓜，保住了黎族祖先的生命。因此葫芦瓜便成为黎族的图腾崇拜对象，而葫芦瓜也成为后代船型屋的雏形。

这些图腾神话，都是远古先民在湿地自然环境中顽强生存的见证。

在母系社会阶段，生产力低下，人们在严酷的自然环境里生存、繁衍，他们的生产方式主要是采集和渔猎。人们还不能独立地支配自然力，对自然界充满幻想和憧憬。他们对人类生殖繁衍的缘由也不清楚，以为自生的繁衍是图腾动植物作用的结果。到父系氏族时，生产力逐步提高，人们也逐渐形成了独立意识，从而在日常的生活中否定了自己同动植物的亲属关系。此时，图腾信仰也就接近尾声了。但在历史中，图腾信仰并未完全销声匿迹，它还在文化、艺术、生理等方面产生着影响。

四、湿地与民族文化

我国是一个有着悠久历史的多民族国家。各民族为了生存和发展，在与自然界和社会环境相适应的斗争中，经过千百年的历史实践，创造和发展起来了具有本民族特点的文化——民族文化。民族文化包括民族的饮食、服饰、建筑、交通、生产工具等物质文化和语言、文字、文学、科学、艺术、哲学、宗教、风俗、节日和传统等精神文化。民族文化有广义和狭义之分，广义的民族文化泛指包括汉族文化在内的各民族文化，狭义上特指少数民族文化。民族文化有其自身的特点。首先，民族文化具有独特性。民族文化是经过漫长的发展历程形成的，具有其他民族所不拥有的特色。其次，民族文化又有相似性。不同民族的群众之间相互接触与交往，相互借鉴和吸收对本民族有利的元素，促进了本民族文化的发展，因此不同民族尤其是同一地域的不同民族之间的文化有一定的相似性。第三，民族文化有延续性。民族文化随着时代的发展、环境的变化形成了新的内容，来适应新的历史时期的客观需要。第四，民族文化具有排他性。对于民族文化具有严重冲击性的，能引起本民族文化的裂变甚至消失的外来文化，人们会产生抵制和对抗，以防止本民族文化的瓦解和消失。最后，民族文化具有滞后性。民族地区尤其是偏远的少数民族地区，信息闭塞，经济发展相对落后，使得先进文化的接受和适应新的时代发展要求的民族文化的形成相对滞后[172]。

湿地是孕育和传承人类文明的重要载体。人类的祖先"逐水草而居"，在与湿地相互适应的漫长历史进程中，创造了灿烂的人类文明。我国幅员辽阔、湿地类型丰富多样，各民族或源起于湿地，或长期聚居于湿地，或迁徙往返于湿地，湿地直接或间接地促进了民族文化的产生、形成和发展。湿地对民族文化的影响涉及诸多方面。一是湿地提供了大量的食物来源，改变了生产劳作方式。湿地促进了原始社会由以采集、狩猎为主要的食物来源方式向以水稻种植为主、渔猎为辅的生产方式的转变，进而演化形成了稻作文化和渔猎文化。二是湿地提供了大量的生产生活原料。人们利用湿地提供的原料创造出各种生产资料和生活用具，改善了生活，促进了地区经济的发展。三是湿地为民族文学和民族艺术的创作提供了丰富多样的素材。布依族的民歌《种稻歌》描述了布依人春耕、夏种、秋收、冬藏的整个种稻过程[173]。侗族舞蹈《鱼上滩》的舞步模仿了鲤鱼上滩的情形，时缓时急。珞巴族的民间故事《小白兔智胜老虎》讲述了一个小白兔诱骗狮子淹死于河中，以此吓阻老虎，以智取胜，赢取自由的故事情节[174]。四是民族节日及传统习俗多以人类在湿地的生产生活为内容。拉祜族的洗澡节，男女晚辈要在水槽旁接受长辈的冲洗，代表洗去污秽，冲洗疾病，以洁净之躯迎接新年[175]。哈尼人的新米节，各家要从田里背回一丛单数连根拔出的稻子，加工成新米，煮饭时向旧米上添加一层新米，表示年年结余，岁岁增长[176]。五是湿地为民族信仰和民族宗教提供了物质基础和活动场所。壮族人以青蛙为图腾，其祖先所铸造的铜鼓上常可看到青蛙的各种图案[177]。京族渔民在出海捕鱼前，常要准备祭品，祭祀海神，祈求出海平安、渔获丰收[178]。玛旁雍错、纳木错和羊卓雍错是藏传佛教教徒心中的圣湖，每年成千上万的信众不远万里前来转湖朝圣，以寻求灵魂的超越。六是通过建造人工湿地，创造出了新的民族文化类型。维吾尔族在干旱的吐鲁番地区开挖出了一种独特的地下输水系统——坎儿井，形成了"坎儿井文化"[179]。哈尼人在山坡开垦梯田中形成了特有的"梯田文化"。京杭大运河的开挖和使用产生了"大运河文化"，随着当代运河文化节的开办、运河博物馆的建成、运河申遗活动的实施等，大运河文化又增添了新的内容。

水族发祥于睢水流域，故自称"睢"，民间有"饮睢水，成睢人"的说法[180]。水族先民曾生活在我国东南和南部沿海地区，鱼虾对水族人来说是司空见惯的。而在如今，水族人虽迁居于贵州、广西一带，但鱼依然在水族人的社会生活中扮演着重要的角色。

农业生产中，水族人常在稻田中放养鱼苗，鱼苗以稻田中的水草、微生物和腐殖质为食，伴随着水稻的成熟而生长。待水稻成熟时，鱼稻双收。这种"稻田养鱼""鱼稻共生"的生产形式促成了水族人"饭稻羹鱼"文化的出现。

鱼文化在水族人的日常生活中随处可见。鱼是水族的图腾崇拜物，水族人认为鱼有其祖先的影子，吃鱼是继承祖先的优良传统。水族人家在招待贵客酒酣之时，常从自家鱼塘捉来鲤鱼入餐助兴，鱼的大小往往代表主人家的家境状况，鱼大表示主人家家境殷实，主人持家有方。水族婚姻中有许多崇尚鱼的习俗。提亲时，男方带去的礼品中往往有几条小干鱼，女方收到礼品后首先要确认是否有小干鱼；接亲时，男方要带去迎亲信物——罩鱼笼和一串金刚藤叶；新娘进门时，新娘要将放有小鱼的土罐从大门侧提至新房门边放置，此举既有对新人的美好祝愿，又有多子多孙之意。婴儿出生后，水族人往往不直接询问婴儿的性别，取而代之的是鱼娃还是虾娃，鱼娃表示男孩，虾娃代指女孩，人们认为这种问法带有祝福的含义。水族有许多与鱼有关的祭祀活动。水族人在进行丧葬和建房等大型动土活动时，要举行祭土仪式，仪式的主祭品是糯米饭和酸汤煮鲤鱼；水族在大型丧葬活动时常要宰杀牛马，牛马宰杀前有个埋桩仪式，即将栓待宰杀牛马的木桩临时栽埋，栽埋前需在木桩的桩头悬挂雌鲤鱼、桩脚摆放糯米饭祭祀，这一祭祀取"饭稻羹鱼"之意。

斗鱼是水族的一种奇特的娱乐活动。水族的水田中有一种背脊羽翅较多且长有细牙的小鱼，虽仅有三四公分大小，但比较好斗。水族群众常将这种鱼捕回，养在家中。待空闲时，将鱼端来放在一起，一对一捉对厮杀，观者则从残忍的厮杀中获取快乐。

居住在宝岛台湾沿海和河流附近的高山族，渔业生产是其经济生活的重要组成部分。人们为了祈求渔业丰收和保佑平安，举行各种鱼祭活动，如"丰鱼祭""飞鱼祭""招鱼祭""观雨祭""夜鱼祭""渔组结成祭""昼鱼祭""小船初渔祭""渔猎中止祭""飞鱼干收藏祭"等[181]。

哈萨克族是游牧民族，逐水草迁徙。"哈萨克"即"白天鹅"之意。哈萨克人崇拜天鹅，以天鹅作为图腾，以一只双翼伸展、翱翔于天际间的天鹅图案作为族徽。天鹅羽毛洁白，体态优雅，是哈萨克人心目中美丽与善良的化身，是吉祥和幸福的标志。哈萨克人以天鹅命名氏族部落和地名，以各式各样的天鹅图案装饰服饰和日常用品，并在模仿天鹅的各种姿态中演绎出了经典的天鹅舞。因此，哈萨克文化是与天鹅有关的文化。哈萨克族视天鹅为圣鸟，禁止捕杀，遇到死去的天鹅，便带回家挂在毡房供奉起来，以求得吉祥、安宁[182]。

塔吉克族生活的塔什库尔干地区海拔高、气候寒冷。待春季来临时，急需破冰引水、灌溉良田。破冰引水非一人一户之力可以完成，需要组织更多的群众一起参加，这种由全村人共同参加的破冰引水活动便逐渐演变形成了塔吉克人自己的节日——"祖吾尔节"，也叫"引水节"[183]。节日当天，在穆拉甫（负责水的头人）的带领下，全村人骑马前往引水点砸开冰块、修筑水渠。引水完成后，人们聚集在水渠边，共享节日大馕。之后开始祈祷，祈求农业的丰收。此外，人们还要举行赛马、叼羊等娱乐活动。

"六月六"是布依族的传统节日。节日来临，各村寨都要杀猪杀鸡。人们将鸡血、猪血涂在白纸剪成的白纸马、白纸人或白色的小旗上，插于稻田中，祈求先祖保佑稻谷丰收。节日当天，青少年男女挑着煮熟的鸡腿和粽子来到河边、塘边祭祀河神、水神，祭祀结束后开始打水战，嬉戏；青壮年则在德高望重的长辈带领下举行祭龙盛典，开展大规模的舞龙活动；中老年人须到河边洗晒家里的衣笼、垫被等[184]。传统的"六月六"是为了纪念祖先夏禹生辰和歌颂大禹治水的功德，但随着历史的发展，节日被赋予了新的内容即纪念民族英雄和为争取婚姻自由而斗争的英勇事迹。现在的节日增添了许多文体娱乐活动，内容更加丰富，气氛也更为浓烈。

第六节 湿地与国际保护体系

由于人类的频繁活动，导致自然环境受到破坏，原生的生态环境逐渐减少。在这种情况下，国际保护组织建立了多个国际保护体系。湿地是自然最重要的组成部分之一，是人类不可缺少的自然资源。因此，国际保护体系中有众多保护区或遗产地与湿地密切相关。国际保护体系中与湿地相关的有世界遗产、国际重要湿地、国际人与生物圈保护区网络、世界地质公园网络和非物质文化遗产等。

一、与湿地相关的世界遗产地

随着人类社会发展，文化遗产和自然遗产受到破坏的威胁越来越大，其原因一方面由于自身年久腐变；另一方面，变化中的社会和经济条件促使情况恶化，加剧了难以修复的损害或破坏。1972 年，联合国教科文组织于巴黎举行第十七届大会，大会制定了《保护世界文化和自然遗产公约》。

其中"文化遗产"包含以下几项：

"文物"：从历史、艺术或科学角度看具有突出的普遍价值的建筑物、碑雕和碑画、具有考古性质成分或结构、铭文、窟洞以及联合体。

"建筑群"：从历史、艺术或科学角度看在建筑式样、分布均匀或与环境景色结合方面具有突出的普遍价值的单立或连接的建筑群。

"遗址"：从历史、审美、人种学或人类学角度看具有突出的普遍价值的人类工程或自然与人类联合工程以及考古地址等地方。

"自然遗产"包含以下几项：

从审美或科学角度看具有突出的普遍价值的由物质和生物结构或这类结构群组成的自然面貌。

从科学或保护角度看具有突出的普遍价值的地质和自然地理结构以及明确划为受威胁的动物和植物生境区。

从科学、保护或自然美学角度看具有突出的普遍价值的天然名胜或明确划分的自然区域。

此外，世界遗产委员会还制定了《保护世界文化和自然遗产公约执行指南》。《保护世界文化和自然遗产公约执行指南》中解释了世界遗产的评定标准，共有十项，其中前六项为文化遗产的评定标准，后四项为自然遗产的评定标准。

以下是世界遗产的十项评定标准：

（1）代表人类创造性天才的杰作。

（2）在一定时期内或在世界某一文化区域内，在建筑、工艺、纪念性艺术、城镇规划或景观设计的发展方面展示了人类价值观之间的重要交流。

（3）作为对一种文化传统或者对一种依然生存的或已经消亡的文明的一种唯一，或至少是例外的证据。

（4）显示了人类历史上的某些有意义的阶段的代表性建筑物、建筑学及工艺的整体、或景观的某类突出实例。

（5）代表了某种文化或多种文化的特性，或代表了人类与环境互动的传统的人居地或土地利用或海洋利用的杰出的实例，特别是在不可逆的转变之中，这样的实例已经变得脆弱之时。

（6）联系了一些带有各种观念、信仰、杰出的有普世意义的艺术和文学作品的直接的或实质性的事物或仍生存的传统。

（7）绝妙的自然现象或地区的特殊自然之美和审美价值。

（8）代表地球历史重要阶段的突出例证，包括生命的记录，显著持续的地质、地貌发展的过程，或显著的地貌或地貌特征。

（9）在陆地、淡水、海岸与海洋生态系统和动植物群落的发展及演化方面，代表重大生态学或生物学过程的突出样本。

（10）保护生物多样性具有最重要意义的动植物的自然栖息地，包括从科学或保护的观点来看的具有普遍价值的濒危物种的栖息地。

一项遗产被列入世界遗产名录需要满足至少一项评定标准。世界遗产委员会将根据上述评定标准对各国上报的申请遗产地进行严格审核，层层筛选，最终决定其是否能被列入世界遗产名录。截至 2015 年 9 月，世界遗产名录中一共登录了 1031 处世界遗产，其中世界文化遗产 802 处，世界自然遗产 197 处，文化与自然双重遗产 32 处，分布在163 个国家。中国登录在世界遗产名录中的遗产地有 48 处，其中世界文化遗产 34 处，世界自然遗产 10 处，文化与自然双重遗产 4 处。值得一提的是，中国世界遗产的数量现居世界第二位，仅次于意大利。

参照《湿地公约》中的分类，中国的湿地可划分为近海及海岸湿地、河流湿地、湖泊湿地、沼泽与沼泽化湿地、人工湿地等 5 大类 34 种类型。目前，中国还没有涉及近海与海岸湿地类型的世界遗产地，但在国外的世界遗产中可以找到典型例子，如南非的大圣卢西亚湿地公园就是近海与海岸湿地的代表。另外，世界遗产中符合"自然遗产"全部四条标准的遗产地数量较少，经统计目前共有 19 处。在这 19 处遗产地中，国外与湿地相关的世界遗产地共 7 处，分别是大堡礁、黄石国家公园、蒂瓦希普纳穆—新西兰西南部地区、加拉帕戈斯群岛、西澳大利亚鲨鱼湾、昆士兰湿热带地区和贝加尔湖。而在中国众多的世界遗产地中，只有云南三江并流保护区符合"自然遗产"全部四条标准，可见其具有的重大研究价值和保护意义。由于本书研究的对象是中国的湿地，对于国外部分将不再赘述。

在中国的 48 处世界遗产地中，有 5 处为典型湿地景观，分别是九寨沟风景名胜区、黄龙风景名胜区、三江并流保护区、西湖文化景观和红河哈尼梯田文化景观，它们都是以湿地景观为主体。此外，其他几处中国的世界遗产地，如新疆天山、中国喀斯特中的荔波、黄山、三清山、泰山、武夷山以及武陵源，它们的突出普遍价值同样与湿地有着密切的联系。其中，新疆天山的巴音布鲁克天鹅湖湿地区是典型的沼泽湿地；荔波是典型的河流湿地；而黄山、三清山、泰山、武夷山、武陵源是山体与水体景观相结合，其中不乏瀑布、湖泊、河流，因此也拥有丰富的湿地景观。中国的园林遗产也与湿地环境有着密切的关系，列入世界遗产名录的颐和园、苏州古典园林、承德避暑山庄都是这样，其本身也是一种人工湿地（湿地与园林的关系可参看本章第三节的内容）。

1. 以湿地为主体的遗产地

（1）九寨沟风景名胜区。九寨沟位于四川省北部，连绵超过 72000 公顷，曲折狭长的九寨沟山谷海拔 4800 多米，因而形成了一系列森林——湿地复合生态系统。壮丽的景色因一系列狭长的圆锥状喀斯特地貌和壮观的瀑布而更加充满生趣。山谷中现存约140 种鸟类，还有许多濒临灭绝的动植物物种，包括大熊猫和四川扭角羚。九寨沟风景名胜区包含多种水体景观，风景名胜区内有湖泊湿地、河流湿地等多类型湿地，但其主体应为湖泊湿地。

九寨沟景区地处青藏高原东南部，是我国第一大地形台阶的坎前转折部位，属于四川盆地外围山地区。地质背景复杂，碳酸岩分布广泛，褶皱断裂发育，新构造运动强烈，地壳抬升幅度大，多种地质营力交错复合，从而造就了多样的地貌景观。

九寨沟岩溶地貌与我国南方岩溶地貌不同，峰林、峰丛等景观发育很不完全，最引人注目的是大量地表钙华堆积，形成钙华堤、钙华滩、钙华瀑、钙华彩池和钙华堰塞湖。

水体景观是九寨沟的精华所在，包括湖泊、瀑布、滩流、泉水和激流河段。钙华的沉积、灌丛的伴生、光的吸收和散射等使其色彩艳丽、五彩缤纷，令游客魂牵梦绕，流连忘返。制约和控制九寨沟水体景观形成的内动力主要有地质构造运动和地震活动，其次变质作用和岩浆活动也有一定影响。制约和控制九寨沟水体景观形成的外动力主要有冰川作用、流水作用、岩溶作用和重力作用。流水侵蚀和岩溶作用不断对九寨沟水体景观进行改造，尤其是对九寨沟水体景观形成和后期演化的作用具有不可替代的地位。岩溶作用及其与生物复合作用使大量钙华沉积，他们也是堰塞河谷形成滩流、湖盆、瀑布的重要原因，而且对层湖叠瀑、湖瀑相连景观的形成具有不可或缺的作用。钙华沉积作用在地表发育强烈，这能够使水中悬浮物快速沉积，帮助水质净化。九寨沟的湖水五彩缤纷，主要是由于湖水对太阳光的散射、反射和吸收而形成的。九寨沟湖泊众多，成因比较复杂，其发育的首要条件是形成汇水储水的盆地，即湖盆，第二是要有充填湖盆的水源。九寨沟主要的瀑布有珍珠滩瀑布、诺日朗瀑布、树正瀑布、高瀑布、火花海瀑布和箭竹海瀑布，具有声、色、形之美。九寨沟泉群类型主要为溢流泉，九寨沟泉群除本身具有形美、色美和声美外，还是形成"群湖叠瀑"景观重要的水源条件[185]。

另外，九寨沟还拥有丰富的冰川、山岳、峡谷地貌景观以及地质剖面景观、古生物化石景观和矿物景观。

九寨沟因符合《保护世界文化和自然遗产公约执行指南》中的评定标准(7)，即"绝妙的自然现象或地区的特殊自然之美和审美价值"于1992年被联合国教科文组织列入世界遗产名录。

(2)黄龙风景名胜区。黄龙风景名胜区，位于四川省西北部的阿坝藏族羌族自治州松潘县境内，岷山主峰雪宝的东北侧，地处青藏高原东部，是青藏高原向四川盆地急剧下降的两大地貌单元的一部分，是由众多雪峰和中国最东边的冰川组成的山谷。主景区黄龙沟位于岷山主峰雪宝顶下，以彩池、雪山、峡谷、森林"四绝"著称于世，是中国保护完好的高原湿地，是典型的湖泊湿地。

除了高山景观，人们还可以在这里发现各种不同的森林生态系统，以及壮观的石灰岩构造、瀑布和温泉。这一地区还生存着许多濒临灭绝的动物，包括大熊猫和四川疣鼻金丝猴。

黄龙风景区的地震运动相当频繁，地质方解石沉积广泛存在。其发育有世界上最壮观的露天钙华彩池群、最大的钙华滩流和最大的钙华塌陷壁，是一座世界罕见的天然钙华博物馆。黄龙的边石坝彩池共有2331个，其中飞瀑流辉彩池的边石坝高达618米，创世界地表边石坝最高纪录。黄龙钙华滩全长2500米，宽30米~170米。黄龙最大的钙华洞穴——黄龙洞具有很高的观赏价值，洞中以各种次生钙华沉淀形态，如石钟乳、石笋、石幔、石瀑等，以及钙华洞穴中罕见的冰景形态，是洞穴中最为特色的景观。其最重要的钙华景观主要集中在黄龙沟，它以瑰丽的色彩、精巧的造型而被誉为"人间瑶池"。

在黄龙钙华景观的形成和发展过程中，藻类的着色作用、钙华沉积作用和钙华溶蚀作用是同步存在的。水体中的藻类为景观增添艳丽的颜色，使池水呈现出橙、黄、绿、蓝等颜色。在外界环境发生改变的情况下，例如岩溶水缺乏时，藻类的着色作用与溶蚀作用会变得突出。[186]

同时黄龙风景区中的温泉含有高矿物质，因而具有重要的药用性能。因其"绝妙的自然现象和地区特殊的自然之美和审美的重要性"（世界遗产评定标准7）在1992年被列入世界遗产名录。

（3）三江并流保护区。三江并流保护区位于云南省西北部），也是举世闻名的滇西北"香格里拉"核心区域。怒江（萨尔温江上游）、澜沧江（湄公河上游）和金沙江（长江上游）自北向南平行并流经170公里。由于其独特的地理位置和地形、地貌条件，高度集中地反映了地球多姿多彩的自然景观和丰富的生物生态类型。因而从科学、美学和保护的角度来看，这一地区具有突出的世界价值和独特的自然奇观，并具有典型性和唯一性。三江并流自然保护区属于典型的河流湿地。

三江并流遗产地面积约170万公顷，是我国面积最大的遗产地，由8个片区组成，包含9个自然保护区（其中有高黎贡山、白马雪山国家级自然保护区，碧塔海、哈巴雪山和云岭省级自然保护区，以及4个自然县级保护区）和10个风景名胜区（贡山、月亮山、片马、梅里雪山、聚龙湖、老窝山、老君山、千湖山、红山、哈巴雪山）。

三江并流保护区地处东亚、南亚和青藏高原三大地理区域的交汇处。首先，该地区是反映地球演化主要阶段的杰出代表地。在地质上，是青藏高原的东南延伸部分、横断山脉的主体，是世界上挤压最紧、压缩最窄的巨型复合造山带。另外该地区拥有丰富的岩石类型和完好的地质遗存，并且是各种高山地貌及其演化的代表区域，中国面积最大、海拔最高的丹霞地貌也产生在这里。

同时，这里也是世界上生物物种多样性最丰富的地区之一。地区总面积占中国国土面积不到0.4%，但拥有全国20%以上的高等植物。三江并流保护区是欧亚大陆生物群落最丰富的地区，有10个植被型，23个植被亚型，90余个群系，拥有北半球除沙漠和海洋外的所有生物群落类型，几乎是北半球生物生态环境的缩影。

这里南北交错，东西汇合，地理成分复杂，是特有成分突出的横断山区生物区系的典型代表和核心地带，是中国生物多样性最丰富的地区，名列中国生物多样性保护17个"关键地区"的第一位。该地区还是欧亚大陆主要的动、植物分化中心和起源中心，并且由于其独特的地理位置，一直是珍稀和濒危动、植物的避难所[187]。

2003年7月2日，联合国教科文组织第27届世界遗产大会因三江并流保护区满足世界自然遗产的全部4条标准，而被联合国教科文组织列入世界遗产名录。

（4）杭州西湖文化景观。西湖，又名西子湖，位于浙江省杭州市西部，是江南三大名湖之一，中国主要的观赏性淡水湖泊之一，在中国的历史文化和风景名胜中占有重要地位。西湖凭借着上千年的历史积淀所孕育出的特有江南风韵和大量杰出的文化景观而入选世界文化遗产，这同时也是现今世界遗产名录中少数几个、中国唯一一处湖泊类文化遗产，其是典型的湖泊湿地。

自公元9世纪以来，西湖的湖光山色引得无数文人骚客、艺术大师吟咏兴叹、泼墨挥毫。景区内遍布庙宇、亭台、宝塔、园林，其间点缀着奇花异木、岸堤岛屿，为江南的杭州城增添了无限美景。数百年来，西湖景区对中国其他地区乃至日本和韩国的园林设计都产生了影响，在景观营造的文化传统中，西湖是对"天人合一"这一理想境界的最佳阐释。

"杭州西湖文化景观"最核心的价值在于它是中国山水美学理论下所呈现出的景观设计典范——它开创了"两堤三岛"的景观格局，拥有东方景观最杰出范例"西湖十景"。它对 18 世纪的清代皇家园林和 9 世纪以来东亚地区国家造园艺术都产生了明显影响，在世界景观设计史上都具有重要地位。它以其特殊的自然魅力和文化特性影响了数量巨大的文学和艺术作品。"杭州西湖文化景观"在文化史上也拥有十分丰富的积淀。如遗产区内现存的百处历史文化史迹，雷峰塔遗址、六和塔、灵隐寺、西泠印社等，都赋予了它深厚的文化内涵。云山秀水是西湖的底色，山水与人文交融是西湖风景名胜区的格调。西湖之妙，在于湖里山中，山屏湖外，湖和山相得益彰；西湖之美，在于晴中见潋滟，雨中显空蒙，无论雨雪晴阴都能成美景。湖中被孤山、白堤、苏堤、杨公堤分隔，按面积大小分别为外西湖、西里湖、北里湖、小南湖及岳湖五片水面，苏堤、白堤越过湖面，小瀛洲、湖心亭、阮公墩三个人工小岛鼎立于外西湖湖心，夕照山的雷峰塔与宝石山的保俶塔隔湖相映，由此形成了"一山、二塔、三岛、三堤、五湖"的基本格局[188]。

"杭州西湖文化景观"中有六大要素，承载了它的突出普遍价值，它们分别是西湖自然山水、依存与融合于山水中间的"两堤三岛"的景观格局、"西湖十景"题名景观、西湖文化史迹、特色植物，以及"三面云山一面城"的城湖空间特色。

在 2011 年 6 月，"杭州西湖文化景观"因符合《保护世界文化和自然遗产公约执行指南》中的评定标准（2）、（3）、（6）被列入世界遗产名录。

（5）红河哈尼梯田文化景观。中国红河哈尼梯田文化景观，遗产地面积占地 16603 公顷，在云南南部红河哈尼族彝族自治州。云南多山，亦多梯田，哀牢山哈尼梯田为云南梯田的代表作，被誉为"中国最美的山岭雕刻"。红河哈尼梯田是以哈尼族为主的各族人民利用当地"一山分四季，十里不同天"的地理气候条件创造的农耕文明奇观，是典型的人工湿地，至今有 1200 多年历史。红河哈尼的梯田，规模宏大，分布于云南南部红河州元阳、红河、金平、绿春四县，总面积约 6.6 万公顷，其中元阳县是哈尼梯田的核心区，当地的梯田修筑在山坡上，最高可达 3000 级，景观壮丽。元阳梯田有四绝——一绝：面积大，形状各异的梯田连绵成片，每片面积多达上千亩。二绝：地势陡，从 15 度的缓坡到 75 度的峭壁上，都能看见梯田。三绝：级数多，最多的时候能在一面坡上开出 3000 多级阶梯。四绝：海拔高，梯田由河谷一直延伸到海拔 2000 多米的山上，可以到达水稻生长的最高极限[32]。

红河哈尼梯田是哈尼族几代人智慧劳动的结晶，体现了哈尼族古老的文化和哈尼族人与自然高度融合、维护自然、改造自然、优化自然的理念，是中国湿地文明的瑰宝，值得后人借鉴。

作为世界文化遗产的红河哈尼梯田文化景观，其因符合《保护世界文化和自然遗产公约执行指南》中的评定标准（3）、（5），于 2013 年 6 月 22 日在柬埔寨金边举行的第 37

届世界遗产大会上，通过投票哈尼梯田被列入联合国教科文组织世界遗产名录，成为世界文化遗产。

2. 其他与湿地相关的遗产地

除了上文提到的与湿地直接相关的遗产地外，还有其他几处遗产地，如新疆天山、中国喀斯特中的荔波、黄山、三清山、泰山、武夷山、武陵源与湿地也有着密切的联系。虽然它们的主要价值为地质地貌和山体，但其中仍有一些不可忽略的湿地景观，如溪流、潭、泉、飞瀑、湖、池等。湿地水体景观与山体景观相结合共同构成了这些遗产地的自然价值。以下将选取这几处遗产地中的独特湿地景观进行简略介绍。

新疆天山的巴音布鲁克天鹅湖湿地区栖息着我国最大的野生天鹅种群。其位于新疆和静县巴音布鲁克草原境内，平均海拔 2400 米，由无数条曲曲弯弯的大小湖组成。保护区分两部分，核心保护区位于大尤尔都斯盆地沼泽地。湿地水源由周围雪峰冰雪融化之水汇集而成，地势十分平缓，开都河从湿地中穿过，河曲发育完好，留下大量的牛轭湖，众多的泉水湖分布其中。该地区沼泽草地分为水沼泽草甸和丘状沼泽草甸，水沼泽草甸分布在盆地低洼地带，土壤为棕褐色，植被类型为水麦冬、毛茛、薹草群系。丘状沼泽草甸主要分布在水沼泽草甸和高寒草原之间，地表草丘多，植被类型为薹草、杂类草群系。这里良好的湿地环境不仅保持了良好的生物多样性，更是天鹅栖息的天堂。

荔波樟江国家级风景名胜区位于云贵高原向广西丘陵盆地过渡的斜坡地带。风景名胜区喀斯特地貌发育完全，喀斯特形态多种多样。荔波除了呈现出峰峦叠嶂的喀斯特峰丛奇特景观外，其水体景观也是一大特色，具有融林、洞、湖、瀑为一体的特色景观。荔波由小七孔景区、大七孔景区、水春河景区和樟江沿河风光带组成。其中，樟江沿河风光带和水春河景区是典型的河流湿地，樟江和水春河绵延千里，流经周边的农田村落，形成田园风光。由于荔波特殊的地质与水域条件，使得景区内湖、潭、瀑分布其中，形成独特的湿地景观，丰富了当地的动植物多样性，也成为动植物生长的良好栖息地。

黄山历来享有"五岳归来不看山，黄山归来不看岳"的美誉。黄山集中国各大名山的美景于一身，尤其以奇松、怪石、云海、温泉"四绝"著称。黄山 82 峰各有特点，但黄山的主体价值不仅仅局限于山体景观。"山水"一词，可见山与水紧密相连。有山的地方，自然就会有水的存在。这点黄山也不例外，黄山之水，除了四绝中的温泉之外，尚有飞瀑、明泉、碧潭、清溪等水体形式，都是自然湿地类型。黄山共有三十六源、二十四溪、二十深潭、十七幽泉、三飞瀑、二湖、一池。其中，三飞瀑讲的就是黄山"四绝三瀑"中的"三瀑"。一池指的就是黄山的情人谷的彩池。这两者也是黄山众多水体景观中最有特色的部分。由此可见，黄山的湿地景观形式是多种多样的，这些湿地资源的存在，对保护黄山生态环境有着巨大的作用，对小环境气候的调节起着举足轻重的作用。

三清山自古享有"清绝尘嚣天下无双福地，高凌云汉江南第一仙峰"之殊誉。主峰玉京峰海拔 1819.9 米，因玉京、玉虚、玉华三峰峻拔，犹如道教所奉三位天尊（即玉清、上清、太清）列坐其巅，故名三清山。三清山经历了 14 亿年的地质变化运动，风雨沧桑，形成了举世无双的花岗岩峰林地貌。其"奇峰怪石""古树名花""流泉飞瀑""云海雾涛"并称自然四绝。"四绝"中的"流泉飞瀑"是三清山水体景观的一个概括。三清山的水体景观分为泉、瀑、溪、池。泉、瀑、溪、池都是湿地的一种存在形式，它们与动植物一起形成了湿地生态环境，为保护生物多样性提供了场所。

泰山位于山东省泰安市中部。主峰玉皇顶海拔 1545 米，气势雄伟磅礴，有"五岳之首""天下第一山"之称。泰山山泉密布，河溪纵横，水资源较为丰富。泰山河溪湿地发育完整，其以玉皇顶为分水岭。北有玉符河、大沙河注入黄河，东面的石汶河、冯家庄河、南面的梳洗河、西溪，西面的泮汶河，均注入大汶河，是典型的河流湿地。由于泰山地形高峻，河流短小流急，侵蚀力强，河道受断层控制，因而多跌水、瀑布，谷底基岩被流水侵蚀多呈穴状，积水成潭，容易形成潭瀑交替的景观。泰山的瀑布主要有黑龙潭瀑布、三潭叠瀑和云步桥瀑布。泰山因裂隙构造发育，所以裂隙泉分布极广，从岱顶至山麓，泉溪争流，山高水长，有名的泉水数十处，中上寒武统和奥陶系石灰岩岩层向北倾斜，地下水在地形受切割处出露成泉。从锦绣川向北，泉水汩汩，星罗棋布。北麓丘陵边缘地带，岩溶水向北潜流，并纷纷涌露，使古城济南成为"家家泉水，户户杨柳"的泉城。泰山植被丰富，树木郁葱，水源充足，地势复杂。河溪湿地的存在为动物的觅食、栖息提供了良好的条件，起到了保护生物多样性的作用[189]。

武夷山属于典型的丹霞地貌，素有"碧水丹山""奇秀甲东南"之美誉。其中，天游峰有"天下第一险峰"之称。武夷山是儒释道三教名山。武夷山西部是全球生物多样性保护的关键地区，分布着世界同纬度带现存最完整、最典型、面积最大的中亚热带原生性森林生态系统；东部山与水完美结合，人文与自然有机相融，以秀水、奇峰、幽谷、险壑等诸多美景、悠久的历史文化和众多的文物古迹而享有盛誉；中部联系东西部并涵养九曲溪水源，是保持良好生态环境的重要区域。河流景观是武夷山风景区景观构成中另一个极具特色的景观。古人将武夷山誉为"碧水丹山"，可见水在武夷山有着至关重要的地位。在武夷山风景区内共有 3 条溪流，分别是东面崇阳溪、北面黄龙溪和中部的九曲溪。溪流湿地发育完整，是典型的河流湿地。在武夷山众多溪流中，最富灵性同时也是最受青睐的是九曲溪湿地。九曲溪全长 62.8 公里，流经景区段的有 9.5 公里。由于受峰岩控制，溪流发育成曲折多弯形状，5 公里长的直距弯曲成九曲十八弯，弯曲距离达 9.5 公里，它与两岸奇峰异石构成了九曲溪"十里溪流通宛转，千寻列岫尽嶙峋"的无限风光。在这样的森林生态系统中，湿地系统起到了保护生物多样性的作用，为生命的发展提供了水源和气候条件[190]。

武陵源风景名胜区属石英砂岩峰林地貌，由张家界国家森林公园、索溪峪自然保护区、天子山自然保护区组成，总面积 3.7 万公顷。武陵源以"五绝"：奇峰、怪石、幽谷、秀水、溶洞闻名于世。武陵源独特的石英砂岩峰林在国内外均属罕见，素有"奇峰三千"之称。武陵源水绕山转，素有"秀水八百"之称。其拥有众多的瀑、泉、溪、潭、湖等多种湿地类型，且各呈其妙。武陵源风景区有一条十余公里长的溪流——金鞭溪，从张家界一直绵延到索溪峪，溪流湿地发育完整。这里山与水相互交映，描绘出一幅"山因水更奇，水因山更秀"的奇妙画卷。

二、与湿地相关的其他国际保护体系

1. 国际重要湿地

对湿地最初的关注源于 1960 年欧洲的大片沼泽地和其他湿地正在缩小或以其他方式受到破坏，在湿地中的水禽的数量急剧下降。因此受到了世界自然保护联盟、国际水禽和湿地研究局、国际湿地组织和国际鸟类保护理事会等组织的关注。他们发起了国际会议并签署通过《湿地公约》。《湿地公约》生效于 1975 年 12 月，公约指出，各缔约国需承认人类同其环境的相互依存关系；考虑到湿地的调节水分循环和维持湿地特有的动植物特别是水禽栖息地的基本生态功能；相信湿地为具有巨大经济、文化、科学及娱乐价值的资源，其损失将不可弥补；期望现在及将来阻止湿地的被逐步侵蚀及丧失；承认季节性迁徙中的水禽可能超越国界，因此应被视为国际性资源；确信远见卓识的国内政策与协调一致国际行动相结合能够确保对湿地及其动植物的保护。1996 年缔约方大会决定将每年 2 月 2 日定为世界湿地日，每年确定一个主题。利用这一天，政府机构、组织和公民可以采取大大小小的行动来提高公众对湿地价值和效益的认识。

经过 1999 年第七次缔约国大会和 2005 年第九次缔约国大会的修改，当前"国际重要湿地"的评定标准包括以下 2 大组共 9 小项内容。

A 组：具有代表性、典型性、稀有性或特殊性的湿地。

标准 1：能很好地代表所在生物地理区域的基本特征并处在自然或接近自然状态的、具有所在生物地理区域上代表性、典型性、稀有性或特殊性的湿地。

B 组：保护生物多样性的湿地。

基于物种和生态群落的指定标准：

标准 2：拥有易危、濒危和极度濒危物种或者受威胁的生态群落的湿地。

标准 3：拥有对维持特殊生物地理区域生物多样性的动植物种群的湿地。

标准 4：对动植物生活史中的关键时期的栖息地或为动植物在不利条件提供庇护场所的湿地。

基于水禽的特定指定标准：

标准 5：正常情况下维持了 20000 只或以上水禽的湿地。

标准 6：定期栖息的某一水禽物种或亚种的个体数量，占该种群个体数量的 1% 以上的湿地。

标准 7：栖息着本地鱼类的亚种、种或科的绝大部分，其生命周期的各个阶段，种间或种群间的关系对维护湿地效益和价值方面具有典型性，并因此有助于全球生物多样性保护的湿地。

标准 8：是鱼类的一个重要食物场所、并且是该湿地内或其他地方的鱼群依赖的产卵场、育幼场或洄游路线的湿地。

基于其他类群的特定指定标准：

标准 9：定期栖息某一依赖湿地的非鸟类动物物种或亚种的个体数量，占该种群个体数量的 1% 以上的湿地。

截至 2015 年 12 月，国际重要湿地名录中共登录 2208 处国际重要湿地，分布在 168 个国家。在这些国际重要湿地中，有 61 处国际重要湿地同时被列入世界遗产名录，162 处国际重要湿地同时被列入国际人与生物圈保护区。中国拥有国际重要湿地 9 处，其中有 5 处湿地同时被列入"国际人与生物圈保护区网络"。由此可见这 5 处湿地不仅在研究领域具有重要意义，在生态系统中也发挥着巨大的作用。下文将详细介绍这 5 处国际重要湿地。

（1）广西山口红树林国家级自然保护区。广西山口红树林国家级自然保护区位于广西壮族自治区合浦县境内，距合浦县城 77 公里、北海市 105 公里、湛江市 93 公里。保护类型为海洋和海岸生态系统，重点保护对象是红树林生态系统。这里集中分布有红树林、盐沼草和海草海洋生态系统，是中国沿海具有海洋高等植物生态系统多样性和丰富海洋动物多样性的区域。保护区属典型潮间带森林湿地，符合《湿地公约》国际重要湿地指定标准中的第 3 条——拥有对维持特殊生物地理区域生物多样性的动植物种群。2000 年被联合国教科文组织接纳为"国际人与生物圈保护区网络"成员，2002 年被列入国际重要湿地名录。该保护区内分布着发育良好、结构典型、连片较大、保存较完整的天然红树林，连片的红海榄纯林和高大通直的木榄在我国实为罕见。保护区有红树林 700 公顷，滩涂 3000 公顷。这些森林湿地资源的存在，对保护红树林有着巨大的作用。该自然保护区动植物资源丰富，有红树植物 15 种，大型底栖动物 170 种，鸟类 106 种，鱼类 82 种，昆虫 258 种，贝类 90 种，虾蟹类 61 种，浮游动物 26 种，其他动物 16 种，底栖硅藻 158 种，浮游植物 96 种。保护区内还时有儒艮出没活动，海草是它们的主要饵料。

（2）盐城国家级自然保护区。江苏盐城国家级珍禽自然保护区又称盐城生物圈保护区，位于盐城市区正东方 40 公里处，地跨响水、滨海、射阳、大丰、东台五县。该自然保护区的主要保护类型是内陆湿地和水域生态系统，主要保护对象是湿地生态系统及丹顶鹤等珍贵水禽。保护区属滨海湿地，是我国最大的海岸带保护区，海岸线长 582 公里。其主要湿地类型包括永久性浅海水域、滩涂、盐沼和人工湿地等，符合《湿地公约》国际重要湿地指定标准的第 2～7 条，该区拥有维持特殊生物地理区域生物多样性的动植物种群。1992 年被联合国教科文组织接纳为"国际人与生物圈保护区网络"成员，2002 年被列入国际重要湿地名录。

盐城自然保护区内有哺乳类 47 种，鸟类 381 种，两栖爬行类 45 种，鱼类 281 种，昆虫 310 种，腔肠动物 43 种，环节动物 65 种，软体动物 156 种，甲壳动物 139 种。该自然保护区内共有 43 种特有物种，以鱼类为主。濒危物种有 62 种，其中鸟类达 46 种。国家 I 级保护的野生动物有丹顶鹤、白头鹤、白鹤、东方白鹳、黑鹳、中华秋沙鸭、大鸨、白肩雕、白尾海雕、白鲟等 12 种；国家 II 级保护动物有河麂、黑脸琵鹭、大天鹅等 67 种。盐城保护区还是我国少有的高濒危物种分布地区之一，有 29 种被列入世界自然保护联盟的濒危物种红皮书中。盐城是世界上面积最大的丹顶鹤越冬地，有"丹顶鹤第二故乡"之称。

（3）大丰麋鹿国家级自然保护区。江苏大丰麋鹿国家级自然保护区（简称"大丰保护区"）位于江苏省大丰市东南方，四周与东台市、新曹国营农场、上海市川东国营农场以及黄海接壤，距大丰市市区 50 公里，距盐城市 100 公里。大丰保护区属野生动物类型保护区，主要保护对象是麋鹿及其生境。保护区为典型滨海湿地，主要湿地类型包括滩涂、时令河以及部分人工湿地，符合《湿地公约》国际重要湿地指定标准的第 2 条，即拥有易危、濒危、极危物种或受到威胁的生态群落。2002 年列入国际重要湿地名录，1992 年被联合国教科文组织接纳为"国际人与生物圈保护区网络"成员。

大丰保护区内有哺乳动物 12 种，鸟类 315 种，两栖爬行类动物 27 种，鱼类 150 种，昆虫 599 种，棘皮动物 10 种，环节动物 62 种，腔肠动物 8 种，浮游动物 98 种。国家 Ⅰ、Ⅱ 级保护动物有麋鹿、东方白鹳、白尾海雕、丹顶鹤、白鹤、鹗、豹猫、赤腹鹰等 31 种，列入中日候鸟保护协定的鸟类有 95 种。保护区具有典型的沿海滩涂湿地生态系统及其生物多样性特征。目前保护区内的麋鹿已由 1986 年回归时的 39 只发展到现在的 700 多只。每年的 8 月至翌年的 3 月，约有 170 只丹顶鹤和 50000 余只野鸭在此越冬，为候鸟重要越冬地之一，同时也是迁徙水鸟的重要停歇地。保护区内有植物 499 种，其中维管束植物 56 科 168 属 243 种。沿海滩涂由林地、草滩、沼泽地和盐裸地组成，地势平坦，主要植被类型包括盐生草甸、沼泽植被、水生植被、落叶阔叶林及疏灌林。

（4）达赉湖国家级自然保护区。内蒙古达赉湖国家级自然保护区位于内蒙古自治区呼伦贝尔盟西部，横跨新巴尔虎左旗、新巴尔虎右旗和满洲里市行政区域，北距满洲里市中心 40 公里，地处大兴安岭西麓、蒙古高原东侧，南与蒙古国接壤。区内的达赉湖水域面积达 23.3 万公顷，在其水系内有大小河流 80 条。达赉湖保护区湿地占 32.53 万公顷，草甸占 40.83 万公顷，沙地占 0.64 万公顷。保护区的主要保护对象是湿地生态系统和以鸟类为主的珍稀濒危野生动物。达赉湖保护区属典型的内陆湿地，主要湿地类型包括永久性河流、湖泊、灌丛湿地等，符合《湿地公约》国际重要湿地指定标准的第 5 ~ 8 条，该湿地正常状况下维持了 20000 只以上水禽。2002 年被列入国际重要湿地名录，同年被中国人与生物圈委员会批准纳入"国际人与生物圈保护区网络"。

达赉湖是亚洲中部干旱地区最大的淡水湖，湖中水生生物资源极其丰富。湖泊、河流、苇塘、沼泽湿地、草甸和草原等构成了保护区复杂多样的自然生态环境。保护区内有哺乳动物 13 科 35 种，鸟类 304 种，两栖爬行类 2 科 2 种，鱼类 6 科 30 种。国家 Ⅰ 级保护鸟类有丹顶鹤、白鹤、白头鹤、黑鹳、大鸨、金雕、玉带海雕、白肩雕、遗鸥等 9 种；国家 Ⅱ 级保护鸟类有白枕鹤、灰鹤、大天鹅等 43 种；国家 Ⅱ 级保护动物黄羊在保护区内也有分布。

（5）兴凯湖国家级自然保护区。黑龙江兴凯湖国家级自然保护区位于中国黑龙江省东南部，距鸡西市 120 公里，北与密山市、虎林市相邻，东、南与俄罗斯水陆相连。主要保护类型是内陆湿地生态系统，主要保护对象是丹顶鹤、东方白鹳、大天鹅等迁徙水禽及湿地生态系统。保护区属内陆湿地，主要湿地类型包括湖泊、永久性淡水草本沼泽、泡沼和人工湿地等。2001 年被列入国际重要湿地名录，2007 年被批准纳入"国际人与生物圈保护区网络"。

兴凯湖保护区是许多濒危物种的主要栖息地，是候鸟南北迁徙的重要停歇地，是中国三江平原湿地的重要组成部分，是生物多样性极为丰富的湿地生态系统。保护区内有兽类 6 目 14 科 39 种，鸟类 16 目 39 科 183 种，两栖爬行类 4 目 7 科 13 种，鱼类 6 目 12 科 65 种，其中翘嘴红、扁体、兴凯湖青稍红、兴凯湖贝氏条为特有种。国家 I 级保护动物有丹顶鹤、东方白鹳、白尾海雕、金雕等 4 种；国家 II 级保护动物有 34 种。保护区内有高等植物 460 多种，其中木本植物 37 种，藤本植物 22 种，草本植物 263 种，苔藓植物 1 种，药用植物 138 种，食用菌类 9 种，蜜源植物 61 种，浆果植物 13 种，水生浮游植物 52 种，特有种类兴凯湖松仅在保护区内有分布。

2. 国际人与生物圈保护区

"人与生物圈计划"是联合国教科文组织于 1971 年发起的一项政府间跨学科的大型综合性的研究计划。"国际人与生物圈保护区网络"是联合国教科文组织人与生物圈计划的核心部分，指得到联合国教科文组织人与生物圈计划确认并纳入世界网络的保护区，通过这一保护网，地球上所有具有代表性的、重要的陆地、沿海或海域的生物地理区域都将受到保护。它旨在促进及示范人类与自然之间的平衡关系。国际人与生物圈保护区具有保护、可持续发展、提供科研教学、培训、监测基地等多种功能。其宗旨是通过自然科学和社会科学的结合，基础理论和应用技术的结合，科学技术人员、生产管理人员、政治决策者和广大人民的结合，对生物圈不同区域的结构和功能进行系统研究，并预测人类活动引起的生物圈及其资源的变化，及这种变化对人类本身的影响。

我们如何在保护植物、动物以及微生物的多样性，甚至在保护整个"生物圈"的生态系统的同时，满足不断增长的人口的物质需求与期望，使生物资源的保护及其持续利用协调一致？这是"国际人与生物圈保护区网络"的建立所面临的最富有挑战性的课题。目前人口的增长和分布，对能源和自然资源的日益增长的需求，经济的全球化，贸易模式对农村地区的影响，文化特色的流失，有关信息过于集中并难以获得，以及技术革新的不均匀传播——所有这些趋势，描绘一幅出在即将到来的时代里具有发展前景的蓝图。由于种种问题难以以一国之力应对，因此，联合国教科文组织于 1968 年召开生物资源保护和合理利用会议。这是针对这些问题的第一次政府间重大会议，"人与生物圈计划"就是在此次会议中提出的。70 年代初，人与生物圈计划正式使用"国际人与生物圈保护区网络"这一保护体系来认定这些特殊的场所，并于 1976 年建立了第一个国际人与生物圈保护区。1992 年，在里约热内卢联合国环境与发展大会上，全球环境问题引起全球领袖们的关注。会议形成了 21 世纪议程、生物多样性公约、气候变化公约、防治荒漠化公约。这些公约的生效使得全球环境保护有法可循，更加规范。

建立"国际人与生物圈保护区网络"的标准如下：

①该地区应包含具有代表性的主要生物地理区域的各种生态系统，其中包括因人类介入而逐年产生的变化。

②该地区应对保护生物多样性具有重大意义。

③该地区应具有探索和示范地区持续发展途径的可行性。

④该地区应具有按照第三条规定发挥生物圈保护区三大功能的适宜面积。

⑤该地区应包括实现这三大功能的必要区域，即：a. 根据生物圈保护区的保护目标，专用于长期保护而合法设立的一个或者数个核心区，该区域应该具有符合保护目标

足够大的面积。b. 环绕和紧邻一个或者数个核心区，具有明确边界的一个或者数个缓冲带，在此地带只能进行符合保护目标的活动。c. 一个边沿过渡区，在该地区推行和发展可持续资源的管理方法。

⑥应组织安排适当的机构，尤其是行政当局、当地社区和民间机构涉入并参与制定和实施生物圈保护区的多项功能。

⑦此外，应作出下述几个方面的规定：a. 人类在缓冲带或者其他区域开展资源利用活动的管理机制。b. 生物圈保护区所在地区的管理政策或者计划。c. 设施此项政策或者计划的指定当局和居机构。d. 研究、监测、教育和培训计划。

截至 2015 年 9 月，"国际人与生物圈保护区网络"中共有 651 个保护区，分布于 120 个国家，成为"人与生物圈计划"的核心部分并对全球环境与发展做出了重要的贡献。

中国共有 33 处国际人与生物圈保护区，其中 8 处与湿地直接相关。在这 33 处国际人与生物圈保护区中，有 4 处同时被列入世界遗产名录，即九寨沟、武夷山、黄龙和南方喀斯特中的茂兰，这四者都与湿地直接相关；另有 4 处同时被列入国际重要湿地名录，分别为盐城国家级自然保护区、山口红树林国家级自然保护区、兴凯湖国家级自然保护区和达赉湖国家级自然保护区（盐城国家级自然保护区和大丰麋鹿国家级自然保护区共同属于盐城生物圈保护区）。上文的世界遗产地和国际重要湿地部分已对盐城国家级自然保护区、山口红树林国家级自然保护区、黄龙风景名胜区、兴凯湖国家级自然保护区、达赉湖国家级自然保护区、九寨沟风景名胜区、武夷山等进行了详细的介绍，下文将以其他与湿地直接相关的保护区为例。

（1）白水江国家级自然保护区。白水江国家级自然保护区位于甘肃省文县，是嘉陵江上游最大的支流。白水江发源于甘川交界岷山山脉南端的弓杆岭，自西北向东南流经四川省九寨沟县和甘肃省文县，于文县玉垒乡关头坝汇入白龙江碧口水库，流域面积为 83.1 万公顷，干流全长 296 公里，其中四川境内 189 公里，甘肃境内 107 公里。保护区属岷山山系，自西北向东南倾斜，起伏剧烈，属深切割的山地，地势陡峭，主要山峰有摩天岭、净各留山、高峰山、双猫山等，山顶平缓，岩石裸露，山间河谷深陷。保护区地势由西北向东南倾斜。白水江南岸较大支流自西至东有马峪河、丹堡河、让水河与源出武都县南的大团鱼河及小团鱼河，同属长江水系嘉陵江上游支流。河流湿地发育完全，河谷深陷，动植物物种丰富。这个保护区是中国具有大熊猫种群最多的地区之一，因此其存在的主要目的之一是保护大熊猫。植被为热带常绿阔叶林、落叶阔叶林、针阔混交林和高山草地，野生动物有 450 余种，动物区系属古北界和东洋界的过渡地带。白水江自然保护区是中国大熊猫、金丝猴、扭角羚等国家一级保护动物分布的最北界。河流湿地的存在对生态环境的改善起到了极大的作用[191]。2000 年，白水江国家级自然保护区被纳入"国际人与生物圈保护区网络"。

（2）五大连池国家级自然保护区。五大连池国家级自然保护区位于黑龙江省中北部，距哈尔滨 380 公里，距黑河 230 公里。五大连池总面积 10.6 万公顷，其中湿地为 1 万公顷。五大连池火山群是中国著名的火山群景观之一，共有 14 座火山。五大连池火山群是由远古、中期和近代火山喷发形成的，火山地质地貌保存完好，是世界上少见的类型齐全的火山地质地貌景观，该火山于 1719～1721 年爆发，至今不到 300 年，属于中国为数不多的有确切历史记载的火山之一。五大连池自然保护区熔岩流景观多样、气势雄伟，熔岩流阻塞河道形成堰塞湖，或构成"温泊"，形成一个完整的小型天池景观。五大连池自然保护区矿泉水是世界三大冷泉之一，享有"药泉""圣水"之誉。五大连池自然保护区不仅火山与矿泉资源珍稀独特，更具丰富的生物多样性。从史前 200 多万年到近代 280 年，复杂多样的火山熔岩地貌和特殊的环境条件孕育发展了五大连池独特、丰富而又完整的火山自然生态系统。五大连池自然保护区内有植物 143 科 428 属 1044 种，其中有珍稀濒危植物 47 种；野生动物有 55 科 121 种，其中蝶类有 7 科 80 种[192]。五大连池自然保护区称得上是一部内容丰富的天然史书。2003 年，五大连池国家级自然保护区被纳入"国际人与生物圈保护区网络"。

3. 世界地质公园

"世界地质公园"是一个具有明确的范围界定，并具有足够大的面积以便促进地方经济和文化发展（主要是通过旅游）的区域，应当包含若干各种规模且具有国际意义的地质遗迹，或者其中包含了具有特殊科学意义、稀有或美丽的地质体的一部分，这些特征以及形成这些特征的事件和过程在区域地质历史中具有代表性。此外，非地质主题是其整体的一部分，其中包括一些具有生态、考古、历史或者文化价值的遗址。在 2002 年 2 月召开的联合国教科文组织国际地质对比计划执行局年会上，联合国教科文组织原地学部（现为生态与地学部）提出建立地质公园网络，其目标是：①保持一个健康的发展环境；②进行广泛的地球科学教育；③营造本地经济的可持续发展[193]。

"世界地质公园网络"是指以其地质科学意义、珍奇秀丽和独特的地质景观为主，融合自然景观与人文景观的自然公园，是一个统一的全球地质公园地质遗迹保护区。世界地质公园网络的建立，源于 20 世纪后期，"世界遗产"等保护活动的成功开展，以及面对地质遗迹日益遭受破坏的严重形势，一些地质学家对如何有效、持续地保护地质遗迹展开了理论思考和探索。早在 1985 年，中国地质学家就提出在地质意义重要和地质景观优美的地区建立地质公园的建议。到 1996 年，欧洲地学界涌现出一股有关是否需要倡导欧洲地域之间开展合作以保护和保育地球遗产的讨论热潮。这些有关地质遗产保护的思想引起了联合国教科文组织的关注。当年 8 月，在北京召开的第 30 届国际地质大会上，联合国教科文组织原地球科学处（现为生态与地学部）设置并组织了地质遗迹保护专题讨论。来自法国的马提尼和希腊的尼古拉斯等一批地质学家一致认为，单凭科学界的努力而没有地方社区的积极参与是无法实现地质遗产的可持续管理的，决定在欧洲率先建立欧洲地质公园，形成地学旅游网络。1999 年 12 月，中国国土资源部在全国地质地貌景观保护工作会议上提出围绕"在保护中开发，在开发中保护"的思想而建立国家地质公园的设想。

经过长期的理论探索与准备，全球终于在世纪交替之际的 2000 年迎来地质公园的诞生。2000 年 6 月，"欧洲地质公园网络"正式形成，首批主要包括法国普罗旺斯高地地质公园、德国埃菲尔山脉地质公园、西班牙马埃斯特地质公园和希腊莱斯沃斯石化森林地质公园 4 个成员。几乎在同一时间，中国的地质公园计划也进入实施阶段。2000

年，中国国土资源部编制了《国家地质公园总体规划指南》。2001 年，中国国土资源部成立了国家地质公园领导小组和国家地质公园评审委员会，并于同年建立了首批 11 家国家地质公园。2004 年 2 月，联合国教科文组织在巴黎召开的会议上首次将 25 成员纳入世界地质公园网络，其中 8 个来自中国，17 个来自欧洲。这标志着全球性的"联合国教科文组织世界地质公园网络"正式建立。

根据《寻求联合国教科文组织帮助申请加入世界地质公园网络的国家地质公园工作指南和标准》的规定，申请加入世界地质公园网络的标准包括 6 个部分。

①规模和设置。如果一个地质公园欲成为世界地质公园网络成员之一，就需要有明确的范围界定，并具有足够大的面积以便促进地方经济和文化发展（主要是通过旅游）。地质公园应当包含若干各种规模具有国际意义的地质遗迹，或者其中包含了具有特殊科学意义、稀有或美丽的地质体的一部分。这些特征以及形成这些特征的事件和过程在区域地质历史中具有代表性。

②管理与地方参与。一个好的地质公园申报建议的前提条件是要建立一个管理机构，并有规划。

③经济发展。地质公园的主要目标之一就是促进经济活动和可持续发展。

④教育。地质公园必须提供和组织各种工具和活动来向公众传播地学知识和环境保护的理念（如通过博物馆、解说和教育中心、地质路线、旅游指南、通俗文学和图件、现代传播媒体等）。

⑤保护。地质公园并非一定就是一块全新的保护区域或景观地（它可能存在于已有的国家公园或自然公园中），但可以与总体上实行全面保护和管理的国家公园或自然公园有很大差异。按照国家立法或规定，地质公园应该保护的重要地质特征包括：有代表意义的岩石、矿产资源、矿物、化石、地形和景观。

⑥世界地质公园网络。世界地质公园网络为专家和从业者在地质遗迹问题上的合作和交流提供了一个平台。

截至 2015 年 9 月，世界地质公园网络共有 120 个成员，分布在全球 33 个国家和地区。中国共有 33 个世界地质公园，是所有缔约国中世界地质公园数量最多的国家。"世界地质公园网络"中有 25 个地质公园与湿地相关，其中有 2 个在中国，分别是镜泊湖世界地质公园和香港世界地质公园，在研究地质公园的湿地景观和湿地生态效应方面具有很高的价值。下文即对这 2 处与湿地直接相关的中国世界地质公园进行详细介绍。

（1）镜泊湖世界地质公园。镜泊湖世界地质公园位于黑龙江省东南部宁安市境内，牡丹江中上游，面积 14 万公顷。包括 7 个地质遗迹景区和顾渤海国景区、骑驭探险景区共 9 个景区。在距今 1.2 万年到 5140 年前曾有多次火山喷溢活动，熔浆岩堵塞了牡丹江古江道，形成了世界第一大火山熔岩堰塞湖——镜泊湖。留下了典型、稀有、系统、完整的火山地质遗迹景观和风光旖旎的水体景观以及峡谷湿地等自然地质景观，是典型的湖泊型湿地。

镜泊湖世界地质公园内湖岸曲折，岛湾错落，峰峦叠嶂，千姿百态，沿岸地层（岩石）形成年代跨度 6.8 亿年，岩石类型包括砂砾石、砂砾岩、玄武岩、花岗岩和凝灰岩，水产丰富，湖边森林密布，百鸟云集、万木葱茏，两岸保留有唐、宋、清三个朝代的遗址。除此之外，还有小北湖、钻心湖、鸳鸯池、吊水楼瀑布、牡丹江等水体景观。

镜泊湖世界地质公园内森林茂密，古树参天，树种繁多，有红松、紫椴、落叶松、冷杉、黄波罗等针阔叶混生的原始森林和次生、人工林木。这里层林叠翠，林涛滚滚，遮天蔽日，郁郁葱葱，给人以幽雅恬静，回归大自然之美感。火山口内长满了原始森林，即"火山口森林"，俗称"地下森林"。火山口与原始森林的自然完美结合，构成了壮丽神奇、独特无比的"火山口森林"景观，是镜泊湖国家地质公园主要景区之一[194]。2006 年被纳入"世界地质公园网络"。

（2）香港世界地质公园。香港世界地质公园位于香港东北部，面积 4985 公顷。由西贡火山岩园区和新界东北沉积岩园区组成，包括 8 个景区，是典型的近海及海岸湿地。香港世界地质公园是以香港郊野公园、海岸公园和特别地区为基础建立起来的，基础设施完善，管理制度规范。珍贵的地质遗迹，优美的海岛风光，多样的生态环境，使这里成为天然的地质博物馆和休闲旅游地。

西贡火山岩园区的特色为六角形岩柱群和海岸侵蚀地貌。园区岩石的形成于 1.4 亿年前，即晚白垩纪时期。西贡火山岩园区的四个景区为粮船湾、瓮缸群岛、果洲群岛和桥咀洲。园区海岸线绵长，海岸侵蚀地貌、海岸沉积地貌类型丰富，地貌景观别具特色。

粮船湾景区位于西贡东郊野公园，距离西贡市中心约 20 公里。粮船湾沿岸一带布满排列整齐、近乎垂直及高耸岩柱，其中花山沿岸拥有香港最高的火山岩柱，高度达100 米，堪称"天然六角形岩柱壁画"。另外，大浪湾海岸更加展示了由火山岩柱构成的海岸地貌。

瓮缸群岛景区由横洲、火石洲、沙塘口山及吊钟洲的金钟岩组成。这些岛屿由具柱状节理的火山岩构成。由于海岸长期受到猛烈的风浪冲击，在海岸作用下形成独特的外观，沿岸遍布悬崖峭壁及许多海蚀穴、海蚀拱[195]。沙塘口山东南沿岸的陡崖是全港最高的海崖，高度达 140 米。火石洲高 45 米的杬挽角洞、横洲高 30 米的横洲角洞、沙塘口山高 24 米的沙塘口洞及吊钟洲的吊钟拱门，合称香港四大海蚀拱。

果洲群岛由南果洲、北果洲、东果洲，以及多个小岛和石排组成。果洲群岛位处外海，长期受到风浪侵蚀，形成各种奇特的海岸地貌，包括险峻的断崖、海蚀拱，还有各种奇形怪石[196]。北果洲的六角形岩柱最为壮观，它的直径是园区内最大的，可达 2 米以上。

桥嘴洲位于西贡市中心东南约 2 公里。桥咀洲拥有多种火成岩，包括火山角砾岩、流纹岩、凝灰岩和石英二长岩。连接桥咀洲与桥头是一条由砾石构成的连岛沙洲，每当退潮时，便会露出水面。香港世界地质公园于 2010 年被纳入"世界地质公园网络"。

第七节　其他湿地文化

一、湿地休闲旅游文化

1. 湿地旅游

古往今来，湿地以其独具特色的自然景观吸引着人们前往游览，因而湿地一直是重要的旅游目的地，文人骚客们留下了诸多咏叹湿地美景、寄托美好情怀的诗句，以及或豪迈或清丽的优美画卷。学术界对于湿地的研究起步虽早，然而对湿地旅游的研究却是近些年才发展起来。如今，湿地的价值越发被人们研究发掘，由于其旅游资源极为丰富，旅游文化积淀深厚，湿地旅游具有特殊多样的功能，湿地越来越成为旅游产业投资的热点。旅游业的发展会给湿地带来许多新的发展机遇，使湿地获得更多的关注和保护资金，然而如果旅游业的开展欠缺前期的资源分析和后期的活动限定就可能使湿地遭到破坏，造成严重的后果。近些年，与湿地相关的保护形式越来越多，虽然它们在保护程度和游赏功能上存在差异，但它们具有共同的主体——湿地。要讨论湿地休闲旅游文化，还要从湿地旅游的概念说起。

（1）概念。关于湿地旅游，目前学术界尚无统一、明确的概念。丁季华等认为"湿地旅游应界定为：以具有观赏性和可进入性的湿地作为旅游目的地，对湿地景观、物种、生态环境、历史文化等进行了解和观察的旅游活动。这种旅游活动开展不应改变湿地原有的生态系统，同时还应创造经济发展机会，让当地在财政上受益。"

国际上对于湿地的研究大约始于 20 世纪 50 年代，关注点也多集中于湿地的自然景观资源，分析湿地的涵义、特点、功能以及效益，对湿地旅游却极少论及。后来对湿地的研究发展到一定程度，学者们才开始将精力转移到湿地旅游上，在研究如何更好地保护湿地的基础上，对湿地旅游的生态性和可持续性进行探讨。

在我国，对于湿地旅游的研究起步较晚，20 世纪 90 年代以后，由于旅游业的发展和可持续旅游的开展才慢慢出现。目前越来越多的专家学者开始关注湿地休闲旅游的发展模式，但对于湿地旅游文化的发掘尚在初步阶段，缺乏完整和深入的研究。

这里必须提到一个与湿地旅游相关的概念，那就是生态旅游。生态旅游，作为一个独立的术语，是世界自然保护联盟生态旅游特别顾问 Ceballos Laskurain 于 1983 年提出，"生态旅游就是前往相对没有被干扰或污染的自然区域，专门为了学习、赞美、欣赏这些地方的景色和野生动植物与存在的文化表现（现在和过去）的旅游。"自 1983 年生态旅游概念首次被提出至今，湿地一直出现在生态旅游研究中。Christopoubu 等曾提出"发展生态旅游应首先发展湿地生态旅游，因为湿地最富生物多样性和文化多样性，具有最好的环境教育功能和社区参与功能"[197]。湿地生态旅游体现了旅游经济与湿地保护的可持续协调发展，目前已引起了国内外学者的普遍关注。

（2）功能。湿地旅游不仅凭借自身的自然优势，满足了人们对休闲旅游的物质需求，还满足了人们回归自然、向往和谐生态环境的精神需求。总的看来，湿地旅游至少具有以下几大功能：

科普功能：湿地旅游目的地可以称得上是"天然的自然历史博物馆"。它可以直接而生动地向人们传达有关湿地和湿地保护的知识，包括生物的多样性以及其他简单的自然科学知识，增强人们对湿地的兴趣和对湿地保护的意识。

科研功能：湿地复杂的生态系统、多样的动植物群落、濒危物种和遗传基因等在科研中都有重要意义，因而可以吸引大批的研究学者和湿地科学爱好者来此开展观测和数据统计等科研活动。开辟湿地的专业型市场，有利于扩大湿地旅游的受众辐射范围[198]。

观光功能：湿地由于本身拥有丰富而美丽的景观，因而其秀美独特的审美价值是显而易见的。另外，其复杂多样的环境，为动植物提供了生活的场所，所以湿地的动植物资源也是十分丰富的，其中不乏极具观赏价值的部分，比如一些鸟类和姿态殊丽的植物，都具有供游客观光娱乐的功能。

休闲功能：人们在欣赏湿地美丽风光的同时，也可以进行一些娱乐活动如划船、戏水、野炊等，可以增强人们对湿地生态环境的休闲体验。不论是漫步栈道或是泛舟水上，都是使人们放松身心，体味自然美妙风光的良好方式。

康体功能：由于湿地旅游目的地具有良好的生态环境，不论是水质还是空气都明显优于城市。湿地中的一些植物散发的芳香类物质或者植物本身，往往具有药用和保健功能，对人们身体十分有益。另外出于保护湿地的需要，湿地中的旅游娱乐项目多是低强度的，体能要求小，也很适合老年人[199]。

（3）利弊。湿地旅游使游客自身处在湿地的大环境中，真切地感受到湿地在涵养水源、保持水土、为各种生物提供生存栖息环境等方面的生态功能，能够直接认识到健康的湿地对人类及其他生物生存生活的重要作用，从而达到较好的教育效果，如果在全社会形成一个保护湿地的大氛围，对于湿地保护和开发是有重要意义的。

开展生态旅游目前具有比较好的市场前景，收益也较可观，这笔资金可以作为湿地保护资金的补充，用来完善设施和加强员工培训等方面，对湿地的保护也会起到很大的促进作用。

在生态旅游的理论中还强调一点——社区参与性。注重社区的参与，使社区与湿地的利益结成利益共同体，不仅减轻了湿地保护的压力，还使社区成为湿地保护的重要力量[200]。

然而，正如世界生态旅游学会（TIES）所指出的，"尽管生态旅游具有带来积极的环境和社会影响的潜力，但是如果实施不当，将和大众旅游一样具有破坏性"。

首先旅游设施可能对湿地保护产生威胁。为了保证游客能进入湿地近距离地观赏，一些栈道和水上交通工具是必须设立的，这样一来难免要影响到水生植物的生长和一些动物的生活栖息。因此湿地旅游应该有限制地局部范围进行，不能全面展开，以免干扰原来的生态系统。更糟糕的是有的地方为了迎合游客需求，在湿地中建立大型餐饮住宿设施，不仅侵占了湿地的用地，造成湿地面积的缩减，还可以预见到将有大量废水污水被排放到湿地环境中去，导致严重的后果。

另外大量游客的涌入也会给湿地带来威胁。游客的数量超过湿地的承载力或者游客的行为难以约束，都将使湿地遭到严重破坏，使本就脆弱的湿地遭受更大的灾难[201]。

（4）与湿地旅游相关的保护体系。国内与湿地旅游相关的几个保护体系，如湿地自然保护区、风景名胜区、湿地公园、水利风景区、地质公园等，都对旅游有一定导向作用。目前，湿地自然保护区已达 577 处。全国有 45.33% 的自然湿地得到了较好保护。国家湿地公园数量已达 569 处。水利风景区已达 658 处。我国的国家级风景名胜区已达 225 处，省级风景名胜区达 737 处，国家地质公园达 240 处，这其中都有大量的湿地。

国际上也有一些与湿地旅游相关的重要保护体系，如世界遗产、国际重要湿地、国际人与生物圈保护区、世界地质公园等。有许多湿地同时属于几种保护体系，有的湿地自然保护区同时还列入了世界遗产，比如三江并流保护区；还有的是风景名胜区被同时列入世界遗产，如九寨沟风景名胜区、黄龙风景名胜区、西湖文化景观；有的既属于水利风景区也同时列入世界遗产，如都江堰。有的既属于国际人与生物圈保护区，又属于世界遗产，如九寨沟、武夷山、黄龙和南方喀斯特中的茂兰。有的既属于国际重要湿地，同时又属于国际人与生物圈保护区，如盐城国家级自然保护区、山口红树林国家级自然保护区、兴凯湖国家级自然保护区和达赉湖国家级自然保护区。这些"光环"无疑提升了湿地作为旅游目的地的吸引力，使得更多游客慕名而来。

无论是哪一种与湿地相关保护体系，都是以湿地为主体，虽然对游赏性和保护性的侧重有所差异，但保护湿地仍是它们的首要原则。

2. 湿地旅游资源

从旅游学的角度来看，并不是所有的湿地都可以列入旅游资源的范围。旅游资源的综合特征强调美学观赏性，另外旅游资源地还应具有可进入性，游客不可能到达和不应进入干扰的地方不能列入旅游资源地。因而湿地旅游资源应该具有一定可进入性和观赏性，这样才能称为是能为旅游业所用的湿地资源。我国的主要湿地旅游资源可以分为沼泽湿地旅游资源、湖泊湿地旅游资源、河流湿地旅游资源、滨海湿地旅游资源、人工湿地旅游资源[203]。下面将对这几种类型的湿地旅游资源作详细阐述。

（1）沼泽湿地旅游资源。在我国东部气候温暖湿润，沼泽面积较大，类型也较多，西部气候干燥，沼泽的数量也较少。相比之下，中国东北地区沼泽湿地较为丰富，沼泽湿地分布面积占全国沼泽湿地分布面积的 30% 以上，沼泽率较高。大小兴安岭、长白山地、三江平原、辽河三角洲、青藏高原的南部和其东部的若尔盖高原、长江与黄河的河源区，河湖泛洪区，入海河流三角洲及砂质或淤泥质海岸地带沼泽湿地发育良好。

沼泽湿地因其可进入性较差，旅游资源不够丰富，因而开发成与湿地相关的旅游目的地数量很少。而因其危险性，即可进入性的限制，在沼泽湿地中可以开展的旅游项目比较有限，主要以观赏其别有意趣的沼泽景观为主，另结合当地独特的人文背景，适当开展一些人文结合景观的旅游活动。

三江平原在全球温带湿地生态系统中具有较高的代表性，是我国保持最为完好的原始湿地之一，生态系统多样性、物种多样性、景观多样性都十分丰富，在生物、地理、地貌及景观学上具有不可替代的重要位置。这里湿地类型比较多样，除了主体的沼泽湿地外，河流湿地、湖泊湿地等也都有分布，其中以沼泽湿地特色最为鲜明，在全国独树一帜。

该地区的湿地旅游资源极为丰富。首先是瑰丽的自然景观。如挠力河国家级自然保护区，该保护区有薹草沼泽、灌丛沼泽和森林沼泽等，这些湿地主要分布于乌苏里江中游右岸的河漫滩上，属于保留了三江平原原始湿地生态系统完整性的乌苏里江自然保护区。另外黑龙江洪河国家级自然保护区的沼泽、草甸、岛状林构成了三个一级景观，在三江平原具有典型性和代表性。中俄两国的界江是世界上最长的界江，统称为"两江、两河、一湖"，即黑龙江、乌苏里江、额尔古纳河、松阿察河和兴凯湖，形成著名的"大界江"景点。

另外，三江平原还具有十分丰富的人文资源。位于抚远县江面七号浮标处，通往黑瞎子岛的中俄界江悬浮桥；位于饶河县四排乡的赫哲族渔村；位于饶河县小南山上的小南山遗址；位于勤得利农场的辽代兀惹城；位于八五九农场，素有东北亚水上"丝绸之路"美誉的东安古镇，以及位于同江市街津口赫哲族乡的全国唯一的赫哲族民族文化村等。这些都是三江平原这块大湿地上孕育出的灿烂文化，在旅游资源的整合利用中起着十分重要的作用。

三江平原丰富的沼泽资源曾经一度使这里成为"北大荒"，后由于人类的开垦又使之变成"北大仓"。虽然从农业文明来看是可喜的，但从湿地保护的角度看，却使沼泽湿地本来脆弱的环境更加岌岌可危。因而在开发三江平原的过程中，一定要把可持续发展作为重要原则，保证旅游活动的开展不妨碍湿地的健康演替。

若尔盖高原位于青藏高原的东北隅，西邻巴颜喀拉山，东抵岷山，北起西倾山，南至邛崃山，是一块完整的丘状高原，也是我国最大的泥炭沼泽分布区之一。此外，这里还是重要的水源涵养区，长江水系白龙江、黄河水系黑河和白河流经全境，支流纵横，河道蜿蜒迂回，湖群星罗棋布，大面积的高寒沼泽湿地涵养了黄河水源，九曲黄河第一湾就分布于此。

若尔盖高原湿地具有美丽独特的自然风光，在若尔盖湿地西部，草原广袤无垠，辽阔壮丽的草原素有"川西北高原的绿洲"之称；而黄河与白河在湿地西北边缘唐克乡汇合形成的"黄河九曲第一湾"，更是难得的绮丽风光。同时，若尔盖高原湿地由于其特殊的条件，沼泽植被发育良好，生态系统结构完整，成为众多野生动植物栖息、繁衍的基地。

若尔盖高原湿地主要分布于四川阿坝藏族羌族自治州，因而民族文化深厚，尤其是藏、羌两族世代相传的青稞酒文化、饮食文化、沙朗文化，以及藏族民间舞蹈锅庄等都令人耳目一新。同是由于信仰的缘故，这片高原湿地上出现了麦洼寺、达格则寺以及达扎寺、纳摩寺等别具一格的宗教建筑。此外，红军二万五千里长征曾三次经过若尔盖湿地，留下了许多革命遗迹，如日千乔沼泽、龙日红军烈士墓等。

（2）湖泊湿地旅游资源。我国幅员辽阔，天然湖泊遍布全国，无论高山与平原，大陆或岛屿，湿润区还是干旱区都有天然湖泊的分布，就连干旱的沙漠地区与严寒的青藏高原也不乏湖泊的存在。根据全国湿地调查，全国现有大于 1 平方公里的天然湖泊总面积为 835.15 平方公里，占全国陆地面积的 0.87% 。中国的湖泊分布广且不均匀。按着湖群地理分布和形成特点，将全国划分 5 个主要湖区：青藏高原湖区、东部平原湖区、蒙新高原湖区、东北平原及山地湖区和云贵高原湖区。

这些湖泊各具特色，有的深居高山，雪山环抱，湖光山色交相辉映；有的静卧平原，烟波浩渺，水天一色，就像一颗颗璀璨的明珠，充满生机和灵气地散落在华夏大地之上，给大自然增添了无限风采，给人们带来许多美的享受。湖泊本身风景优美，景观多样性强，动植物种类丰富，并且常有许多人文景观，例如名塔、名楼等依傍在旁，形成自然人文双景观。除了一些被列入湿地公园和保护区的湖泊以外，还有大量湖泊因其丰富的旅游资源而被开发成了远近闻名的风景名胜区。

位于东部平原湖区的杭州西湖，作为一处中外闻名的旅游胜地，拥有秀美的湖光山色，众多的名胜古迹以及感人的传说故事，凭借着上千年的历史积淀所沉淀出的江南风韵和大量杰出的文化景观而入选世界文化遗产。杭州西湖是中国列入世界遗产名录的世界遗产中唯——处湖泊类文化遗产，也是现今世界遗产名录中少数几个湖泊类文化遗产之一。与这些湖泊类文化遗产相比，西湖文化景观具有独一无二的"东方文化名湖"的特征。

西湖与周围环绕的群山组合在一起，恰似"一个巨大的盆景"，这是说西湖的美与四周的天然环境糅合在一起，湖虽不大而秀丽，山虽不高而幽美，湖山比例和谐，且层次分明，富有风景空间的深度感，湖山相衬，相得益彰。西湖的美景一大部分由于西湖的水景，它或宽阔或紧窄，变化多端，与亭桥结合体现出不同的意趣，再加上沿湖树木花草的配置，使得西湖一年四季，任何角度，都如画卷般美丽。

西湖不仅山清水秀，其悠久的人文景观也十分著名，可谓人杰荟萃，文景交辉。历代文人墨客为歌颂西湖美丽风景，写下了许多脍炙人口、传诵至今的佳作名篇，"欲把西湖比西子，淡妆浓抹总相宜"几乎成为西湖美的标签。而以西湖为背景的"白蛇传"，更是把风景与神话故事融为一体，成为千古佳话。

洞庭湖区是我国著名的旅游区，它的湿地景观以湖泊为主，由于一些自然和人为原因，洞庭湖现分割成东、南、西三部分，因而其湿地旅游资源也是东、南、西三大格局。东洞庭湖是国家级自然保护区，有"鹤之王国"的美称。该保护区位于岳阳市，一旁的岳阳楼为江南三大名楼之一，素享"洞庭天下水，岳阳天下楼"的美誉。南洞庭湖为省级湿地自然保护区，以湿地和水禽保护为主体，万子湖畔的凌云塔气势磅礴，与自然湿地构成湿地复合旅游景观。西洞庭湖为湿地旅游资源区，由于泥沙和围湖造田的历史原因已经被分割成若干个湖，这里的鸟类聚居点各具特色，湿生沼泽植物亦十分丰富。

洞庭湖湿地生态旅游资源具有特殊性，具有典型的生态景观，夏季多雨水则会涨水为湖，冬季少雨则会枯水而形成多洲的景观；既有明水也有芦苇、沙滩等其他类型的生态景观。

1992 年和 2001 年东洞庭湖湿地与西、南洞庭湖湿地先后被列入国际重要湿地名录。

洞庭湖湿地的旅游资源具有丰富的文化内涵，如宗教文化、茶文化、民俗文化，都十分鲜明且能为旅游开发注入活力。其中宗教文化是指药山惟俨禅文化、古大同福地文化等，可见洞庭湖湿地兼有佛道文化，宗教文化资源丰富；茶文化是指洞庭湖湿地周边区域如龙窖山茶区，这里是人工植茶的起源地之一，也是我国黑茶的重要产地；民俗文化是指洞庭湖湿地周边地区民间节日如端午、中秋等都会举办各式各样的庆祝祭祀活动，诸如赛龙舟等民俗节庆活动，都闪烁着古老的文化传统。而今洞庭湖的旅游发展既传承历史文脉，还根据自身的景观资源开发出"观鸟节"等活动，努力做出自身的品牌文化，开辟出更适合自己的旅游发展模式。[202]

不过令人担忧的是，洞庭湖区由于围湖造田活动，使湿地面积迅速缩减，湿地环境也趋向破碎，这并不利于洞庭湖区湿地的良性发展，因而在开发旅游资源的同时，要强调科学性和可持续性，使洞庭湖区的湿地能够得以保持甚至恢复。

（3）河流湿地旅游资源。河流不仅是地理景观中活跃的要素，还在地表物质迁移中扮演着十分重要的角色。因其流经的区域广泛，故具有十分丰富的景观及动植物。我国是一个拥有众多河流的国家，但在地区分布上很不均匀，大部分分布在东南部外流区域内。流域面积在 1000 平方公里以上的河流有 1500 余条，多集中在长江、黄河、珠江、松花江和辽河等流域内。我国著名的河流如长江、黄河、淮河、珠江、海河、雅鲁藏布江、澜沧江等，无疑都是自然风光秀美、人文景观丰富的区域。

河流湿地的特点是水域较长，因而沿湿地分布的景观十分多样，观赏的内容也千变万化。另外河流因其独特的形态，水上的活动也较其他类型更有挑战和趣味，一些水域中可以开展水上漂流、徒步涉水穿越等活动，也是不错的旅游项目。

长江发源于"世界屋脊"青藏高原的唐古拉山脉，是世界第三大河、亚洲第一大河。长江干流自西向东横贯中国中部。数百条支流辐射南北，延伸至贵州、甘肃、陕西、福建等 8 个省、自治区，流域面积达 180 万平方公里，约占中国陆地总面积的 1/5。

长江流域河川景观资源十分多样。长江主流、支流，上中下游，景色各异，精彩纷呈。其中上游水急滩多，峡谷串联；而中游则曲流发达，湖泊星布；下游江阔水深，一马平川。其中最具江川峡谷特色的是长江上游，尤以四川奉节到湖北宜昌的长江三峡及嘉陵、岷江等支流的小三峡景观为最。长江三峡西起奉节白帝城，东至湖北宜昌南津关，全长 193 千米，依次为瞿塘峡、巫峡、西陵峡，著名地理学家郦道元在《水经注》中描述三峡时说，"两岸连山，略无阙处，重岩叠嶂，隐天蔽日，自非停五时分，不见曦月。"三峡一线具有丰富的文化遗存，如丰都鬼城、忠县石宝寨、云阳张飞庙等，近几年修建的三峡工程，成为三峡中新的景观。

长江的美景令人感怀，中国历史上无数诗人为之留下众多著名的诗篇。如杜甫在《登高》中写道"无边落木萧萧下，不尽长江滚滚来"，《越王楼歌》"楼下长江百丈清，山头落日半轮明"；李白的《望天门山》"天门中断楚江开，碧水东流至此回"以及"孤帆远影碧空尽，唯见长江天际流"都是描写长江之美丽景色的。长江流域的文化积淀非常深厚，湖北一带的战国楚文化遗址，湖北的三国古战场遗址，四川自贡的恐龙遗址，广汉青铜文化遗址，以及巴蜀文化、荆楚文化、吴越文化等等，这些都说明长江流域是我国古代文化的发祥地之一。

黄河发源于中国青海省巴颜喀拉山山脉，流经四川、甘肃、宁夏、山东、河南、山西等 9 个省区，最终注入渤海，是我国第二大河，也是世界第六长河，被称为中华文明的母亲河。

黄河流域景观十分丰富，上游河源段，河谷宽阔，河流曲折迂回；峡谷段则河床狭窄，水流湍急；冲积平原段水流缓慢，河床平缓，塑造了著名的银川平原和河套平原，其中河套平原是著名的引黄灌区，自古有"黄河百害，唯富一套"的说法。中游河段内水土流失严重，是黄河粗泥沙的主要来源，晋陕峡谷下段有著名的壶口瀑布，气势十分宏伟壮观。壶口瀑布是黄河流经晋陕峡谷时形成的天然瀑布，是仅次于贵州省黄果树瀑布的第二瀑布。以壶口瀑布为中心的风景区，集黄河峡谷、黄土高原、古塬村寨为一体，展现了黄河流域壮美的自然景观和丰富多彩的历史文化积淀。瀑布景区面积约 100 平方公里，为陕西省和山西省共有的著名风景名胜区。两大著名奇景"旱地行船"和"水里冒烟"，更是罕见。下游因河段长期淤积泥沙而举世闻名，黄河入海口因泥沙淤积，不断向海内延伸，形成新的陆地。

黄河流域的旅游文化资源可谓十分丰富，黄河以她特有的地理位置和无可比拟的能量孕育着华夏民族，因而也产生了代表中华民族的传统文化。历史上赞颂黄河美景的诗句不计其数，如王之涣的"白日依山尽，黄河入海流"，王维的"大漠孤烟直，长河落日圆"，刘禹锡的"九曲黄河万里沙，浪淘风簸自天涯"，都是描写黄河壮阔宏伟的景观。而黄河流域中的众多遗址古迹更是黄河文化的生动体现。如蓝田、丁村、半坡村等文化遗址，秦始皇陵兵马俑等文物古迹，近年来以文化为品牌推出的"山水圣人"游、姓氏寻根游、丝绸之路游等旅游产品，都离不开黄河文化的巨大魅力。

（4）滨海湿地旅游资源。我国拥有丰富的海岸线，因而浅海、滩涂湿地面积广阔。浅海、滩涂湿地主要分布于我国沿海的 14 个省份（包括港澳台地区）。北部的滨海湿地主要由环渤海滨海湿地和江苏滨海湿地组成，黄河三角洲和辽河三角洲是环渤海的重要浅海湿地，江苏滨海湿地主要由长江三角洲和黄河三角洲的一部分构成。再向南主要有钱塘江口杭州湾、晋江口泉州湾、珠江口河口湾和北部湾。我国的浅海、滩涂湿地分布广泛，因而具有十分丰富的景观。在海南和福建北部沿海滩涂及台湾岛西海岸都有天然红树林分布区，而在西沙和南沙群岛及台湾、海南沿海均有热带珊瑚礁分布。由于红树林景观和珊瑚礁景观都极易受环境的影响，因而在开发旅游时一定要注意生态保护，以免导致这些湿地退化，使这些难得的绮丽景观消失。

与其他类型的湿地景观相比，浅海、滩涂湿地景观具有更壮美的风光和更复杂的生境。因而在这类湿地中多以观赏类的旅游活动为主，将湿地作为一个认识自然、认识生态系统的大课堂，让人们在观赏奇异风光的同时，更能增加对湿地的兴趣，提升对湿地保护的责任感。

黄河三角洲是世界上独特的河口之一，由于高含沙量的径流与河口弱潮汐的共同作用，使得三角洲区域河口高速淤积、三角洲快速向海延伸，形成了世界上独一无二的河口拦门沙系统，"沧海桑田"用来形容这里十分贴切。三角洲迅速扩展导致新生湿地不断增加，形成了我国暖温带保存最为完整、广阔的河口湿地生态系统。

黄河三角洲的美学特征可以概括为"新""奇""旷""野"，这正是其独具特色的旅游资源。"新"即黄河三角洲每年快速生长的新生湿地，这些湿地又迅速被植物群落占据、演替和更新；"奇"即生活在这里的近千种珍稀鸟类的迁徙活动。当春秋鸟类迁徙之时，这里堪称"鸟类的飞机场"。起落升降，铺天盖地，令人叹为观止；"旷"即黄河三角洲湿地低平和缓、一望无际，大有"天苍苍，野茫茫"之感；"野"即黄河三角洲湿地生长着大片的芦苇类植被，夏季则翠绿茂盛，秋季则芦花洁白，"野"趣横生[203]。

黄河三角洲湿地还有着灿烂的文化遗存，从史前遗址鲍家遗址、曹家遗址、五村遗址等，到周秦两汉时期的齐国"渔盐产地"和无棣信阳城，再到魏晋南北朝时期的惠民玉林寺遗址、兴国寺遗址，以及宋元以后的范公祠、魏氏庄园等，都展现了黄河三角洲丰富博深的文化内涵。

杭州湾是钱塘江口延伸的河口湾，为一喇叭口形状的河口海湾，主要的自然湿地类型以浅海水域和期间淤泥海滩为主。河口性鱼类丰富，是多种降河性洄游鱼类产卵生活的场所，也是多种冬候鸟在浙江的主要越冬地和驿站。杭州湾以钱江潮著称，是中国沿海潮差最大的海湾。

杭州湾湿地以海洋文化、盐文化著称，更有包括姚剧、青瓷烧制工艺的非物质文化遗产，是杭州湾湿地旅游的另一大重要支柱。其中海洋文化如宁波的海洋民俗文化、海洋宗教信仰文化以及海洋商贸文化等；慈溪古时以制盐出名，历史上是浙江省的重要产盐区，有"浙江盐都"之称；越窑青瓷，是中华民族极为优秀的文化遗产，慈溪是中国瓷器发源地之一，也是越窑青瓷的中心产地，全市遍布瓷窑遗址200多处。

另外打造湿地海鲜美食节、国际知名赛事以及国际观鸟节，近年也成为杭州湾结合自身资源的成功旅游营销途径。

（5）人工湿地旅游资源。我国的人工湿地类型多样，分布也十分广泛。与自然湿地相比，人工湿地的人工化痕迹较重，但它的特点正在于人类活动在自然的环境中留下的融合变化的独特景观。虽然非自然造化，但也不乏壮美秀丽的景观，最重要的是它是一种人与自然和谐统一的生态景观。

在这类湿地中不仅要开展观赏美丽风光的旅游活动，更重要的是要让游客了解这样的风光是如何在人力、自然双重作用下形成的，因而多开展一些体验类的活动，让游客切身体会到这种人工作用在自然中形成的独特景观，了解其形成的原因，尤其是人与自然和谐的根本。

红河哈尼梯田悠久的历史及富有特色的民族风情使其拥有丰富的历史文化旅游资源。除最具特色的梯田外，还有极富民族特色的哈尼蘑菇房、哈尼服饰、哈尼饮食等。在长期耕作的过程中形成的典型的哈尼梯田文化景观，如大量与稻谷相关的礼仪、祭祀及节庆活动，体现了人与自然和谐发展的独特创造力。另外哈尼梯田合理的林水结构、分水制度、泡田方法、以水冲肥技术等，都是有效保护和合理利用水资源的方式，因为这些丰富的资源，哈尼梯田在开展旅游活动时能够体现自己的特质，区别于一般的农业观光旅游，既拥有壮美的景观，又兼具民族特色，还体现科学的利用方式，使得哈尼梯田独具风格，脱颖而出[204]。

湿地旅游资源丰富，景观多样，引得游人趋之若鹜。如明代散文家、地理学家徐霞客，曾遍游名山大川，将其经历写成日记，后被整理为《徐霞客游记》。其中记载了许多其游览的湿地的情况，不乏今天十分著名的湿地风景区如漓江、黄果树瀑布等。各朝文人也多有与湿地相关的诗文画作，如唐代的张若虚，一首《春江花月夜》，让无数后人幻入诗中之境，与诗人共同欣赏美景，思考永恒；而宋代大文豪苏轼的《赤壁赋》，更是于江风明月中体味人生哲学和宇宙真理，成为千古名篇。至于画作，如宋徽宗赵佶的《雪山归棹图》、北宋王希孟《千里江山图》，无不是受到自然山水的感染而思考创作出的杰作，可见湿地的巨大魅力。

近些年来，湿地旅游逐渐成为旅游的热点，与湿地旅游相关的研究也处于蓬勃发展中，这都是由于湿地旅游能带给人们多种益处，可以放松人们的身心，一解城市生活的疲惫，还可以亲近自然，涤荡心灵，陶冶情操，一些观鸟钓鱼类的活动也使人们获得许多野趣。另一方面，湿地旅游反过来也给湿地的保护和价值发掘提供了新的机遇与途径。而与此同时带来的问题就是湿地旅游开发若不得当，将给湿地带来严重威胁甚至是灭顶之灾，因此不管是湿地风景区还是湿地公园、湿地自然保护区，都要将湿地的保护放在一个重要的位置上，来保证旅游带来的负面影响不会对湿地造成不良的干扰。

我国有众多河流湖泊，沼泽滩涂，分布在全国各种地理环境中，因而湿地种类全面，湿地旅游资源非常丰富，各类型的湿地旅游资源在景观与文化上，各有侧重，在旅游开发时一方面要注意景观情境的设置，使得景观的重点部分能够突出，另一方面要注意结合不同的历史文化背景，做出自身的特色。不过无论是何种形式的开发，都应讲究科学性和可持续性，防止湿地退化甚至消失。

我国的湿地旅游资源虽然丰富，但湿地旅游开发尚不成熟，还处于探索阶段，今后若可以结合多学科的力量来进行旅游开发，想必会更加科学合理，既能保证人们在湿地中得到休闲体验，了解和认识湿地，又能使湿地向良性方向发展演替，促进湿地的保护。

二、湿地与美食

俗话说"民以食为天"，食物作为马斯洛需求层次理论中最基本的生理需求中的一项，不仅是供人们果腹的一种物品，而且在当今社会经济发展下，它已成为人类文化中的一项重要内容。由此产生的饮食文化本质上就是探讨在何种条件下吃、吃什么、怎么吃和吃了如何等问题。我国幅员辽阔、地大物博，自古以来便有着悠久的饮食文化。"吃了吗?"这一带有鲜明中国特色的见面问候语足见饮食对于中国人的影响力。"舌尖上的中国""顶级厨师""爽食行天下"……这些闪烁于荧屏的各类美食纪录片、真人秀、综艺节目也时刻提醒着人们饮食文化对于国人的重要性。

正所谓"靠山吃山，靠水吃水"，因地制宜，就地取材。我国的饮食文化在很大程度上受到了自然地理环境的影响和制约，具有较强的地域性和较复杂的地域差异性。与森林、海洋并称为全球三大生态系统的湿地，在我国境内分布广泛：从沿海到内陆，从寒温带到亚热带，从平原盆地到高原山区。可以说，正是形态各异的广袤湿地为华夏儿女提供了丰富的资源和食材，在中华饮食文化的形成、发展过程中起着不可替代的推进作用。

显然，不同形态的湿地为当地人提供了各类不同的食物，从而产生了截然不同的饮食文化，如滨海湿地为沿岸地区的居民提供了五花八门的新鲜海产；居住于湖泊湿地周围的人们经常能品尝到鱼虾蟹等各种湖鲜；而各江河流域的居住者们则时常能获得河流湿地带来的馈赠。

随着当今社会生产力的不断发展，人口不停膨胀，人们对湿地生物资源的需求量越来越大。但需求是无限的，而资源则是有限的，如何合理地开发、利用和保护湿地资源，在满足味蕾的同时处理好与湿地的关系，是亟待世人深思的重要问题。

1. 来自滨海湿地的海鲜

滨海湿地处于海陆的交错地带，是一个"边缘地区"。我国海岸线绵长，达1.8万公里，主要分布于各沿海省区和港澳台地区，滨海湿地总面积达594平方公里，资源十分丰富。按照形态、成因、物质组成和演变阶段分，我国的滨海湿地可划分为淤泥质海岸湿地、砂砾质海岸湿地、基岩海岸湿地、水下岸坡湿地、潟湖湿地、红树林湿地和珊瑚礁湿地等7种[205]。

自古以来，人们就对滨海湿地的重要性有着清晰的认识，如春秋战国时，沿海的齐、吴、越国便认为滩涂湿地的"渔盐之利"乃是"富国之本"，而将其称为"国之宝"[206]。其中"渔盐之利"表明滨海湿地为人们提供了重要的物质资源，影响了该湿地沿岸居民的饮食起居。那些让海鲜爱好者们垂涎欲滴的各种海鱼、海虾、蟹类、贝类、藻类等海产，都出自广袤的沿海湿地。而作为必备调味品之一的盐，特别是海盐也是滨海湿地寄予人类的珍贵资源。我国海鲜饮食文化源远流长，不少古籍中有记载先民鱼加工及海鲜饮食的历史。《家语》记有周武王喜吃鲍（即干鱼，或盐腌鱼），汉代《盐铁论·散不足篇》写到的7种民间摆酒的例菜中有煎鱼子酱、酸醋拌河豚、乌鱼（即墨鱼）等海鲜，南北朝时期的《齐民要术》有对鱼酱、虾酱等做法和配方的具体记述[207]。

黄鱼，以其色泽金黄而得名，又称大王鱼或黄花鱼，属石首科，是我国主要的海产鱼类之一。它们的头脑中有两颗石状粒子，古人称其作石首鱼。黄鱼大部分时间生活在深海中，约春后集群由南方深海游至沿海产卵，产卵后又分散在沿岸索饵，一般中国南方沿海黄鱼的汛期略早，北方略迟。上海洋面的黄鱼汛期则在四月下旬以后，此时正是上海地区楝子花盛开的时候，所以上海地区会流传"楝子花开，石首鱼来"的谚语[212]。清代学者秦荣光曾在《上海县竹枝词》中写道：楝子花开石首来，花占槐豆盛迎梅；火鲜候过冰鲜到，洋面成群响若雷。其中的"槐豆"指的是在夏季开花的槐树，沪区风俗认为槐花开得越旺盛，当年黄鱼的产量也就越高。"火鲜"意为秋日以后零星捕捞到的黄鱼，而"冰鲜"则是在捕捞上岸后立即加冰块保鲜，以防变质的黄鱼[208]。

黄鱼肉质细腻，味道鲜美，营养也十分丰富，除了含有蛋白质、脂肪、碳水化合物，还有钙、磷、铁和维生素 B_1、B_2 等营养成分。通过不同的烹饪方法，可制成多种美味佳肴，较为常见的有"咸菜黄鱼""红烧黄鱼""糖醋黄鱼""抱腌黄鱼""面拖黄鱼""黄鱼面"等。袁枚在《随缘食单》中提到过的"假蟹"（即赛螃蟹）便是黄鱼和鸡蛋为原料制作而成：煮黄鱼二条，取肉去骨，加生盐蛋四个，调碎，不拌入鱼肉；起油锅炮，下鸡汤滚，将盐蛋搅匀，加香蕈、葱、姜汁、酒，吃时酌用醋[209]。此道菜利用了黄鱼肉和鸡蛋嫩滑鲜爽的口感，搭配醋食用，虽不是螃蟹却胜似螃蟹，故名为"赛螃蟹"。

蛤蜊，属蛤蜊科，是一种海贝。古人称其为吹潮、沙蛤、圆蛤、沙蜊等。它们生活在浅海的泥沙之中，分布于我国沿海各地，是滨海湿地中相当常见的贝类海产品。蛤蜊因其肉质鲜美无比，被称为"百味之冠""天下第一鲜"。同时，它富含蛋白质、脂肪、碳水化合物、铁、钙、磷、碘、维生素、氨基酸和牛磺酸等多种营养成分，具有低热能、高蛋白、少脂肪的优点，可谓是物美价廉的海鲜之一。

在中国，蛤蜊约有10个品种，其中以四角蛤蜊的肉质最为鲜美，被古人视为海错真品[210]。我国民间食用蛤蜊的历史可以追溯至战国之前。《韩非子·五蠹》载："上古之世，民食果蓏蚌蛤。"在隋唐年间，蛤蜊更因其鲜美至极为上层社会看重，受到诸多帝王将相的追捧。唐代段成式《西阳杂俎》说："隋帝嗜蛤，所食必兼蛤。"意思是皇上用膳时必须有一道蛤蜊菜，否则便难以下咽。唐文宗也有此偏好，宫中御厨千方百计让人进贡此物，好满足文宗所需。"唐宋八大家"之一的"醉翁"欧阳修对蛤蜊也情有独钟，每次品尝时，都会一边吃一边拍案叫绝，一副意犹未尽的模样。更是叫家人送上文房四宝，乘兴赋诗赞美[211]。

通过多种方式，蛤蜊可以被烹制成各种美味佳肴，如"蛤蜊炒蛋""酒蒸蛤蜊""蛤蜊汤面""清炒蛤蜊"等。其中"蛤蜊氽鲫鱼"这道杭州风味名菜可以说将蛤蜊的风味发挥到了极致，此菜将"海上第一鲜"的蛤蜊与"鱼之美者"鲫鱼合烹在一起，二鲜合一，鲜上加鲜。此外，在盛产蛤蜊的青岛，从2004年开始举办红岛蛤蜊节，至今已组织了十届。游客们可以来到滩涂边亲自动手挖蛤蜊，还可以观看海滩烟火，参观贝类科普展，更是能够品尝到以蛤蜊为原料制作而成的数种美食。

2. 来自湖泊湿地的湖鲜

湖泊湿地指的是湖泊岸边或浅湖发生沼泽化过程而形成的湿地[216]。按拉姆萨尔国际公约，湖泊湿地还包括湖泊水体本身。我国幅员辽阔，天然湖泊遍布全国，无论高山与平原，大陆或岛屿，湿润区还是干旱区都有天然湖泊的分布，甚至连人迹罕至的沙漠地带和环境恶劣的青藏高原地区也不乏湖泊的存在。据调查，全国现有大于1.0平方公里的天然湖泊总面积为835.15平方公里，占全国陆地面积的0.87%。

根据成因及演化阶段的不同，我国拥有世界上海拔最高的湖泊，也有位于海平面之下的湖泊；有淡水湖，也有咸水湖和及湖；有浅水湖，也有深水湖；有吞吐湖，也有闭流湖。显然，不同类型的湖泊湿地为人们带来种类纷繁的食用资源。名闻遐迩的阳澄湖大闸蟹出自位于江苏苏州的阳澄湖，久负盛名的西湖藕粉来自于浙江杭州的西湖，声名远播的"太湖三白"（白鱼、白虾、银鱼）是我国五大淡水湖之一太湖的名优特产，"舌尖上的中国"中提到的热气腾腾的藕汤则是产自湖北嘉鱼县珍湖的莲藕制作的佳肴。此外，时常出现在百姓餐桌上的包头鱼、鲫鱼、菱、莲、芡实、莼菜等动植物食材也均为湖泊湿地寄予世人的馈赠。

茭白、莲藕、水芹、芡实、慈姑、荸荠、莼菜、菱角为农耕湿地中常见的蔬菜，在江南地区，他们有个很好听的统称——"水八仙"。"水八仙"各个口感脆嫩、味道鲜美，深受江南乃至全国人民的喜爱，同时，它们也在长久的农耕历史中，沿着不同的发展轨迹，形成了各自独特的文化。

荷花，又名莲花、水芙蓉作为湖泊湿地里最为常见、最为典型的水生植物（图4-25），在我国分布较广。从古至今，不乏文人墨客对于荷花的咏赞，周敦颐的一句"予独爱莲之出淤泥而不染，濯清涟而不妖"流芳百世，白居易的"菱叶萦波荷飐风，荷花深处小船通；逢郎欲语低头笑，碧玉搔头落水中"描绘的是青年男女泛舟采莲的景象，可谓是咏莲的千古绝唱。

荷花拥有广泛的食用价值，三千年前的古人就知道荷的根茎——藕和荷的种子——莲子可以食用[213]。莲藕和莲子均富含淀粉、糖、适量蛋白质、多种氨基酸以及钙、磷、铁、铜、锰钛等微量元素，具有补脾养胃、降压安神、清热解暑、解渴止呕、止血等多项功能，是一种优良的保健食品资源。荷饮食文化在我国已有数千年的历史，荷食品的开发也相当成熟，主要可分为菜肴类（如莲藕排骨汤）、点心类（如藕粉）、罐装食品类（八宝粥）及饮料类（荷叶茶）[214]。

图4-25   西湖荷花（摄影：孙洁玮）

嘉鱼产藕，嘉鱼人也爱吃藕。莲藕粉蒸排骨、红枣莲籽汤、莲肉糕、冰糖莲子等以莲藕为主要食材的美食一年四季都出现在嘉鱼人的餐桌上。在这些菜肴中，嘉鱼人对莲藕排骨汤尤为看重，因为莲藕排骨汤除了营养价值高以外，还是嘉鱼人约定俗成的一道传统"迎客菜"，是他们表达热情的一种方式。在以前，如果谁家说要煨莲藕排骨汤，那肯定是有尊贵的客人来访，或者远行的游子回家了，需要好好准备一番。如今，莲藕排骨汤走出了家庭厨房，出现在了宾馆、农庄、餐馆等餐饮场所中，醇厚的藕香加鲜腻的排骨，加上浓浓的稠汁，成为了嘉鱼特色美食的典型代表，向四方来客展示着嘉鱼深厚的莲藕文化。

与荷有关的佳肴小点不胜枚举，从香甜软糯的桂花糯米藕，到清香可口的莲藕排骨汤；从沁人心脾的西湖藕粉，到芳香四溢的荷叶粉蒸肉。其中最令人垂涎三尺的可以说是颇具历史的叫花鸡。此菜是将用酱油、绍酒、盐腌制过的童子鸡用新鲜荷叶包裹起来，再涂上一层泥土烘制而成，荷叶在其中起到画龙点睛的作用，使鸡肉香而不腻。据说乾隆爷微服江南时，曾在困饿交加的情况下吃过一个叫花子好心给他的鸡，觉得异常美味，以至于每下江南都要品尝。而大文豪鲁迅先生也与叫花鸡有着不解之缘，20世纪30年代，鲁迅在杭州的时候，经常到百年名店"知味观"用餐，有时为调节生活，补充营养，会点"叫花鸡"这道菜（图4-26）。后来老板也知道了他的用餐规律：要么不点菜随便吃点，要么点菜准点"叫花鸡"。

茭白是我国特有的水生蔬菜，世界上把茭白作为蔬菜栽培的只有我国和越南。古人把茭白称为"菰"。《礼记》中有记载："食蜗醢而菰羹"，说明周朝已用茭白的种子做为粮食。茭白的种子叫菰米或雕胡，是早期"六谷"（稌、黍、稷、粱、麦、菰）的其中之一。在唐代以后，人们将菰感染上黑粉菌，使它不再抽穗，从而使茎部不断膨大，逐渐形成了纺锤形的肉质茎，也就是我们现在食用的茭白。

图 4-26　杭州知味观叫花鸡（摄影：孙洁玮）

上海的练塘镇有"华东茭白第一镇"之称，茭白的种植历史可上溯 400 余年。从 2008 年起，上海练塘古镇开始每年举办一次茭白节，汇聚来自江、浙、沪三地的美食和农副产品，除通过开设"茭白主题馆"展现现代农村利用科学技术培育出的优质农副产品外，还特别设立"青浦馆""浙江馆""羊毛衫馆""美食馆"，让生活在繁闹都市的人们能够购买到农家最生态、最新鲜、最时令的农副产品。

慈姑古时又被称作"茨菰"，它的名称由来就很有文化。有古籍记载："慈姑一株多产十二子，如慈姑之乳诸子，故以名之。"意思是，慈姑一般一株能生 12 个果实，就像一个慈善的女性养育多个孩子，慈姑因此而得名。也有传说称，古代曾有个叫四姑的女子，听到邻居一婴儿啼哭不休，后发现原来其父母均暴病而死。四姑不忍婴儿挨饿，抱回家与自己的婴儿一同哺乳。乳水不够，她用"茨菰"做羹喂自己的孩子，而将母乳哺育邻家婴儿。众邻居为四姑的善举所感动，改称她为慈姑，同时也将"茨菰"改作"慈姑"。

江苏宝应是著名"中国慈姑之乡"，早在唐代，"宝应慈姑"就成为御用贡品，清代被列为重要土产。为充分利用丰富的慈姑资源，提升宝应慈姑产品形象，促进宝应慈姑产业做大做强，该县通过查阅《道光宝应县志》《民国宝应县志》及《宝应年鉴》《宝应大事记》等 7 本有关宝应历史文化的地情书籍和资料，理清了宝应慈姑相关历史资料，使"宝应慈姑"得以成功申报为"国家地理标志产品"。

莼菜又名菁菜、马蹄草、湖菜等，主要产于浙江杭州西湖一带，味道鲜美滑嫩，常被用于调羹。相传清乾隆皇帝巡视江南，每到杭州都必须以马蹄草进餐。在《世说新语》中，还有一个"莼菜之思"的故事：传说晋朝的张翰在洛阳做官，因见秋风起，思家乡的美味"莼羹鲈脍"，便毅然弃官归乡，从此引出了"莼鲈之思"这个表达思乡之情的成语。此后，莼菜汤大多寓意着深厚的思乡、思国之情，因而一些国外归来的侨胞、远离家乡的游子，来到杭州，也常喜欢点这道名菜，寄托自己的情思。

荸荠又称乌芋，也有些地区叫它地栗、地梨、马蹄。天津咸水沽镇产的荸荠非常有名，被称为"咸水沽三宝"之一。天津风味菜馆传统菜品中的炒青虾仁多用咸水沽的荸荠做俏头，调剂菜品的口味，荸荠的甜香和虾仁的鲜嫩，融合形成了大家熟知的特色名菜。20 世纪 50 年代，南市老什锦斋的"八大碗"中的清烩虾扁、老四海居刘凤山烹制的煎烹虾扁、北马路老红旗饭庄姜万友的清烹虾扁，历经百年传承都已成为天津历史名菜。

芡实在我国有着悠久的种植历史，《庄子》中就有"芡实，药也，是时为帝者也，何可胜言"的记载，说明早在战国时期，芡实就已经被人们食用。此外，芡实还是一直被历代帝王、文人极其推崇的养生美食，现今名闻中外，供不应求。中美建交时，美国总统尼克松访华，品尝到芡实美味后赞不绝口，周恩来总理就以个人名义赠给尼克松百斤芡实，一时传为佳话。

水芹在扬州有个一别名，叫路路通，因为水芹茎的中间是空的。每到过年时，扬州家家户户都会吃水芹，讨个路路通的好彩头。采摘水芹在古代是读书人才享有的特权。《诗经》中记载："思乐泮水，薄采其芹"，"觱沸槛泉，言采其芹"，说的是古人中了秀才，进孔庙祭拜前，要到庙旁的泮池采一枝芹菜插在帽上，比采菊、采莲、采薇还要风雅。

菱角作为一种水生种子植物，又被称为"水中落花生"。每到中秋前后，嘉兴南湖的采菱人就会划着特制的大木桶，在菱湖中飘荡着采菱；广东人过中秋不亚于过新年，他们在吃月饼的同时，会举行"拜月亮"的祝福仪式，菱角是其中必不可少的贡品。大人们会特意让小孩子吃些菱角，据说这样不仅可以让孩子长得聪明伶俐，还能祈福求神保佑、辟邪消灾。

大闸蟹，属方蟹科，是中华绒螯蟹的一种。因其生活的水域不同，又可分为河蟹、江蟹、湖蟹三种，以栖息于湖泊湿地中的湖蟹为妙品。我国以江苏一带的湖蟹为代表，具有种类多，味道佳的特点，如阳澄湖的"大闸蟹"，太湖的"太湖蟹"，吴江汾湖的"子须蟹"等。其中阳澄湖出品的清水大闸蟹可谓是闻名遐迩，有口皆碑。

我国的食蟹历史悠久，俗话道："西风响，蟹脚痒"，"九月团脐十月尖"，"秋后螃蟹顶盖肥"，意为吃蟹的最佳时期是每年的九十月份，九月吃雌蟹为佳，十月吃雄蟹最肥。蟹以肉质鲜美著称，营养价值高，富含蛋白质、纤维素、碳水化合物、钙、磷、铁等诸多有益健康的营养成分。据传慈禧太后非常喜欢吃这些"无肠公子"，当年万寿山的御膳曾专门制作过有名的"螃蟹全席"宴[211]。

"不到庐山辜负目，不食螃蟹辜负腹"，湖蟹的食用方式颇多，蒸、煮、炒、炸甚至生食，都能使人大快朵颐。晚晴时期，善于吃蟹的苏州人还专门制作了一整套吃蟹的工具：蟹八件（小方桌、腰圆锤、长柄斧、长柄叉、圆头剪、镊子、钎子、小勺），使食客们吃蟹时既雅观又"吃蟹无余肉"。清代《调鼎集》中提到过众多有关螃蟹的佳肴：蟹饼鱼翅、蟹肉炒菜、炒蟹肉、醉蟹、蟹黄烧番瓜等。现今，出现在饕客餐桌上较多的则是蟹粉豆腐、香辣蟹、面拖蟹、咖喱蟹等菜式。而平常百姓家人吃蟹时用得最多的还是清蒸（图4-27），这一既保留了蟹肉本身原始的鲜味，又方便快捷的吃法。"吃螃蟹，蘸姜醋，戒腥戒毒，去寒添热，增味增兴。"煮熟的螃蟹配以姜末和醋食用，味道甚佳，醋具有调味营养杀菌的功效，而姜则能健胃发汗，中和寒性的蟹肉。值得一提的是，湖蟹

图4-27　清蒸大闸蟹（摄影：孙洁玮）

不能与柿子等相克的食物一起食用，同时，因湖蟹嗜食死鱼死虾，其死后体内病菌会大量繁殖，因此死蟹也不能食用。

3. 来自河流湿地的河鲜

河流湿地是指流水水域沿岸、浅滩、缓流河湾等沼泽化过程而形成的湿地[216]。它包括河流、小溪、运河及沟渠等。按拉姆萨尔国际公约，河流湿地还包括河流系统本身。我国是一个山高水长，河流众多的国家。流域面积在 100 平方公里的河流约 5 万多条，流域面积在 1000 平方公里以上的河流有 1500 余条，这些河流主要集中在长江、黄河、珠江、松花江和辽河等流域内，共计 860 条，占 1000 平方公里以上河流总数的 57%。

其中，最主要的河流当属长江、黄河这两条中华民族的母亲河，源远流长的长江和波澜壮阔的黄河给华夏儿女带来了丰厚的自然资源，河水滋润的沃土利于水稻、小麦、棉花、豆类等农作物的生长，广阔的水域又为鲫、鲤、鳜、鲢、鳙等淡鱼类提供了优质的生存环境。毫无疑问，河流湿地极大地影响了该区域居住者的饮食种类和饮食习惯。

河虾，亦称青虾，属虾科，是一种生活在水中的淡水虾类，广泛分布于我国的江河、湖泊、库塘之中。作为一种相当常见的河鲜，其美味人皆共知。清代戏剧理论家李笠翁在《闲情偶寄》中记述："笋之蔬食之必需，虾之荤食之必需，皆由甘草之于药也。善治荤食者以悼虾之汤和人诸品。则物物皆鲜，亦犹笋汤之利于鲜蔬。"[215]

河虾具有肉质细嫩、高蛋白低脂肪的优点，中医认为其性温，味甘，具有补肾壮阳、通乳去毒、祛风化痰等功效。"河虾孕子分外鲜"，而每年小满过后上市的带子河虾，则更加鲜美。过去，上海北部嘉定和太仓交界处的浏河里的带子虾个大、色青壳薄、味鲜不腥，因其在立夏后进入盛产期，故当地称为"时虾"。著名的"南翔小笼包"在夏季也会用这一时令美味作为馅料。

河虾入菜的形式可谓五花八门，带壳的虾可以独立成菜，如咸水虾、油爆虾、酒糟虾；亦可作为配料起到提鲜的功能，如杭三鲜、虾粥、虾面；而脱壳后的虾仁用途更是广泛：韭菜炒虾仁、水晶虾饺（图 4-28）、煎虾饼、菠萝虾球等。此外，晒干的虾米、虾皮也在各类汤品、炖品中起到丰富口感、提升口味的作用。众多虾肴中，龙井虾仁可以说是典范。美食家高阳的《古今食事》中道："翁同龢创制了一道龙井虾仁，即西湖龙井茶叶炒虾仁，真堪与蓬

图4-28 广式虾饺（摄影：孙洁玮）

房鱼（《山家清供》里介绍的名菜）匹配。"这道杭州名菜曾入 1972 年周总理在杭州设宴招待美国总统尼克斯访华时的菜谱当中，选用素以"形美、色翠、香郁、味醇"四绝著称的明前龙井新茶泡出的茶水，与活剥而出的新鲜大河虾快速炒制而成，成品犹如翡翠白玉，清鲜味美，令人食后回味无穷、赞不绝口。龙井茶在此菜中起到"攻肉食之膻腻"的功效。

鲤鱼，别名鲤拐子，属鲤科，因其鳞片有十字纹理而得名。它金鳞赤尾、体形梭长、肉质细嫩鲜美，乃食之上品，素有"诸鱼之长""鱼中之王""吉祥鱼"的美称[216]。《诗经》中有"岂其食鱼，必河之鲤"的说法。鲤鱼在我国古代一向尊贵，据传孔子得子时，鲁昭公曾赠其大鲤鱼一条，以示祝贺，孔子引以为荣，便给儿子取名曰鲤，字伯鱼。而到了唐朝，更因皇帝姓李，李与鲤同音，朝廷颁布了"取得鲤鱼宜即放，卖者杖一百六，言鲤为李也。"这样的法令。

黄河鲤鱼，与淞江鲈鱼、兴凯湖鱼、松花江鲑鱼被誉为我国淡水四大名鱼。作为我国北方黄河沿岸，中原地区喜食的鱼类，它素有吉祥、如意之意，寄托着人们对于美好的期盼和向往。诗仙李白曾赋诗"黄河三尺鲤，本在孟津居。点额不成龙，归来伴凡鱼。"指的是"鲤鱼跳龙门"这一广传于民间的动人传说。该传说的版本众多，其中一则是相传龙门在黄河山西河津县一段，水险浪高，河中的鲤鱼聚集于此跃游，凡是能过的鱼即变化成龙，而跳不过的摔下来，额头上会落一个黑疤。故古时科举考场入口都题有"龙门"二字，象征举子科举高中如鱼跃龙门，从此飞黄腾达[216]。

"鲤鱼跳龙门"不仅是一个传说，同时也被端上餐桌成为一道菜馔。相传唐朝的韦巨源借"鱼跃龙门"这一典故，向皇上进献了五道名菜，尊称"烧尾宴"。从而讨得天子满意而加官晋爵。历代名厨从中获得启发，潜心研究，创作出了一大批名扬四海的风味菜肴，当中就有这道工艺性极强的"鲤鱼跳龙门"。这道菜造型生动逼真：一尾黄河鲤鱼卧于盘中，周围各有一条金龙相伴。鱼头上抬，仿有欲跃龙门之势。此菜出现可谓是对我国古代美食文化的传承、发展和创新。

4. 来自森林沼泽的美味

沼泽湿地包括沼泽和沼泽化草甸。我国沼泽湿地面积达1370.03万公顷，占天然湿地面积的37.85%。这类湿地分布于我国各省（自治区、直辖市），以寒温带、温带湿润地区较为集中。沼泽湿地的主要类型包括藓类沼泽、草本沼泽、灌丛沼泽、森林沼泽、沼泽化草甸和内陆盐沼。

东北山地沼泽包括大兴安岭、小兴安岭和长白山地，具有沼泽面积大、类型多、泥炭资源丰富的特点。其中森林沼泽是东北山地沼泽主要类型之一。据统计，大小兴安岭的沼泽率占林地总面积的7%~8%，长白山地区的沼泽率则占到3%~5%。森林沼泽在提供林木资源的同时，也给山民们带来了大量的稀贵山珍，如野果、野菜、野生食用菌、林蛙、雉鸡等。

黑木耳，又叫黑菜、光木耳、云耳，属木耳科，生长于各种朽木之上，是森林沼泽湿地常见的食用菌类。它色泽黑褐，质地柔软，是我国珍贵的药食兼用的胶质真菌。作为黑木耳的故乡，我国早在4000多年前的神农氏时代便有栽培、食用这种菌类的记载。明代著名医学家李时珍在《本草纲目》中转载过唐人苏恭关于黑木耳的描述："桑槐楮榆柳，此为五木耳。软者并堪啖，楮耳人常食，槐耳疗痔。煮浆粥安诸木上，以草覆之，即生蕈尔"[217]。中医认为，木耳具有补气益肺、活血补血的功能，同时还有增强机体抗肿瘤的免疫能力。

黑木耳多见于北半球的温带地区，在我国的东北、华北、中南、西南及沿海各省份均有种植。其中以东北地区大小兴安岭和长白山一带的口感最佳，当地气温和湿度条件最适宜黑木耳的生长，因此黑木耳也成为该地区最有名的特产之一。

黑木耳含有蛋白质、脂肪、多糖、钙、磷、铁、胡萝卜素、维生素 B_1、B_2 等多种营养成分。干燥的木耳收缩为胶质状，硬而脆；入水泡发后，则恢复柔软而半透明的原状。因其质地口味，在入菜时可素可荤，可谓是相当百搭的一种食材。炎炎夏日，来一份酸爽清口的凉拌黑木耳，使人增加食欲；数九寒天，喝一碗热气腾腾的黑木耳笋干老鸭煲汤，让人暖意融融。此外，黑木耳也可作为馅料添加在饺子、春卷、馅饼等面食之中，丰富口感。

林蛙，属蛙科，它在东北被称为"哈什蚂""蛤士蟆"，在内蒙古被称为"金鸡"，广东人则叫它"雪蛤"。它是一种具有重要生态价值、药用价值和营养价值的两栖蛙类，主要分布于我国黑龙江、吉林、辽宁、河北等地。我国东北林区是林蛙的主产区，以长白山、小兴安岭最为集中。

林蛙油是林蛙体内最为神奇、最具价值的部分，称为"软黄金"，具有很高的药用和食用性。而林蛙油其实就是雌性蛤士蟆的输卵管，它为林蛙储存了足以过冬的能量，使其在难以觅食的长久严寒天气中能够维持生命。因输卵管似油似膏，所以被称为林蛙油或者雪蛤膏。古人对于这一取之不易的珍贵物品也有不少的记述，李时珍在《本草纲目》中提到林蛙油具有"解虚劳发热，利水消肿、补虚损"的作用。

中国美食古有"八珍"一说，指珍惜贵重的食材，分为"上八珍""中八珍"和"下八珍"，而雪蛤正是"中八珍"中的一种。市面上见到的雪蛤膏多为干制品，呈淡黄色，带有腥味。食用时，需用清水泡发，洗净之后煮食。说到雪蛤膏的食用方式，就不得不提"木瓜炖雪蛤"这道粤式甜品了。将新鲜的木瓜去皮去籽切块，与事先发好的雪蛤膏一起混合，加入牛奶、冰糖，隔水用小火焖煮。此滋补佳品是众多爱美人士的最爱，具有强身健体、护肤美白、抗衰驻颜等功效。

5. 来自人工湿地的美食

人工湿地是指因人为因素而形成的湿地。我国人工湿地面积达 674.59 万公顷（不包括水稻田），库塘湿地 30.91 万公顷。稻田即生长水稻的水田，一般指一块可蓄水的耕地，用来种植稻或者半水生作物，是稻米的主要种植场所。库塘湿地，除了具有灌溉、水电、防洪等功能，也可用来养殖水禽、鱼虾、水生植物等，为人类提供重要的生物资源。

稻田湿地为人们提供的稻米，是国人重要的主食之一。稻米可分为四个品种：籼米、粳米、籼糯米、粳糯米。用稻米制作的米制品可谓五花八门、不胜枚举，最为直接的方式就是将大米蒸熟，成为南方人的主食米饭；将浸泡后的米磨成米浆，平铺后隔水蒸熟，加上馅料，淋上酱油，就变身成广州人最爱的早餐肠粉；云南特色美食过桥米线、饵丝（图4-29）、饵块也是用米制作成的小吃；元宵、年糕、清明团子、粽子等各种过节时必吃的点心，均是由糯米为原料制作而成的；而古人称为"醴"的米酒，也是由糯米经过发酵酿制而成。

米线是我国南方传统的米制品，已有 1000 多年的历史。选用优质大米经过发酵、磨浆、澄滤、蒸粉、挤压、煮制等工序制作成长条线状。过桥米线可谓是云南传统风味美食的瑰宝。据传清光绪年间，云南有一个张姓秀才，屡考不中仍不气馁，独自搬到离家很远的湖中小岛上的茅棚里发奋读书。他的娘子心疼他的身体，便每天过桥为他送饭。有一次把米线放在鸡汤里带了过去，秀才打开盖子后，闻到香气，便把娘子一同带来的切得很薄的生青菜、生鱼片等一起扔了进去，生食立即被烫熟了，且异常美味。张秀才为娘子的深情所感动，之后倍加苦读，终于考中魁首。此后，"过桥米线"也成为一段佳话，广传于世。

图 4-29　云南大理饵丝（摄影：孙洁玮）　　　　图 4-30　蛋黄酥（摄影：孙洁玮）

　　库塘湿地为人们提供了多种生物资源，养殖者利用库塘饲养鸭、鱼、虾、大闸蟹、蚌类、甲鱼、黄鳝等，为食客提供各类荤腥。同时也种植了莲藕、菱角、慈姑、荸荠、茭白、莼菜、水芹菜等水生植物，丰富众人的餐桌。

　　鸭子，是国人最常食用的水禽之一，鸭肉的营养价值与鸡肉相仿，不过中医认为，鸭肉肉性味甘、寒，入肺胃肾经，有滋补、养胃、补肾、除痨热骨蒸、消水肿、止热痢、止咳化痰等作用。鸭子的食用方式也非常多，如炖汤、红烧、酒糟、盐卤、炸烤、酱腌等。北京烤鸭、武汉周黑鸭、南京板鸭、杭州张生记老鸭煲都是令饕客垂涎的美味。此外，鸭蛋也经常出现在人们的盘中，除了新鲜的炒蛋、蒸蛋等，因鸭蛋比鸡蛋腥味更重，所以经常用盐水腌制，做成咸鸭蛋，从而起到去腥的效果。而咸鸭蛋的蛋黄，也被广泛利用在各式甜品小点中，如蛋黄粽子、蛋黄月饼、蛋黄酥（图 4-30）等。

三、湿地与医疗

　　作为拥有 5000 多年历史的古老国度，我国医疗文化可谓源远流长、博大精深。医疗文化是指医疗服务活动中的文化，是医疗服务活动中物质文化和精神文化的总和[218]。医学发展史，无论是在现代医学领域，还是在传统医学领域，无不闪耀着人文因素和人文精神，也就是说，医学的发展总是和文化的发展相伴而行的[219]。

湿地医疗文化，可以理解为人们在医疗服务活动中受到自然地理环境的影响，根据该因素形成的医疗物质文化和精神文化。可以说，湿地医疗文化是医学地理学的重要组成部分。医学地理学是研究地理环境对人体健康影响的一门学科。我国早在商朝就已认识到地理环境对人体生理、病理的影响。至春秋战国时便有了较为详细的记载。《黄帝内经》以阴阳五行学说为指导，详细论述了地理环境对人体各方面的影响[220]。自然地理环境是由空气、阳光、水、岩石、土壤、地形、生物等要素共同组成的一个庞大物质体系，是人类赖以生存的基本条件。人的健康与其所处环境息息相关，我们所熟知的"水土不服"即是因不适应新环境所引起的身体不适症状。

我国湿地分布广泛，类型多样，江河湖海，高原草甸，泥滩沼泽，为人们提供了多种生存环境，影响着人们的生活习惯、饮食结构以及人体体质，甚至使人们产生各种疾病。与此同时，各类湿地也为居住者们带来了庞杂的生物资源，其中不乏各式稀贵药材，如生活在湿地中的甲鱼，其全身是宝，鳖的头、甲、骨、肉等均可入药；东北森林地区出产的"东北三宝"之一人参，被誉为"中药之王"；栖息在森林沼泽湿地里的雪蛤，为人们提供了稀贵的蛤蟆油。伟大的医者们因地制宜、因人制宜，利用湿地药材资源，根据不同的湿地环境制定相对的医疗手段，行医问药，普度众生，造福世人，并由此形成了独特而灿烂的湿地医药文化。

1. 湿地环境与居住者体质

水和土，这两个组成湿地的重要因素，对人体体质有着决定性的作用。所谓"含灵受气非水不生，万物禀形非水不育"，水是孕育生命的源泉，水的质量决定生命的质量（图4-31）。古人对水质与健康的关系有着较为科学的认知，《景岳全书·传忠录》指出：

图4-31 云南香格里拉普达措国家公园（摄影：孙洁玮）

"凡水之佳者，得阳之气，流清而源远，气香而味甘；水之劣者，得阴之性，源近而流浊，气秽而味苦。……水土清甘之处，人必多寿，而黄发儿齿者比比皆然；水土苦劣之乡，暗折天年而耄耋期颐者，目不多见。"[221]《大戴礼记·易本命》中提到："坚土之人肥，虚土之人大"，意思是由于土质的差别，人的体质存在"肥""大"等差异。

"一方水土养一方人""天覆地载，万物悉备，莫贵于人"，不同的湿地影响了当地人的饮食习惯和身体素质。《素问·异法方宜论》中有这样的记载：西北高原之地，风高而气燥，湿证稀有；南方卑湿之地，遇久雨淋漓，时有感湿者。可理解为，与西北高原相比，南方大部分地区低洼潮湿，且降水量大，因此该地区湿热体质的人较多。

我国东部多为沿海区域，分布着大片滨海湿地，该类湿地的居民因临海而居，喜食各类海错。《素问·异法方宜论》中指出，东部地区气候温和，地处滨海傍水，其民食鱼嗜咸味，皮肤黑色疏理，病多痈疡[221]。鱼类性热，吃多了容易出胃肠疾病，而咸走血，经常吃过咸的食物容易使血脉凝涩。再加之渔民长期在海上作业，风吹日晒，使皮肤发黑且纹理稀疏，便使热积累在身体内部难以散出，血脉运行涩滞，因此容易患皮肤脓肿溃烂的疾病。

南方地区气候阳热，其地低下，水土弱，雾露多，其民嗜酸而食胕，其病多挛痹[221]。南方人生活的环境比较温暖炎热，偏好酸味及发酵的食品。酸性食物具有收敛的作用，阳气旺盛则热量高，故易于积热。且南方多为低洼潮湿的地区，空气湿度大，容易使人产生内湿。湿热交阻，久滞不散，会导致气血运行不畅，因此容易出现肢体麻痹、筋脉拘挛的症状。

图 4-32　地中海画派作家笔下的浙江杭州西溪湿地（摄影：孙洁玮）

西域之地，由于湿地分布较疏少，空气干旱，加上气候较凉，植被覆盖率低，导致风沙频现。生活在那里的人们，用动物的皮毛来御寒，饮食以高脂肪高蛋白的肉制品、奶制品为主，因此身强体壮，抗御邪力的能力较强，六淫之邪不易伤人体表。但由于饮食结构过于单一，长期缺乏维生素、纤维素等营养成分的摄入，便极易导致饮食失调和脏腑功能失调。

北方地区气候寒冷，百姓多生活在高海拔地区，常年过着游牧生活，居无定所，容易受风寒之苦；经常吃牛羊肉、乳类食品，乳性属寒，所以内脏也容易受寒。寒主凝敛，致气滞不行，故北方人容易发生脘腹胀满之类的消化系统疾病。

而中原地区，地势平缓，气候温和，湿地广布，土壤肥沃，物产丰富，居民生活安闲舒畅，劳动强度低。过于安逸则会导致体内血气运行不畅，发生滞涩，湿滞于内使阳气不运。因此，中部居民容易得肢体局部中风及寒热病证。

2. 湿地环境与地方性疾病

地方病，又叫生物地球化学性疾病，是在某一特定地区，与一定的地质环境有密切关系的疾病。自然环境是人类赖以生存的空间，其优劣直接影响着人们的身体状况。英国地球化学家哈密尔顿于 20 世纪 60 年代研究发现，人体组织中的元素含量曲线与地壳中元素丰度曲线具有惊人的相似性。地质环境中的微量元素通过土壤—水—植物—食物—人体这个食物链进入人体，如果维持人体正常发育所需的微量元素供量不足或过剩，都会影响人体的正常发育生长及代谢。时间长久，就会罹患地方病[222]。换句话讲，某些疾病常局限于某地流行或多发，是因为它们与自然地理环境的某些因素有着密切的关系。

在我国，地方病流行较为严重。其分布广、病情重、受威胁人口众多，在严重危害病区人民健康的同时，也阻碍着当地经济的发展。70 年代以来被列为我国国家重点防治的地方病有地方性甲状腺肿、地方性克汀病、地方性氟中毒、大骨节病、克山病、鼠疫和布鲁氏菌病 7 种[223]。地方病在时空上的分布和地质环境中的地形地貌、地质构造、地层岩性、土壤、水（地表水，地下水）等因素密切相关。其中，地方性甲状腺肿、大骨节病、风湿性关节炎、脚气、沙虱病等疾病的出现与湿地环境有着重要的关联。

地方性甲状腺肿，俗称"大脖子病"，以脖颈部的甲状腺肿大为主要特征，是一种在我国西南、西北及内蒙古山区发病率相当高的地方病。患者女性多于男性，会出现不同程度的压迫症状，如因肿物压迫引起气喘、声音嘶哑等，后期可出现甲状腺功能减退症状，如发育不良、呆小等[224]。该疾病发病的重要原因是碘缺乏。海水中富含碘，碘随着海水被蒸发而形成了含碘微粒，而该微粒会在下雨时随着雨水落入大地。而我国西北西南部地区远离海洋，地势又高，含碘微粒难以随着水汽到达这些地方，所以这些区域土壤中含碘量很低，导致疾病的产生。相反，由于生活在近海湿地的居民长期食用富含碘的海产，能够摄入充足的碘量，所以"大粗脖"相对罕见。

大骨节病，又叫"矮人病""算盘珠病"等，是一种地方性变形性骨关节病。此病在各个年龄组都有发生，但多发于儿童和青少年，成人发病率较低，无明显的性别差异。《长白山江岗志略》中认为是树木的表皮、枝干、叶脉腐蚀之后，其毒气随着水流入沟渠，灌于江河湿地之中，致使居其中者手足缩而断，指节生痛。目前，该病的具体病因尚未有定论，说法众多，其中"有机说"认为是植物的残体分解后产生的有机酸污染了水土导致发病，这与上述记载不谋而合。

风湿性关节炎，属中医"痹证"，历代医家称其为"历节""鹤膝风""顽痹"，是一种与溶血性链球菌感染有关的变态反应性疾病，多发于膝、踝、肩、肘、腕等各大关节。

是风湿热的主要表现之一，多以急性发热及关节疼痛起病。《素问·痹论》中提到"风寒湿杂至，合而为痹也，其风气胜为行痹，湿气胜为着痹。"古人认为肝肾不足，感受风寒湿气之邪是风湿性关节炎的病因[229]。由于江河湖海湿地湿气重，雾露多，因此常年生活在该类湿地里的人容易罹患这种疾病。

"香港脚"是足癣的一种俗称，是指发生于足跖部及趾间的皮肤癣菌感染，即脚气。《医学正传·香港脚》载脚气"东南卑湿之地，比比皆是，西北高原高燥之放，鲜或有之。"而沙虱病也多发于东南沿海水域，潮湿荒滩草地[224]。

3. 湿地环境与药材

药材即可以用来制药的材料，在我国主要指中药材，可分为植物药、动物药和矿物药。其中，植物的根、茎、木、树皮、叶、花、果实、种子、全草、藻菌和地衣、树脂等均可入药；动物药类可分为骨骼、昆虫、贝壳、分泌物、角、排泄物等类别；矿物药类一般不再分类。目前，我国具有药用价值的植物、动物、矿物资源超过 5000 种，其中较为常用的药材约 50 种。

在不断地探索实践中，人们发现中药材的地域性影响其品质。传统中医讲究道地药材，所谓道地药材是指经过中医临床长期优选出来的，在特定自然条件、生态环境的地域内，通过特定生产过程所产的，较其他地区所产的同种药材品质佳、疗效好，具有较高知名度的药材。因此，在药名前多冠以地名，以示其道地产区。如"四大怀药"（出产于河南古怀庆府地区，有怀地黄、怀牛膝、怀山药、怀菊花）"浙八味"（白术、白芍、浙贝母、杭白菊、延胡索、玄参、筑麦冬、温郁金）等道地药材[226]。道地药材的概念最早可追溯到东汉末年成书的中国最早的中药专著《神农本草经》，书中记载"土地所出，真伪新陈，并各有法"，强调了中药产地的重要性[227]。明代伟大医药学家李时珍也十分重视道地药材，其所著的《本草纲目》中记载了 1800 多种药材，大部分都标明了产地。

我国湿地类型丰富，分布广泛，生物资源丰富，自然拥有数量众多的中药材资源。例如，森林沼泽湿地提供了灵芝、茯苓、松花粉等植物药材，以及蛤蟆油、蟾酥这样的珍贵动物类药材；龟甲、地龙、昆布、海马、牡蛎、珍珠等药材则来自于江河湖海湿地。不同的湿地所拥有的水质、土壤、空气等因素也千差万别，因此可以说湿地环境在一定程度上对药材的道地性有着重要的外在影响力。

松树是东北森林沼泽湿地常见的树种之一，也分布于河南、山东、河北、山西、甘肃等省份。松树的松脂、枝干的结节、针形叶片及松花粉、根白皮都可入药。《本草经集注》记载了松叶、松脂气味甘温无毒、安五脏、生毛发、久服轻身延年；唐朝《新修本草》收载松花花粉甘温无毒、润心肺、除风止血、久服令人轻身，疗病胜似叶、脂[228]；此外，《本草纲目》中也提到松黄具有润心肺、益气、除风、止血的功效。

甲鱼，学名鳖，又称王八、团鱼等，一直是被公认的传统滋补佳品。其广布于我国的江河湖泊湿地中，尤其以湖北荆北地区、湖南汉寿、江苏扬州、镇江等地较多。甲鱼富含蛋白质、脂肪、多糖及多种微量元素与维生素，其肉、血、胆、卵、脂、头、骨不同部位具有不同的营养保健功能，均可入药，是开发高级保健食品的良好原料[229]。甲鱼的壳具有显著的保健功能，包括增强人体免疫力、抗肿瘤、抗肝纤维化、抗疲劳缺氧、抗突变等。《神农本草经》《医林纂要》《名医别录》等书中也都有对鳖甲的药用性的记述。

4. 湿地环境与医疗保健

一方面，湿地环境影响人们的饮食结构、身体素质，甚至带来特有的疾病。另一方面，湿地为居民们提供了良好的生态环境和居住环境，在疾病的预防和治疗方面有辅助作用。这就涉及了疗养地理学的概念。它是一门介于疗养学、地理学和环境科学等学科之间的新兴边缘学科，主要是研究自然环境对人体健康的影响，同时也研究具有地区特征的自然疗养因子的分布[230]。不难发现，湿地的水、土和空气以及其景观都对医疗保健发挥着不容小觑的作用。

我国滨海湿地分布着多家海滨疗养机构，如连云港海滨疗养院、北戴河海滨疗养院等。海滨疗养地具有环境清幽，风景秀丽，空气清新，气候宜人等诸多特点。相关研究发现，海岸边负离子丰富，海水中含有 80 余种化学元素，当其附着于人体体表时会形成离子层，刺激皮肤神经末梢，通过对神经——体液调节而发挥保健作用[230]。因此，洗海水浴可以改善心血管的泵血功能和机体的免疫功能，有利于高血压、糖尿病、贫血及呼吸系统疾病的恢复。

湖泊湿地中不乏富含矿泉水质的湖泊，如五大连池。受火山活动的影响，矿泉水含有丰富的矿物质和微量元素。通过对矿泉作用机制的研究发现，其具有的温度刺激作用可使血管扩张，心搏出量增加，有利于心血管疾病的康复。矿泉浴(氡浴、碳酸浴、硫化物浴)不仅对心肌，而且对所有生理器官的生化过程均有助益[231]，泉水具有的浮力和压力作用，可使外周淋巴液回流，促进炎症的吸收，提高心肺功能，增加肢体关节活动度。因此，矿泉疗养地对诸多慢性病，如类风湿性关节炎、慢性胃炎、肩周炎、银屑病等的辅助治疗有着良好的效果。

图4-33 内蒙古巴彦淖尔冬青湖
（摄影：孙洁玮）

我国湿地景观多样，美不胜收。一望无际的滨海湿地，烟波浩渺的河流湿地，碧波荡漾的湖泊湿地(图4-33)，充满着勃勃生机，为人们带来了如画一般的美景。湿地景观具有调节大脑皮质活动的功能，使兴奋和抑制趋于平衡，从而达到调整心态，消除紧张，释放压力，舒缓神经的效果，使人心情愉悦，食欲增强，睡眠改善，精力充沛。

四、湿地红色文化

红色文化迎合了中国亿万民众的情感期盼和灵魂寄托，唤醒了埋藏在人们心底的美好记忆。事实上，当我们回顾中国革命波澜壮阔的历史进程时，不难发现，从南湖的红船、井冈的红旗，到长征的铁流、抗日的烽火，这些难以磨灭的红色记忆与闪闪发光的革命精神，都与湿地有着相当密切的关联。像有口皆碑的"白洋淀""沙家浜"以及"洪湖赤卫队"，就是劳动人民充分利用湖泊湿地的复杂地形和水生植物繁茂密集的特点，依托芦苇荡这一绿色屏障，开展水上游击战的典型事例；在湿地植物红树林特有的分布地海南岛，琼文抗日根据地的战士们依靠红树林根系复杂、栖息水鸟众多的特点，抓住滨海湿地独特的潮涨潮落规律，与日寇、汉奸斗智斗勇，谱写了一曲抗日救国的战歌；而长征路上四渡赤水、强渡嘉陵江、抢渡金沙江、飞夺泸定桥以及"爬雪山，过草地"等等，无一不与湿地有着千丝万缕的关联；垦荒南泥湾则是抗战最艰苦时期与百废俱兴的社会主义建设时期，人民群众战天斗地、治山治水，利用湿地的典型，树立了当时全国农业生产和经济建设的红色旗帜。

众所周知，我国湿地面积广泛，区域差异显著。东部地区多为河流湿地，东北部地区多为沼泽湿地，长江中下游地区和青藏高原以沼泽和湖泊湿地为主，海南到福建北部的沿海地区分布着特有的红树林湿地。当独特的湿地环境特征与革命斗争密切相连，湿地红色文化就应运而生。其承载了寓思想教育于湿地特色的新功能，既有利于传播先进文化、推进湿地保护，又有利于将红色资源转变为经济资源，推动所在地区的经济发展。

在当下这个思想大活跃、观念大碰撞、文化大交融的时代，先进文化、有益文化、落后文化和腐朽文化并存，正确思想和错误思想、主流意识形态和非主流意识形态交织，共同影响着社会的和谐运行，弘扬湿地红色文化有着重要意义。

1. "红船精神"立潮头

南湖因位于嘉兴城南得名，由运河谷渠汇集而成。因地处太湖流域水网地带，晨烟幕雨，云气缭绕，属于典型的湖泊湿地。南湖在历史上是有名的风景区，乾隆皇帝六下江南，八次来到南湖，留下数十首诗句。20 世纪 20 年代初，南湖无意中迎来了一群客人，从此改变了中国的历史。

1921 年 7 月 23 日，中国共产党的第一次全国代表大会在上海的原望志路 106 号（现在的兴业路 76 号）秘密召开。7 月 30 日，会议遭到了法租界巡捕的袭扰，被迫中止。停会期间，代表们多次讨论继续会议的地点，却都无法达成一致。此时，代表李达的夫人王会悟提出建议：将会议转移到自己的老家嘉兴南湖进行。此地风景秀丽，但游人较少，湖泊湿地就是一道天然的安全屏障。租一只画舫，以游湖为名在船上开会，更为隐蔽、安全。况且嘉兴距离上海不过百余公里，乘坐早班火车抵达，可以有一天的时间完会。代表们很快采纳了建议。就这样，历史选择了嘉兴南湖[232]。

8 月初的一天，王会悟与董必武、毛泽东、陈潭秋等一行，坐火车提前到达嘉兴，并请当时的账房先生租用了一艘画舫。第二天，其余代表从上海出发抵达嘉兴。上午 11 点左右，中共一大南湖会议正式开幕。当天时阴时雨，湖面上游船不多。代表们以游湖为名，把船停泊在距湖心岛烟雨楼东南方向 200 米左右的僻静水域，还将特意带来的麻将牌倒在桌上，掩人耳目。在这种情形下，党的第一次全国代表大会得以继续。下午 6 点多钟，会议完成了全部议程，胜利闭幕，庄严宣告中国共产党的正式成立。这艘在湖水微波中航行的游船，从此成为中国共产党诞生的摇篮，成为一艘名副其实的"红船"。

会议结束后，与会代表们悄悄离船，当夜分散离开了嘉兴。他们随即把革命的火种带到全国各地，中国的历史从此翻开了全新的篇章[233]。

今天，在南湖湖心岛烟雨楼下的堤岸旁，泊着一艘不同寻常的游船，它就是中共一大纪念船，被人们亲切地称为"南湖红船"。1961 年和 1981 年浙江省人民政府两次公布南湖烟雨楼为省重点文物保护单位。2001 年，嘉兴南湖中共"一大"会址被国务院确定为全国重点文物保护单位。新中国成立以来，党和国家领导人如毛泽东、邓小平、江泽民、胡锦涛等都曾到南湖视察游览。2005 年 6 月 21 日，时任中共浙江省委书记的习近平同志在《光明日报》发表了《弘扬"红船精神"，走在时代前列》的文章，指出"红船精神"就是走在时代前列的精神，具体表现为：开天辟地、敢为人先的首创精神；坚定理想、百折不挠的奋斗精神；立党为公、忠诚为民的奉献精神[234]。

"红船精神"同"井冈山精神""长征精神""延安精神""西柏坡精神"等一道伴随中国革命的光辉历程，共同构成我党在前进道路上战胜各种困难、风险，不断夺取新的胜利的强大支撑和宝贵财富。"红船"所代表的是时代的高度，是发展的方向，是奋进的明灯。作为中国革命精神之源，由南湖湿地孕育而成的"红船精神"已经成为推动我国社会发展前进的巨大力量，对全面建设小康社会和构建社会主义和谐社会有着深远的历史意义和重大的现实意义。

2. 琼崖红色娘子军

海南岛，又称"琼崖""琼州"，横卧在碧波万顷的南海之上，是中国第二大岛屿。在海南岛北岸 10 多公里长的海滩上，生长着一种特殊的海岸植物群落，它们像一道绿色长城，出没在茫茫海面：涨潮时，只有茂密的树冠飘浮在水面；退潮后，泥泞的树干盘根错节，就像一片原始森林。这就是有着"海上森林"之称的滨海湿地植物——红树林。海南岛的红树林以琼山、文昌为最。在抗战最艰苦的时期，琼（山）文（昌）抗日根据地的战士们在红树林里设立军械厂、仓库、电台、后方医院，与日寇、汉奸斗智斗勇，留下了许多可歌可泣的英勇事迹[235]。

其实，红树林是由一群水生木本植物组成的海岸植物群落，以红树科的种类为主，如红海榄、秋茄、木榄、桐花树等，是极为珍贵的湿地生态系统。《红色记忆》一书，详细记录了当年琼崖纵队文昌基干队医护组在红树林中开展工作的情景：白天，医护组的战士们躲在红树林里开展工作；晚上则划着小船将伤病员送到露出海面的珊瑚礁上睡觉。风平浪静时，还可安稳地休息。若遇到刮风下雨、潮涨浪大，大家就只能坐在树干上，抱着树枝苦熬长夜。由于敌人封锁严、搜索紧，群众无法送来粮食，战士们只好就地取材，在红树林中寻找一种叫海豆树的低矮灌木。海豆树结有淡青色的果子，又苦又涩，用开水烫过后放入水中浸泡，可以充饥。战士们采摘草药和寻找食物时，经常要在盘根错节的树林中和鬼子"捉迷藏"。曾经有机敏的女战士在千钧一发之际，抓起身边的浮木抛向远处树头，将栖息在红树林中的水鸟惊得纷纷四起，成功引开鬼子的视线顺利脱险[236]。

说到琼山和文昌，就不得不提及琼崖革命 23 年红旗不倒的策源地——琼海，"向前进，向前进，战士的责任重，妇女的冤仇深……"这首传唱大江南北的歌曲，讲述的正是 20 世纪 30 年代发生在琼海市万泉河畔的红色传奇。万泉河是海南岛第三大河,发源于五指山,全长 163 公里,流域面积 3693 平方公里。1931 年 5 月 1 日,举世闻名的红色娘子军诞生于万泉河边。从这一天起,红色娘子军开始了中国革命史上最富传奇色彩的战斗生活。一群深受压迫摧残的妇女,在共产党的领导下揭竿而起,上演了一出反帝反封建、保卫苏维埃红色政权的革命武装斗争史剧,轰轰烈烈地奏响了中国革命和妇女解放运动中最为光彩的一段乐章[237]。

新中国成立后,"红色娘子军"的故事被搬上银幕和舞台:1961 年,电影《红色娘子军》在全国放映,不仅创下了当年 8 亿人口有 6 亿人观看的盛况,还荣获国内第一届百花奖的多个奖项以及新中国成立后的首个国际电影节最佳编剧奖;3 年后,反映红色娘子军战斗生活的同名芭蕾舞剧,在当时中央最高层领导的关注下诞生,并成长为中国芭蕾舞的经典。2000 年 5 月 1 日,红色娘子军纪念园在琼海市建成。纪念园内陈列着 3000 多幅珍贵的照片以及娘子军连当年战斗、生活用过的枪炮、服装和用具等珍贵文物。作为海南省爱国主义教育基地,这里每天接待着大批来自全国各地的游客和中小学生。2005 年,红色娘子军纪念园被中宣部、国家发改委、国家旅游局、国家民政部等十三部委评为中国红色旅游经典景区,编入中国三十条红色旅游精品线名录。

3. "长征精神"代代传

二万五千里长征,简称"长征",是第二次国内革命战争时期中国工农红军主力从长江南北各根据地向陕北革命根据地进行的战略大转移。1934 年 10 月开始,1936 年 10 月结束。在整整两年的时间里,红军转战 14 个省,历尽曲折,最终将中国革命的大本营转移到了西北。而长征途中最为艰辛的"爬雪山"、"过草地",也当之无愧地成为这段历史的代名词。

红军长征经过的"草地",位于青藏高原与四川盆地的过渡地带,即现在的川西北若尔盖湿地区。面积约 1665.7 平方千米,海拔 3500 米以上,多为泥质沼泽和沼泽化草甸,属于典型的高原湿地[238]。沼泽生长的植被主要是藏嵩草、乌拉薹草、海韭菜等,形成茫茫湿地,浅处没膝,深处没顶。远远望去,似一片灰绿色海洋,人烟荒芜,区域气候恶劣,晴空迷雾变幻莫测。每年的 5~9 月为雨季,本已滞水泥泞的沼泽更成为漫漫泽国,红军正是在这个季节经过"草地"的。极度恶劣的环境加之粮食、棉衣等物资供给不足,使红军付出了极其惨重的代价[239]。

红军过"草地"之艰难,是后人难以感受到的。首先是行进难。茫茫湿地,一望无涯,人和骡马在沼泽草甸上行走,须从一个塔头草甸跨到另一个塔头草甸跳跃前进。或者拄着棍子探深浅,几个人搀扶着走。一天下来,常常精疲力竭。若不慎陷入沼泽泥潭无人相救,就会愈陷愈深,乃至被灭顶吞没;其次是就食难。一般战士准备的干粮,两三天就吃完了。后面漫长的路程只能靠野菜、草根、树皮充饥。碰到野菜、野草有毒,吃了轻则呕吐腹泻,重则中毒死亡。没有野菜可吃,就将身上的皮带、皮鞋,甚至皮毛坎肩脱下来煮着吃,难以下咽的程度可想而知;再次是御寒难。草地天气,一日三变,温差极大。常常是中午晴空万里,烈日炎炎。下午雷电交加,暴雨冰雹铺天盖地。到了夜间,气温又降至零度左右,冻得人瑟瑟发抖。在这样的泥沼地行军,真可谓"饥寒交迫，冻馁交加"；最后是宿营难。沼泽地满是泥汀渍水，一般很难夜宿，往往要找一个地势较高，相对干一点的地方宿营。如果实在找不到，就只能露宿。饥饿、寒冷、加上缺医少药，过草地期间的伤病员有增无减。当时既无医院，也没有足够的担架，完全靠每个伤病员挂着棍子尾随着大部队慢慢前行，许多人就这样永远地留在了"草地"。

根据四川阿坝藏族自治州党史研究室提供的资料：红军三大主力在两年数次过"雪山、草地"期间，非战斗减员在万人以上。张闻天的夫人刘英在回忆录中写道：红军过"草地"的牺牲最大，这七个昼夜是长征中最艰难的日子。走出"草地"后，"我觉得是从死亡世界回到了人间"。肖华上将后来在《长征组歌》中写道："风雨浸衣骨更硬，野菜充饥志越坚。官兵一致同甘苦，革命理想高于天。"在这极端恶劣的条件下，红军官兵怀揣革命理想，保持着严明的纪律和乐观的革命精神，发扬令人感动的阶级友爱，以巨大的精神力量战胜了自然界的困难，在死神的威胁下夺路而出，最终实现了红军主力的战略大转移，为开展抗日战争和发展中国革命事业创造了条件[240]。

2006 年，胡锦涛同志在纪念红军长征胜利七十周年大会上给"长征精神"下了一个全面而深刻的定义：长征精神，就是把全国人民和中华民族的根本利益看得高于一切，坚定革命的理想和信念，坚信正义事业必然胜利的精神；就是为了救国救民，不怕任何艰难险阻，不惜付出一切牺牲的精神；就是坚持独立自主、自力更生，一切从实际出发的精神；就是顾全大局、严守纪律、紧密团结的精神；就是紧紧依靠人民群众，同人民群众生死相依、患难与共，艰苦奋斗的精神；长征精神，是中国共产党人和人民军队革命风范的生动反映，是中华民族自强不息的民族品格的集中展示，是以爱国主义为核心的民族精神的最高体现，我们要一代一代永远传承下去[241]。

4. 芦荡抗日谱战歌

在广袤的中华大地上，遍布着大大小小的天然湖泊。它们有的深居高山，波光潋滟，晶莹剔透；有的静卧平原，烟波浩渺，如颗颗明珠散落玉盘，一如沙家浜与白洋淀坐拥南北，交相辉映。在中国革命的历史长河里，抗战的烽火以出奇相似的方式在各个湖泊湿地燃烧，茫茫芦苇荡竞相谱出一首首战斗诗篇，为世人留下难以磨灭的红色记忆。

坐落于河北省中部的白洋淀，是海河平原面积最大的淡水湖泊湿地。其水域面积366 平方公里，以大面积的芦苇荡和千亩连片的荷花淀闻名，素有"华北明珠"之称。抗日战争时期，活跃在白洋淀的水上游击队——雁翎队，驾驶小长舟辗转茫茫大淀，英勇顽强地同日伪军进行了 70 多次战斗，歼灭和俘虏日伪军数百人，缴获大批枪支、弹药和其他军用物资，为人民立下了不朽的功勋。当时，习惯于水上生活的游击队员摇着小木船，行驶在一丛丛芦苇、一片片荷塘里，神出鬼没地打击敌人。每每游击队胜利返航，常把几十条小船排成"人"字形，宛如大雁飞行时的队形。而游击队员手中的武器——大抬杆的引火处由于易被打湿，所以插上雁翎，因而当时的县委书记侯卓夫便为这支队伍取名为"雁翎队"[242]。

我国著名作家、诗人、资深的新闻工作者先后为雁翎队拍摄了照片，创作了小说、电影，其中有著名诗人蔡其矫创作的长诗《雁翎队》；原新华社副社长、著名摄影家石少华拍摄的照片；原新华社社长、资深新闻工作者穆青首写的长篇通讯《雁翎队》；著名作家孔厥、袁静创作的小说《新儿女英雄传》；文学流派"荷花淀派"创始人，一代文学大师孙犁创作的名篇《荷花淀》；作家徐光耀创作的电影《小兵张嘎》等。这些作品塑造了雁翎队员的英雄形象，反映了白洋淀人民炽热的革命斗争，也反映了我国广大文艺工作者、新闻工作者对雁翎队的关注，对白洋淀人民的深情厚爱与支持。

与白洋淀遥相呼应的沙家浜，坐落于江苏省常熟市秀丽明媚的阳澄湖畔。其湿地水域面积 0.67 平方公里，芦苇荡面积 0.33 平方公里。抗战期间，新四军战士和沙家浜人民同仇敌忾，在芦苇荡的绿色帐幔里开展了艰苦卓绝的游击战，谱写了一曲抗日救国的壮歌。以此为故事原型创作的京剧《沙家浜》是建国后著名的八大样板戏之一。讲述的是抗战时期，江南新四军浴血抗日，某部指导员郭建光带领十八名新四军伤病员在沙家浜养伤，"忠义救国军"胡传魁、刁德一假意抗战暗投日寇，地下共产党员阿庆嫂依靠以沙奶奶为代表的进步抗日群众，巧妙掩护新四军伤病员安全伤愈归队，最终消灭了盘踞在沙家浜的敌顽武装，解放了江南大好河山。戏中阿庆嫂、刁德一和胡传魁三人的精彩唱段《智斗》，更成为戏曲经典，传唱至今，家喻户晓。

其实，京剧《沙家浜》中"十八棵青松"的原型为新四军一支队六团的 36 名伤病员。1939 年，他们在沙家浜的新四军后方医院里治病休养。日伪军搜捕扫荡时，当地群众就抬着担架，摇着小船，将伤病员藏进湖面丛生的芦苇荡。敌人一走，他们马上趟水过河，给伤病员送饭送药。当年沙家浜的春海茶馆、东来茶馆、涵芬阁茶馆等，都是地下党的交通站、联络点，后成为剧中阿庆嫂"春来茶馆"的原型。这些茶馆前临街道后接芦苇荡，新四军伤病员和民运干部经常在此落脚，为革命实力的保存起到了重要作用[243]。

单从一枝芦苇看来，它是消瘦、柔弱的，但千万枝芦苇生长在一起，就变得一望无际、苍茫浩荡。芦苇的生存法则就在于以柔克刚，以弱胜强。可以砍到它，烧毁它，但却无法灭绝它。冬天过后，密密麻麻的芦芽又重新生长起来，汇聚成郁郁葱葱的苇海，正如人民群众组成的汪洋。如果说中国人民的抗日战争是波澜壮阔的海洋，那么白洋淀的雁翎队与沙家浜的"阿庆嫂"们就是两支汇入大海的河流；如果说中国人民的抗日战争是一首激昂交错的交响乐，那么白洋淀与沙家浜两地的游击战争就是这首乐曲中不可或缺的篇章。

5. 百万雄师过大江

长江是中国的第一大河流，全长 6380 公里，自西向东横贯大陆中部，历来被兵家视为难以逾越的天堑。东汉建安年间，曹操为统一天下，亲率 20 万大军攻至江边，最后却被孙刘联军以 5 万之兵大败于赤壁，曹操本人也险些丧命。北魏枭雄拓跋焘率领彪悍铁骑南征，大军一路披靡，但面对滚滚江水却徘徊踟蹰，无计可施。最终，这位中国历史上第一位饮马长江的少数民族统帅只得快快下令撤兵北归。

1949 年 4 月 20 日，中国人民解放军在"打过长江去，解放全中国"的豪迈口号鼓舞下，发动了伟大的渡江战役。一时间，万炮齐鸣，千帆竞发。英勇的解放军将士和人民群众在长达 500 公里的江面上，冒着敌人的枪林弹雨直冲对岸，国民党军苦心经营数月"固若金汤"的"钢铁防线"顿时土崩瓦解[244]。毛泽东欣闻捷报，心潮澎湃，思绪万千，提笔写下了气吞山河的光辉诗篇："钟山风雨起苍黄，百万雄师过大江；虎踞龙盘今胜昔，天翻地覆慨而慷。宜将剩勇追穷寇，不可沽名学霸王；天若有情天亦老，人间正道是沧桑。"

自古以来，人们就习惯于将河流湿地视为疆域势力的分界线。渡河跨江，成为一种力量角逐的成败标志。渡江战役是人民解放军实施战略追击的第一个战役，也是解放军向全国大进军的伟大起点。沿江儿女为了消灭一切反动派，为了全国人民的自由解放，积极投入到渡江战役中，为渡江战役的胜利做出了伟大的贡献。如果说三大战役彻底扭转了国共两党在军事力量上的对比，从根本上动摇了国民党统治的基础，那么，百万雄师挥戈南进的渡江战役，则是对国民党统治的最后一击，它宣告了国民党 22 年反动统治的寿终正寝，吹响了解放全中国的号角。与此类似，1950 年夏天，当中国人民解放军"雄赳赳，气昂昂，跨过鸭绿江"的时候，也就标志着"保和平、卫祖国"的抗美援朝正义之战正式打响。

6. 陕北有个"好江南"

南泥湾位于陕西省延安城东南 45 公里处，流域面积 365 平方公里，是汾川河的起源地。这里土壤肥沃，水源丰富，是我国陕北的一片重要湿地。南泥湾是延安精神的诞生地，也是中国军垦事业的发祥地。1938 年，日本军队对中国共产党领导下的抗日根据地实行灭绝人性的"三光"政策。国民党在日本帝国主义的诱降下，不断破坏抗日统一战线，停发八路军、新四军经费，加之华北等地连年遭受自然灾荒，致使整个抗日根据地财政经济发生极大困难，军队供给濒于断绝，陷入了极大的困境。

在这严峻的历史关头，党中央及时地提出"发展经济、保障供给"的总方针和"自己动手、丰衣足食"的号召，发动广大军民开展大生产运动。1941 年 3 月，遵照毛主席"一把镢头一支枪，生产自救保卫党中央"的指示，八路军三五九旅进驻了作为陕甘宁边区南大门的南泥湾，一边练兵，一边屯田垦荒[245]。广大官兵硬是用自己的双手和汗水，将荒无人烟的南泥湾改造成"平川稻谷香，肥鸭遍池塘。到处是庄稼，遍地是牛羊"的陕北好江南。

垦荒南泥湾，是一个悲壮而振奋的故事。三五九旅刚进驻时，南泥湾还是一个荆棘遍野、野兽出没、人迹罕至的荒凉之地。战士们描绘那时的南泥湾是："南泥湾啊烂泥湾，方圆百里山连山。雉鸡成伙满山噪，狼豹成群林里窜。猛兽当家百年多，一片荒凉没人烟。"面对如此艰苦的条件，广大指战员积极发扬自力更生、艰苦奋斗的革命精神，克服了一个又一个困难：没有房子住，战士们先是露营，再用树枝搭起简陋帐篷，遇到雨天衣服被子被淋湿，就烧火取暖。后搭草棚、打窑洞，解决了住的问题；粮食不够吃，就在饭里掺黑豆和榆钱，旅团首长带头，冒着风雪严寒到百里以外的地区背粮；没有菜吃，就到山里挖野菜，找树皮，收野鸡蛋，下河摸鱼；每个战士一年只发一套军衣，破了就缝缝补补，绝不浪费；没有生产工具，就自己制造；缺少学习用具，就用桦树皮当纸，用炭木当笔；没有灯油，就用松树明子或者桦树皮卷成筒当灯点；没有擦枪油，就采集野杏仁榨油。1942 年，南泥湾的生产自给率达到 61.55%；1943 年，达到 100%。到了 1944 年，三五九旅共开荒种地 26.1 万亩，收获粮食 3.7 万石，养猪 5624

头，上缴公粮 1 万石，达到了"耕一余一"的目标[246]。

自 1942 年起，南泥湾翻天覆地的变化就吸引着许多知名人士前来参观访问，并写下了不少诗文。著名爱国将军续范亭的《南泥杂咏》20 多首诗作，著名诗人萧三的诗歌《我两次来到南泥湾》，诗人何其芳的散文《记王震将军》等，都对南泥湾垦荒的成就给予了高度赞扬。1943 年 3 月，延安文艺界劳军团和鲁艺秧歌队 80 多人赴南泥湾劳军。编创人员经过一番苦思冥想，构思出一个名为《挑花篮》的秧歌舞，由 8 位女演员挑着 8 对花篮，伴着插曲在台上表演。插曲歌词的最后一段名叫《南泥湾》，由贺敬之作词，马可谱曲。随着《挑花篮》在陕甘宁边区的巡回演出，特别是歌曲《南泥湾》由郭兰英演唱之后，迅速传遍全国，家喻户晓。一代著名歌唱家郭兰英的艺术人生也由此起步。

南泥湾精神，是以八路军第三五九旅为代表的抗日军民在南泥湾大生产运动中创造的。作为延安精神的重要组成部分，其自力更生、奋发图强的精神内核，激励着一代又一代中华儿女战胜困难，夺取胜利。改革开放以来，南泥湾得到更好的开发和建设，特别加强了自然生态的保护和建设。如今，南泥湾已建成以革命纪念地为主，集参观、旅游、经济综合开发为一体的多功能的经济、文化重镇。其旖旎的田园风光，迷离多彩的森林景观，纯朴深厚的文化习俗，激励人心的革命遗址，互相映衬，观之令人心旷神怡，激情满怀。

第五章　湿地文化保护

第一节　湿地文化保护制度

一、《湿地公约》关于湿地文化保护的阐释

从 1997 年第一个世界湿地日开始，各个国家相关部门、非政府组织和民间团体充分利用这个机会，开展各种活动来向公众宣传《湿地公约》以及湿地的价值和功能等相关知识，提高公众保护湿地的意识。在历届的世界湿地日主题中，有两届是围绕文化来讨论的，其中 2002 年主题为"湿地：水、生命和文化"，2005 年的主题为"湿地生物多样性和文化多样性"。

湿地从远古时代开始就作为人类的栖息地，并产生多样的利用方式，随着人类社会和历史的演进，湿地所体现的文化和精神的形态以及价值愈来愈丰富。近年来，大家逐步有了共识，没有本土居民的参与，湿地的保护是很难践行的，把自然和文化结合起来进行整体的考量才是实现保护得较好途径。如此，把文化纳入保护和管理的整体，也使得湿地有了更多的吸引力，给当地也带来可观的经济收入。而湿地所包含的文化样式和价值十分丰富，值得我们加以重视，悉心发掘和保护。

《湿地公约》从一开始就对湿地的文化价值有着与其他价值相同的重视。在《湿地公约》的前言里，对湿地的价值有这样的阐述：

相信湿地为具有巨大经济、文化、科学及娱乐价值的资源，其损失将不可弥补。

从 20 世纪 90 年代末开始，一些机构开始对湿地所蕴含的文化价值加以关注。2002 年，在西班牙巴伦西亚召开的《湿地公约》第八次缔约方会议上，通过了一个决议，即《在湿地的有效管理中考虑文化价值的指导原则》(on Guiding principles for taking into account the cultural values of wetlands for the effective management of sites)（决议 VIII）。

在 2005 年乌干达坎帕拉召开的第九次缔约方会议上，通过了加强上述决议的决议，即《考虑湿地的文化价值》(Taking into account the cultural values of wetlands)（决议 IX）。从 2006 年开始，湿地公约文化工作组开始开展湿地文化方面的工作。2008 年，湿地公约文化工作组在韩国昌原召开的第十次缔约方会议上发布了《文化和湿地：拉姆萨指导文件》(Culture and wetlands：A Ramsar guidance document)，得到了广泛的传播。从 2009 年开始，湿地公约文化工作组开始在《湿地公约》网站上发布湿地文化相关文件、相关内容和工作组的相关工作等。

在相关决议文件中，对湿地文化一共提出了 27 条指导原则：

（1）确定其文化价值和相关的主体。

（2）将湿地的文化方面和水的其他方面联系起来。

（3）保护湿地相关的文化景观。

（4）从传统方法中学习。

（5）保持传统的可持续的自我管理的实践。

（6）在湿地的教育和解释活动中融入文化的方面。

（7）考虑针对性别、年龄和社会角色的文化的适宜处理。

（8）在自然科学和社会科学间架起不同方法的桥梁。

（9）动员湿地文化的国际合作。

（10）鼓励湿地的古环境学，古生物学、人类学和考古学的研究。

（11）保护湿地相关的传统产业。

（12）保护湿地内和与湿地密切相关的历史建筑。

（13）保护和保存湿地相关的艺术品（可移动的物质遗产）。

（14）保护与湿地相关的集水和土地利用管理系统。

（15）保持在湿地内和周边的传统的可持续的实践，看重由这些实践产生的产品。

（16）保护湿地相关的口头传统。

（17）保持传统知识的生命力。

（18）在保护湿地时尊重湿地相关的宗教和精神信仰，以及神话。

（19）运用艺术促进湿地保护和阐述。

（20）如果可能，在申报国际重要湿地描述湿地的国际重要性时结合文化的方面，以保证传统得到保护。

（21）在管理规划中结合湿地的文化。

（22）在湿地监测过程中包含文化价值。

（23）保护湿地文化价值考虑制度和法律工具的运用。

（24）将文化和社会标准整合于环境影响评价。

（25）提高湿地文化相关的交流、教育和公众意识。

（26）用自愿和非歧视的方式对可持续的传统湿地产品考虑使用品质标记。

（27）鼓励跨部门的合作。

这 27 条从保护、利用、管理、教育、传播、研究、合作等各个方面提出了普遍性的指导原则，指导各个地区从不同的层面对湿地文化加以重视、重新审视以及促进其保护。

在决议Ⅳ中，提出了将文化标准纳入到国际重要湿地的认定中：

①提供一种湿地的智慧使用的范例，证明传统知识和管理方法的运用以及保持湿地生态特征的使用。

②具有突出的文化传统或影响湿地生态特征的先前文明的记录。

③湿地生态特征基于湿地与当地社区或本土居民的相互作用。

④表达了相关的非物质价值例如一些神圣场所，而其存在与湿地生态系统特征的维持紧密联系。

这四条文化标准的提出和确定无疑将积极地推进湿地文化价值的发掘、重视、评估和保护。

二、我国湿地文化保护的相关政策法规

我国对湿地最早的保护形式为自然保护区，其后又因加入《湿地公约》，将一些价值突出的湿地保护区列入了国际重要湿地，后来还增加了湿地公园这种保护形式。在这些相关的法规中，都一直强调文化价值在湿地中的重要性。各级政府和管理机构还通过世界湿地日、中国湿地文化节、湿地论坛、国际研讨会等多种形式传播、宣扬湿地文化，湿地文化在湿地愈来愈受到保护和重视的同时，也受到广泛的关注和逐步深入的研究。

我国自加入公约以来，中央政府对湿地保护给予了高度重视。从 1994 年 9 月开始编制，由国家林业局组织牵头、17 个部委参与制定的《中国湿地保护行动计划》于 2000 年正式启动。2004 年国务院发布了《关于加强湿地保护管理的通知》，明确湿地保护是各级政府的职责，湿地保护现已纳入了地方政府国民经济和社会发展规划。国务院已批准了《全国湿地保护工程规划（2002 ~2030 年）》及各阶段实施规划。国家投入大量资金实施全国湿地保护与恢复工程，退化湿地生态状况得到明显改善，启动了湿地生态效益补偿试点，保护管理能力和水平大为提高。国家林业局先后制订了《国家湿地公园建设规范》、《国家湿地公园评估标准》、《国家湿地公园管理办法》、《国家湿地公园总体规划导则》、《国家湿地公园试点验收办法》等法规文件。国家湿地保护条例正在制定之中。黑龙江等 23 个省区出台了省级湿地保护法规。苏州、包头、拉萨等城市，黄河、鄱阳湖、洞庭湖、西溪、拉市海等湿地制定了地方性湿地保护法规。2013 年，国家林业局颁布了《湿地保护管理规定》。在组织机构上，设立了国家林业局湿地保护管理中心（中华人民共和国国际湿地公约履约办公室），17 个省级湿地保护管理机构也相继成立。国家和地方广泛开展湿地保护宣传教育活动，全社会湿地保护意识普遍提高。通过近年来的努力，中国共建立湿地自然保护区 600 多处，国际重要湿地 49 处，国家湿地公园 705 处，约 46.8% 的湿地得到了有效保护。十八大报告提出了"扩大湿地面积"，中国在国家战略上把湿地保护作为国家生态建设的重要组成部分，将通过构建湿地国土生态安全体系、实施重大生态修复工程、实施湿地生态效益补偿、健全湿地保护法规政策、强化湿地科技支撑和国际合作等多项措施，全面加强中国湿地保护管理工作。

2010 年，国务院印发了《全国主体功能区规划》，这是我国国土空间开发的战略性、基础性和约束性规划，是深入贯彻落实科学发展观的重大战略举措，目的在于构建高效、协调、可持续的国土空间开发格局。在规划中，明确将我国国土空间分为以下主体功能区：按开发方式，分为优化开发区域、重点开发区域、限制开发区域和禁止开发区域。而自然保护区属于禁止开发区域。这样，各类湿地自然保护区在空间利用上从国家层面和省级层面被明确地界定为禁止开发区，将推动其有效的保护。

在国家林业局制订的《湿地保护管理规定》中规定，具备自然保护区设立条件的湿

地，应当依法建立自然保护区。

在《自然保护区条例》中规定了自然保护区的设立条件，其中有：

具有重大科学文化价值的地质构造、著名溶洞、化石分布区、冰川、火山、温泉等自然遗迹。

这项条件强调了保护区的文化价值的重要性。

在《湿地保护管理规定》中明确，除了自然保护区，还有一种保护形式为湿地公园，建立国家湿地公园应当具备的条件，其中有：

具有重要或者特殊科学研究、宣传教育和文化价值。

在《国家湿地公园管理办法》中，建立国家湿地公园的条件其中有：

自然景观优美和（或者）具有较高历史文化价值。

具有重要或者特殊科学研究、宣传教育价值。

通过这些界定，强调了湿地公园这种保护和利用湿地的类型，其保护的内容不仅包含湿地生态系统，同时包含其文化价值。

在《国家湿地公园评估标准》里也强调了湿地公园的科普宣教价值、历史文化价值和美学价值，这三种价值是评估的重要因子。而在《国家湿地公园总体规划导则》中明确要求有"文化保护规划"和"科普宣教规划"专项规划，以宣传湿地功能价值、弘扬湿地文化为主要目标。

不论是自然保护区还是湿地公园，这两种保护形式在保护生态系统和环境的同时，都重视湿地所蕴含的丰富的文化价值。

近年来，我国已召开了三届湿地文化节，并在许多湿地召开湿地论坛。2007年，在岳阳举办了湿地保护与可持续利用国际研讨会。2009年在杭州西溪湿地召开首届中国湿地文化节暨第三届国际湿地论坛。2011年在无锡召开第二届中国湿地文化节暨第六届亚洲湿地论坛。2013年在山东东营召开第三届中国湿地文化节暨东营国际湿地论坛。这些文化节和论坛的召开不仅引起了社会、研究团体、管理机构以及政府对湿地文化的重视，而且使得民众对湿地文化有了更多更深入的认识。

2008年，中华人民共和国国际湿地公约履约办公室和国家林业局宣传办公室等单位首次在国内举办了"关注湿地——健康的湿地，健康的人类"中国湿地摄影展，用摄影艺术的形式反映湿地面临的危机，以及湿地保护利用的各种经验，并展现了湿地文化的丰富性和多样性，尤其彰显了湿地之大美。

2008年10月，中国生态文化协会在京举办了首届生态文化高峰论坛，到今年已举行了六届。在2013年延庆举行的第六届高峰论坛上，正式成立了"湿地生态文化分会"。自此，我国湿地文化的研究和保护进入了一个新的时期，社会、公众、研究机构、政府等都将从新的角度审视和重视湿地文化的认识、研究、传播和保护。

湿地文化和湿地生态系统一样具有重要的不可替代的价值，并给我们诸多的启示，尤其是对于湿地的合理利用、可持续利用方面，以及当地社区的文化传统，湿地产生和滋养的文化精髓，等等，都使得我们的发展有着更深厚的基础，湿地的自然保护也得到更多的促进和多样的弘扬。

这些年来，每年的世界湿地日，各地和各个湿地保护区都采取多种形式的活动和论坛来加强湿地保护和湿地文化的宣传。而随着湿地保护的逐步深入人心，湿地文化所蕴含的丰富内涵和多样表现形式，吸引了人们的关注，不仅对湿地的传统文化有了更多的认识，同时发展了湿地文化的新的表现形式。这些湿地文化的宣传、传播、深入认识、研究等，促进了人们对于湿地生态系统重要性的认识，文化的发展将推动自然的保存，促进湿地的保护。

第二节　湿地科学教育

湿地科学教育是利用湿地生态特征、湿地文化，通过开展湿地科学研究，湿地文化展示和科普宣教活动，从人类与湿地的复杂关系中感知湿地、认识湿地，获得精神上的享受，受到教育。

一、湿地科普活动

湿地科学知识的普及是唤起人们保护湿地意识的重要途径，我国的湿地科学知识普及与国外相比较为滞后，但发展迅速，主要通过室内和室外展览、展示、参与等形式开展科普活动。目前，全国许多湿地自然保护区、湿地公园相继建立了以生态展示、科普教育、生态示范功能为主，以声、光、电等高科技现代化手段向人们宣传湿地有关知识的室内科普馆，通过组织社团、学生到湿地科普馆开展活动，尤其强调活动过程中的参与互动。另一种形式是室外湿地自然展示和体验，我国的许多湿地自然保护区和湿地公园利用自身优势，开展了一系列的湿地科普活动，如湿地动植物认知、湿地形成、湿地生态系统演替、湿地功能认知，显微镜下一滴水中的浮游生物认知等活动，举办了各种主题鲜明、形式多样的湿地科普教育活动和特色专题展览，如湿地绘画、湿地诗歌欣赏、湿地摄影展览、湿地歌舞表演、湿地知识竞猜、青少年湿地知识大奖赛等科普活动。

开展中小学生湿地生态环境科普教育和科技实践活动，湿地科普使者行动，湿地志愿者活动，举办湿地英语科普教育课程讲座，湿地知识讲座，湿地专题科学考察，鸟类环志，湿地水质监测等科普活动。

湿地保护管理部门充分利用世界湿地日，爱鸟周，世界生物多样性日，世界环境日等有利时机，播放湿地科普宣传短片或湿地保护教育电视片，发放具有纪念意义的书签、徽章、宣传小册子等，通过观看湿地展板，影像资料，湿地水鸟栖息地等科普活动，营造关爱鸟类，关注湿地的气氛，对公众普遍进行宣传教育，唤起人们保护湿地，保护地球之肾的意识，充分认识湿地在生态建设和促进经济社会发展中的重要作用。在湿地周边社区，通过广播、黑板报、手抄报、橱窗、书画图片展、文化专栏等多种形式，进行湿地保护内容的宣传，利用网络、电视等媒体广泛开展湿地保护科普活动。

二、湿地科研活动

我国对湿地科学研究极为重视，包含了科技部、国家自然科学基金委支持的湿地基础研究、应用基础研究诸如"973""863"、科技计划、国家自然科学基金；相关部委行业支持的湿地重大专项，省级层面支持的湿地基金项目、重大项目，以及地方和湿地管理机构委托或自身开展的针对性的湿地科研项目、NGO支持的湿地科研项目及活动等。下面列举的仅是部分湿地研究项目。

据不完全统计，科技计划仅十一五期间就有"典型脆弱生态系统重建技术与示范"、"典型湿地保护技术试验示范"、"东北地区水资源全要素优化配置与安全保障技术体系研究"、"黄河健康修复关键技术研究"，十二五期间如"流域生态服务功能整体提升技术研究"、"黄河上中游丘陵沟壑区生态服务功能整体提升技术研究"、"流域生态服务功能整体提升技术研究"、"北京市郊区河岸带生态修复技术及其效果评价"、"鄱阳湖流域重要珍稀濒危植物资源可持续利用研究与示范"等项目，科技惠民计划如"沂河源头生态综合治理与修复科技惠民示范工程"、"滇池水葫芦打捞与资源化利用成套技术应用及工程示范"、"宁夏中卫绿洲边缘植被恢复与生态资源开发技术集成示范"等。"863"计划如"近海与内陆湿地生态系统碳源汇遥感监测技术"，"973"计划如"湖泊与湿地生态系统对全球变化的响应及生态恢复对策研究"、"长江中游通江湖泊江湖关系演变及环境生态效应与调控"、"我国近海有害赤潮发生的生态学、海洋学机制与预测防治"、"黄淮海地区湿地水生态过程、水环境效应及生态安全调控"、"海河流域水循环演变机理与水资源高效利用"、"气候变化对我国东部季风区陆地水循环与水资源安全的影响及适应对策"、"华北平原地下水演变机制与调控"、"重大水利工程影响下长江口环境与生态安全"、"稻田生态系统对大气（CO_2）升高的高应答机制及其可持续性研究"、"筑坝扩容下滇西北典型湿地湖滨带植被演替机制"、"云南高原湿地湖滨利用的基础研究"等。

重大基础专项如"中国湖泊沉积物底质调查"、"我国典型潮间带沉积物本底及质量调查与图集编研"、"藏北典型湖泊水生生物资源本底考察"、"三峡库区水生生物多样性调查及图鉴编撰"、"我国水环境基准基础数据的调查和整编"、"黄渤海滨海带环境污染与生态系统状况综合调查"、"热带岛屿和海岸带特有生物资源调查"、"中国沼泽湿地资源及其主要生态环境效益综合调查"、"典型中小入海河流河口动力沉积地貌与环境本底数据调查"、"中国水生植物标本采集、生物多样性编目和植被资源普查"、"典型海岛及邻近海域固碳生物资源调查"、"新疆跨境河流水生生态及鱼类资源调查"、"阿克苏河上游吉尔吉斯斯坦基础数据综合调查"、"地下水脆弱性评价导则研究"等。

国家自然科学基金如"红碱淖湿地遗鸥繁殖种群组成和遗传结构研究"、"基于气候变暖的我国典型湿地甲烷氧化能力及甲烷氧化菌菌群演替特征研究"、"河口区盐—淡水沼泽湿地好氧/厌氧甲烷氧化及机理研究"、"北疆干旱区湿地蚊虫群落结构及生物学习性研究"、"滇西北高原湿地湖滨带演变规律及其驱动机制研究"、"高效脱氮菌群生物强化南四湖人工湿地处理工艺及机理研究"、"海水利用废水的人工湿地处理及耐盐植物生理响应研究"、"潜流型人工湿地低温域脱氮的生态过程及功能强化"、"利用闪速热解实现人工湿地植物高效转化及二次污染控制的机理研究"、"基于环境友好概念的南方高校湿地与校园功能一体化研究"、"流域来水来沙变异对长江河口泥沙输移与潮滩湿地演变的影响及其对策研究"、"鄱阳湖区湿地钉螺体内有毒重金属污染特征及其作为监测生物的研究"、"人工湿地中磷的有机赋存形态及其转化规律研究"、"湿地表面流水动力学特性及数学模型研究"、"人工湿地植物根系铁膜形成特性及其在污水磷去除中的作用"、"人工湿地去除有机磷农药毒死蜱机理及其生物响应研究"、"外来引种米草对盐沼湿地微型和小型底栖生物的生态影响"、"滇西北高原典型退化湿地纳帕海植物群落和土壤主要生源要素时空分异耦合研究"、"城市湿地再生水利用生态环境效应研究"、"山东海岸湿地中底栖纤毛虫原生动物的分类学研究"、"自然与人文因素驱动下的黄河源高寒湿地演化动态模拟"、"典型滨海湿地 N_2O 排放的干湿交替驱动机制"、"东平湖湿地水文化学过程的生态效应研究"、"强人为干扰下湖泊湿地生物群落的响应机制"、"东北寒区多年冻土退化对沼泽湿地碳循环关键生物地球化学过程的影响研究"、"湿地农业流域的景观—水质模型研究"、"基于不同水文过程作用下的滨海盐地碱蓬湿地 N、P 化学计量学特征研究"、"滇西北典型高原湿地退化规律与机理研究"、"海南岛东北部热带海岸湿地古生态与古环境"、"扎龙湿地芦苇群落对水文地貌条件变化的响应与适应机制研究"、"湿地下垫面冷湿空间过程数值模拟研究"、"流域来沙减少对长江口潮滩湿地植被时空格局及演替影响的机制研究"、"沼泽湿地土壤动物群落结构演替对土壤有机碳动态的影响"、"基于农户视角的三江平原湿地恢复与替代生计选择研究"、"近50年图们江流域湿地景观格局动态变化过程及生态环境效应研究"、"不同水文情势下铁对三江平原湿地有机质分解过程的影响研究"、"基于多传感器多时相遥感数据的鄱阳湖地区湿地植被动态监测模型"、"基质—植物—蚯蚓配置垂直流人工湿地净化污水效果及机理研究"、"珠江三角洲人工红树林次生湿地生态系统健康信息图谱研究"、"中国额尔齐斯河流域湿地景观时空动态分析"、"半干旱区内陆湿地水文条件变化对水禽多样性的影响研究"、"黑河流域 c4 植物生态格局与水文过程相互作用机理研究"、"人类活动干扰下若尔盖高原沼泽退化的微观过程与驱动机制研究"、"渭河及其主要支流全新世古洪水水文学研究"、"霍林河下游洪泛区湿地氮过程及其对淹水周期的响应"、"三江平原沼泽湿地溶解有机碳输出动态的水文驱动机制研究"、"滨海盐土水盐时空变异性与农业景观格局变化研究"、"围垦对杭州湾南岸潮滩湿地沉积—地貌过程的影响"、"塔里木河中游河岸植物物种多样性格局及其演化机理"、"塔里木河下游荒漠河岸林群落生态过程与水文机制研究"、"滩脊—湿地海岸带对环境变化和人类开发压力的响应与适应研究"、"荒漠绿洲水文—生态过程耦合试验研究"、"大兴安岭北坡多年冻土湿地对气候变化的响应"、"干旱区内陆河流域水文过程对全球气候变化的响应"、"辽河流域主要河段沉积物—水界面 cd、pb 地球化学"等。

部委行业的如"滇池流域水污染治理与富营养化综合控制技术及示范"、"巢湖富营养化控制与治理及工程示范"、"三峡水库水污染防治与水华控制技术及工程示范"、"富营养化初期湖泊(洱海)水污染综合防治技术及工程示范"、"太湖富营养化控制与治理技术及工程示范"、"湖泊水污染治理与富营养化控制共性关键技术研究"、"松花江水污染防治与水质安全保障关键技术及综合示范"、"淮河流域水污染治理技术研究与集成示范"、"辽河流域水体污染综合治理技术集成与工程示范"、"环太湖河网地区城市水环境整治技术研究与综合示范"、"海河流域典型城市水环境整治技术集成与综合示范"、"三峡库区城市水污染控制与治理技术集成与综合示范"、"巢湖流域城市水污染控制与治理技术与综合示范"、"水污染控制与治理技术评估体系研究与示范"、"太湖富营养化控制与治理技术及工程示范"、"滇池流域水环境综合整治与水体修复技术及工程示范"、"巢湖水污染控制与重污染区综合治理技术及工程示范"、"三峡水库水污染综合防治技术与工程示范"、"洱海水污染防治、生境改善与绿色流域建设技术及工程示范"、"湖泊疏浚污泥处理与资源化技术与设备研发及产业化"、"西北湖泊水污染防治共性技术及工程示范"、"松花江水污染综合防治与水生态恢复关键技术及综合示范"、"辽河流域水污染综合治理技术集成与工程示范"、"海河流域重污染河流水质改善成套整装技术集成与综合示范"、"淮河流域水质改善与水生态修复技术研究与综合示范"、"南水北调工程水质安全保障关键技术研究与示范"、"东江流域水质与水生态风险控制技术集成与综合示范"、"河流环境流量保障关键技术研究与示范"、"河流生态治理技术集成与平台建设"、"流域水生态承载力调控与污染减排管理技术研究"、"流域水生态监测技术体系研究与示范"、"流域水环境风险评估与预警技术研究与工程示范"、"流域水污染控制与治理技术评估和推广体系研究与示范"、"辽河流域水环境管理技术综合示范"、"太湖流域水环境管理技术集成综合示范"等水专项,以及"全国湿地资源第二次调查"、"全国泥炭资源调查"、"国际重要湿地现状调查、评价及对策研究"、"全国湿地保护工程规划"、"中澳环境发展伙伴项目——湿地政策、指南和能力建设"、"湿地生态系统健康评价指标体系"、"不同类型湿地碳汇功能研究"等。

省级支持的如"江苏沿海滩涂湿地垦殖对土壤氮素转化速率影响机制分析"、"浙江省低洼田湿地农业种养结合模式机理研究及示范推广"、"杭州湾湿地生态评价与植物修复"、"鄱阳湖严重洪、枯水位变化对湿地生态环境影响的研究"、"气候变化对鄱阳湖流域水文极端事件的影响研究"、"滇西北沼泽湿地演化与退化过程及规律的研究"、"闭合半闭合高原退化湿地生态恢复技术试验示范"、"云南高原湿地应对气象干旱的作用和保护对策综合研究"、"云南湿地生态监测规划"、"湿地生态监测技术规程"、"湖北省典型湿地演变过程及生态修复技术与应用"、"湿地植物群落水文敏感性及自适应能力研究"、"鄱阳湖植被勘测与植被图编绘工作"等等。

地方的如"国家湿地公园总体规划"、"湿地保护与恢复可研报告"、"湿地保护管理计划"、"人工构建湿地方法研究"、"高效人工湿地污水处理技术开发"、"西昌邛海国际重要湿地综合科学考察及生态特征集成"、"水体气候效应作用下的河岸生态系统变化"等。

NGO 支持的如"石首市天鹅洲长江故道群湿地保护"、"天鹅洲杨波坦故道鸟类调查"、"网湖小天鹅观测"、"神农架大九湖湿地鸟类资源调查"、"长江新螺段河流湿地资源调查和物种保护"、"梁子湖重点水生植物保护"、"排湖湿地保护小区管理计划"、"网湖省级湿地自然保护区建区"、"恢复长江生命之网"、"崇明东滩自然保护区可持续管理项目"、"长江中下游六省市的同步水鸟调查"、"湿地使者行动"、"常德市湿地替代产业及效益分析"、"鄱阳湖湿地生态系统服务功能"、"拉市海湿地管理数字化平台"、"纳帕海湿地保护管理与生态恢复"、"崇明东滩鸟类国家级自然保护区"、"西部湿地生物多样性保护与可持续利用"、"干旱对云南湿地生态系统的影响评估和应对行动策略研究"、"嘉陵江湿地保护项目"、"若尔盖湿地保护与可持续利用战略"等等。

三、湿地文化教育

　　湿地文化教育是人类在与湿地相互作用过程中形成的产物，是人类历史发展进程中的一种社会现象，一种精神，并影响人类身心的社会实践活动。

　　在人类社会历史发展过程中，人们在湿地中劳作、水上捕捞、涉水渡水，特别是在水患中的逃命、救人和水上争斗中，练就和积累了顺应自然、利用自然，以及与湿地互作的许多技巧和经验，如大致起源于先秦的赛龙舟，即是原始时期先民崇尚湿地、亲近湿地的半宗教性、半娱乐性的文化习俗，这一民俗在汉魏六朝即统一在"纪念屈原"这个具有凝聚力的主题上，延续至今。历代诗人都从不同的侧面描写了龙舟竞渡的热烈场面，为后人留下了一幅幅棹影上下翻飞、鼓声如雷、龙舟向着标杆飞奔的竞渡美景。人们对赛龙舟赋予了不同的寓意，从宗教祭祀、纪念屈原到团结竞技，展现出龙舟竞渡的丰富文化内涵，寓意了只有船上全体人员密切配合，在鼓声、红旗指挥下的集体合力，才能如梭地飞奔至终点，体现了团结、奋发向上的精神。

　　人们在湿地利用中，不断了解和认识湿地，源自老子的成语"水能载舟，亦能覆舟"，告诉了人们事物具有的自然属性，衍伸出了做人做事的深刻哲理。不仅人类自身，而且从动物行为也衍伸出许多丰富的湿地文化内容，如生活在湿地中的黑颈鹤，鸳鸯等水禽，成双成对，形影不离，终身相伴，其配偶丧失后甚至孤独终身，寓意了人们应该持守的忠贞爱情，基督教洗礼的圣洁等。这些都是人类从历史延续下来并发扬光大的湿地文化，是历史现象，也是湿地文化教育精神的体现。

　　今天，人们秉承先辈们留下的丰富湿地文化习俗，不断挖掘并拓展湿地文化教育内涵，利用湿地净化水质、涵养水源、供给人们产品、生物多样性保育、休闲享受、精神满足等功能特征，通过人类向湿地不断索取却没有善待湿地的教训，湿地生物的奥妙、湿地形成与演变、湿地结构特征等给人以知识的启迪，在人们认识湿地的同时，获得精神享受，受到教育，要善待自然、爱护环境，传承湿地文化传统，可持续利用湿地资源。

第三节　湿地保护宣传

　　我国的湿地保护宣传事业虽然起步较晚，但是发展势头却非常迅猛，在短短的一二十年间，全国各地就建起了大批湿地宣教阵地，增添了许多湿地宣教窗口，创新了不少湿地宣教形式，使我国的湿地保护宣传教育工作取得了显著成效，也为璀璨的湿地文化增添了一道充满时代气息的新乐章。

一、博物馆——湿地保护宣传的前沿阵地

博物馆是指收藏、保护、研究、展示人类活动和自然环境的见证物，经过文物行政部门审核、相关行政部门批准许可取得法人资格，向公众开放的非营利性社会服务机构[248]。近年来，随着我国湿地保护事业的不断推进，各地的湿地保护机构纷纷建起了规模、大小不等的各类湿地博物馆，成为长期、固定的湿地保护宣传阵地。据不完全统计，目前全国已建、在建和尚在筹建的各类性质的湿地博物馆近百家，这些湿地类博物馆既包括狭义的博物馆，也包括了各种湿地展示馆、陈列馆、标本馆等。

湿地博物馆是湿地保护宣传和展示最主要最直接的窗口，也是湿地生态文化建设的组成部分之一。近年来，中国湿地保护事业蒸蒸日上，湿地博物馆也如雨后春笋般在各地建立。从简陋的以标本和图文式为主要展陈手段的陈列馆、标本馆到以多媒体、复原场景和互动活动为主的现代化博物馆，尤其是随着中国湿地博物馆的建成，全国的湿地博物馆建设进入了一个新的高潮。据最近调查结果显示，建筑面积在1000平方米以上、各种宣教展示功能齐全的湿地博物馆有36座。除了中国湿地博物馆外（图5-1），全国比较有名的还有北京延庆野鸭湖湿地博物馆（图5-2）、宁夏沙湖湿地博物馆、甘肃张掖城市湿地博物馆（图5-3）等，这些湿地博物馆在当地乃至全国的湿地保护宣传工作中起到了极大的作用。全国众多的湿地博物馆还组成了"中国湿地类博物馆联谊会"，同时加入了中国自然博物馆协会，成立湿地博物馆专业委员会。这些组织的建立为全国湿地保护宣传工作注入了活力，取得了显著的成果。

图5-1   浙江杭州—中国湿地博物馆（俞静漪摄）

图5-2　北京延庆—野鸭湖湿地博物馆（刘雪梅摄）

图5-3　甘肃张掖—城市湿地博物馆（周全民摄）

1. 中国湿地类博物馆联谊会

中国湿地类博物馆联谊会，是由中国湿地博物馆倡导发起成立的全国湿地类博物馆（展示馆、陈列馆、标本馆、宣教中心）自愿组成的民间联谊组织。成立该联谊会目的是为了促进和加强全国各地湿地类博物馆（展示馆、陈列馆、标本馆、宣教中心）之间的交流与合作，增进相互间的友谊和互助，为大家的共同发展提供新的平台，凝聚和整合大家的力量，更好地服务于社会，服务于湿地保护，为推动中国湿地保护事业进一步发展做出贡献。联谊会业务上接受国家林业局湿地保护管理中心的指导，全部吸收团体（单位)会员，设会长单位一名、副会长单位若干名。联谊会创办会刊《国家湿地》杂志，开设专门栏目刊发各会员单位的信息，并逐一重点介绍每家会员单位开始湿地保护宣传教育工作的情况。联谊会不收取会费，会刊的办刊经费和编辑出版也全部由会长单位负责。

中国湿地类博物馆联谊会的建立，标志着我国湿地保护的又一股新生力量的诞生。从此，全国的湿地类博物馆和湿地信息展示机构有了一个学习交流的新平台，中国湿地保护事业有了一个展示成果的新窗口。中国湿地类博物馆联谊会的成立是湿地界的一件大事，也开创了湿地宣传与保护的一个先河。

2. 湿地博物馆专业委员会

中国自然科学博物馆协会是中国科学技术协会直属的全国性、学术性、科普性、公益性国家一级协会。协会设 8 个专业委员会，湿地博物馆专业委员会是其中的一个专业委员会。中国湿地类博物馆联谊会成立后的一年多里，通过创办会刊和组织活动，在宣传湿地科学知识、弘扬湿地文化、开展馆际交流等方面取得了显著的成效。

2011 年 9 月，经中国科协同意，中国自然科学博物馆协会湿地博物馆专业委员会在民政部注册成立。专委会的主要工作职责是组织开展馆际交流，增进全国各地湿地博物馆之间的交流与合作；组织开展与湿地相关的学术交流活动，促进学科发展，推动湿地博物馆事业的发展；组织开展有关湿地博物馆生存和发展的研讨活动；组织开展与湿地博物馆业务相关的国际交流活动；编辑出版与湿地博物馆相关的会刊、会讯，以及有关信息、资料、书刊、声像资料等。

湿地博物馆专业委员会的成立标志着中国湿地类博物馆联谊会从民间走向官方，从此有了专业的机构，从单纯的交流感情和业务的平台变成侧重于博物馆事业的发展和建设，集宣传、教育、展示、研究于一体的湿地博物馆领域专业平台。联谊会各成员单位纷纷踊跃加入到这个新的专业机构中来，积极承担、共同参与、互相配合做好上级布置的相关课题研究、宣传教育等工作。随着湿地博物馆专业委员会的成立，我国湿地保护事业的发展空间变得更加广阔，湿地保护的力量更加强大，有力促进了中国的湿地保护管理事业，尤其对全国湿地博物馆的建设、管理、宣传工作具有不可替代的积极作用。

3. 中国湿地博物馆

中国湿地博物馆是我国以湿地为主题，集收藏、研究、展示、教育、宣传、娱乐于一体的国家级博物馆，是目前我国规模最大、档次最高的湿地类专业博物馆(图5-4)。该馆位于杭州市西溪国家湿地公园东南部，占地面积 20200 平方米，于 2009 年 11 月正式对外开放，展览主要内容为普及湿地科学知识、展示世界丰富多彩的湿地及其生态系统功能、探索中国典型湿地的奥秘、剖析湿地面临的问题和威胁、介绍全球湿地保护行

图5-4　中国湿地博物馆入口(俞静漪摄)

动，尤其是中国政府在湿地保护所取得的成就，以及首批国家湿地公园——西溪国家湿地公园的建设成就。展厅主要分五部分，分别为序厅，湿地与人类厅，中国厅、西溪厅及专题展厅等。

开馆三年多来，中国湿地博物馆围绕"绿色"主题，扎实开展了各类丰富多彩的湿地科普教育活动，如富有特色的"三进"系列科普教育活动，组织科普教导员主动走出博物馆，走进大专院校及中小学校，走进当地社区，走进各种社团进行多种形式的教育科普活动；开展"第二课堂"体验活动，开设了湿地知识讲座、显微镜观测、动植物标本制作、手工徽章制作、叶脉书签制作、风筝DIY制作等体验课程；开展"绿色燎原"国际交流活动，与中国香港、中国台湾、新加坡等地的湿地及保护机构开展多次交流工作，将湿地科普活动逐渐推向全球。这些活动使科普教育深入群众、深入基层，进一步打响了中国湿地博物馆科普教育的"绿色"品牌，开馆仅三年就成为"全国科普教育基地"。

中国湿地博物馆的专题展览不断创新，形成了长期性的基本陈列和临时性的专题展览共抗大局的一种展览新格局。该馆近两年参观人数每年超过130万人次，获得了很好的社会效益，其中很大程度上正是得益于不断举办各种专题展览。三年多来先后成功举办了以滨海湿地为背景的"神奇湿地·生命奇观"海洋生物展、以西溪文化为背景的"水调浮家"西溪民俗文化展（图5-5）、以典型湿地植物荷花为背景的"清幽湿地·圣洁仙子"（图5-6）等25场大小专题展览，形成了以生命科学类展览、自然环境类展览和人文艺术类展览为三个大类的系列专题展览方向，积累了宝贵的实践经验。

图5-5　西溪民俗文化展（俞静漪摄）

在湿地文化研究方面，中国湿地博物馆也是成果累累。由该馆创办的《国家湿地》杂志（图5-7），是一本湿地综合刊物，内容涵盖湿地的展示、科普、人文、研究、湿地动态等各方面，每年出版6期，每期印刷4000册，投递范围为全国的湿地保护相关机构。《国家湿地》杂志填补了国内湿地综合刊物的空白，成为了研究湿地文化，促进湿地保护

图 5-6   荷文化展(缪丽华摄)

管理事业发展的又一利器。该馆还深入挖掘、整理、研究西溪湿地历史文化,通过编撰
《西溪全书》、举办西溪红学研讨会、建设西溪红学陈列馆,努力打响"西溪文化"品牌。
先后组织编撰了 31 本《西溪丛书》(图 5-8)、200 多万字的《西溪文献集成》和近 50 万字
的《西溪研究报告》,后续还将编撰《西溪通史》《西溪辞典》,从而形成一整套完整的西
溪文化大观。

图 5-7   国家湿地杂志(张闻涛摄)

图5-8　出版的西溪丛书（张闻涛摄）

二、纪念日——湿地保护宣传的有效载体

从全球范围来说，湿地资源的破坏已经直接对人类的生存构成了严重威胁，保护湿地成为一个世界性的主题。世界各国开始认识到：没有湿地的健康，就没有人类的安康；关注湿地，就是关注我们人类自己；保护湿地，就是确保人类可持续发展的基础。为了更好地宣传湿地的重要性，加强公众保护湿地的自觉性，人们在每年不同的时间开展不同的主题宣传活动。比较重要的有世界湿地日、世界水日等。

1. 世界湿地日

1971年2月2日，来自18个国家的代表在伊朗南部海滨小城拉姆萨尔签署了《关于特别是作为水禽栖息地的国际重要湿地公约》。为了纪念这一创举，并提高公众的湿地保护意识，1996年《湿地公约》常务委员会第19次会议决定，从1997年起，将每年的2月2日定为世界湿地日。自此之后，世界各国政府、组织和公民都会在每年的这一天围绕保护湿地、关爱湿地的主题开展一系列活动。

为了更有针对性地开展湿地保护宣传，"世界湿地日"每年会确定一个不同的主题。第一个"世界湿地日"的主题是"湿地是生命之源"，此后历年的湿地日主题分别是：1998年"湿地之水，水之湿地"；1999年"人与湿地，息息相关的"；2000年"珍惜我们共同的国际重要湿地"；2001年"湿地世界——有待探索的世界"；2002年"湿地：水、生命和文化"；2003年"没有湿地——就没有水"；2004年"从高山到海洋，湿地在为人类服务"；2005年"湿地生物多样性和文化多样性"；2006年"湿地与减贫"；2007年"湿地与鱼类"；2008年"健康的湿地，健康的人类"；2009年"从上游到下游，湿地连着你和我"和2010年"湿地、生物多样性与气候变化"；2011年"湿地与森林"；2012年"负责任的旅游有益于湿地和人类"；2013年"湿地与水资源管理"；2014年"湿地与农业"；2015年"湿地：我们的未来"；2016年"湿地关乎我们的未来：可持续的生计"。

2. 世界水日

1993 年 1 月 18 日，第四十七届联合国大会作出决议，根据联合国环境与发展会议通过的《二十一世纪议程》第十八章所提出的建议，确定每年的 3 月 22 日为"世界水日"。其旨在推动对水资源进行综合性统筹规划和管理，加强水资源保护，解决日益严峻的缺乏淡水问题，开展广泛的宣传以提高公众对开发和保护水资源的认识。

从 1991 年起，我国将每年 5 月的第二周作为城市节约用水宣传周。1994 年以前，每年的 7 月 1 日至 7 日还是我国的"中国水周"。1994 年起，我国水利部将每年的"中国水周"确定为 3 月 22 日至 28 日。

每年的"世界水日"也都有一个不同的主题，1994 年的主题是"关心水资源是每个人的责任"；1995 年的主题是"女性和水"；1996 年的主题是"为干渴的城市供水"；1997年的主题是"水的短缺"；1998 年的主题是"地下水——正在不知不觉衰减的资源"；1999 年的主题是"我们（人类）永远生活在缺水状态之中"；2000 年的主题是"卫生用水"；2001 年的主题是"21 世纪的水"；2002 年的主题是"水与发展"；2003 年的主题是"水——人类的未来"；2004 年的主题是"水与灾害"；2005 年的主题是"生命之水"；2006 年的主题是"水与文化"；2007 年的主题是"应对水短缺"；2008 年的主题是"涉水卫生"；2009 年的主题是"跨界水——共享的水、共享的机遇"；2010 年的主题是"关注水质、抓住机遇、应对挑战"；2011 年的主题是"城市水资源管理"；2012 年的主题是"水与粮食安全"；2013 年的主题是"水合作"；2014 年的主题是"水与能源"；2015 年的主题是"水与可持续发展"；2016 年的主题是"水与就业"。

三、文化节——湿地保护宣传的创新形式

湿地文化节，指的是湿地保护相关机构通过举办节庆活动，来展示湿地、宣传湿地，尤其是突出展示湿地文化内涵，动员大众参与保护湿地，一般没有固定的举办时间。"中国湿地文化节"目前已举办了三届，全方位展示了我国丰富的湿地资源及浓厚的湿地文化底蕴，引领了湿地保护宣传的新潮流。

除了"中国湿地文化节"，全国各地还举办形式各异的各种湿地相关节庆活动，比如黑龙江大庆每年都会组织一次"湿地旅游文化节"，全民湿地徒步游、百名儿童绘百湖、采摘节、啤酒节、万人帐篷节、千人野钓大赛等活动多达 20 个以上，点燃全民参与热情；又如山东微山湖湿地红荷景区 2013 年举办了"首届中国微山湖湿地旅游文化节"，内容包括山东民俗文化大型展演、特色旅游商品展销、云南民族风情展演、湿地千人自行车大赛等活动；再如广西桂林临桂县曾举办"2011 国际湿地文化节"，以湿地文化和湿地保护为主线，活动内容主要包括文化节开幕式大型文艺演出、中国湿地保护联盟成立仪式、国际湿地文化高峰论坛、民间民俗文化巡游展演等；还有河南郑州曾于 2012年举办"首届黄河湿地文化节"，文化节期间公众可以免费参观黄河湿地公园，体会原生态湿地之美，有烙画、草编、泥人、黄河澄泥砚等民俗文化展演，有丰富多样的互动性游戏活动，有黄河湿地观鸟活动，还有原生态的黄河号子供欣赏。这些地方性的湿地文化节活动是对"中国湿地文化节"活动一个很好的补充，既丰富了湿地文化节的内涵，也

对全国的湿地保护事业起到了积极的推动作用。

四、展示会——湿地保护宣传的崭新平台

湿地展示会是通过现场展览和示范来传递湿地科普知识和保护成果信息，推荐相关湿地保护机构形象的一种常规性公共关系活动。相比博物馆的永久性陈列展览，展示会可谓是一种更加"精而专"的短期展览。

湿地展示会的展期短则三五天，长则两个月以上。这样的展示活动主题明确，内容广泛，参观人数众多，对湿地文化传播和湿地产业经济的发展能起到较好的促进作用。其中江苏无锡举办的"湿地与生态保护国际展览会"和由中国湿地博物馆分别于 2011 年、2012 年、2013 年举办的"国际重要湿地展示会"、"中国最美湿地展"和"国家湿地公园展示会"，都是比较成功的案例。这种从不同的视角切入，将全国湿地保护成果集中进行展示的方式，为全国湿地保护宣传搭建了一个崭新的平台，取得了很好的社会效益。

1. 湿地与生态保护国际展览会

展会具有规格高、观众群体专业、参展范围广泛、展示手段多样等特点，全面宣传了我国湿地保护管理以及在《湿地公约》履约方面取得的成就，加强了我国湿地自然保护区、湿地公园等保护单位及各类环保设备制造企业和湿地保护咨询机构之间的交流，促进了先进的现代化设备和保护理念在湿地保护管理工作中的应用，同时弘扬了我国丰富悠久的湿地文化。

2. 中国国际重要湿地展示会

展示会通过展板、多媒体、宣传册以及实物等多种展示方式，对我国当时的 41 个国际重要湿地进行集中的展示宣传，介绍湿地资源特色，展示湿地之美，宣传我国在湿地保护管理，特别是国际重要湿地保护管理方面的成就。这是我国首次对国内所有的国际重要湿地进行全面展示的一次盛会，也是我国湿地保护管理成就展示、经验交流和学习的新平台（图 5-9）。

国际重要湿地，是指符合《湿地公约》基于湿地生态系统、物种和生态群落、水禽、鱼类及其他种类规定标准的湿地，它在地理、生态系统、水禽种群数量、生物多样性等方面具有国际代表性意义。国际重要湿地类型多样、资源丰富，是我国湿地中的"精品"，通过依托这些"精品"及其丰富的湿地资源，集中展示汇聚全国各具特色的湿地精华，可以更好地宣传我国在湿地保护管理，特别是在国际重要湿地保护管理方面取得的成就，全面展示湿地之美，使更多的人了解湿地、认知湿地，进一步提高全社会的湿地保护、生态保护意识，形成全社会保护湿地、保护自然、保护生态的良好氛围，推进我国湿地保护事业乃至生态保护的新发展。

"中国国际重要湿地展示会"用最直观的方式让湿地的美丽形象深驻人心，扩大了湿地文化的影响力，以湿地生态旅游形式促进湿地保护工作更上新台阶，为湿地保护管理和可持续利用做出了新的贡献。

3. "中国最美湿地"展

展示会旨在宣传我国在湿地保护管理方面的成就，展示"最美湿地"的风采，突出

图5-9   中国湿地博物馆举办的"中国国际重要湿地展示会"（夏贵荣摄）

"最美湿地"在"生态系统完整性、生物多样性、环境保护、景观特色、旅游与文化底蕴、珍稀濒危物种分布"等各方面的特点，向社会公众推介我国的"最美湿地"，在全社会进一步树立湿地保护意识，加强保护湿地的自觉性和主动性，推动我国湿地保护事业登上新的台阶（图5-10）。

图5-10   中国湿地博物馆举办的"中国最美湿地"展（张闻涛摄）

4. 国家湿地公园展示会

展示会依托中国丰富的湿地资源，汇聚全国各具特色的湿地元素，采用专题展览的方式，全面展示我国的国家湿地公园；充分利用湿地展示会这个宣传、展示、发展平台，向社会各界介绍和推出中国的国家湿地公园，展示我国湿地之美，以及中国在湿地保护管理特别是国家湿地公园建设方面做出的努力和取得的丰硕成果，树立一批在保护湿地生态系统完整性、维护湿地生态过程和生态服务功能并在此基础上能充分发挥湿地的多种功能效益、开展湿地合理利用上的湿地典范，为全国的湿地保护管理工作做出更大贡献。

　　展示会通过复原场景、灯箱文字图板、旅游文化产品相结合的方式，用可拆卸移动和反复利用的设计手段，集中展示了我国现有湿地公园的湿地之美、湿地文化和湿地生态旅游特色，及其各具特色的湿地保护管理的成果，对促进湿地与人类和谐共存、可持续发展做出了贡献（图 5-11、图 5-12）。

图 5-11　中国湿地博物馆举办的"国家湿地公园展示会"入口（孙洁伟摄）

第四节　湿地文化的可持续发展

　　可持续发展是以人类整体或共同利益为价值取向的，其目的在于维持人与环境的和谐共存，使人类社会具有可持续发展的能力，其落脚点在于可持续地利用自然资源，关注的是人与自然、人类与生态环境的和谐发展。在人与湿地的关系中，人类应尊重自然，善待自然，维护湿地生态系统的和谐、稳定与完整，合理利用湿地资源，这是可持续发展的核心。自然环境的可持续发展是经济可持续发展、社会可持续发展的前提和基础，对于湿地环境本身，只有湿地存在，结构完整，生态平衡，才能实现和发挥湿地的各种功能，获得安全的生态保障及丰富的物质、精神和文化财富。

　　在经济发展的今天，人类在各个领域取得了一系列的辉煌成就，但同时也遭遇到了

图 5-12   中国湿地博物馆举办的"国家湿地公园展示会"全景（张闻涛摄）

前所未有的社会和生态危机，湿地面临的威胁愈发严重，人们不得不反思人与自然应该怎样保持和谐共存、协调发展的关系，从而化解当前日益严峻的生态危机。在这方面，中国湿地文化中蕴涵着的丰富而深刻的生态智慧，对于解决当代生态问题，实现社会的可持续发展，具有十分重要的价值和意义。

人类在与湿地的相互作用过程中，形成了善待湿地的意识，积淀了保护水源和湿地、合理利用水资源的悠久历史和文化，早在春秋时期，齐桓公会盟诸侯盟约中就有"不准把水祸引向别国"的湿地资源保护利用与人类关系的内容。先秦儒家学派荀子曾说："鼋鼍鱼鳖鳅孕别之时，罔罟毒药不入泽，不夭其生，不绝其长也"。他认为湿地资源利用中的捕捞不能无限度地进行，应给予生养休息的时间，"不夭其生，不绝其长"，只有遵循自然规律，人们才能"有余食"。另外，《管子》《吕氏春秋》《淮南子》《田律》《农说》等古代典籍中，均有合理利用自然资源的政策和主张。西汉以后，对自然生态环境的保护更加盛行，而且许多生态法规由帝王颁布诏令予以执行。如初元三年（公元前46年），汉元帝诏"有司勉之，毋犯四时之禁。"要求各部门不要违反一年内的各种生态环境保护禁令；咸亨四年（公元673年），唐高宗下诏："禁作簺捕鱼、营圈取兽者"，重点禁绝有害渔具渔法。

美国著名学者卡普拉指出，在东方的传统文化中，宗教哲学蕴含着极其丰富的生态智慧。可持续发展是这些传统文化的核心思想，无论何种宗教，都视"天人合一的可持续"为解决人与自然关系的基本要义，既要改造自然，使其符合人类的愿望，又要遵循自然规律，不破坏生态平衡，这就是中国传统文化里的生态智慧。

人类在同湿地长期作用的过程中，不了解自然，不善待自然，受到自然惩罚而产生恐惧，进而衍变出了崇尚自然的湿地宗教，如"圣湖、圣水"就是一典型例子，认为"圣湖、圣水"是上天赐予人间的甘露，可以清洗人心灵中的烦恼和孽障。基于对水的崇拜，人类拥有许多流传至今的护水、用水民俗。例如：为了保护能直接饮用的河水，早上十点之前不能去河里洗衣服和洗东西，垃圾、粪便等不能直接倒入河水，在水源地和河流旁，有不吐口水、不高声喧哗、不砍树木等的禁忌等等。再如老子和庄子提出"天地与我并生，而万物与我为一"，强调生命主体和自然环境是不可分割的有机整体，不仅体现了人与自然的和谐，并衍变出"不杀生，不吃鱼"的习俗，从宗教意识保护了湿地。另一方面，在与湿地的长期作用过程中人类积累了丰富的经验，探索并创造出了许多可持续利用湿地资源的生态技术和方法，如无坝引水防洪灌溉的都江堰水利工程，修生养息的封湖禁渔，水土保持的梯田稻作利用，桑基鱼塘、稻鱼混作、浮岛蔬菜的湿地立体利用等。这些在湿地生产劳动中所体现出来的生态智慧，并没有由于朝代更替、历史演变而中断废止，反而有了继承和创新，促进了中国湿地资源利用的持续发展。现代文明社会，无论是社会生产力还是人们的生活水平，都得到了大幅度的提升，所以，积极探索、寻求那些在现代文明社会中仍然可以被运用的传统生态智慧，对于解决当前所面临的生态危机而言尤为重要。

中国湿地文化中的传统生态智慧内容丰富、寓意深刻，但同时我们也应该看到，有些传统生态智慧是与传统农业社会中较低的生产力和生活水平相适应的，对于今天人口众多、高速发展的现代化社会而言，存在着一定的局限性。湿地文化是人与自然作用的产物，围湖造田、排水垦殖、填海造滩等等是湿地利用文化的表现形式之一，但人类向湿地的这些索取带来的是生态环境的破坏，水质的恶化，湿地的萎缩，生物多样性的减少，水资源的枯竭，成为了人类没有善待自然的教训，带给人类的是湿地资源过度利用的灾难。

人类必须约束规范自己的行为，抛弃对湿地资源无节制索取、掠夺式开发的思想和行为，加强对湿地资源的保护，以尊重湿地生态系统的稳定、和谐发展为自己的责任和义务，在不超过生态系统承载力的情况下，合理地利用湿地资源，以维护人类自身的生存环境。

中国湿地文化中的传统生态智慧，具有超越时代、超越国度的价值和意义。著名的比利时科学家、诺贝尔奖获得者普里戈金说："中国文明对人类、社会与自然之间的关系有着深刻的理解。……中国的思想对于那些想扩大西方科学的范围和意义的哲学家和科学家来说，始终是个启迪的源泉"[248]。在人与湿地的关系上，可持续发展的思想是当代社会保护湿地，遏制湿地退化，保持湿地功能，维护人类生存环境，永续利用湿地的核心，可持续发展无疑是化解当前生态危机的最高生态智慧，党的十八大指出，生态文明理念的核心是尊重自然、顺应自然、保护自然，这是对中国传统生态智慧的继承和发扬。我们应该积极探索和发展中国湿地文化中传统生态智慧，与新时代的发展理念相结合，坚持可持续发展的思想，使其在化解全球生态危机、促进经济社会协调发展中实现它的现代价值和意义。

参考文献

[1]中国社会科学院语言研究所词典编辑室. 现代汉语词典[M]. 北京：商务印书馆，1983.

[2]房龙. 人类文明的开端[M]. 南京：江苏文艺出版社，2012.

[3]刘晓辉，吕宪国. 湿地生态系统服务功能变化的驱动力分析[J]. 干旱区资源与环境，2009，23(1)：24~28.

[4]IUCN. 千年生态系统评估—生态系统与人类福祉：湿地与水，2005.

[5]礼平. 晚霞消失的时候[M]. 北京：中国青年出版社，2002.

[6]流波. 源——人类文明中华源流考[M]. 长沙：湖南人民出版社，2008.

[7]礼品装家庭必读书编委会. 人类古文明精粹[M]. 沈阳：辽海出版社，2012.

[8]楔形文字.. http://baike. so. com/doc/162066. html.

[9]古代两河流域的文明(1) http：//wenku. baidu. com/view/126f4121af45b307e8719702. html.

[10]古埃及. 360百科. http://baike. so. com/doc/3933106. html.

[11]程永福. 金字塔之谜[M]. 乌鲁木齐：新疆人民出版社，2002.

[12]太阳历. http://baike. baidu. com/view/268270. htm.

[13]古埃及文明. http://baike. haosou. com/doc/4395354 – 4602089. html.

[14]古印度文明. http://baike. haosou. com/doc/4395354 – 4602089. html.

[15]恒河. http：//baike. so. com/doc/5544829. html.

[16]印度文明. http://www. wenming. cn/sjwm_ pd/sezwmgl/201104/t20110408_ 144486_ 3. shtml2011 –

[17]印度种姓制度的产生与由来. http：//wenku. baidu. com/view/072a17b6c77da26925c5b0f2. html.

[18]仓颉造字. http：//baike. so. com/doc/2600134. html.

[19]中国古代文化遗址类型. http：//blog. sina. com. cn/s/blog_ 4981ae630100iqke. html.

[20]有哪些古代文化遗址. http：//wenda. so. com/q/1349327684125423 .2012.

[21]中国文字史. http：//baike. so. com/doc/6403113. html.

[22]中国汉字的历史. http：//xh. 5156edu. com/page/z2377m7183j18654. html.

[23]造纸术. http：//baike. haosou. com/doc/497186. html.

[24]夏征农，陈至立. 辞海(第六版彩图本)[M]. 上海：上海辞书出版社，2009.

[25]余谋昌. 中国古代哲学与可持续发展[J]. 中国哲学史，1998，(4)：3~10.

[26]张有才. 论佛教生态伦理的层次结构[J]. 东南大学学报(哲学社会科学版)，2010，12(2)：19~22.

[27]乐爱国. 道教生态伦理·以生命为重心[J]. 厦门大学学报(哲学社会科学版)，2004，(5)：57~63.

[28]徐嘉. 简论儒家生态伦理及其现代价值[C]//伦理研究(生命伦理学卷·2007 – 2008)上册. 南京：2007南京生命伦理学暨老年科学与伦理学国际会议，2007；316~323.

[29]霍功. 可持续发展思想及其生态伦理探索[J]. 社会科学家，2009，(7)：136~138.

[30]陈章鑫，林海，应兴华. 万年稻作农业文化系统的开发、保护及发展对策[J]. 中国稻米，2012，(6)：23~26.

[31] 王林. 文化景观遗产及构成要素探析——以广西龙脊梯田为例 [J]. 广西民族研究，2009，(1)：177~184.

[32] 史军超. 中国湿地经典——红河哈尼梯田[J]. 云南民族大学学报(哲学社会科学版)，2004，21(5)：77~83.

[33] 韩荣培. "饭稻羹鱼"——水族传统农耕文化的主题[J]. 贵州民族研究，2004，(2)：47~52.

[34] 叶显恩，周兆晴. 桑基鱼塘，生态农业的典范[J]. 珠江经济，2008，(1)：91~97.

[35] 周晴. 清末民国时期珠江三角洲的桑基鱼塘与生态经济环境[J]. 华南农业大学学报，2013，(3)：4~14.

[36] 鲁运江. 水乡嘉鱼莲藕文化探究[J]. 长江蔬菜，2012，(16)：150~153.

[37] 耿国彪，刘玉忱. 查干湖冬捕和鱼神的亲密接触[J]. 绿色中国，2009，(9)：8~14.

[38] 刘秋来. 神奇壮观的查干湖冬捕[J]. 百姓生活，2013，(3)：61~62.

[39] 郑凯云，周海翔. 消失中的赶海文化[J]. 人与生物圈，2011，(16)：6~8.

[40] 郑凯云；周海翔. 滨海湿地赶海人[J]. 森林与人类，2012，(10)：58~62.

[41] 孙巍巍. 渔猎文化影响下的赫哲族传统居住艺术研究[J]. 山西建筑，2013，(4)：3~4.

[42] 陈家骅. 伏季休渔制度实践的回顾之二：伏季休渔制度效果的实践验证 [J]. 中国水产，2008，(7)：18~25.

[43] 赣渔. 鄱阳湖今年实行全湖春季休渔[J]. 渔业致富指南，2002：5.

[44] 孙建军. 象山文化的新渔光曲[J]. 宁波通讯，2007，(9)：22~25.

[45] 何旭，林红. 渔俗文化浅论[J]. 百科论丛，2005，(5)：41~43.

[46] 刘焕亮. 中国水产养殖学[M]. 北京：科学出版社，2008.

[47] 付小玲. 海水养殖对生物多样性的影响[J]. 中国渔业经济，2007，(1)：24~26.

[48] 杨宇峰，王庆，聂湘平，等. 海水养殖发展与渔业环境管理研究进展[J]. 暨南大学学报(自然科学版)，2012，(33)：531~541.

[49] 孙义. 淡水养殖现状、发展及对策[J]. 才智，2011(8)：50.

[50] 毛瑞鑫，张雅斌，郑伟，等. 四大家鱼种质资源的研究进展[J]. 水产学杂志，2010，(23)：52~59.

[51] 董双林. 中国综合水产养殖的发展历史、原理和分类[J]. 中国水产科学，2011，(18)：1202~1209.

[52] 张胜富. 高邮鸭与双黄蛋[J]. 中国禽业导刊，2004，(21)：41.

[53] 晓理. 菊染秋色蟹鳌肥[J]. 上海轻工业，2004，(6)：44~45.

[54] 申柯娅，王昶. 中国古代的珍珠文化[J]. 中国宝玉石，2001，(2)：76~77.

[55] 廖国一. 环北部湾沿岸珍珠养殖的历史与现状——环北部湾沿岸珍珠文化研究之二[J]. 广西民族研究，2001，(4)：101~108.

[56] 毛春梅，陈苡慈，孙宗凤，等. 新时期水利文化的内涵及其与水利文化的关系[J]. 水利经济，2011，(4)：63~65.

[57] 钱正英. 中国水利[M]. 北京：中国水利水电出版社，2012.

[58] 风文. 大禹治水 彪炳千秋[J]. 中国减灾，2008，(7)：54~55.

[59] 李可可，黎沛虹. 都江堰——我国传统治水文化的璀璨明珠[J]. 中国水利，2004，(18)：75~78.

[60] 乔南，李可可. 都江堰的文化探寻[J]. 河海大学学报(哲学社会科学版)，2005，(1)：54~55.

[61] 赵敏. 试论都江堰的哲学内涵与文化底蕴[J]. 河海大学学报(哲学社会科学版)，2004，(3)：62~64.

[62]徐慧. 钱塘江海塘的古今[J]. 浙江水利科技，2004，(1)：63~65.

[63]宋唯真，张小溪，郑新建，汪戈军，余绵正[J]. 千岛湖国家重要湿地非生物资源及其利用调查，2011，36(6)：76~80.

[64]茆晓君. 内河水运研究之历史回顾与评析[J]. 世界海运，2012，(10)：52~55.

[65]蓝荣茂. 灵渠的水文化[J]. 安徽文学，2008，(7)：321.

[66]翔子. 京杭大运河传奇[J]. 中国水运，2010，(2)：60~63.

[67]方舟. 漂流在黄河上的羊皮筏子[J]. 风景名胜，1999，(7)：46~47.

[68]李海洋. 羊皮筏子，黄河上流动的文化[J]. 黄土地，2003，(6)：31~33.

[69]小周. 古运河，天堂谱写乐章[J]. 大视野，2004，(12)：42~43.

[70]宗白华. 中国园林艺术概观[M]. 南京：江苏人民出版社，1987.

[71]曹新，张凡，韩梅，康丽芳. 圆明园遗址公园保护和利用现状调查与研究[J]. 中国园林，2008，(11)：34~41.

[72]周维权. 中国古典园林史[M]. 北京：清华大学出版社，1990.

[73]孟兆祯. 孟兆祯文集：风景园林理论与实践[M]. 天津：天津大学出版社，2011.

[74]侯仁之. 侯仁之文集[M]. 北京：北京大学出版社，1998.

[75]曹新，张凡，韩梅，等. 圆明园遗址公园保护和利用现状调查与研究[J]. 中国园林，2008，(11)：34~41.

[76]张威. 楼阁考释[J]. 建筑师，2004，(5)：36~39.

[77]韦克威. 中国古代楼阁建筑的发展特征浅探[J]. 华中建筑，2001，19(2)：102.

[78]蔡晓宝. 也谈中国古代之楼阁[J]. 华中建筑，1987，(3)：64~65.

[79]张庆余，曾庆森. 论岳阳楼的文化价值及其保护[J]. 湖南大学学报(社会科学版)，2001，15(1)：16~20.

[80]冯天瑜. 黄鹤楼志[M]. 武汉：武汉大学出版社，1999.

[81]李明晨. 黄鹤楼探源[J]. 武汉文博，2010，(2)：29~32.

[82]王燕，廖琴. 浅析南昌市滕王阁风水现状[J]. 山西建筑，2009，35(10)：15~16.

[83]王其明. 中国古桥艺术评述[J]. 北京建筑工程学院学报，2000，(1)：68~76.

[84]茅以升. 桥梁史话[M]. 北京：北京出版社，2012.

[85]唐寰澄. 中国科学技术史(桥梁卷)[M]. 北京：科学出版社，2000.

[86]黄亚飞，尹继明. 浅谈中国古代桥梁艺术[J]. 科技风，2008，(7)：150.

[87]曾丽洁. 潮州广济桥建筑美学研究[J]. 中国名城，2012，(2)：44~48.

[88]李玲. 中国汉传佛教山地寺庙的环境研究[D]. 北京林业大学，2012.

[89]龙延. "水"与禅[J]. 楚雄师范学院学报，2002，(1)：28~31.

[90]张盛宏. 北京的寺庙与水文化[J]. 北京水利，2003，(4)：42~43.

[91]徐时仪. 禅宗名刹镇江金山寺[J]. 中国典籍与文化，1996，(4)：116~118.

[92]石炜. 金山景域浅析[J]. 中国园林，1993，(1)：8~10+7.

[93]严文明. 中华文明起源[C]//第五届红山文化高峰论坛论文集. 赤峰：赤峰市人民政府，2010：1~5.

[94]刘随盛. 渭水流域仰韶文化遗址调查[J]. 考古，1991，(11)：961~982+1057.

[95]李友谋. 仰韶文化与中国古代文明[J]. 中原文物，2002，(3)：13~17.

[96]戴宏，丁华，屈茂稳，等. 西安半坡仰韶文化遗址的地学解析[J]. 地球科学与环境学报，2007，

（3）：269～273.

[97]费国平. 浙江余杭良渚文化遗址群考察报告[J]. 东南文化，1995，（2）：1～14.

[98]叶玮，李凤全，沈叶琴，等. 良渚文化期自然环境变化与人类文明发展的耦合[J]. 浙江师范大学学报（自然科学版），2006，29（4）：455～460.

[99]申秀英，刘沛林，邓运员，王良健. 中国南方传统聚落景观区划及其利用价值[J]. 地理研究，2006，（3）：485～494.

[100]雍振华，钱达. 周庄古镇建筑空间形态分析[J]. 苏州科技学院学报（工程技术版），2008，（3）：57～60.

[101]陈彦. 周庄的美学分析[J]. 大众科技，2005，（9）：234～235.

[102]俞绳方. 水乡古镇周庄[J]. 建筑学报，1987，（1）：34～39.

[103]宋丽宏，华峰. 江南水乡古镇——乌镇的特色及保护[J]. 山西建筑，2005，31（14）：12～13.

[104]李楠. 乌镇街道空间的艺术[J]. 安徽建筑，2008，（5）：13～15.

[105]金戈. 中国书法与水[J]. 海河水利，2005，（3）：68～70.

[106]杨爱侠.《兰亭序》之书法鉴赏[J]. 传记文学选刊（理论研究），2011，（3）：106～107.

[107]刘雪. 王羲之《兰亭序》赏析[J]. 美术教育研究，2012，（13）：20.

[108]张永锋. 潇洒飘逸灵姿秀出——王献之《洛神赋十三行》赏析[J]. 中国钢笔书法，2010，（7）：46～47.

[109]吴彩虹. 从《赤壁赋》浅谈苏轼的书学思想[J]. 美与时代，2006，（11）：54～55.

[110]易城. 人神苦恋伤情绝千年一画共余香——浅析顾恺之的《洛神赋图》[J]. 美术大观，2012，（9）：46.

[111]朱婷侠，唐星明. 连环之美——论《洛神赋图》卷的连环特质[J]. 牡丹江教育学院学报，2010，（1）：101～102.

[112]彭清深.《清明上河图》的艺术特色与历史文献价值[J]. 西北第二民族学院学报（哲学社会科学版），2006，（1）：105～109.

[113]张玲丽. 开卷睹盛世的风俗画——《清明上河图》的艺术成就[J]. 科技信息，2009，（5）：117～147.

[114]叔华.《千里江山图》简介[J]. 美术，1977，（3）：42～43.

[115]郑瑞利. 构图千里江山——《千里江山图》解析[J]. 美术教育研究，2012，（12）：31.

[116]赵涛. 咫尺有千里之趣——解析宋代王希孟青绿巨作《千里江山图》及其影响[J]. 名作欣赏，2010，（27）：143～144.

[117]蒋锦彪. 可游可居——赏析黄公望的《富春山居图》[J]. 群文天地，2012，（13）：160～161.

[118]冷昊. 黄公望与《富春山居图》[J]. 安徽文学（下半月），2008，（10）：88.

[119]冉毅. 宋迪其人及"潇湘八景图"之诗画创意[J]. 文学评论，2011，（2）：157～164.

[120]姚大勇.《潇湘八景图》与《潇湘八景词》[J]. 美术教育研究，2010，（4）：17～24.

[121]唐俐娟，钟虹滨，雷芳. "潇湘八景"文化形象塑造[J]. 艺海，2012，（3）：56～57.

[122]李锦胜. 读《潇湘奇观图》——兼谈米氏山水的模糊美[J]. 国画家，2006，（5）：66～67.

[123]梁效. 古代伟大的无神论者——西门豹[J]. 北京大学学报（哲学社会科学版），1974，（4）：56～59.

[124]周静书. 论梁祝故事的发源[J]. 宁波大学学报（人文科学版），2003，（2）：31～36.

[125]周潇.《柳毅传》中的君子人格与社会理想[J]. 青岛大学师范学院学报，2003，（1）：28～31.

[126]吴波，方丽华. 从《柳毅传》到《柳毅传书》柳毅形象的嬗变[J]. 浙江外国语学院学报，2012，（1）：

94～98.

[127]姜川子.《白蛇传》人物形象浅析[J]. 商业文化(学术版)，2009，(3)：222.

[128]陈泳超.《白蛇传》故事的形成过程[J]. 艺术百家，1997，(2)：103～105.

[129]袁益梅. 白蛇传故事的文化渊源[J]. 殷都学刊，2003，(1)：80～84.

[130]阿地里·居玛吐尔地. 激活英雄史诗文化资源，合理开发利用史诗文化传统——以英雄史诗《玛纳斯》为例[J]. 内蒙古师范大学学报(哲学社会科学版)，2011，(1)：39～45.

[131]阿地里·居玛吐尔地. 活态的史诗传统与历史的互动——与口头史诗《玛纳斯》相关的历史文化遗迹[J]. 国际博物馆(中文版)，2010，(1)：52～60.

[132]安葵. 传统戏剧的保护、传承及其研究[J]. 南阳师范学院学报，2007，6(7)：63～65.

[133]高义龙. 谈越剧的文化风格——让历史告诉现在和未来[J]. 中国戏剧，2006，(5)：10～13.

[134]蔡加友. 京剧艺术的现实与前景思考[J]. 黄河之声，2009，(11)：76～78.

[135]刘福民. 举重若轻千古绝唱——《群英会·借东风》赏析[J]. 中国京剧，2008，(7)：30～31.

[136]邓小秋. 本色美的艺术魅力——京剧《沙家浜》场次赏析[J]. 戏剧之家，2009，(1)：53～56.

[137]洪畅. "中国戏剧"的整体观念与中国戏剧的发展[J]. 戏剧文学，2008，(9)：4～8.

[138]韩基灿. 浅议非物质文化遗产的价值、特点及其意义[J]. 延边大学学报(社会科学版)，2007，40(4)：76～77.

[139]秦毓茜. 漫谈湿地功能[J]. 农业与技术，2007，27(1)：88～90.

[140]范晓利. 非物质文化遗产古琴艺术的保护[J]. 艺术教育，2013，(7)：36.

[141]贾剑蕾. 琵琶音乐及文化内涵[D]. 长春：东北师范大学，2007.

[142]牛龙菲. 自然、历史、人生之千古绝唱——中国古典音乐名曲《春江花月夜》赏析[J]. 星海音乐学院学报，1999，(2)：13～19.

[143]周玉屏，陈瑾. 澧水船工号子的艺术特点和文化价值研究[J]. 大舞台，2013，(5)：227～228.

[144]丁武军. 从"曲水流觞"到"曲水之宴"——中日上巳节文化源流[J]. 日本研究，2005，(4)：78～84.

[145]张鹏飞. 论中华"酒文化"生命范式的审美意蕴[J]. 南宁职业技术学院学报，2010，15(1)：1.

[146]胡云燕. 茅台酒的文化记忆[J]. 酿酒科技，2009，(4)：114～116.

[147]周真刚. 文化遗产法视角下的黔东南苗族吊脚楼保护研究[J]. 贵州民族研究，2012，33(6)：40～45.

[148]郭盛晖，司徒尚纪. 农业文化遗产视角下珠三角桑基鱼塘的价值及保护利用[J]. 热带地理，2010，30(4)：452～458.

[149]杨康，江文宇. "装泥鱼"晋升"国遗"[N]. 珠海特区报，2010-6-22(F02).

[150]王汝发. 西部少数民族宗教的生态观与西部生态环境建设[J]. 自然辨证法研究，2007，(11)：12～13.

[151]程俊. 论舟山观音信仰的文化嬗变[J]. 浙江海洋学院学报(人文科学版)，2003，(4)：34～35.

[152]周膺. 西溪的宗教文化[M]. 杭州出版社，2012.

[153]魏强. 论藏族水神崇拜习俗的几个特点[J]. 西藏艺术研究，2009，(4)：78.

[154]茅子芳. 莲花灯——融外来文化、宗教、民俗为一体的民间玩具[J]. 知识就是力量，2007，(8)：65.

[155]姜志刚. 湿地生态与民俗文化[J]. 大众文艺(理论)，2008，(8)：116～117.

[156]林贤东. 海南岛的海洋民俗文化[J]. 浙江海洋学院学报(人文科学版)，2005，(1)：106.

[157]朱龙. 山东蓬莱海洋民俗研究[J]. 东方博物，2006，(20)：73～74.

[158]蒋祖云. 水上部落——九姓渔民的婚俗[J]. 百科知识，1996，(7)：55.

[159]毛逸伦. 江浙地区船拳历史源流及特征的探析[J]. 中华武术(研究)，2011，(5)：34.

[160]黄国平，黄永良. 长三角地区船拳的源流及特征考究[J]. 成都体育学院学报，2009，(10)：45～47.

[161]何星亮. 图腾与中国文化[M]. 南京：江苏人民出版社，2008.

[162]国家民委. 首届全国民族文化论坛论文集[C]. 北京：民族出版社，2005.

[163]王伟，李登福，陈秀英. 布依族[M]. 北京：民族出版社，1991.

[164]王玉平. 珞巴族[M]. 北京：民族出版社，1997.

[165]王正华，和少英. 拉祜族文化史[M]. 昆明：云南民族出版社，1999.

[166]王尔松. 哈尼族文化研究[M]. 北京：中央民族大学出版社，1994.

[167]梁庭望. 壮族文化概论[M]. 南宁：广西教育出版社，2000.

[168]京族简史编写组. 京族简史[M]. 南宁：广西民族出版社，1984.

[169]金善基. 新疆维吾尔族的坎儿井文化[D]. 北京：中央民族大学，2006.

[170]关荣波，张云霞，宋纯路. 赫哲族"桦树皮文化"研究[J]. 边疆经济与文化，2012，108(5)：52～54.

[171]莫拉乎尔·鸿苇. 鄂伦春族的桦皮文化[J]. 黑龙江民族丛刊，1997，50(3)：82～85.

[172]宫崎清，王海东. 大兴安岭鄂伦春族桦皮工艺品的特性及其开发[J]. 博物馆研究，2005，90(2)：61～68.

[173]黑龙江省文物博物馆学会. 黑龙江省文物博物馆学会第五届年会论文集[C]. 哈尔滨：黑龙江人民出版社，2008.

[174]高晏卿，赵磊. 东北地区赫哲族鱼皮艺术[J]. 科技致富向导，2012，17：17～18.

[175]苑敏. 赫哲族鱼皮服饰与制作工艺研究[J]. 边疆经济与文化，2013，113(5)：31～33.

[176]徐景峰. 渔猎生活与赫哲人的图案艺术[J]. 学园，2011，13：196～197

[177]王纪. 濒临消失的非物质文化遗产[J]. 哲学与人文，2012，137(6)：14～20.

[178]韩光明. 浅谈赫哲族的渔业民俗[J]. 黑龙江民族丛刊，2012，130(5)：140～144.

[179]韩二涛，黄河. 赫哲族渔猎体育研究[J]. 体育文化导览，2012，7：107～110.

[180]潘朝霖，韦宗林. 中国水族文化研究[M]. 贵阳：贵州人民出版社，2004.

[181]刘之侠，石国义. 水族文化研究[M]. 贵阳：贵州人民出版社，1999.

[182]赵世林，伍琼华. 傣族文化志[M]. 昆明：云南民族出版社，1997.

[183]桑耀华. 德昂族[M]. 北京：民族出版社，1986.

[184]王雪晨. 阿昌族[M]. 长春：吉林出版集团有限责任公司，2010.

[185]陈国强，林嘉煌. 高山族文化[M]. 上海：学林出版社，1988.

[186]苏北海. 哈萨克族文化史[M]. 乌鲁木齐：新疆大学出版社，1989.

[187]李晓霞. 塔吉克族[M]. 乌鲁木齐：新疆美术摄影出版社，1986.

[188]马启忠，王德龙. 布依族文化研究[M]. 贵阳：贵州民族出版社，1998.

[189]邓贵平. 九寨沟世界自然遗产地旅游地学景观成因与保护研究[D]. 成都：成都理工大学，2011.

[190]胥良，姜泽凡，李前银. 黄龙钙华景观演化特征及保护措施探讨[J]. 地质灾害与环境保护，2007，18(4)：79～84.

[191]云南省三江并流管理局. 世界自然遗产地——"三江并流"的概况及其保护工作的进展[J]. 中国园

林，2010，(5)：52~55

[192]戎良. 杭州西溪湿地景观格局研究分析[D]. 杭州：浙江大学，2007.

[193]刘敏. 泰山风景名胜区景观资源评价和景观营造研究[D]. 泰安：山东农业大学，2012：114~117.

[194]何东进，洪伟，胡海清，等. 武夷山风景名胜区景观生态特征[J]. 东北林业大学学报，2003，31
(5)：24~26.

[195]张可荣，黄华梨，杨文云. 甘肃白水江国家级自然保护区生物多样性概况及保护策略[J]. 甘肃林业
科技，2002，(2)：19~22.

[196]李祎博. 五大连池城市风貌特色研究[D]. 哈尔滨：东北林业大学，2012.

[197]陈安泽. 旅游地学大辞典[M]. 北京：北京科学出版社，2013.

[198]翟福君，刘桂香. 第四纪镜泊火山活动与镜泊湖世界地质公园[J]. 地质与资源，2010，19(1)：
53~57.

[199]程驰. 基于地质遗迹的地质公园开发与保护——以香港世界地质公园为例[J]. 科协论坛(下半月)，
2007，(8)：126~127.

[200]蓝颖春. 香港世界地质公园由来[J]. 地球，2012，(7)：19~20.

[201]Christopoubu O G. Tsachalidis E Conservation policies for protected areas(wetland) in Greece：A survey of Lo-
cal Resident's Water, Air, and Soil Pollution：Focus，2004，(4)：445~457.

[202]刘晓莉. 湿地旅游产业可持续发展模式研究[D]. 陕西师范大学，2006.

[203]丁季华，吴娟娟. 中国湿地旅游初探[J]. 旅游科学，2002，(2)：11~14.

[204]侯国林. 基于社区参与的湿地生态旅游可持续开发模式研究[D]. 南京师范大学，2006.

[205]鲁铭，龚胜生. 湿地旅游可持续发展研究[J]. 林业调查规划，2002，27(3)：45~49.

[206]杨芳. 浅谈洞庭湖湿地旅游资源文化内涵的挖掘[J]. 中国商贸，2012，(30)：138~140.

[207]李平，李艳，李万立，等. 黄河三角洲湿地资源生态旅游开发利用研究[J]. 海洋科学，2004，28
(11)：33~38.

[208]陆祥宇. 稻作传统与哈尼梯田文化景观保护研究[D]. 清华大学，2012.

[209]赵焕庭，王丽荣. 中国海岸湿地的类型[J]. 海洋通报，2000，19(6)：74.

[210]张晓龙，李培英，李萍. 中国滨海湿地研究现状及展望[J]. 海洋科学进展，2005，23(1)：87~89.

[211]翁源昌. 舟山海鲜菜肴发展轨迹概论[J]. 南宁职业技术学院学报，2008，13(2)：6.

[212]申持中. 说黄鱼[J]. 食品与生活，1994，5：37.

[213]袁枚. 随园食单[M]. 南京：凤凰出版社，2006.

[214]王赛时. 蛤蜊真味含芳鲜——古代饮食奇珍录之十七[J]. 四川烹饪，1999，2：24.

[215]张林. 文化名流与中华美食[M]. 武汉：湖北人民出版社，2004.

[216]刘子刚，马学慧. 中国湿地概览[M]. 北京：中国林业出版社，2008.

[217]王其超. 荷花在中国[J]. 现代中国，1992，7：79~80.

[218]赵可新，朱红. 我国荷食品的开发现状和发展前景[J]. 林园科技信息，2001，S1：24~25.

[219]邢湘臣. 河虾孕子分外鲜[J]. 四川烹饪高等专科学校学报，2001，4：15.

[220]刘乃珩. 黄河三尺鲤，本在孟津居——话说古今黄河鲤鱼[J]. 科学与文化，2006，8：25.

[221]安东，李新胜，王朝川，周萍，葛邦国，刘志勇. 黑木耳营养保健功能[J]. 中国果菜，2012，3：
51~52.

[222]印石. 医疗文化——卫生文化讲座之四[J]. 中国基层医学，1997，4(3)：159~162.

[223]温茂兴．论道教文化对中医养生思想的影响[D]．武汉：湖北中医学院，2005．

[224]卢翠敏．《黄帝内经》与医学地理学之关系溯源[J]．中医药学刊，2001，19(6)：568～569．

[225]郑家铿．中医对医学地理学的认识[J]．陕西中医学院学报，1990，13(2)：6～8，37．

[226]罗卫．地质环境与地方病[J]．地质灾害与环境保护，2004，15(4)：1～4．

[227]贺洪琼．几种常见地方病的分析研究[J]．重庆工业高等专科学校学报，2004，19(3)：100～103．

[228]金鑫，郑洪新．中医学与地理环境[J]．吉林中医药，2010，30(5)：374～375．

[229]叶国安．中医药治疗风湿性关节炎研究进展[J]．甘肃中医，2005，18(10)：9～11．

[230]杜路，曾加．论道地药材的地理标志保护[J]．西北大学学报(哲学社会科学版)，2012，42(5)：137～141．

[231]韩邦兴，彭华胜，黄璐琦．中国道地药材研究进展[J]．自然杂志，2011，33(5)：281～258．

[232]何旭．中国古代花粉的应用[J]．中国蜂业，2007，58(5)：40～41．

[233]刘彦，刘承初．甲鱼的营养价值与保健功效研究[J]．上海农业学报，2010，26(2)：93～96．

[234]张怀明，丁以瑟．疗养地理学概述[J]．中国疗养医学，1998，7(6)：2～4．

[235]郭俊．矿泉学与现代疗养学[J]．自然杂志，1986，9(7)：539～543．

[236]孟红．从上海法租界到嘉兴南湖游船——中国共产党诞生地寻踪[J]．党史纵横，2011，(7)：32～35．

[237]吴坚．那些日子——1921年夏天嘉兴南湖的记忆[J]．今日浙江，2011，(11)：28～30．

[238]陈宪平．弘扬红船精神，构建和谐社会[J]．世纪桥，2012，(5)：18～20．

[239]叶永烈．红色的起点——中国共产党诞生纪实[M]．北京：人民出版社，1991．

[240]中共中央宣传部新闻局．红色记忆[M]．北京：学习出版社，2007．

[241]木河．红色娘子军荣辱兴衰40年[J]．新闻周刊，2004，(9)：64～66．

[242]中国湿地百科全书编辑委员会．中国湿地百科全书[M]．北京：北京科学技术出版社，2009．

[243]孟红．悲壮草地行——红军右路军长征过草地纪实[J]．文史月刊，2006，(10)：8～13．

[244]郭继联．艰难的里程——长征过草地的日日夜夜[J]．党史纵横，1996，(10)：43～45．

[245]费雅君．弘扬长征精神促进社会全面小康[J]．攀登，2006，(5)：29～32．

[246]王凤长．《雁翎队之歌》诞生记[J]．文史博览，2005，(8)：16～18．

[247]徐耀良．沙家浜的"红色记忆"[J]．北京支部生活，2005，(12)：48～49．

[248]李兵．百万雄师过大江——纪念中国人民解放军渡江战役胜利60周年[J]．党史文苑，2009，(4)：4～12．

[249]崔艳．南泥湾精神及其时代价值探析[J]．延安职业技术学院学报，2012，(26)：7～10．

[250]余小勇．三五九旅开发南泥湾及其现实启示[J]．前沿，2011，(12)：105～108．

[251]国家文物局博物馆司．博物馆管理手册[M]．北京：华龄出版社，2007．

[252]伊·普里戈金，伊·斯唐热．从混沌到有序：人与自然的新对话．上海：上海译文出版社，1987．

[253]联合国教科文组织．寻求联合国教科文组织帮助申请加入世界地质公园网络的国家地质公园工作指南和标准．2008．

[254]联合国教科文组织支持的世界地质公园网络．办事指南[EB/OL]．(2013-10)[2014-06]．http://cn.globalgeopark.org/guide/index.htm.

[255]湿地公约(Convention on Wetlands of International Importance Especially as Waterfowl Habitat)．湿地及水禽保护国际会议，1971．

［256］湿地公约网. www. ramsar. org.

［257］湿地公约文化工作组. Culture and wetlands：A Ramsar guidance document. 2008.

［258］湿地中国. 国际重要湿地［EB/OL］. (2013 - 10)［2014 - 06］. http：//www. shidi. org.

［259］世界环境与发展委员会. 我们共同的未来. 1987.

［260］世界遗产中心网站 . whc. unesco. org.